文史哲丛刊（第二辑）
主编　王学典

现状、走向与大势：当代学术纵览

李扬眉　编

图书在版编目（CIP）数据

现状、走向与大势：当代学术纵览 / 李扬眉编. —北京：商务印书馆，2021
（文史哲丛刊. 第二辑）
ISBN 978-7-100-16380-4

Ⅰ.①现… Ⅱ.①李… Ⅲ.①学术研究－中国 Ⅳ.①G322

中国版本图书馆CIP数据核字（2018）第160095号

权利保留，侵权必究。

文史哲丛刊
（第二辑）
现状、走向与大势：当代学术纵览
李扬眉　编

商　务　印　书　馆　出　版
（北京王府井大街36号　邮政编码 100710）
商　务　印　书　馆　发　行
三河市尚艺印装有限公司印刷
ISBN 978 - 7 - 100 - 16380 - 4

2021年9月第1版	开本 880×1230　1/32
2021年9月第1次印刷	印张 15　1/2

定价：88.00 元

出版说明

《文史哲》杂志创办于1951年5月，起初是同人杂志，自办发行，山东大学文史两系的陆侃如、冯沅君、高亨、萧涤非、杨向奎、童书业、王仲荦、张维华、黄云眉、郑鹤声、赵俪生等先生构成了最初的编辑班底，1953年成为山东大学文科学报之一，迄今已走过六十年的历史行程。

由于一直走专家办刊、学术立刊之路，《文史哲》杂志甫一创刊便名重士林，驰誉中外，在数代读书人心目中享有不可忽略的地位。她所刊布的一篇又一篇集功力与见识于一体的精湛力作，不断推动着当代学术的演化。新中国学术范型的几次更替，文化界若干波澜与事件的发生，一系列重大学术理论问题的提出与讨论，都与这份杂志密切相关。《文史哲》杂志向有与著名出版机构合作，将文章按专题结集成册的历史与传统：早在1957年，就曾与中华书局合作，以"文史哲丛刊"为名，推出过《中国古代文学论丛》、《语言论丛》、《中国古史分期问题论丛》、《司马迁与史记》等；后又与齐鲁书社合作，推出过《治学之道》等。今者编辑部再度与商务印书馆携手，推出新一系列的《文史哲丛刊》，所收诸文，多为学术史上不可遗忘之作，望学界垂爱。

文史哲编辑部
商务印书馆
2009年10月

《文史哲丛刊》第二辑
编辑工作委员会

顾　问　孔　繁　刘光裕　丁冠之
　　　　　　韩凌轩　蔡德贵　陈　炎
主　编　王学典
副主编　周广璜　刘京希　李扬眉
编委会（按姓氏笔画为序）
　　　　　　王大建　王学典　王绍樱　刘　培
　　　　　　刘丽丽　刘京希　孙　齐　李　梅
　　　　　　李扬眉　邹晓东　陈绍燕　范学辉
　　　　　　周广璜　孟巍隆　贺立华　曹　峰

目 录

西方哲学冲击下的中国现代哲学 .... 汤一介 / 1
近年来国内哲学研究状况检讨
　　——一个有限的观察和评论 .... 何中华 / 20
回顾与展望：中国社会经济史学百年沧桑 .... 李伯重 / 51
叠加与凝固
　　——重思中国文化史的重心与主轴 .... 葛兆光 / 91
一般与个别：论中外历史的会通 .... 阎步克 / 126
新世纪中国文学研究的主要趋向 .... 跃　进 / 142
中国近代文学的历史地位
　　——兼论中国文学的近代化 .... 郭延礼 / 179

安阳小屯考古研究的回顾与反思
　　——纪念殷墟发掘八十周年 .... 陈　淳 / 227

魏晋南北朝史研究中的史料批判研究......................孙正军 / 272
在中国发现宗教
　　——日本关于中国民间信仰结社的研究..............孙　江 / 313
牛郎织女研究批评..施爱东 / 345
史志目录编纂的回顾与前瞻
　　——编纂《清人著述总目》的启示......................杜泽逊 / 370

陈寅恪的西学..桑　兵 / 402
趋新反入旧：傅斯年、史语所与西方史学潮流.............陈　峰 / 441

后　记... 486

西方哲学冲击下的中国现代哲学

汤一介

一

在21世纪，中国现代哲学应该如何发展？这是中国哲学家和哲学工作者应该考虑的问题。对这个问题我们必须有一个自觉的意识，了解我们应该做什么，并把它作为应该承担的责任。我认为，中国哲学家或哲学工作者的哲学研究，对历史上的哲学、对现实存在的哲学问题不应该只是"照着"传统中国哲学讲，而应该是"接着"中国传统哲学，甚至应该"接着"西方哲学讲。"照着讲"和"接着讲"的问题，是冯友兰先生提出来的，他认为他的"新理学"不是"照着"宋明理学讲，而是"接着"宋明理学讲。其实，无论中外，所有伟大的哲学家都是对他们前辈哲学家的"哲学"不是"照着讲"而是"接着讲"。宋明理学是经过印度佛教文化的冲突之后接着先秦孔孟以来的儒学讲的"新儒学"；魏晋玄学是经过汉朝的儒道而接着先秦哲学讲的。西方也是如此，亚里士多德哲学是接着柏拉图讲的。那么进入21世纪，中国哲学应该如何接着前此的中国哲学讲呢？我认为，一个多世纪以来，"中国哲学"是在西方哲学的冲击下才逐渐建立起来的，因此，"中国哲学"的任何一个"接着讲"的方面都是和西方哲学（包括马克思主义哲学）的传入/冲击分不开的。

中国现代哲学的建构至少有三个重要的"接着讲"的路径：一是接着中国传统哲学讲；二是接着西方某种哲学讲；三是接着马克思主义哲学讲。中国现代哲学既可以"接着"中国传统哲学讲，也可以在消化西方哲学的情况下，"接着"西方某哲学派别讲，而使之成为中国化的西方哲学派别。"中国现代哲学"是在西方哲学的传入后，经过众多学者利用和借鉴西方哲学而成为独立哲学学科的。特别是马克思主义哲学近一个世纪以来在中国发生着特殊的重大影响，这是我们不得不考虑的现实。一个民族、一个国家必须把自己的"哲学"作为其民族、国家生存发展的精神支柱。接着中国传统哲学讲，应是建立中国现代哲学，使中国哲学从传统走向现代的路径。接着西方哲学和马克思主义哲学讲，就必须使它们中国化，站在中国传统和现实的基础上面向世界，解决我们自身和世界所遇到的哲学问题。中国现代哲学必须适时地"接着"中外哲学家已有的成果讲，这样才有生命力，才能对中华民族的复兴、建设"和谐社会"以及全人类做出贡献。

二

首先，"中国哲学"是在西方哲学传入之后才作为一门独立的学科建立起来的。在中国历史上原来没有"哲学"（philosophy）一词，"哲学"一词是日本学者西周（1829—1897）借用汉字"哲""学"两字指称源于希腊罗马的哲学学说。中国近代学者黄遵宪（1848—1905）将这个名称介绍到中国来，为中国学术界所接受。在西方哲学传入之后，中国学者就发现，在中国思想文化中虽然没有一门独立的"哲学"学科，但中国的古代经典中包含着丰富的"哲学思想"和"哲学问题"，甚至有着非常有价值的、与西方哲学不同的"哲学思想"和"哲学问题"。然而我们必须承认，在西方哲学传入之前，在中国还没有把"哲学"从传统的"经学""子学"等中分离出来，使之成为一门独立的学科。从20世纪初起，西方哲学如潮水一般地涌入中国，进化论思想、马克思主义、实用主义、实在论、分析哲学、古希腊哲学、尼采哲学等都先后进入中国，影响着中国学术界。既然有了西方哲学作为参照系，那么中国学者就尝试从中国的大量经典及其注疏和孔子、老子、孟子、庄子、程朱陆王等的著作中梳理出"中国哲学"。最早大体上是一些个别人物或问题的研究。但到20世纪初，"中国哲学"的建立可以说是从研究"中国哲学史"入手的，先后出版了若干种《中国哲学史》。其中重要的有谢无量的《中国哲学史》（1916年），胡适的《中国哲学史大纲》（原名《先秦名学史》，1915—1917年写成，1922年正式出版），冯友兰的《中国哲学史》（上卷1931年出版，1934年上、下两卷同时出版），以证明自先秦以来中国就有"哲学"。这说明，中国学者自觉地把"哲学"从传统的学术思想中分离出来，作为独立的学科进行研究了。

自20世纪20年代末30年代初，中国哲学家在吸收和借鉴西方哲学的基础上，利用中国传统的思想资源，企图建构现代型的"中国哲学"，其中重要的学者，先有张东荪、熊十力、梁漱溟，后有冯友兰、金岳霖、贺麟等。至1949年后，这种构建现代型的"中国哲学"的势头被打断，代之以"一边倒"的"全盘苏化"，而使中国哲学走了一条弯路，大大影响了现代型的"中国哲学"的建构和发展。一直到20世纪80年代，在中国实行改革开放政策之后，西方哲学再次大量地传入，例如存在主义、尼采哲学、西方马克思主义、现象学、结构主义、解构主义、后现代主义、解释学、符号学等，都被介绍到中国来了。这不仅打开了中国哲学界学者的眼界，而且给中国学者多视角地研究中国哲学提供了更为广阔的参照系。

三

20世纪的三四十年代，在中国哲学界有少数学者，他们不仅具有深厚的中国传统文化的基础，而且对西方当时的哲学有了较多的了解，他们或多或少地参照西方哲学构建了现代型的"中国哲学"，这是中国哲学家企图"接着"中国传统哲学讲，而不是"照着"中国传统哲学讲的极有意义的尝试。也就是说，中国哲学家要在吸收西方哲学的基础上，使中国哲学从"传统"走向"现代"。因此，所谓接着讲"中国哲学"，是以参照西方哲学为条件，或者说他们企图"会通中西"、以"西学"补"中学"之不足。这里我想举几个例子来加以说明。

熊十力的《新唯识论》只完成了他的"境论"部分。所谓"境论"大体上相当于西方哲学的"本体论"（ontology），熊十力的"本体论"是比较有中国特色的。但他原计划还要写《新唯识论》的"量论"，这大体上是参考了西方哲学认识论（epistemology）方面的问题。他认为，中国传统哲学比较注重"体认"（心的体会认知，甚至要包含"身体力行"的意思），而不注重"思辨"的分析，因此要吸收西方认识论来充实中国传统哲学，所以他希望建立一种把"心的体会认知"和"思辨的分析"相结合的"思修交尽"的"认识论"。这里可以看出，无论熊十力的"本体论"，还是他企图建立的"思修交尽"的"认识论"，无疑都是受到西方的影响。从熊十力与张东荪讨论中西哲学之异同，我们可以看出，熊十力认为中国新哲学之产生"必须治本国哲学与治西洋哲学者共同努力，彼此热诚谦虚，各尽其长，互相观摩，毋相攻伐；互相尊重，毋相轻鄙，务期各尽所长，然后有新哲学之望"①。

冯友兰的《新理学》明确地说，他的哲学不只是照着宋明理学讲，而且是接着宋明理学讲的，他的"接着讲"实际上是把柏拉图的"共相"与"殊相"和"新实在论"的思想（如"潜存"的观念）引入中国哲学，把世界分成"真际"和"实际"，实际的事物依照所以然之理而成为某事物。因此，"新理学"一方面上可接宋明理学的"理一分殊"的学说，另一方面又可以把西方哲学中关于"共相"和"殊相"的理论贯穿于中国哲学之中。冯友兰哲学的意义正在于他用西方哲学的某些思想来分析中国哲学。冯友兰为了应对维也纳学派洪谦对他的"新理学"形而上学的批评，写了一本《新知言》，企图从方法论上调和中西哲学。他认为，西方哲学长于分析（形而上的正的方法），中国哲学则长于直觉（形而上的负的方法），他用以建立"新理学"形而上体系的方法是两种方法的结合。这就是说，"新理学"不仅是接着中国哲学讲，而且也是接着西方哲学讲。这里我们不是要讨论冯友兰的说法是否正确，而是要说明 20 世纪中叶以来中国某些哲学家在西方哲学冲击下，不断吸收和借鉴西方哲学的理论与方法，使中国哲学从传统走向现代，以便实

---

① 熊十力：《十力语要·答张东荪》，《熊十力全集》第四卷，湖北教育出版社 2001 年版，第 105 页。

现中国哲学的现代转型。

贺麟《文化与人生》中有一篇可注意的文章,即《儒家思想的新开展》,文中说:"西洋文化学术大规模的无选择的输入,又是使儒家思想得到新发展的一大动力。"① 他这个看法很可能是20世纪三四十年代中国哲学界较为普遍的看法。贺麟如何借助西方哲学而使得儒家思想有一新开展呢?他认为不必采取时髦的办法去科学化儒家思想,但可以从三个方面求得儒家思想的新开展:(一)必须以西洋的哲学发挥儒家理学(此"理学"指"性理之学")。由于中国传统儒家哲学特别重视道德精神的建构,而并非一种注重学说知识体系建构的哲学,因此缺乏严格的论证,条理也不甚清楚,如能会合融贯、吸收借鉴西洋哲学,"使儒家的哲学内容更丰富,体系更严谨,条理更清楚,不仅可作道德可能的理论基础,且可奠定科学可能的理论基础"。(二)必须吸收基督教的精华以充实儒家的礼教。贺麟认为,儒家的礼教本富于宗教的仪式与精神,而究竟以人伦道德为中心。盖中国传统中本有"祀天""祀社稷""祀祖先",且孔子提出要对"天"有所敬畏,这些都说明儒家思想虽非如西方基督教一样的宗教,但它却有着很强的宗教性。如果能吸收基督教所具有的"精诚信仰""超脱尘世""以宗教精神为体,物质文明为用"等方面,或将使儒家思想的宗教性方面更为凸显,将使儒家的礼教的宗教精神得到更为完满的发挥。(三)须领略西洋的艺术以发扬儒家的诗教。贺麟认为,儒家特别重视诗教、乐教,确具深识远见。但因《乐经》佚失,乐教中衰,诗教亦式微。虽诗歌与音乐为艺术最高者,但其艺术的其他部类,如建筑、雕刻、绘画、小说、戏剧,皆所以发扬无尽

---

① 贺麟:《文化与人生》,商务印书馆1988年版。

藏的美的价值。因此，他主张吸纳西方艺术而使新诗教、新乐教、新艺术而与新儒学一起复兴。为什么贺麟要从这三个方面来讨论"儒家思想的新开展"？儒家思想可以开展的方面当然不止于此，我想这正是因为西方哲学一向重视"真""善""美"问题的讨论，而贺麟正是考虑从"真""善""美"三个方面来讨论儒家思想。贺麟先生在他的《中国哲学与西方哲学》一文中说："今后中国哲学的新发展，有赖于对西洋哲学的吸收与融会，同时中国哲学家也有复兴中国文化、发扬中国哲学，以贡献于全世界人类的责任。"①

20世纪三四十年代，我国哲学界在利用西方哲学对中国哲学进行整理和研究，以期使中国哲学由"传统"走向"现代"，建立若干种现代型的"中国哲学"，这就给我们提供了两点可以特别注意之处：一是，今后我们研究中国哲学必须继续借鉴西方哲学；二是我们必须十分重视20世纪三四十年代张东荪、熊十力、梁漱溟、冯友兰、金岳霖、贺麟等以来对创建现代型"中国哲学"所做出的成果。总之一句话，我们对中国传统哲学不能只是"照着讲"而必须"接着讲"，特别是应该重视"接着"20世纪三四十年代以来中国哲学所取得的成就来讲"中国哲学"。

四

西方哲学大规模地传入中国至少也有一百多年了，而且众多的西方

---

① 贺麟：《中国哲学与西方哲学》，载氏著《哲学与哲学史论文集》，商务印书馆1990年版，第127页。

哲学流派都对中国哲学和中国文化发生过重大影响。那么到今天,我们怎么没有可能"接着"西方哲学来讨论哲学问题呢?在这里,我想粗略谈一点印度佛教传入中国而为中国"接着讲"印度佛教的经验。印度佛教传入到中国经过六七百年到隋唐时期,在中国出现了若干佛教宗派,有唯宗、天台、华严、禅宗等。其中还有玄奘大师提倡的"唯识学",不过此学太印度化,名相之多,分析之细,为中国思想文化之传统较难接受,流行了三十余年后就告中竭了。我想中竭的原因,就是因为玄奘的"唯识学"("唯识宗")基本上是"照着"印度佛教讲,而不是"接着"印度佛教讲的缘故。然而中国化的佛教宗派如天台、华严、禅宗等则广为流行,其中以禅宗最有影响。我们说这些佛教宗派是中国化的佛教,是因为它们吸收了中国文化的某些思想因素,而对印度佛教有所发展。当时天台、华严、禅宗讨论的重要问题之一是"心性"问题。这个问题当然与涅槃佛性问题有关,但是也与中国传统儒家的"心性问题"有关。天台宗有"一心具万法"之说,华严宗有融"佛性"于"真心"之论,禅宗则更认为"佛性"即人之"本心"(本性)。而天台甚至吸收了某些道教的炼养功夫,至于华严、禅宗无论在内容和方法上都与老庄思想有着千丝万缕的联系。这就是说外来文化传到中国后,可以因加入了中国思想文化的因素,使之得到发展,而成为中国化的思想学说。就这个意义上说,也是一种"接着讲"的形式。正是由于在隋唐时期,中国佛教不仅是"照着"印度佛教讲,而是"接着"印度佛教讲,形成了中国化的佛教宗派,而至宋才出现了"出入于佛老"、反回先秦孔孟的"新儒学"。这样一个发展过程,对思考西方思想文化的传入我国应有一定的借鉴作用,正如贺麟所说:"一如印度文化的输入,在历史上曾经展开一个新儒学运动一样,西洋文化的输入,无疑将大大地促进儒家思想的新开展。"①

西方哲学各派学说是否也可以因加入中国哲学中的某些因素，或者借鉴西方某派哲学创建与之相当的中国派别哲学？根据上述佛教中国化的经验，我认为也许是可能的。这里我也想举几个例子来说明。

张东荪（1886—1973）是向中国学术界介绍西方哲学的最早的学者之一。熊十力先生对西方哲学的知识许多是来自张东荪。张东荪企图为中国哲学建立一个知识论体系②，贺麟在谈到张东荪的"多元认识论"时，认为"这大概要算中国治西洋哲学者企图建立系统的最初尝试"③。我们虽然不能说张东荪的"多元认识论"已经很系统、很成熟，而且对"认识论"已有重要贡献，但我们已可看出，他企图把中国传统思想的某些特别的观念引入"认识论"之中，例如他用"内在关系"解释"知识"问题时，不是以"主—客"二分为架构，而是以中国式的"主—客"相即不离为基点。张东荪的"内在关系"说与新黑格尔学派的布莱得烈（F. H. Bradley）颇有关系，但实与我国传统思想中的"物我合一"之说颇为相近④。张东荪的"多元认识论"又以所谓"间接呈现说"和"非写真说"而与他所接受的当时西方流行的批判实在论（Critical Realism）不同。批判实在论主张外物的独立性，认为此独立性与认知活动无关，张东荪对此提出批评，他认为纯粹的独立性并不存在，批判实在论只主张到知觉内容与外物自体的二而非一，从而构成"认识论上

---

① 贺麟：《文化与人生》，第6页。
② 参见笔者为张耀南著《张东荪知识论研究》所写的"序"，台湾洪叶文化事业有限公司1995年版。
③ 贺麟：《当代中国哲学》，胜利出版公司1947年版，第30页。
④ 参见拙作《儒学的现代意义》一文，2006年7月28日在日本关西大学获名誉博士学位时的讲稿。

的两元论"。张东荪更进一步认为，如果知觉内容与外物自体是二而非一，那么感觉、知觉、概念、外在者等知识之"元"，其实都是二而非一，都是不可还原、不可归并的，从而可以在知识之两元的基础上，建构起他的"知识之多元论"。可见张东荪在吸收西方各家学说，又企图从中发展出他自己的见解①。这是不是也可以说是一种"接着"西方哲学讲的尝试？

又如，关于金岳霖哲学是"旧瓶装新酒"还是"新瓶装新酒"，在中国学术界有着不同的看法。有的学者认为："金岳霖《论道》这本书完全是依傍西方哲学观念来写的。所谓'元学'，其要旨在于建立一个纯粹理论的世界。既为纯粹理论的世界，又要兼顾现实世界，这是自柏拉图以来西方哲学一向存在的二元困难。金岳霖《论道》的绪论中试图解除这个困境，但结果表明，他自己也陷入了这个困境中。"②照这个看法，可以说金岳霖的《论道》是企图解决自柏拉图以来把"理论世界"和"现实世界"二重化的问题，而他企图解决这个难题的困难，从一个方面说也是一种"接着"西方哲学讲的思路（其实熊十力在他的《体用论》中已经批评了西方哲学把"本体"即实体与现象分为两个世界的观点，如他说："西哲以现象是变异，本体是真实，其失与佛法等。"熊十力认为，佛教以"不生不灭、无为，是一重世界；生灭、有为，是另一重世界"。熊十力认为"本体"与"现象"不可分割为二，意谓离用无体，不可于用外求体，这正是中国哲学的一重要观点了）。胡军教授在他的《道与真——金岳霖哲学思想研究》中也说：金岳霖的"很多哲

---

① 参见张耀南：《张东荪》，台湾东大图书公司1998年版，第208—209页。
② 俞宣孟：《移花接木难成活——评金岳霖的〈论道〉》，《学术月刊》2005年第9期。

学问题都是直接从批判休谟哲学出发,如他的形而上学体系就主要是用来解决休谟的因果问题或归纳问题"①。并说:"金岳霖是在继承罗素、刘易斯等人的有关理论的基础上进一步推进了先天性的理论,并以先天性命题和先验性命题来建构其形而上学的体系。"② 但是,我们是否能说金岳霖建构他的哲学的目的只是为了解决西方哲学的问题?胡军教授认为,金岳霖与《论道》是"他竭力要把作为中国文化象征的道内化为自己的思想与生命之路"③。我认为也许应该如此理解金岳霖哲学。这真有点儿像禅宗,它所论的问题从形式上看全是佛教的,但它的精神却是中国的④。当然,金岳霖哲学无论如何都是很复杂的,应该更深入地讨论。

也许比较能说明中国学者企图"接着"西方哲学讲较有意义的是,中国学者正在努力建构中国"解释学"(Hermeneutics)的问题。我曾于1998年提出创建"中国解释学问题",在其前后已有一些学者提出过参照西方解释学创建中国解释学的尝试,如傅伟勋的"创造的诠释学"引入了《老子》《大乘起信论》《坛经》等思想内容;成中英的"本体诠释学"根据中国的《周易》理论,特别重视诠释"本体"的意蕴,他认为中国哲学讲的"本体"是动态的"自本体",不同于西方哲学讲的"本体"是静态的"对本体";黄俊杰以孟子思想为中心,通过《孟子》的个案研究揭示中国哲学诠释的某些特点;我主要是基于中国有很长的解释经典的传统,认为对此传统进行梳理,可能会得出某些不同于西方解释学的理论与方法,并且对先秦诸子不同类型的经典解释作了初步分

---

① 胡军:《道与真——金岳霖哲学思想研究》,人民出版社2002年版,第6页。
② 胡军:《道与真——金岳霖哲学思想研究》,第59页。
③ 胡军:《道与真——金岳霖哲学思想研究》,第59页。
④ 参见拙作《中国现代哲学的三个"接着讲"》(摘要),《解放日报》(上海)2006年5月15日。

析。也许我们还不能说，中国学者通过自身的努力已经建成了一种或几种成熟的"中国化的当代解释学"的模式，但是，利用中国解释经典的资源，借鉴、吸收、消化西方解释学无疑是创建"中国化的解释学"所应该尝试的①。当然，还有中国学者在为建构中国的"符号学"和"现象学"而努力，如龚鹏程的《文化符号学导论》②和康中乾的《有无之辨——魏晋玄学本体思想再解读》③。

当然，我们现在也许还没有达到隋唐时期，如天台、华严、禅宗"接着"印度佛教讲的水平，但我们可以预期，把中国思想文化的资源加入到西方哲学中，这也是我们当代中国学者应该努力尝试的重要方面。唯有如此，我们才可以使中国哲学不仅是中国的，而且是世界的。

五

马克思主义哲学是中国哲学中重要的一支，当前对西方哲学的许多流派仍然有着深刻的影响。近百年来，马克思主义曾对中国社会和中国学术文化起过而且至今仍然起着巨大的作用。但是不可否认，一段时间内，由于我国的学术思想界更多受到了由苏联传入的列宁斯大林主义的

---

① 参见拙作《中国现代哲学的三个"接着讲"》，收入拙著《新轴心时代与中国文化的建构》，江西人民出版社 2007 年版，第 137—150 页；《论创建中国解释学问题》，《中国哲学》第二十五辑，辽宁教育出版社 2004 年版，第 1—33 页。
② 龚鹏程：《文化符号学导论》，北京大学出版社 2005 年版。此书有笔者写的"序"，提到"中国符号学"问题。
③ 康中乾：《有无之辨——魏晋玄学本体思想再解读》，人民出版社 2003 年版。此书有笔者写的"序"，提到"中国现象学"问题。

影响，因而出现了极"左"的教条主义思想。我们没能很好地根据中国的历史和现实来"接着"马克思主义讲中国哲学，而是照搬苏联教科书的"理论"，在哲学界最主要的是把日丹诺夫的《在西方哲学史座谈会上的讲话》奉为经典，这样不仅全盘否定了孔孟老庄等以来的中国哲学家，而且打断了20世纪三四十年代一批中国哲学家建构现代型的中国哲学的努力。即使在这种情况下，我们也还有一些学者在为创建中国化的马克思主义哲学做出了贡献。这里我主要打算介绍冯契同志在这个方面的贡献。

已故的冯契同志是一位有创造性的马克思主义者，他力图在充分吸收和融合中国传统哲学和西方分析哲学的基础上，使马克思主义哲学成为中国化的马克思主义哲学。他的《智慧三说》可以说是把马克思主义的实践唯物辩证法、西方的分析哲学和中国传统哲学较好结合起来的尝试。冯契同志在该书"导论"中一开头就说："本篇主旨在讲基于实践的认识过程的辩证法，特别是如何通过'转识成智'的飞跃，获得性与天道的认识。"[①] 冯契同志不是要用实践的唯物主义辩证法去解决西方哲学的基本问题，而是要用实践的唯物主义辩证法解决中国哲学的"性与天道"，他说："通过实践基础上的认识世界与认识自己的交互作用，人与自然、性与天道在理论与实践的辩证统一中互相促进，经过凝道而成德、显性以宏道，终于达到转识成智，造成自由的德性，体验到相对中的绝对、有限中的无限。"接着，冯契同志用分析哲学的方法，对"经验""主体""知识""智慧""道德"等层层分析，得出如何在"认识世

[①] 冯契：《〈智慧三说〉导论》，载汤一介、杜维明主编：《百年中国哲学经典：五十年代后卷（1949—1978）》，海天出版社1998年版，第542页。

界和认识自己的过程中转识成智"（我认为，冯契同志把"认识世界"和"认识自己"看成是同一过程，这无疑是中国式的思维方式），由此他提出一个非常重要的命题："化理论为方法，化理论为德性。"[①]（按：马克思主义哲学一向认为"理论"和"方法"是统一的，而中国哲学一向认为"理论"与"德性"是统一的，而冯契同志要求把"理论""方法"和"德性"三者统一起来。）他就这个命题解释说："哲学理论一方面要化为思想方法，贯彻于自己的活动，自己研究的领域；另一方面又要通过自己的身体力行，化为自己的德行，具体化为有血有骨的人格。"[②]照冯契同志看，无论"化理论为方法"，还是"化理论为德性"，都离不开实践的唯物辩证法。"化理论为方法"，不仅是取得"知识"的方法，也是取得"智慧"的方法。"智慧"与"知识"不同，"知识"所及为可名言之域，而"智慧"所达为超名言之域，这就要"转识成智"。而"转识成智"，是要"凭理性的直觉才能把握"[③]。对此冯契同志解释说："哲学的理性的直觉的根本特点，就在于具体生动地领悟到无限的、绝对的东西，这样的领悟是理性思维和德性培养的飞跃。"[④]（按：这有点儿像熊十力先生所提出希望建立的"思修交尽"的"量论"那样。）"理性的直觉"是在逻辑分析基础上的"思辨的综合"而形成的一种飞跃。如果没有逻辑的分析，就没有说服力；如果不在逻辑基础上作"思辨的综合"，就不可能为哲学研究提供新的方面，开辟新的道路。从这里我们可以体会到冯契同志运用逻辑的分析和思辨的综合的深厚功力。正是

[①] 汤一介、杜维明主编：《百年中国哲学经典：五十年代后卷（1949—1978）》，第534页。
[②] 汤一介、杜维明主编：《百年中国哲学经典：五十年代后卷（1949—1978）》，第524页。
[③] 汤一介、杜维明主编：《百年中国哲学经典：五十的代后卷（1949—1978）》，第539页。
[④] 汤一介、杜维明主编：《百年中国哲学经典：五十年代后卷（1949—1978）》，第540页。

由于此，实践唯物辩证法才具有理论的力量，也说明他研究哲学的目的归根结底是为了用实践唯物辩证法来解决"性与天道"（按：也可以说是"天人关系"的问题）这一古老又常新的中国哲学问题。我认为，只有像冯契同志这样运用马克思主义的实践唯物辩证法研究和解释中国哲学问题，才是创建中国化的马克思主义哲学的必由之路，也就是说冯契同志不仅"照着讲"马克思主义哲学，而且是"接着讲"马克思主义哲学，这是因为他把中国哲学思想和中国哲学问题引入了马克思主义哲学之故[①]。

六

根据上面的分析，无论是对中国传统哲学（中国哲学史）的梳理，或是现代型"中国哲学"的建构，都离不开西方哲学，都是由于西方哲学的传入引起的。所以我们可以说"中国哲学"的建立受惠于西方。

但是，既为人类，就有共同遇到的问题，因此其文明（文化）总有其共性；既为不同的民族（国家、地域），其文明（文化）总会因地理的、历史的、人种的甚至某些偶然的因素而具有某些特性。西方哲学既然是在西方社会文化环境中产生，必然有着不同于其他民族文明（文化）的特性；而如果建构现代型"中国哲学"，它必然也受着长达五千年的中国社会文化的制约，而有其不同于西方哲学的特性。因此，在我们建构现代型的"中国哲学"的时候，一方面必须以西方哲学为参

---

① 参见拙作《读冯契同志〈智慧说三篇·导论〉》，《学术月刊》1998年增刊。

照系，另一方面又必须深入地发掘和创造性地阐释"中国传统哲学"的特殊意义。我有一个想法是否正确，现提出请大家批评讨论。一般地说，大家都认为"哲学"是讨论"宇宙人生"的根本问题。然而从什么角度讨论这个根本问题，讨论此根本问题又企图达到一个什么目的，也许各个不同民族文化的哲学趋向或有不同。早在20世纪20年代初，梁漱溟的"文化类型说"虽不甚成熟，但"文化"有不同类型的观点，作为一种分析文化的"共性"与"个性"的关系问题仍不失为一研究文化问题的重要路径。我们是否可以这样说，西方哲学自古希腊到近代特别是笛卡尔以来，西方的主要哲学家注重的是哲学知识体系的建构；而在中国传统文化中，我们的圣贤们对"哲学问题"的考虑却重在人生境界的追求[1]。

　　孔子有句话很可能体现了"中国哲学"的特点。孔子说："知之者不如好之者，好之者不如乐之者。"人生的终极目的不在于取得"知识"（技能），而是要为自己找个"安生立命"处。道家的老庄所追求的是"自然无为""逍遥游放"，超越自我、超越世俗的人生境界，甚至认为向外追求"知识"是不可取的。中国化的佛教禅宗所追求的"成佛之道"，不是"向心外觅"，而是希求在平常生活中自然见道，如"云在青天水在瓶"一样自自然然、平平常常，一切向外追求，如念经、释佛、坐禅等皆为"障道"。像中国传统文化中的儒、道、释的这种以追求内在精神境界为终极目标的"哲学"，在西方哲学中我不敢说没有，

---

[1] 张东荪早已有此看法，他说："西方人所求的是知识，而东方人所求的是修养。换言之，即西方人把学问当作知识，而东方人把学问当作修养，这是一个很可注意的异点。"熊十力也同意张东荪的看法，说："从大体说来，西方毕竟偏于知识的路向，而距东方哲人所说修养，不啻万里矣。"参见《十力语要》，《熊十力全集》第四卷，第106、109页。亦可参见拙作《再论中国传统哲学中的真善美问题》，《中国社会科学》1990年第3期。

但终不是西方哲学的主流吧。这种以追求内在的精神境界为终极目标的"哲学",虽与西方哲学很不相同,但它对人类社会的价值是无法抹杀的。

关于中国有无"哲学"以及"中国哲学"与西方哲学的不同,在近百年中已有过不少讨论。这个问题也许还会长期地讨论下去。下面我想再谈一些我的想法。

贺麟先生在《知行合一新论》中提出一个重要问题,他说:"王阳明之提出知行合一说,目的在为道德修养,或致良知的功夫,建立理论基础。"又说:"不批评地研究知行问题,而直谈道德,所得必为武断的伦理学(Dogmatic ethics)。因为道德学研究行为的准则,状况的概念,若不研究与行相关的知识,与善相关的真,当然会陷于无本的独断。"①因此,他提出必须"打破那不探究道德的知识基础的武断的道德"。这里,贺麟虽然只是讨论王阳明的"知行合一"问题,但对我们了解"中国哲学"的其他方面的问题(如"本体论""人性论"等)是很有启发的。"中国哲学"虽说其基本趋向在于提高人们的精神境界,但是它也必须有知识基础。下面我打算举"天人合一"这个命题为例子来说明贺先生所提出问题的意义。

"天人关系"问题是中国传统哲学中讨论的基本问题②。而"天人合一"则是中国传统哲学中儒家对宇宙人生的基本看法。如果把"天人合一"作为一个哲学命题,也许要对以下的问题作知识性的分析:(一)

---

① 贺麟:《五十年来的中国哲学》,辽宁教育出版社1989年版,第130—131页。
② 参见拙作《从中国传统哲学的基本命题看中国哲学的特点》,载《论中国传统》,生活·读书·新知三联书店1988年版;拙作《论"天人合一"》,载《我的哲学之路》,新华出版社2006年版。

"天"和"人"的含义是什么？在中国哲学中，"天"至少有三个不同的含义：自然意义之天，义理意义之天，主宰意义之天。那么"天人合一"中的"天"是哪种意义上的"天"，还是兼有三种意义的"天"？（二）"合一"是什么意义？朱熹说的"天即人，人即天"是什么意思？不是说"天"和"人"完全同一，而是说"天"与"人"相即不离，即"天离不开人，人也离不开天"，这跟西方自柏拉图经过基督教哲学到近代的笛卡尔都认为"精神和物质界是两个平行而彼此独立的世界，研究其中之一能够不牵涉另外一个"很不相同。而中国哲学则认为：研究"天"不能不涉及"人"，研究"人"不能不涉及"天"。所以对"合一"必须作认真的知识性的分析。（三）在中国哲学中既然认为"天"与"人"有着相即不离的关系，因此，"人"的意义受到了特别的重视。"人"不仅应"知天"，而且应"畏天"。"知天"而不"畏天"，就会把"天"看成死物，而不了解"天"乃是有机的、生生不息的刚健大流行。"畏天"而不"知天"，就会把"天"看成外在的神秘力量，而"人"则不能体现"天"的活泼泼的气象。同时，中国的"天人合一"又是立足于"天"与"人"的关系是一种"内在关系"，这与把"人"与"天"看成是一种"外在关系"的思路很不相同。而这种"天"与"人"存在着"内在关系"的根据，照中国哲学看是在于"天心""人心"皆以"仁"为"心"，所以朱熹说，"仁者"，"在天则盎然生物之心，在人则温然爱人利物之心，包四德而贯四端者也"。如何得到"天心""人心"皆"仁"这一观念，我认为是靠智的直觉，即如佛家之"转识成智"。"直觉"不能由"知识"推理而得到，而是在生活实践中、精神修养中"忽然证道"。它虽不离生活经验、精神修养，却又超越生活经验、精神修养，直接达到"不思而得"的境界。因此，它是即世间的又是出世间的，它是"无用"之"大用"。由此可见，中国儒家思想虽不是纯粹意义上的宗教（如基督教、佛教），但它却有宗教性。也许正因为如此，中国儒家思想可以起着某种宗教的功能，如对"天"的崇拜。到此，关于"天人合一"的学说就不仅是一种知性的学问，而且是一种精神上的追求，是一种超越自我和世俗"同于天"的精神境界，是中国哲学所具有的"内在超越"的特殊品德的体现。因此，我们可以说儒家思想是一种哲学，但含有宗教性，它兼有宗教功能，而重在精神境界的追求。根据以上的分析，我们可以看出，中国哲学是应先经过知识的分析，然后才能更深刻地揭示其对精神境界追求的特殊的哲学意义。而得到这一认识也是和西方哲学的传入分不开的。这也可以看出，参照西方哲学来创建中国哲学，最终反而会凸显中国哲学的特色和价值。

建构现代型的中国哲学在相当长的一个时期里仍然必须认真地吸收和借鉴西方哲学，系统地消化西方哲学，特别应注意当前西方哲学发展的趋势。然而今后，我们也许应当更加重视对自身的哲学传统的发掘与研究，确立自身文化的主体性，着力于"接着"一个多世纪以来建构现代型中国哲学的势头讲，为中国哲学的发展开拓出一个新的局面。《诗经·大雅·文王》："周虽旧邦，其命维新。"我们中华民族是一个有着长达五千年历史文化的古老民族，是一个有着"海纳百川"胸怀的民族，我们的使命是要使我们的思想文化不断革新，而对全人类做出应有之贡献。

（原载《文史哲》2008年第2期）

近年来国内哲学研究状况检讨
——一个有限的观察和评论

何中华

一、回眸近年来的国内哲学研究状况，我们作为"当事人"置身其中，有一种特别的局限，既因缺乏必要时间距离而难以看清原委，也因种种牵挂而难得客观公允；但作为"在场""见证人"，又有一种"认识论特权"，这多少鼓励了我们对现状作出某种可能的刻画和评估，尽管它充满种种学术风险。

全面检讨国内哲学研究现状，梳理并总结其进展，进而给予公正评价，笔者殊难胜任。本文不打算面面俱到地陈述具体研究成果，仅从私人视角出发，就某些自认为值得关注的现象及问题进行初步分析和评论，报道一个有限观察者的感受及体会。由于基于有限观察而非纯客观描述，局限性在所难免。

二、深切理解国内哲学研究状况，就不能不追溯改革开放以来乃至晚清以来中国的历史处境。作为历史积淀的结果，今天的状态以浓缩的形式折射着中国哲学的历史场景。中国哲学的命运其实早在那些时候就已经被注定了。

近代以来的文化焦虑固然源于民族危亡,但更深地源自学理上的悖结,它决定并塑造了中国人特别是中国学术的文化情结。这种打不开的情结作为无法逃避的历史遗产,一直影响到我们今天的文化判断和哲学运思。时代的纠葛与矛盾、悖结与尴尬,早已被张之洞点破:"今日之世变,岂特春秋所未有,抑秦、汉以至元、明所未有也。……于是图救时者言新学,虑害道者守旧学,莫衷于一。旧者因噎而食废,新者歧多而羊亡。旧者不知通,新者不知本。……吾恐中国之祸,不在四海之外,而在九州之内矣。"① 熊十力则说:"自清季以迄民国,治哲学者可以说一致崇尚西洋;不免轻视本国的学术。虽则留学界人士亦谈国学,而覈其实际,大概以中国的瓶子装西洋的酒。至于中国的瓶子有土产的酒否,似乎不甚过问。"他以严复为例:"又陵号为博通,而其言老子尚以西洋学人相缘附,其他更不问可知。吾于此不及深谈,唯念数典忘祖,昔人所耻,今新运创开,自省改正从前错误;哲学界宜注重中国固有精神遗产与东方先进哲学思想之研究,外学长处不可不竭力吸收,国学有长,亦未可忽而不究,此吾所欲言者也。"② 文化上的弱国心态成为国人心头自晚清以降即挥之不去的阴影,它总是或明或暗地左右着我们的文化选择和文化言说姿态。这同样影响了迄今为止的我国哲学研究的面貌和格局。

进入21世纪,哲学研究不可避免地受制于20世纪八九十年代由思想到学术的转向。新世纪伊始,国内哲学界完成了由"破"到"立"的转变。追求"纯"哲学的诉求作为有积极意义的征兆构成其标志。对启

---

① 张之洞:《劝学篇·序》,渐西村舍重刊本,第1—2页。
② 熊十力:《谈"百家争鸣"》,《哲学研究》1956年第3期。

蒙情结的超越是决定这一转变的重要原因。其优点是冷静地处理学问，使之不再过多地受到价值偏好的干扰；其弱点是学问有可能沦为价值无涉的工具性规定，以致变成"炫技"式的杂耍，从而丧失应有的担当。这又内在地凸显了学问的合法性危机。

　　三、从内容的角度说，目前国内哲学之学术研究，在总体上仍呈现为中国哲学、西方哲学、马克思主义哲学三足鼎立之势。中国哲学领域重新提出中国有无"哲学"的问题，直面"中国哲学"的合法性。它涉及一个更具始源性和本然性的问题：究竟何谓"哲学"？它是西方文化独有的产物，还是不同文化传统能够共享的称谓？中国有无本体论？中西语境中的"形而上学"或"本体论"是一种怎样的语义关系？西方哲学领域则对构成本体论和形而上学内核的"存在"范畴进行广泛而深入的讨论，既关乎"哲学"在西方语境中的本真含义，又牵扯立足于中国本土化立场的跨文化的可翻译性问题。马克思主义哲学领域对马克思思想的存在论旨趣加以探讨，直接涉及如何解释马克思哲学的真谛问题：马克思终结了还是拯救了哲学？马克思哲学消解了还是重建了本体论？归结起来，不外乎中国哲学的合法性辩护问题、西方哲学的本土化问题、马克思主义哲学的创造性诠释问题。

　　对哲学"元问题"的清算和追究，不仅是人们的兴趣使然，更是问题自身逻辑逼迫的结果。例如对"Being"问题的澄清，表面看来不过是一个基本范畴的翻译问题（究竟译成"在""是""有"抑或其他更恰当），其实对译名的选择折射着人们究竟秉持怎样的哲学立场和哲学观。它既涉及中、西、马诸领域，也涉及翻译、语源学、阐释和理解、哲学语境、跨文化解读等诸多问题。在哲学范围内，这显然是一个最具有广泛性和深刻性的跨分支学科的问题。西方哲学的自我澄清、中西哲学的比较和相互诠释之可能性、马克思哲学的存在论解释能否成立等，无不有待于这个问题的解决。显然，几乎所有的哲学争论和对话都已无法逃避对前提性共识本身的清算和反省了。任何争论在归根到底的意义上都不过是不同预设之间冲突和碰撞的结果。哲学争论究竟在何种意义上才是"哲学的"，从而成为正当的、有意义的和建设性的？其边际条件是什么？这些都是需要深入反省并有待澄清的。

"Being"问题的象征意味在于，当代中国哲学研究所提出的一切问题，几乎无可逃避地隐含着一个西方镜像。从历史的长时段看，西方哲学的古典阶段在总体上呈现为一种去时间性的过程，其实质是通过对时间性的"过滤"，凸显逻辑先在性的规定，从而为一切可能的存在者寻找一个"阿基米德点"。然而现代意义上的哲学却表征为一条相反的进路，那便是向时间性的复归。黑格尔提出的逻辑的东西与历史的东西相统一的原则，就已经隐藏着哲学的"拐点"。海德格尔把"存在"与"时间"内在地联系起来，从而使本体论的展现成为"历史地"过程。在当代中国哲学研究中，这一转折似乎得到了某种意义上的重演。20世纪八九十年代的哲学研究不能说没有对"元问题"的探究，但总的说是缺乏哲学史支撑的。它基本上局限于抽象的讨论。进入21世纪以来，传统的逻辑与历史相统一的原则首先被理解为逻辑的东西同认识史特别是哲学史之间的统一。史论结合的方法论原则被日益实际地运用于研究当中，哲学史与哲学理论之间的分际变得越来越模糊起来。这无疑是一种积极的值得肯定的迹象。它的拯救是双重的：没有哲学史底蕴的哲学研究是肤浅的和苍白的；同样地，没有理趣的哲学史研究也不过是思想史事实的堆积而已。

中国哲学研究强化元典意识，西方哲学研究重视词源学梳理，马克思主义哲学研究中兴起文本考据,都有助于恢复哲学研究中的历史维度。但是,我们也应注意防止另一种偏颇。以梳理"关键词"为例,其初衷原本是为了澄清专业术语的"本来"含义,以免人们在误读中误用。具有讽刺意味的是,这样一种类似于专业词典式的处理方式,即把某些术语从特定文本中"拎"出来予以诠释的做法,是否又面临着另一种难堪:因对"上下文"的剥离而陷入抽象的命运?这真是有点儿像一个人为了躲避海水打湿衣服却整个人掉进了大海。它忽视了解释学循环所决定的在"理解"中的互文性意义。无论是对"关键词"进行词源学追溯还是对其进行学科性的界说,都难以避免上述困境。海德格尔在自己的哲学运思中娴熟而别致地进行词源学追溯,每每出新意。因为他把词义之发生与人的历史存在本身挂钩,从而使其获得了本体论意味,所谓"语言是存在的家"。词源学意义的历史生成,折射着人的"亲在"方式。然而,现象学方法的一个重要特征正在于历史性的时间之复活。如果仅仅满足于词义达到时间上的还原,恰恰消解了时间维度及其负载的历史性规定。或许这正是词源学方法在哲学上的运用之局限性所在。其实,关键词的每一次使用都意味着一种意义的生成,我们既无办法也无资格先验地判定哪一次使用究竟是合法的还是非法的。

从形式的角度看,中国当代哲学研究日益表现为对学术纯粹性的自觉追求,这在中、西、马诸领域均有所表现。哲学回到自身同样表征为回到自身的学术纯正性方面。哲学在以往承担了过多的职能,甚至出现哲学全能主义的局面。这与其说是给予哲学过多的荣誉,倒不如说是给予它过多的侮辱。

四、近年来国内哲学研究成果中间或有某些原创性成分,个别的甚至堪同国际水准相媲美,但总的说不宜估计过高。研究现状中最引人注目者乃是一系列悖谬现象：哲学的自觉与哲学的自我迷失、哲学的创造冲动与哲学的底气不足、哲学的通达与哲学的自闭、哲学的繁荣与哲学的贫乏等。

五、鲁迅说："用近代的文学眼光看来，曹丕的一个时代可说是'文学的自觉时代'，或如近代所说是为艺术而艺术（Art for Art's Sake）的一派。"① 文学的自觉在于文学的自我复归。在此意义上，我们今天也可谓迎来了一个"哲学的自觉时代"。晚清以来哲学所遭遇的种种问题，迄今终于被集中地予以追问和清算，其广度和深度到了今天都具有空前的意义。没有东西方文化和哲学的激荡，何以会有这般问题！哲学自觉的标志何在？内在地说，在于哲学研究本身成为反思对象。哲学诸领域的思考日益聚焦于"元问题"，它不是寻求或针对答案，而是质疑提问方式本身，因而是一种前提性的拷问。这些领域的问题最后均指向一个共同论域：哲学之为哲学的内在理由和基本判准何在？外在地说，则在于哲学及诸分支的学科意识日益凸显，划界标准、辨识尺度、自我定位要求愈益被自觉地考量并予以强调。

但吊诡的是，目前国内哲学研究却面临着自我迷失的难题。原因很多。就外部说，主要是中国文化在与西方文化的碰撞中陷入自我认同危机，从而导致哲学的自我确认之困难；世俗化的冲击日益广泛和深化，使哲学面临背离内在尺度要求的诱惑。从内部说，主要是哲学的自我把握方式失当，哲学因知识论化而疏离了"思"之本性；哲学研究和教育的现代性体制安排，进一步强化了此种偏执。

---

① 鲁迅：《魏晋风度及文章与药及酒之关系》，《鲁迅全集》第3卷，人民文学出版社2005年版，第526页。

由于东西方文化的纠葛,中、西、马诸领域都遇到一个致力于寻求自身之本真性的问题:怎样的研究才算是本真的研究?哲学上很多争论其实追究起来无非源自一个十分隐蔽的问题:究竟如何"做"哲学才像是那么回事?没有谁愿意公开地谈论这个问题,但在每个自认为研究哲学的人的心目中都有自己的答案。

以研究西方哲学为例。陈康提出过有代表性的见解。在谈及哲学训练时,他力倡"纯客观地读",并解释说:"所谓纯客观地读,指不掺杂己见于其中。最容易渗入的是自己对书中思想的评论,思想未经训练的人读书往往人我不分(他们的言论和文章使人不知其为叙述哲学史还是讨论哲学问题)。这一点我们必须避免。当我们训练我们自己时,最重要的是认知作者如何思想,思想些什么;至于评论其思想之是非,那乃是次一步的事,此时必须抛开,以免混乱自己的思想。"[①] 读书如此,研究又如何呢?按陈康的意见,"研究前人思想时,一切皆以此人著作为根据,不以其与事理或有不符,加以曲解(不混逻辑与历史为一谈)。研究问题时,皆以事物的实况为准,不顾及任何被认为圣经贤训。总之,人我不混,物我分清。一切皆取决于研究的对象,不自作聪明,随意论断"[②]。他特别强调研究西方哲学的必备条件之一乃是"客观的态度"[③]。这实乃确立一理想,即"再现"文本的"已有"思想。此观点体现的是对文本意义的朴素实在论式的理解。其假设是文本的固有意义与我们的解释之间有一条清晰的界限,而且我们能够自觉意识到并把握住这条界限。文本的意义被理解为先于解释而独立存在的规定。这可

---

① 汪子嵩、王太庆编:《陈康:论希腊哲学》,商务印书馆1990年版,第534—535页。
② 汪子嵩、王太庆编:《陈康:论希腊哲学》,第 iii 页。
③〔古希腊〕柏拉图:《巴曼尼得斯篇》,陈康译注,商务印书馆1982年版,第365页。

以说是典型的"我注六经"的态度。这种领会方式若推向极端，势必抹煞解释学揭橥的阐释活动的意义生成性，遮蔽掉解释学所彰显的问题。况且中国人研究西方哲学，中间还横隔着一层文化的樊篱，这又增加了一种特别的困难和障碍。它在极有限的意义上是对的，一旦超出一定的限度，我们怀疑，它能否做到，又能做到几分？即使陈康本人也不得不承认：这"正是我的理想，只怕不能完全做到"①。诚然，"不能"不等于"不应"，但不可能性的凸显毕竟在很大程度上打消了人们对应然性诉求的热情。具有讽刺意味的是，过分强调纯正性恰恰把中国人研究西方哲学所固有的非西方叙事角度的合法性给剥夺了。

早在1944年，陈康在为他所翻译的《巴曼尼得斯篇》写的序言中就说："现在或将来如若这个编译会（指当时贺麟主持的'西洋哲学名著编译会'。——引注）里的产品也能使欧美的专门学者以不通中文为恨（这绝非原则上不可能的事，成否只在人为！），甚至因此欲学习中文，那时中国人在学术方面的能力始真正地昭著于全世界；否则不外乎是往雅典去表现武艺，往斯巴达去表现悲剧，无人可与之竞争，因此也表现不出自己超过他人的特长来。"② 这自然不是说拿中国文化背景和思想偏好去解释西方哲学，让西方人因感到新鲜而欣赏，就能够使"中国人在学术方面的能力……真正地昭著于全世界"。在陈氏看来，那并非真本事。因为如此这般，一则违背了哲学史研究的纯"客观的态度"，二则"不外乎是往雅典去表现武艺，往斯巴达去表现悲剧"。诚然，跟外国人讲中国学问，或跟中国人讲外国学问，还算不上真能耐。为西方

---

① 汪子嵩、王太庆编：《陈康：论希腊哲学》，第 iii 页。
② 陈康：《序》，载〔古希腊〕柏拉图：《巴曼尼得斯篇》，第 10 页。

人所真正推重且心悦诚服的,乃是跟他们讲西方哲学且讲得让其觉得同自己难分伯仲。有同行学者指出:陈康"这番话……表达了我们中国研究西方哲学史的工作者应有的抱负"①。它显然代表了国人在研究西方哲学方面所孜孜以求的理想,即能够像西方人那样"原汁原味"地解读并叙述西方哲学。但晚清以来的西学东渐史却一再表明,这一理想注定要落空。我们不得不退而求其次,借解释学之助,直面这一无奈的现实,正视中国式解读的合法性,把它作为应走之路。

不同文化传统中的哲学具有不可翻译性,这不仅指语言层面的,更深一层的含义在于文化意义上的隔膜所决定的那种性质。假设语言障碍全无,仍将存在未曾或不能解决的困难。以殷海光和王浩为例。据林毓生回忆:"除了最后几年,殷先生的思想有很大的变化以外,攻击中国传统,提倡科学与民主,是他一生言行的目标。"②但"在他的学术专业——逻辑与分析哲学——上并没有重大的原创贡献,这是他晚年提到的遗憾之一"③。所以如此,林的解释是道德与知识之间的紧张:"逻辑与分析哲学的研究是需要在极端冷静的心情下钻研的。殷先生经常处在道德愤怒与纯理追求的两极所造成的'紧张'的心情中,自然不易获致重大的学术成就。……他之所以在学术上没有获致原创成就正是因为道德成就过多的缘故。"④其实问题的要害不在于个人原因,而在于文

---

① 汪子嵩、王太庆编:《陈康:论希腊哲学》,第 vi 页。
② 林毓生:《殷海光先生一生奋斗的永恒意义》,载〔美〕史华慈等:《近代中国思想人物论:自由主义》,台湾时报文化出版事业有限公司 1980 年版,第 437 页。
③ 林毓生:《殷海光先生一生奋斗的永恒意义》,载〔美〕史华慈等:《近代中国思想人物论:自由主义》,第 440 页。
④ 林毓生:《殷海光先生一生奋斗的永恒意义》,载〔美〕史华慈等:《近代中国思想人物论:自由主义》,第 441 页。

化的隔膜。即便是道德人格的追求真的妨碍了纯学术的成就,那也依然是中国的传统使然,其性质是文化的而非个人选择的。因此,"殷海光现象"内在地决定于中国传统致思取向和偏好同西方哲学的异质性。耐人寻味的是,殷氏在临终前曾向他的老对手、现代新儒家徐复观表示:"中国文化不是进化而是演化;是在患难中的积累,积累得这样深厚;希望再活十五年,为中国文化尽力。"① 其原因固然复杂,但在西方哲学研究上原创性贡献的阙如造成的挫折感乃至失败感,恐怕是更隐秘也更本质的原因。美籍华裔数理逻辑学家王浩,无论在语言还是在专业方面都能同世界一流学者进行对等的对话。他在病逝前不久曾说过令人深思的话:自己去国近五十年,脱离了中国文化传统,又始终跟西方隔着一层②。在东西方哲学的对话和交往中,这种隔膜不可能在绝对的意义上被去除。即使像王浩这样出色的研究西方学问且长期生活在美国的学者,也仍然遇到了难以克服的限制。这种不可逾越的隔膜,注定使那种追求西方哲学的东方式叙述回归其本真性的理想被无限期地搁置。

哲学上的"西学东渐"既受文化变量"干扰",亦难免历史的"矫正"。中国历史—文化语境对西方哲学的"期待"视野,就是一个难以剔除的先在规定。贺麟在其《黑格尔学述》"后序"中曾坦率地承认:"我之所以译述黑格尔,其实,时代的兴趣居多。我们所处的时代与黑格尔的时代——都是:政治方面,正当强邻压境,国内四分五裂,人心涣散颓丧的时代;学术方面,正当启蒙运动之后;文艺方面,正当浪漫文艺运动之后——因此很有些相同,黑格尔的学说于解答时代问题,

---

① 徐复观:《痛悼吾敌,痛悼吾友》,载〔美〕史华慈等:《近代中国思想人物论:自由主义》,第452页。
② 申彤:《我所认识的王浩先生》,《读书》1995年第10期,第121—125页。

实有足资我们借鉴的地方。"① 他翻译、介绍、研究黑格尔哲学的原初动机主要源自时代需要。这正应了马克思的那句话:"理论在一个国家实现的程度,总是决定于理论满足这个国家的需要的程度。"② 就此而言,西方哲学文本的解读方式和意义建构,乃是由中国的时代需要塑造并决定的。

近年来在西方哲学研究领域追求"原汁原味"的努力和尝试,值得一提的大致有:第一,关键词的梳理。在对西方哲学的译介和研究中,对关键词的梳理,成为近年来的一个令人注目的迹象。它甚至成为论文的标题,和重要学术杂志开辟的专栏。2001年,中外学者合编的大型工具书《西方哲学英汉对照词典》由人民出版社出版,该书特点之一是"所有条目都包括一段引自[西方]古典文献或现代文献的例证性文字"③。这些无疑都体现了一种本然地解读并消化西方哲学术语及其负载的特定内涵的诉求。第二,西方哲学英文文本的引进和出版。中国社会科学出版社1999年出版一批英文版的"西方基本经典",其中哲学(含伦理学)方面的自古希腊直到当代约有三十五种之多。北京大学出版社2002年出版"西学影印丛书",包括哲学及诸分支学科的经典著作(英文版)选读若干部。第三,对西方哲学语境的还原和追溯的努力。例如"Being"问题的讨论,不仅仅是单纯术语语义之辨析,更关乎哲学视野的确立、哲学的契入方式和领悟方式,进而规定着中国的西方哲学研究的言说方式,因而是一个带有本然性和始源性的元哲学问题。由于其本

---

① 贺麟:《五十年来的中国哲学》,商务印书馆2002年版,第118页。
② 马克思:《〈黑格尔法哲学批判〉导言》,《马克思恩格斯选集》第1卷,人民出版社1995年版,第11页。
③ 〔英〕尼古拉斯·布宁、余纪元编著:《西方哲学英汉对照词典·序言》,人民出版社2001年版,第5页。

根性，它所折射出来的内涵几乎比所有其他问题的内涵都更为深邃而丰富。因为它涉及哲学的双重本真性：一是回溯性的，即能否回到西方哲学的源头；二是异质性的，即中西思想在跨文化理解中的可通约性，包括语言和思想的本真追求是否可能。总之，它涉及古今、中外、思想、语言等多重差异和不同层面，全息性地成为哲学之为哲学的首要问题，体现出在西方哲学研究中本真地把握西方哲学精神和实质的冲动。这一讨论折射着西方哲学研究范式的转换，即通过对基本范畴的词源学追溯，重新将其置入它的原初性语境中，以便再现性地生成其应有之义。

与之相反的动向，是对中国式解读方式的默许和肯认。2002年起，由中国社会科学院哲学研究所主办、以译介外国哲学特别是西方哲学为宗旨的《哲学译丛》易名为《世界哲学》，其定位和职能亦随之发生了某种嬗变。可以说，这次易名和改刊，是西方哲学研究界的一个有象征意味的变化。"哲学译丛"是单向度的，"世界哲学"则是双向互动的，它所提供的是一个对话式的平台。此举意味着杂志不再囿于翻译作品，而且发表国内学者的原创作品。它显示出更加开放的姿态，且预示着西方哲学研究范式的某种转变，即由单纯移译到阐释的过渡。更深层的含义是，中国学者在西方哲学研究中角色的转换，即由译介者转变为解读者、对话者，折射着中国学者对学术自主性的期盼，即在创造性地诠释西方哲学中自觉地融入东方视角。在这里，东方立场已不再被看成是消极的、负面的、有待被剔除的规定，而是被看作正当的、积极的、富有建设性的前提。从某种角度说，它体现了中国哲学家的自信和自主意识的提高。但也不得不承认，它也可以被理解为学术挫折感造成的对现实之局限性的无奈的默许和正视。也许后者仅仅存在于人们的潜意识中而不太愿意被显化为自觉清算的问题。叶秀山、王树人主编的八卷本《西方哲学史（学术版）》于2006年由江苏人民出版社出齐。该书的最大特色也许就在于把西方哲学的中国式解读变成正当的探究方式加以确认，从而代表一种西方哲学研究的新叙事模式的诞生。

对西方哲学进行原汁原味的研究，始终是中国研究者孜孜以求的崇高目标，甚至成为挥之不去的情结。但客观上的不可能迫使人们只有退而求其次，应该说这不失为一种现实的态度。西方哲学研究呈现出某种矛盾的现象——一方面是通过追溯和回归以求还原其本真性，另一方面却不得不强调中国式解读的合法性。这一尴尬意味着什么呢？前者体现了埋藏在西方哲学研究者内心的理想，后者是对研究现状和客观限制的无奈认可。

以赛亚·伯林说："如果把四位一流的英国哲学家和四位一流的法国哲学家送到一个荒岛上至少生活三年时间，强迫他们彼此谈论哲学问题，我不能肯定双方能否实现沟通。"困难何在？"对于来自不同营垒的哲学家，最困难的任务是翻译。也许这是件没有希望的事情。"① 此所谓"翻译"主要不是语言的而是思想的。西方传统内部的哲学交流尚且面临如此尴尬处境，更何况分别来自东西方文化背景的哲学了。但是，哲学境界的绝对性又先验地决定了哲学的可沟通性及彼此的可理解性。问题在于，这种可理解性未必一定要通过实际的交往和翻译，以老子所谓"不出户，知天下；不窥牖，见天道"（《老子·第四十七章》）的内省工夫也能够达致。承认这一点，实际上就意味着取消了哲学交往的必要性，从而使真正的困难成为多余。因为"我"与"你"的界限之瓦解不是通过彼此的沟通，而是通过内省方式回归于"我"，走的是一条内

---

① 〔伊朗〕拉明·贾汉贝格鲁：《伯林谈话录》，杨祯钦译，译林出版社2002年版，第44页。

在化的路子。由此引向了中国哲学的自我体认问题。

但事实上,作为晚清以来中西文化碰撞交融的产物,今日中国哲学早已不再是原生态意义上的中国哲学了。中国的哲学研究宿命般地遇到了东西方文化的纠葛这道门槛。中国哲学的自我究竟向何处找寻?钱穆强调:"治中国学问,还是有中国的一套,不能不另有讲究。"[①] 这诚然是就史学讲的,但对于哲学也不失其启示意义。拿西方哲学格式去解读和重构中国思想,这究竟是一种敞显还是一种遮蔽?这是我们今天遭遇的难题之一。在语言方面,《马氏文通》就是一个显例。西方哲学的介入是否诱发并展现出了中国思想的新的可能性呢?"郢书燕说"在解释学上应当被允许,因为误读也可能有正面意义。但在学术上,这一判断能否成立,又在何种意义上成立?一般而论,西方哲学对于中国思想之开启性和遮蔽性并存。问题是它究竟在什么意义上是开启性的,又在什么意义上是遮蔽性的?就西方哲学为中国思想提供一种自我体认的参照和借镜而言,被西方哲学"中介"了的中国思想恰恰获得了一次诠释的机缘。因此,对于中国思想而言,西方哲学并非只具有消极意义,关键是如何恰当地对待和把握它。在解释学意义上,西方哲学和中国思想无疑能够相互发明、相互参照,并在这一过程中彼此获得意义的生成。但我们面临的现状是,中国哲学研究无论在内容抑或形式上都变得越来越像西方思想,包括措辞、解释框架及思考方式。更深一层次的问题是,"中国哲学"这一称谓能否成立?持否定态度的人认为该称谓就像"方形的圆"一样不可思议。其中包含立场截然相反的两类:一是站在中国文化本位立场上的学者认为这一提法隐含着西方文化霸权,拿西方的专

[①] 钱穆:《中国史学名著》,生活·读书·新知三联书店 2000 年版,第 44 页。

名来指称中国思想,这本身就意味着文化上的不对等;一是站在西方中心论立场上的学者认为哲学作为西方文化的特有产物,只是在西学语境中才有其纯正意义,拿它来称呼中国思想乃是对东西方文化之异质性的抹煞。这一争论表明,中国思想的自我定位和自我体认,迄今为止仍然是一个悬而未决的问题。

以"马"释"中"或以"西"释"中",忽视了中西哲学之间的不可通约性。按照西学的逻辑框架来整理、解释并重构中国思想,结果是其原有韵味荡然无存。"重写中国哲学史"口号的提出,隐含着"拨乱反正"的祈求,表达了对中学西化的不满。但在某种意义上,正是西方哲学使得中国思想成为"中国哲学"。无论中国有没有"哲学",都无法摆脱一个"镜像"背后的"他者"之先行地被设定了。这恰恰是中国思想的文化—历史处境之尴尬,也是中国思想本身之无奈。一个有趣的现象是,当中国哲学研究寻求回到"原汁原味"时,西方哲学研究却以解释学为借口而放弃"原汁原味"的追求。这是否意味着它们各自在寻找真实的自我时呈现出来的彷徨和徘徊呢?

六、不仅如此,哲学的自我迷失更深刻地表现为"思"的遗忘和遮蔽。这种遗忘和遮蔽与对待哲学的方式不当有关。知识论的对待方式妨碍了哲学之为哲学所固有的本性之展现,从而导致了哲学的异化。按照海德格尔的看法,哲学的危机是"'在'的遗忘"。其实归根结底乃是"'思'的遗忘"。在我们现有的哲学研究中,"思"之对象、"思"之方法、"思"之结果,都被我们关注到了,并作为学问一一探究,但唯一缺乏的就是"思"之本身。作为对象之"思",只能是某种知识或技巧,严格地说与哲学无关。从总体上看,近年来的哲学研究仍然囿于"说"哲学,而非"做"哲学,即仅仅把哲学作为陈述对象,而未进入"思"

之状态。例如，人们更多地是"说"分析哲学而非"做"分析哲学。关于分析哲学"说"了许多，然而按照分析哲学的方法和原则去"做"哲学，实际地处理哲学问题，进行哲学"诊断"，却鲜有其人。现象学的情形亦然。就像海德格尔说的，这不是"进入哲学中"或"逗留于哲学中"，而是"在哲学之上，也即在哲学之外"①。总之不是参与者角色，而是旁观者姿态。这是致命的问题。

对西方哲学的研究囿于"照着讲"的居多，总体上未形成"接着讲"的习惯和能力。不少论著给人的印象似乎是编译式的"转述"，顶多是一种知识分类学工夫，或是一种高级学术报道或综述，其中鲜有独自体贴出来的新颖的思想或观点，更难发现其中有睿智和洞见。这种"无我"式的姿态难以称得上名副其实的"研究"，因为"介绍"（哪怕是高级的介绍）也并不等于"研究"。哲学在其视野中被置于对象化的位置，它所体现的不是内在的关系，而是与己无关的身外之物。之所以如此，与近代以来东西方文化的不对等格局有关，但长期安于这一状态就难以令人接受了。它的确养成了一种思想上的惰性，从而妨碍了思想自主性和学术原创性。"述而不作"往往被看作学术上严谨的表现，其实许多时候它也可以成为缺乏原创力的"遁词"。尼采说："那些埋首于堆积如山的书籍中，无所作为的学者，最后终会完全失去为自己而思想的能力。如果没有书本在他的手上，他就根本不能思想。"更可怕的是，即使有书在手，他仍然不愿或不会思想。因为"学者把他一切的能力都放在肯定、否定或批判那些早已被人写出来的东西上——而他自

---

① 孙周兴选编：《海德格尔选集》上卷，上海三联书店1996年版，第589页。

己却不再思想"①。伯林也曾对哲学史研究有这样的抱怨:"作者根本就不是哲学研究者,他不理解怎么样去思考哲学问题,也不知道他人思考这些问题以及被这些问题所困扰的动机和原因,也即他不能抓住哲学家们力图去回答、分析或讨论的究竟是什么问题。他研究的只是简单地抄写——他写道,笛卡尔这样说,斯宾诺莎那样说,而休谟认为他们两人都不对。这全是些死气沉沉的东西。"②历史上谁说过什么,谁又说过什么,如此这般地排比罗列下来,以示渊博扎实,但全然不知它们究竟意味着什么,而且与生命撅为两截。哲学的切己性因此衰弱,与生命的关联日益淡薄,甚至沦为一种与生命无关的、游离本然根基的纯技巧训练。哲学史领域固然有知识性的内容,但它只有被纳入实践着的"思"才能"活"起来,从而超越其知识论性质。

哲学归根到底不是被"谈论"的对象,而是一种独特的运思方式或状态。只有在实际的运思中,哲学才本真地显现为它自身。离开了"思",必将导致哲学的遮蔽。在此意义上,哲学永远都是内在性和实践性的。哲学研究只有采取内在的和实践的态度,才是恰当的。内在的态度要求研究者摈弃那种旁观者的姿态,以参与者的角色把自己的生命体验融入其中。实践的态度并非要求研究者理论联系实际,拿哲学史知识指导具体实践,而是要求实际地运思,进入"思"的状态,而非像知识论训练那样把哲学史当作一堆死的知识的堆积加以看待和处理。倘若把哲学当作身外之物,就难免陷入"思"的钝化状态,既丧失"思"之能力,也丧失"思"之冲动。"思"的能力是实践性的而非知识性的,它

---

① 林郁主编:《尼采的智慧》,文汇出版社2002年版,第34页。
② 〔伊朗〕拉明·贾汉贝格鲁:《伯林谈话录》,第21—22页。

无法通过知识传授的方式获得，只能在实际的运思中逐渐地"习得"，所谓"学而时习之"。"思"的钝化和隐退，源自于哲学的自我看待方式和把持态度上的知识论偏差。

按照雅斯贝尔斯的叙述，克尔凯郭尔认为"创造体系的哲学家就好比一个修建宫殿的人，他盖起了高楼大厦，但自己却栖身在旁边的茅屋里：这位幻想者自己并不置身在他所思考的东西里——但一个人的思想必须是他自己居住其中的建筑，否则事情就被颠倒了"①。其实早在苏格拉底所推崇的那句"认识你自己"的箴言中就已经内蕴着哲学的反身性指向了。黑格尔则把哲学理解为反思活动。所有这些，都意味着哲学应该是一种切己式的体认活动。因此，黑格尔说："为了达到哲学，必须忘身地冲进去。"②对于哲学而言，体认式地把握和领会是唯一恰当的追问方式。关于哲学的非旁观性，贺麟说："我们虽不会做诗唱歌，却可以欣赏诗歌，我们虽不会弹琴，却可以欣赏音乐，虽不会演戏写剧本，却可以欣赏戏剧，虽不会画画，却可以欣赏绘画。反之，我们若不会思想，却不能了解或欣赏哲学思想。换言之，要想具备艺术常识，我们无须实地做艺术工作，但是要想具备哲学常识，我们却不能不作哲学思考。这是获得哲学常识较获得艺术常识要困难些的地方。"③当然，欣赏音乐也需要有能够欣赏音乐的耳朵，正如马克思所说的："从主体方面来看：只有音乐才激起人的音乐感；对于没有音乐感的耳朵来说，最美的音乐毫无意义。"④问题在于，欣赏音乐，只是需要具有音乐感的耳

---

① 熊伟主编：《存在主义哲学资料选辑》上卷，商务印书馆1997年版，第514—515页。
② 〔德〕黑格尔：《费希特与谢林哲学体系的差别》，宋祖良、程志民译，商务印书馆1994年版，第8页。
③ 温公颐编译：《哲学概论》，商务印书馆1937年版，《贺序》第2—3页。
④ 马克思：《1844年经济学哲学手稿》，人民出版社2000年版，第87页。

朵，而不是需要音乐家的耳朵。对于哲学来说则不然。要真正领悟哲学，从而领略哲学的魅力，就必须进入哲学，成为哲学家。旁观式的态度用来研究科学可以而且必需，因为科学认知固有其价值中立的客观性要求，但拿这种态度来研究哲学则绝对不行。

如何"哲学地""思"乃是全部问题的要害和关键。不是"哲学的"，而是"哲学地"。不思想的哲学一定是伪哲学。"科学不思想"也许是科学的本性使然，但"哲学不思想"却是对自我本性的背叛和遮蔽，从而使哲学不成其为哲学。真正的哲学是动词性的而非名词性的。套用马克思的话说，即"哲学"不能被当作"对象"，只应被当作"活动"，亦即海德格尔所谓的"哲学活动"。人们总是大谈哲学如何如何，其实并未内在地契入哲学，仍然未曾与哲学"谋面"。正是在这种旁观式的叙事中，我们与哲学失之交臂。哲学只能在实际地"思"中敞显自身，"是其所是"。这种内在性要求我们"哲学地""思"，并在实际运思中领会何谓哲学。只能在"思"中领会"思"，因此必须先行地进入"思"之状态，让我们"思"起来。也许有人说，我们是在研究哲学，哲学被对象化为外在于研究者的规定，恰恰是研究之所以可能的前提。问题是，哲学在被如此对待时已经被遮蔽了，又何谈研究？只有内在地进入哲学状态，才能敞显哲学，使之"是其所是"，从而被"研究"。在此意义上，哲学只能是体认性的。

哲学不思想还有其体制方面的原因。日益成熟的现代性及其所塑造的现代社会及人的存在方式，为哲学准备了无可逃避的历史前提。在现代性境域中，哲学何以自处？它将扮演何种角色，又将如何扮演？在进入这种角色时自身又面临着怎样的命运？

今天从事学术研究，已不再可能是私人行为，而是体制化了的知识论学科规训（discipline）的凝视对象。因此，不得不考量学术体制和制度对哲学研究活动的深刻影响。在现代性的制度安排中，哲学日益蜕变为海德格尔所说的"一件学院之事、组织之事与技术之事"①。哲学因此沦为一种知识论规训，从而变得与人的内在生命无关。其后果往往是把学问引向功利之途。如此一来，当年熊十力所倡导的那种"绝意事功而凝神学术"②的精神和志向便荡然无存。这真是不幸而被海德格尔所言中："知识产生了，思却消失了。"③所谓"学而不思则罔"。哲学的学科化是现代知识体制的必然要求。一旦学科化，就有了界围和分野，"思"便消亡于学科视野的局限之中了。就像海德格尔所强调的，如此一来就"把思变成'哲学'，把哲学又变成知识而知识本身又变成学院及学院活动中的事"④。学术研究当然需要有规矩，但它应该是内在的，是通过学者秉持的信念维系的，而非靠外在的格式化和形式化的强迫，靠机械的强制来履行的。其实有无繁文缛节并不那么重要，有时规范甚至会造成负面影响，重要的是对哲学有无诚意。这才是最为根本和最具前提性的。

对学术技巧的娴熟或过度关注，妨碍了我们进入"思"之状态，使"思"在"学问"中"死"去。人们不再习惯于实际地运思，而是习惯并满足于技巧的炫耀和自我欣赏。在一定意义上，"思"死于程式化。当然，人们会说，我们并不是天才，我们只是常人。诚然如此。但这究竟是结果，还是原因呢？现有的模式是否恰恰妨碍了我们渴望成就自己的冲动，抑制了我们的潜能的最大限度的诱发呢？对学术规范的强

---

① 〔德〕海德格尔：《形而上学导论》，熊伟、王庆节译，商务印书馆 1996 年版，第 121 页。
② 熊十力：《十力语要》，中华书局 1986 年版，第 268 页。
③ 孙周兴选编：《海德格尔选集》上卷，第 396 页。
④ 孙周兴选编：《海德格尔选集》上卷，第 396 页。

调，其正面意义可能在于使学者对学问的目的性追求得到制度保障，强调专业的边界，明晰学问的门槛和资格。但也存在着异化的危险。遗憾的是，其负面意义却很少为人们注意。其实此方面亦绝不可忽视。因为它所造成的危害有时候甚至不亚于没有规则。因为我们是"做"哲学，而非玩弄技巧。"古人之言，欲以淑人；后人之言，欲以炫己。"① 这种变异因现代体制化诉求而得以强化并合法化。学者至少在潜意识中有一种迷恋和崇拜技巧的偏好。它也许是智慧成熟化的一种代价，但毕竟是对智慧之探求的偏离和遮蔽。如何看待这种现象，值得哲学研究者们深思。在学术上，"技"可谓是一把"双刃剑"，既可充当入"道"的凭借，也可沦为入"道"的障碍，关键在于进乎"技"还是囿于"技"。有人以"杂技"比喻钱钟书的学问"功夫"，挑出其代表作《谈艺录》和《管锥编》评论说："它们就像杂耍艺人用以谋生、惑众和炫耀的绝活儿，它们存在的价值在于令观众叹为观止，在于博取看客的'Wow'声……"② 因为钱氏"只能在章句的层次上表演记忆力的戏法，而且舍此无它"③。这些近乎"酷评"的批评未免过于刻薄，但也多少道出了部分真实。评论者认为钱氏著作缺乏实用及审美价值，亦无思想价值，由此推断《谈艺录》和《管锥编》"是自私的，是势利地抬高门槛为难人的，是以显摆为主要目的的"④。尽管钱氏不是哲学家，但对他的批评也有益于增进哲学研究的自省，因为他的路子及其影响随着"由思想向学术的转变"早已波及哲学研究的范围。诚然，钱氏是唯一的，他在学问

---

① 章学诚著，叶瑛校注：《文史通义校注》卷二《内篇二·言公中》，中华书局1985年版，第182页。
② 刘皓明：《绝食艺人：作为反文化现象的钱钟书》，《天涯》2005年第3期，第171—177页。
③ 刘皓明：《绝食艺人：作为反文化现象的钱钟书》，《天涯》2005年第3期。
④ 刘皓明：《绝食艺人：作为反文化现象的钱钟书》，《天涯》2005年第3期。

上所达到的高难度技巧的确是罕有其匹的,可谓在他那个意义上,已经发挥到了极致。但钱氏却代表了一种癖好或理想,诱使不少人以为只有像他那样才是"做学问",从而也才是"真学问"。就此而言,将其称作"钱氏现象"也不为过。

知识论规训对哲学内在精神的束缚和阉割日益严重。形式主义的"新八股",假学术规范之名堂而皇之地盛行。责其实,不过是些花拳绣腿而已。历史上真正的思想大都不曾是外在规范塑造出来的。在经典作品中,既有几乎不引任何一位前人论述的文本,像布伯的《我与你》和维特根斯坦的《逻辑哲学论》;也有附注篇幅大于正文的文本,像韦伯的《新教伦理和资本主义精神》。无论是否援引,皆应出于著作本身的需要,不应为了迎合某种外在的规范。上举布伯和维特根斯坦之书都是劈头就说,皆无已有研究的综述,亦无前人贡献的说明,不曾理会历史上有过什么说法,且无一个注释,显得相当独断。若按现行标准,肯定不合学术规范,甚至被置于不入流著作之列。布伯在自己书中是以先知式的语气述说的。先知不会引经据典,也没有经典可引,因为他的话本身就是经典。这样一种气魄和境界,只有布伯式的思想家才有,并因此才当之无愧。维特根斯坦的《逻辑哲学论》则告诉我们,哲学原来还可以这样写。有人会说,繁文缛节固然不适用于天才,但适用于常人。这也许是对的。可怕的是,人们在弄清自己是否天才之前已先行地深陷罗网并被其窒息了。也可能有人会说,大师可以,我们不可以。既然是大师,就需要我们学习。作为常人的我们"虽不能至",然总该"心向往之"吧。

在现代性的学科规训中,哲学的体制化的结果是:一方面使哲学的研究活动成为知识生产和知识传递过程,另一方面使哲学研究者沦为被制度"凝视"的、不值得信任的、丧失了自主性的对象性规定。其深远影响不仅波及哲学研究本身,更深刻的是它还波及哲学教育,因为教育为研究提供"后备军"。教育模式的特点不能不直接决定着未来的研究方式,因为大批的后续研究者是按照这种培养模式训练出来的。现行哲学教育模式的问题在于,它已经预设了哲学的知识论性质,从而使之沦为一种单纯的知识训练。知识训练无论多么勤奋刻苦也不足以成为成就哲学运思的充分条件。道布当年在给黑格尔的信中说:"哲学家带来勤奋,而名为黑格尔的哲学家还带来很多另外的东西,……这里面有着仅靠勤奋所不能得到的东西。"① 这固然有恭维黑格尔的成分,但也道出了某种事实。在现行哲学训练中,勤奋之外的东西被实际地和体制性地忽略了。人的灵性、人的天赋的诱发只能在现有学术制度外才能被考虑。牟宗三说:"读哲学,须有慧解,亦须有真性情。"② "慧解"及"真性情"均为知识(论)所不逮。前者需要悟性,它作为能力不是单纯靠知识训练或积累即可成就的;后者意味着生命与哲学处于无隔状态,它同作为身外之物的知识毫无关系。

另外,"思"之遮蔽,还与世俗化的冲击和影响有关。恩格斯说"德国人是一个哲学民族"③,但即使这样一个擅长思辨的民族也未能逃避世俗化对它的冲击。例如,"随着1848年革命而来的是,'有教养的'德国抛弃了理论,转入了实践的领域"④。这个"实践的领域"就是工业化和市场化的社会转型进程。于是,"在包括哲学在内的历史科学的领

---

① 苗力田译编:《黑格尔通信百封》,上海人民出版社1981年版,第145页。
② 牟宗三:《哀悼唐君毅先生》,《明报月刊》1978年第3期,第7—9页。
③ 恩格斯:《大陆上社会改革运动的进展》,《马克思恩格斯全集》第1卷,人民出版社1956年版,第591页。
④ 恩格斯:《路德维希·费尔巴哈和德国古典哲学的终结》,《马克思恩格斯选集》第4卷,第257页。

域内，那种旧有的在理论上毫无顾忌的精神已随着古典哲学完全消失了；起而代之的是没有头脑的折衷主义，是对职位和收入的担忧，直到极其卑劣的向上爬的思想"①。这种妥协意味着"思辨在多大程度上离开哲学家的书房而在证券交易所筑起自己的殿堂，有教养的德国也就在多大程度上失去了在德国最深沉的政治屈辱时代曾经是德国的光荣的伟大理论兴趣——那种不管所得成果在实践上是否能实现，不管它是否违反警章都照样致力于纯粹科学研究的兴趣"②。当一个民族难以抵御世俗化挑战，从而屈从和"投降"时，仍然有马克思和恩格斯做出了全然不同的选择。离开了一个人同整个时代对抗的勇气和孤往精神，这是不可想象的。

从20世纪80年代商业化对学术的消极影响，到今天的哲学接受其观念的同化，市场逻辑完成了在体制和观念两个层面上的双重渗透。哲学"贫困"也由学者的生存窘迫这一直观形态转变为哲学本身的恰当存在方式的贫乏这一隐蔽形态。从长时段看，物质主义的世俗生活对于哲学来说未必不是好事。与其说世俗化可以被看作是对哲学的一种历史性的考验，毋宁说它为哲学提供了一次机会而非灾难。与其消极地看待世俗化的冲击，倒不如积极地看待它。因为它使以哲学为业者不断地分化，剩下的只是那些死心塌地坚守心灵的人。

七、反观哲学现状，可以发现存在着创造激情有余与学问根底不足的矛盾，表现为创造的躁动与准备的欠缺之间的反差。我们的时代之所

---

① 恩格斯：《路德维希·费尔巴哈和德国古典哲学的终结》，《马克思恩格斯选集》第4卷，第258页。
② 恩格斯：《路德维希·费尔巴哈和德国古典哲学的终结》，《马克思恩格斯选集》第4卷，第257—258页。

以没有造就出哲学家，有多方面的原因：一是哲学在历史上所曾达到的高度没有为后人留下足够的余地；二是历史的准备和学术积累受到种种限制；三是对待哲学所采取的方式不当对"思"的遮蔽。单就历史原因说，则如文化断层的存在妨碍了学问的涵养和学统的延续、鼓励原创力的土壤和氛围的匮乏、现代学人的浮躁等。随着东西方文化及哲学的深度交往，如学者互访、著作译介、留学的频繁和深化，哲学研究越来越拓展和深入了。但文化和学术的封闭造成的后遗症，仍然在很大程度上约束着当今哲学的研究水准。与激情和冲动相比，学养工夫相形见绌。这也是无奈之事。从某种意义上说，学术研究格局及传统的形成，不能够刻意地塑造。它是逐渐生成的，有其固有的逻辑和自然的节奏。关键在于为其准备适宜的文化土壤和氛围。假以时日，或许有望臻于完善之佳境。学问根柢需要逐步地"养成"，不可一蹴而就。急于求成难免欲速不达。养成又需要特定的学术传统和文化氛围。恢复元气受制于历史本身的成熟度。

研究哲学的学术动机究竟是为了澄清问题，还是为了做学问？究竟是为了解决切己的生命困惑，还是为了还原一堆"死"知识？目的和态度不同，所选择并使用的方法自然迥异。总体而言，"六经注我"是弄清问题的路子，而"我注六经"则是做学问的路子。为了弄清问题的话，就容易达到切己性，成为生命之学。问题是自己的，是自己从本然的生命经历中独自体贴出来的，内在地源于生存体验和人生感悟。它无须治学的程式，亦无须将其作为谋生的行当。基于任何外在考虑的学问，无疑都是生命之学走向异化的必然结果。在真正的哲学家那里，丝毫看不出那种做学问的痕迹和做学问的架式。而且真正原创性的思想家都是拒绝模仿的（这里所谓的拒绝不是他们的主观诉求，而是他们的思想品性已然先行地阻断了模仿的可能性），也是无法被复制的。就像雅斯贝尔斯所谈到的，"谁要是照着克尔凯郭尔或尼采的样子去做，甚至只是风格上的仿效，谁就会成为笑柄"，因为"他们的事业是一次性的"[①]。模仿从一开始就从动机上排斥了创造性。因为纯真的自然流露在刻意模仿中已不复存在。当然，这并不构成原创性的思想家不能成为我们榜样的正当理由。也许人们会说，我们不是天才而是常人，只能规规矩矩、循规蹈矩地做些力所能及的学问。所以，天才对于我们来说不具有可资借鉴的典范意义。这实际上意味着在你成就自己之前就已经失败了。它是一种自我安慰和自我束缚，甚至是一种先行的自我压抑和自我剥夺。在学术上，谦恭是必要的，但在尝试之前就先验地否定尝试的可能性则值得怀疑。

八、哲学的通达与自闭的矛盾，也是近年来哲学研究领域存在的一个突出现象。一方面，哲学内部诸学科之间的壁垒日益被打破，研究内容、视野、方法逐步实现贯通和兼容；另一方面，哲学内部的诸学科的自圣情结和成见依然或隐或显地存在。

哲学的本性决定了它原本是求"通"的学问。随着哲学分类学格局的突破，哲学门类内诸分支学科特别是中、西、马之间的壁垒日渐模糊。在许多情形下，哲学研究更多的不再是按学科而是按问题立论，这在学术论著及学术会议主题方面都有所体现。翻翻近年来的学术杂志总目录，可发现一个有趣现象，即越来越多的哲学论文题目难以按照传统分类方法加以归纳了，传统分类学规则越来越不适用了。历史的划分抑或类别的划分都遇到了一系列内在的困难。例如马克思主义哲学，原

---

① 熊伟主编：《存在主义哲学资料选辑》上卷，第534页。

来一般划分为辩证唯物主义和历史唯物主义等部分,现在就很难如此归类。这一事实是否意味着哲学向其本来意义的回归呢?过去的哲学内部壁垒,其缺陷在于遮蔽了哲学的有机整体性,使哲学变成一堆死的知识。海德格尔曾指出科学在支离破碎中其根基已经死亡,所以"科学不思想"。作为反思之学,哲学本身一旦按照科学式的规训加以割裂,"思想"也就在思想躯壳的掩盖下"死亡"了。打通中、西、马,在一定意义上可以被看作是哲学向自我本性复归的信号。

但另一方面,也需要正视哲学诸内部学科还有一种无形的壁垒妨碍着真正的哲学对话。以国学为根柢的学者容易对中国思想持"同情与敬意的了解"。有西学背景的学者对西方哲学一般持肯定态度和正面评价。马克思主义哲学研究者更偏好按照本学科范式来裁决其他的哲学。这究竟是合法的偏见,还是学科成见?从某种意义上说,一个学科的成熟不在于其范式是否已被建构起来,其学术规训是否得以贯彻,而在于它是否清醒地意识到了自己的限度。否则,不管这个学科取得了怎样的进展,都未曾脱离幼稚状态。因为它的独断和自圣情结妨碍了其开放动机和对话姿态,以致陷入孤芳自赏和自我陶醉的自闭之中。这必将导致学科狭隘性和学术不宽容。在此般格局中,即使发生再多的争论,也不可能具有建设性,只能沦为相互否定式的诋毁。因为"此门户之见,非是非之公也"①。

鲁迅当年曾说:"现在中国有一个大毛病,就是人们大概以为自己所学的一门是最好,最妙,最要紧的学问,而别的都无用,都不足道的,弄这些不足道的东西的人,将来该当饿死。其实是,世界还没有如

---

① 钱大昕:《十驾斋养新录·宋儒议论之偏》,商务印书馆1957年版,第161页。

此简单,学问都各有用处,要定什么是头等还很难。也幸而有各式各样的人,假如世界上全是文学家,到处所讲的不是'文学的分类'便是'诗之构造',那倒反而无聊得很了。"① 今天的情形又有多大改观呢?哲学内部学科的自圣情结妨碍了学科的自我检讨和自我成熟,它甚至导致学术上的自闭症。学科的虚假繁荣往往造成某种致命的错觉,使独断式的自负有了貌似理由的借口。学科的繁荣更多的是倚仗外部环境或机会,而非学术本身的内在价值和力量。当对此缺乏清醒意识或不愿意加以正视的时候,就容易养成一种学术上的机会主义偏好。这对于学术和学科的健康发展来说,无疑是一副腐蚀剂。学术自闭症其实有两种表现:一是因自卑造成的信心不足,表现为对学术开放姿态的恐惧。这更多地表现在那些边缘化的学科当中。一是因自负造成的自大狂式的心态,它在表面上并不反对学术开放,但骨子里却有一种拒绝对话的傲慢。后者是一种更隐晦从而更容易被人忽视的自闭,相对说来其危害性也就更大。它一般发生在那些占有强势地位并操有话语权的学科。只要不把对方置于对等地位(无论是高于还是低于),就不可能发生真正意义上的建设性对话。

究竟何种问题才配称哲学问题?哲学是否也像科学那样有一个哲学与非哲学的划界标准?这个标准只能在实际运思的经验中生成,还是能够被先行地确立起来并先验地有效?倘若强调其先验性,就潜含着一种独断的可能性,其结果是导致学科的自我封闭和强烈的排他性,甚至有可能为少数人所垄断,沦为捍卫某种狭隘利益的工具和护身符。倘若强调其后验性,也存在着一种危险,那就是无原则地宽容,难免泥沙

---

① 鲁迅:《读书杂谈》,《鲁迅全集》第 3 卷,第 458—459 页。

俱下、鱼目混珠，甚至形成"优汰劣胜"的逆向淘汰机制。究竟何去何从，这应该是哲学研究作为社会建制所应反省的问题。一个哲学研究的生态格局和良序机制，乃是保障哲学研究健康发展的必要条件。应该允许不同哲学范式之间的平等竞争与相济互补。不同维度、视野、方法，其实可以并行不悖。它们往往并非有无、优劣、主次的关系，而是多元互补、相反相成的关系。最大限度地抑制独断化冲动和自圣情结，乃是在哲学运思中建立健全学术生态意识和生态格局的当务之急。

九、我们的研究表面看上去在不停地"说"，所谓"众声喧哗""滔滔不绝"，研究成果在统计学意义上可谓汗牛充栋，使人应接不暇。今日之学者全然没有了当年陈献章的那种"莫笑老慵无著述，真儒不是郑康成"[①]的气概，相反，似乎有着过剩的言说能力和无尽的言说内容，事实上却患上了"失语症"。这种虚假的繁荣并不能掩盖住另一种意义上的匮乏。因为我们对于自己所说的一切并不拥有多少真正的话语权。就此而言，哲学研究可谓处在"富饶"中的贫乏状态。认真盘点下来，我们的"看家本领"究竟有哪些，又有多少？扪心自问，在中、西、马诸领域，我们究竟有多少真正拥有发明权和发言权从而属于自己的东西？在繁多的哲学研究成果中又有多少是自家真正独自体贴出来的东西？表面看上去热闹非凡，其实打上我们自己印记的东西着实不多。中国哲学的研究，在前辈面前，我们自愧弗如，没有真正的发言权；西方哲学的研究，在西方同行面前，我们是否达到了与他们进行对等沟通的水准和资格，恐怕也值得考虑。马克思主义哲学研究，在很大程度上重演着西方马克思主义的心路历程，许多看似新颖的见解，几乎都可以从它那里

---

① 熊十力：《十力语要》，第59页。

找到滥觞。

以马克思主义哲学研究为例，西方马克思主义对于我们何以具有如此持久不衰的魅力？大概有这样几方面原因：一是我们在时代维度上正在重演着它们的历史轨迹，我们承受着它们所曾承受过的历史语境，现代性批判业已成为我们时代的主题；二是纯粹理论上的启示和诱发，即西方马克思主义为我们重新解读马克思提供了学理层面上的借鉴。具体地说包括：西方马克思主义为我们对马克思主义哲学的再认识提供启示，为我们总结和反思社会主义历史实践的经验教训提供反思工具，为我们"重读马克思"提供借鉴，为反思现代性提供批判资源等。所以，中国的马克思主义哲学研究在基本轨迹上几乎再现了西方马克思主义的哲学路径。假如没有后者的参照，我们也许不会在相关领域取得如此进展，至少不会以现有状态呈现出来。就此而言，我们无疑得益于西方马克思主义的先行发展和演进。当然这也有某种负面影响，例如对它的过分依赖反而养成了一种思维的懒惰。对外部思想资源的凭借，在一定程度上也抑制了我们自己的创新冲动、能力训练和思想自主性。我们在研究中的确存在"依傍成习"的危险。离开了参照，似乎就不会讲话和思考。丧失话语权，是一种哲学上的"失语症"。表面看起来我们谈论了许多，以至于喋喋不休，实则空空如也。

十、从总体上说，眼下的哲学研究，若拿理想的模式考量之，似乎变得越来越"像"，但也只是"形似"而非"神似"，尚未脱离稚拙状态。也许这是它走向真正成熟的一个必要步骤。面向未来，我们真诚地期待中国的哲学研究逐步成熟起来。如何实现由"模仿的"（形似）到"有生命的"（神似）跨越？我们面临的难题是如何使"说"哲学（外在的、对象化的、旁观式的）变成"做"哲学（内在的、体认式的、上手状态的)。自主性也好,话语权也罢,获得并拥有它们归根到底有赖于这种成熟。到那时,或许一切辩护皆变得多余,因为它只需哲学研究本身的存在来显示并证成,而不再需要任何外在的努力了。

(原载《文史哲》2007年第3期)

回顾与展望：中国社会经济史学百年沧桑

李伯重

在过去的一个世纪中，中国的经济史学走过了坎坷的发展历程。这个历程包括四个主要阶段：萌芽阶段（1904—1931），形成阶段（1932—1949），转型阶段（1950—1978）和繁荣阶段（1979—2007）。如此划分主要是依据经济史学自身发展变化的主要特点；同时，除了萌芽阶段外，其他三个阶段都由一个兴盛时期和一个萧条时期构成，从而具有明显的周期性①。在本文中，我将依次对这四个阶段的中国经济史研究的状况与进展进行论述，然后展望中国经济史学的未来。

在进行论述之前，首先需要说明，本文所指称的"经济史学"，不仅包括经济史，还包括社会经济史乃至社会史。本文之所以使用"经济史学"这个名称，乃是因为在 20 世纪大部分时间里，大多数中国学者将社会经济史和社会史也称为经济史。从严格意义上来说，经济史、社

---

① 形成阶段包括 1932—1937 年的繁荣时期和 1938—1949 年的萧条时期，转型阶段包括 1950—1965 年的繁荣时期和 1966—1978 年的萧条时期，繁荣阶段则包括 1979—1999 年的繁荣时期和此后的萧条时期。当然，各个繁荣时期和萧条时期只是相对而言，它们在性质和程度上都有很大差异。例如，在 1966—1978 年的萧条时期，经济史研究几乎扫地以尽，而在 1999 年以后的相对萧条时期，经济史研究仍然有很大进展。

会史和社会经济史三个概念是有差别的。经济史，依照吴承明的解释，是"过去的、我们还不认识或认识不清楚的经济实践（如果已经认识清楚就不要去研究了）"①。社会史，近一二十年来比较多的学者倾向于认为是社会生活史、生活方式史、社会行为史②。而社会经济史，依照马克思主义的解释，就是历史上的社会经济形态③。这里，我从吴承明的解释出发，把经济史界定为"过去的、我们还不认识或认识不清楚的社会经济状况"，理由是经济实践是由社会组织进行的集体行动，社会本身的变化和经济实践的变化二者密不可分。由此出发，经济史学就是研究过去的社会经济状况及其变化的学科。

那么，为什么社会经济史又往往被称为经济史呢？如后文所言，中国的经济史学是从西方引进的，而在西方学界，对于经济史、社会史和社会经济史，至今也还没有一个大家都接受的定义④。这种情况也影响了我国学者对这些概念的理解。由于没有确切的界定，在我国学界，"经

---

① 吴承明：《经济学理论与经济史研究》，《经济研究》1995年第4期。
② 赵世瑜：《社会史：历史学与社会科学的对话》，《社会学研究》1998年第5期；常建华：《社会史研究的立场与特征》，《天津社会科学》2001年第1期。
③ 中国社会科学院"马克思主义研究网·社会主义百科要览"发布的《经济社会形态和技术社会形态》（http://myy.cass.cn/file/200512082653.html）对社会形态的解释是："经济社会形态、社会形态、社会经济形态基本上是同一含义。都是指经济发展所采取的社会形式和表现形态；都是强调经济基础对整个社会形态的决定作用。经济社会形态可定义为：同生产力发展的一定阶段相适应的经济基础和上层建筑的统一体。"不过这里要指出的是，我国许多学者所进行的社会经济史研究，并非全部集中于讨论历史上的社会经济形态，而是讨论历史上具体的社会与经济问题，颇类似于西方近数十年间兴起的经济—社会史。
④ 在西方学界，由于没有准确的界定，因此对于什么是经济社会史，以及它与相关学科如社会史、经济史和社会经济史的关系如何等问题，目前尚不很清楚，甚至在为纪念英国经济史学会（Economic History Society）成立七十五周年而出版的由百余位专家学者撰写的笔谈文集《充满活力的经济社会史》中，也很少有人从学理角度探讨这些问题。参见徐浩：《英国经济—社会史研究：理论与实际》，载侯建新主编：《经济—社会史：历史研究的新方向》，商务印书馆2002年版，第65—85页。

济史"一词不仅包括严格意义上的经济史,而且也包括社会史①,因此常常被统称为社会经济史②。直至20世纪90年代,才出现了更为专门的经济史和社会史,但是它们与主流的社会经济史的关系仍然非常密切。因此大体而言,经济史学仍然被普遍用作社会经济史学的简称。

一、萌芽(1904—1931)

我国的经济史学有久远的传统,其前身是有两千年历史的"食货之学"。在我国的第一部正史《史记》中,已有关于经济史的专篇《平准书》和《货殖列传》,这是"食货之学"的开始③。尔后班固修《汉书》,在《史记》之《平准书》和《货殖列传》的基础上另作《食货志》,篇名取义于《尚书·洪范》"八政,一曰食,二曰货"。班氏释曰:"食谓

---

① 在20世纪80年代以前,社会史实际上尚未在我国成为一个学科。大多数人心目中的社会史,实际上是社会经济史。何兹全对此作了明确的表述:"社会史的内容是比较广泛的,人类衣食住行、风俗习惯、宗教信仰,社会生活的各个方面,都是社会史研究的内容。但我总认为社会经济——生产方式、社会结构、社会形态,才是社会史研究的中心内容,核心内容。这是研究人类社会总体的发展和人类社会向何处走,这是社会史研究的主导面。"见《何兹全文集》第一卷,中华书局2006年版,第555页。
② 李根蟠指出:"现代中国经济史学一开始就与社会史相结合,是社会史的核心部分,也就是说,它是以'社会经济史'的面貌出现的","在当时人们的心目中,'社会史'是以经济为主体的,'经济史'是与社会有机体的发展联系在一起的,两者是一致或相通的",因此"在中国经济史形成的时期(20世纪二三十年代),'经济社会史'、'社会经济史'、'社会史'、'经济史'这几个名词的含义是相同的或相近的,以至于可以相互替换使用"。参见李根蟠:《中国经济史学形成和发展三题》(载侯建新主编:《经济—社会史:历史研究的新方向》,第86—106页)和《唯物史观与中国经济史学的形成》(《河北学刊》2002年第3期)诸文。
③ 李埏指出:"《史记》有《货殖列传》一篇,是绝无而仅有的古代商品经济史专著。"李埏:《〈史记·货殖列传〉时代略论》,《思想战线》1999年第2期。

农殖嘉谷可食之物,货谓布帛可衣及金刀龟贝所以分财布利通有无者也。"用今天的语言来说,"食"指农业,"货"则指工商业,"食货"相连,即农、工、商业,也就是整个经济。《汉书·食货志》所涉及时间自上古到西汉,因此可以说是一篇简明的经济通史。自《汉书》始,历代正史皆有《食货志》[①]。正史《食货志》所据材料主要来源于国家档案,因而所记经济事件一般比较准确和完备。同时,历代正史中的《食货志》基本上相互衔接,其中不但蕴藏了丰富的经济史资料,而且包含了系统的经济史记述。

正史之外,记述历代政治、经济、文化、军事等典章制度的演变的政书如《十通》,也大多设有"食货典"、"食货考"或"食货门"。《十通》中的"食货典"、"食货考"或"食货门"与正史中的《食货志》不同之处在于,它们以引述史籍中的有关资料为主,间有编纂者的评述,带有材料汇编的性质,但资料收集范围不限于正史的《食货志》,资料的分类也更为细致。这些"食货典"、"食货考"或"食货门"汇集了大量经济史文献,比较完整地记述了自上古至清末有关典章制度的沿革和财政经济方面的重大事件,构成了"食货之学"又一连续的重要系列[②]。

历代政府编辑的会要和会典,也有系统地分类记载了各种有关经济和财政的典章制度,而明清时期,国家更编辑出版了则例一类专书,专门讨论赋役、漕运、马政、盐法、钱法、荒政等财政问题。总数近万部的地方志也保留了大量的地方经济史资料,并大多依照固定的体例,将

[①] 正史中也有缺《食货志》的,如《后汉书》、《三国志》无《食货志》,南北朝诸史除《魏书》外也无《食货志》。但后史有《志》者(如《晋书·食货志》、《隋书·食货志》)往往对前代有所追述。
[②] 参见李根蟠:《中国经济史学形成和发展三题》,载侯建新主编:《经济—社会史:历史研究的新方向》,第86—106页。

其编入"物产"、"赋役"、"水利"、"户口"、"荒政"等志。这些对于研究各地历代的经济制度和经济活动具有重要意义①。

由此可见，我国很早就出现了关于经济实践的系统记述，而且这种工作延绵不断，形成了中国特有的"食货之学"。这种"食货之学"是我国经济史学的源头之一②。

但是传统的"食货之学"也有严重缺陷。例如，它主要记述国家管理经济的典章制度和有关的经济政策、经济主张，而较少涉及普通人民经济的活动；注重"公经济"或"官经济"，忽视"私经济"；等等。更为重要的是，这种"食货之学"是传统史学的一个部分，而传统史学在方法论上的主要特征是偏重描述而非研究③。换言之，传统的"食货

---

① 除了上述文献外，我国古代的其他典籍中也保留了丰富的经济史资料。例如，历代类书的相关项目可视为有关经济史料的汇编；明清时代众多提倡经世致用的学者，写了大量的有关国计民生的奏议和文章，被汇编为多种《经世文编》，其中许多是讨论经济问题的。从传统的四部分类来说，经部文献虽然是儒家经典，但其中也保存了不少有关上古经济的史料；集部文献中有众多历代政治家和思想家关于社会经济问题的论述；子部文献中有大量农书以及水利书、工业用书、商业用书。四部文献之外，考古发掘的地下文物和简牍文书，也包含了大量古代经济发展的信息。

② 章太炎在1913年《自述学术次第》一文中说，"食货之学"乏人问津，是有清三百年学术的四大缺失之一（见傅杰编：《自述与印象：章太炎》，生活·读书·新知三联书店1997年版，第16页）。我对此的理解是：清代学术成就斐然，但在"食货之学"方面，却鲜有人专治之，以致未能突破以往格局。但是什么是"食货之学"，章氏未言，我亦尚未见他人作过专门的解说。一种意见认为历代食货志只是对经济现象的描述，所以不是"食货之学"。不过，就本来的意义而言，史学就是对往事的记录（西方对史学 [history] 的普通定义为"事件的记叙"[A narrative of events]，尤指按时间顺序记录事件，并常包含对这些事件的解释或评价[chronological record of events, often including an explanation of or commentary on those events]）。从这个最基本的意义出发，经济史学也就是对过去经济事件（实践）的记录。《食货志》作为对历代经济制度和经济现象的系统记载和描述，也可以被认为是一种史学。虽然这种史学尚不能被称为严格意义上的经济史学，却可被视为经济史学的前身。为了更好地表现这种史学的特征，称之为"食货之学"无疑更为合适。

③ 因此，在近代西方学术分类中，史学被视为"艺术"而非"科学"。

之学"所关注的主要是经济制度的内容和具体事件的经过,而非一般现象,因此很少需要理论①,也无需特别的方法②。同时,其时尚无社会科学出现,当然也就无法从社会科学中引入理论和方法③。

现代经济史学与传统的"食货之学"有着根本的不同。这种不同在于前者不仅包括对过去的经济状况进行记录和描述,还包括对这些状况进行科学的研究。这种研究的科学性主要源自社会科学。在历史学各学科中,经济史学是最早"社会科学化"的,主要原因就在于经济史学与社会科学的关系最为密切,并更多地依赖社会科学所提供的理论和方法④。

现代经济史学最早出现于19世纪晚期的英国⑤,尔后发展迅速,在

---

① 希克斯(John Hicks)指出:在史学研究中,是否使用理论,在于我们到底是对一般现象还是对具体经过感兴趣。"如果我们感兴趣的是一般现象,那么就与理论(经济学理论或其他社会理论)有关。否则,通常就与理论无关";而"历史学家的本行,不是以理论术语来进行思考,或者至多承认他可以利用某些不连贯的理论作为前提来解释某些特定的历史过程"。John Hicks, *A Theory of Economic History*, Glarendon Press(Oxford), 1991, p.2.

② 海登·怀特(Hayden White)说:"无论是把'历史'(history)仅视为'过去'(the past),或是视为关于过去的文献记载,还是经过专业史学家考订过的关于过去的历史,都不存在用一种所谓的特别的'历史'方法去研究'历史'。" Hayden White, "New Historicism: A Comment," in Veeser ed., *The New Historicism*, Routledge, 1989.

③ 因是之故,梁启超批评中国传统史学说:"徒知有史学,而不知史学与其他学之关系。"梁启超:《新史学》,《饮冰室文集》,云南人民出版社2001年版,第1628—1647页。

④ 巴勒克拉夫说:"在所有社会科学中,对历史学影响最大的是经济学。"他并引用戴维斯的话说,"迄今为止,经济学是对历史学唯一作出最大贡献的社会科学",其主要原因不仅是因为"自从亚当·斯密、李嘉图和马克思时代以来,历史学家已经充分认识到了经济因素在历史变革的形成中的重要性",而且也是因为"经济学在形成一套完整的理论方面远远走在其他社会科学前面"。杰弗里·巴勒克拉夫:《当代史学主要趋势》,杨豫译,上海译文出版社1987年版,第75、114页。

⑤ 1867年,"经济史"首次被列入大学考试科目;1882年坎宁安(William Cunningham)出版了第一本经济史教科书《英国工商业的发展》,这两件事被认为是英国经济史学科的"起步阶段"。1892年,阿什利(W. J. Ashley)成为英语国家的首位经济史教授。1895年伦敦经济学院成立,将经济史置于社会科学的核心。

19世纪末和20世纪初便有了欧洲一流的经济史,使英国史学从默默无闻的落后状态跻身于欧洲史学强国的行列。英国的经济史学突破了传统史学的局限,有如下鲜明的特点:(一)推动了中世纪历史档案的大规模整理,(二)普通人历史成为研究课题,(三)开辟了农村史或农业史领域①。为了进行这些工作,从社会科学借用方法是必然的。经济学(包括政治经济学)是主要来源之一,但并非唯一来源②。

我国的现代经济史学则是在西方近代社会科学传入以后才出现的,是中国近代学术转型的产物③。梁启超1903年发表了著名的长文《新史学》,倡言"史界革命",号召创立新史学。虽然后人对什么是"新史学"的看法颇有歧异④,但梁氏自己说得很清楚:这种新史学的主要特征就是必须获得"诸学之公理、公例",即援用社会科学的理论方法研究历史。而在梁氏关于"新史学"的设想中,经济史占有最为重要的地

---

① 徐浩:《英国经济—社会史研究:理论与实际》,载侯建新主编:《经济—社会史:历史研究的新方向》,第65—85页。
② 爱德华·罗伊尔(Edward Royle)说:经济史是经济学与历史学结合的产物,产生于第一次世界大战前夕,当时经济史似乎并未明确地成为一门独立学科,在剑桥大学,坎宁安(William Cunningham)讲授的课程就叫"政治经济史与经济史"。转引自龙秀清编译:《西方学者眼中的经济—社会史》,载侯建新主编:《经济—社会史:历史研究的新方向》,第361—379页。
③ 中国近代学术转型指的是传统学术向西方近代学术的转变,从一个方面来说,即从传统的文史哲不分的"通人之学"向现代分科性质的"专门之学"转变。这两种学术形态在学术研究的主体、学术研究机构及学术中心、学术研究理念及宗旨、学术研究方法、研究对象及范围、研究成果及交流机制、学术争鸣与成果评估等问题上均有很大差异。参见左玉河:《从四部之学到七科之学——学术分科与近代中国知识系统之创建》,上海书店出版社2004年版。
④ "新史学"一词使用频率甚高,其含义亦相当宽泛:从胡适的实验主义史学、顾颉刚的疑古史学、王国维"地上与地下文献互证"的史学,到郭沫若诸人的"马克思主义"史学,均以"新史学"名之。见陈峰:《两极之间的新史学:关于史学研究会的学术史考察》,《近代史研究》2006年第1期。

位。但是，此时中国学者对西方学术的了解主要是通过日本学者的介绍[①]。甲午战争之后，日本学者在考察中国社会经济现状的同时，也开始研究中国社会经济的历史，这引起了中国一些知识分子的注意[②]。在19世纪末20世纪初，已有一些日本学者的中国经济史研究成果被介绍到中国，并对中国学者产生了直接的影响[③]。此时日本学者对中国经济史研究的重点是经济制度史和财政制度史，因此梁启超也认为经济史分财政、经济两大部，财政中又分租税、关税等细目。

梁启超于1904年写成《中国国债史》一书，尔后出版的中国经济史研究著作[④]都直接或间接地受梁氏的影响。因是之故，我采用赵德馨

[①] 张广智、张广勇：《现代西方史学》，复旦大学出版社1996年版，第356页。又，尚小明指出："梁启超在《新史学》等专论中所阐述的基本史学理论，实际上主要是从浮田和民的《史学通论》中有选择地移植过来的。20世纪初的梁启超在新史学的理论建设方面，基本上没有自己的创见，因此，将其视为中国新史学理论的奠基人或创立者，是不准确的。当然，梁氏的移植并非完全照搬照抄，而是有所归纳，并结合中国旧史弊病有所演绎，这就使其《新史学》等专论所宣传的新史学思想更条理、更易为中国学界所接受，并且有了针对性。正因为如此，梁氏在中国新史学发展史上，有着无人能够取代的地位。"尚小明：《论浮田和民〈史学通论〉与梁启超新史学思想的关系》，《史学月刊》2003年第5期。
[②] 梁启超在1897年看到日本人绪方南溟写的《中国工艺商业考》一书时，发出了由衷的感叹："嗟夫！以吾国境内之情形，而吾之士大夫，竟无一书能道之，是可耻矣。吾所不能道者，而他人能道之，是可惧矣。"见梁启超：《〈中国工艺商业考〉提要》，《饮冰室合集·文集》之二，中华书局1989年影印1936年版，第51页。
[③] 如1907年日本学者平田德次郎在《政治学报》上发表《满洲论》一文，西村骏次等在《政治学报》上发表《满洲之富源》一文。受此影响，中国学者剑虹于1910年在《地学杂志》第一卷第3期上发表《吉省移民源流》一文，也展开了类似的研究。1906年广智书局出版了蒋篑方翻译的日本学者织田一著《中国商务志》一书。中国学者陈家锟就展开了类似的研究，并于1908年著《中国商业史》一书。
[④] 如张效敏1916年发表的《中国租税制度论》，陈向原1926年所著《中国关税史》，都是关于租税、关税等细目专题的研究。此后也陆续出现了用新的体裁编写的财政史、田赋史、田制史、盐务史、商业史等方面的论著和经济资料的汇编，如1906年出版的沈同芳的《中国渔业历史》，1908年出版的陈家锟的《中国商业史》等部门经济史论著叙述简略，显然尚处于起步阶段。

的观点,把梁氏《中国国债史》一书的问世作为中国经济史学出现的标志[1]。

自此以后,中国经济史研究进展颇为迅速。到了 20 世纪二三十年代之交,出现了一些较为通贯的社会经济史专著[2],一些重要的西方经济史和经济学说史著作被引进中国[3],一些知名史家也纷纷予以倡导呼吁[4]。这些先驱性的工作,对后来中国经济史学的发展具有重要意义。但是我们也要看到,这一时期的中国经济史研究,主要还是采用传统史学研究范式,主要原因盖在于,前人行事并无一经济学观念为前提,其言行自有一套道理办法规则,以经济学的后来观念解前人前事,当然颇为困难。同时,由于中国学者对近代西方社会科学的了解非常有限,因此一些比较新的研究也大多是效仿日本学者的做法。此时日本的中国经济史研究虽然在研究内容上不同于中国传统的"食货之学",但在方法上却有诸多共同之处,因此也比较容易为中国学者接受。

大致而言,在此时期,我国的经济史学还处于摸索和模仿的阶段,尚未具有自己的特色,因此我们说这是其萌芽时期。然而在 20 世纪二三十年代之交,中国思想界出现了一场中国社会史的大论战,所讨论的主要问题,包括战国以后到鸦片战争前的中国是商业资本主义社会,还是封建社会,或是别的什么社会?中国历史上是否存在亚细亚生产方

---

[1] 赵德馨:《20 世纪上半期中国经济史学发展的回顾与启示》,原发布于"中南经济史论坛",转引自 http://jyw.znufe.edu.cn/znjjslt/xxyd/sxglyjjsxs/t20051223_1384.htm。
[2] 如陶希圣的《中国封建社会史》、《两汉经济史》等著述。
[3] 如陶希圣翻译的奥本海姆(Franz Oppenheimer)的《马克思经济学说的发展》、《各国经济史》等著作。
[4] 1920 年朱希祖出任北京大学史学系主任时,即受德国兰普雷希特(Lamprecht)《近代历史学》和美国鲁宾逊(James Harvey Robinson)《新史学》的影响,极力强调"研究历史,应当以社会科学为基本科学",并在这种观点指导下对该系课程进行了改革。

式？中国历史上是否存在奴隶社会？如果存在，它存在于什么时代？等等。这些问题的提出和争论，对经济史研究有很大意义。论战的结果是"一场混战使大家感觉无知了，于是返回头来，重新做起。……从热烈到冷静，变空疏为笃实"①；"中国社会史的理论争斗，总算热闹过了。但是如不经一番史料的搜求，特殊问题的提出和解决，局部历史的大翻修、大改造，那进一步的理论争斗，断断是不能出现的"，因此学者们应当潜下心来"从事于详细的研究"，将关注的重点从"革命家的历史"转向"历史学家的历史"②。这显示出中国经济史学开始从政治论争的附庸转向重视自身的学术发展，从而进入了一个新的阶段。

二、形成（1932—1949）

在此时期，中国经济史研究出现了空前的繁荣，经济史学也因此而成长为一个独立的学科。

据统计，在20世纪的前五十年中，中国经济史研究的论著出版了约524种③，大多数出自1932—1937年间。这些成果既有对地区、行业、部门的专题研究，也有对经济史学科性质、研究方法等有关学科自身发展理论问题的探讨。无论研究成果的数量还是质量，都反映出中国经济史学研究已经达到了相当水平④。通史性质的经济史研究著作

---

① 马乘风：《中国经济史》第1册，序言，中国经济研究会1935年版。
② 陶希圣：《编辑的话》，《食货》创刊号，上海书店出版社1987年影印本，第29页。
③ 转引自曾业英：《五十年来的中国近代史研究》，上海书店出版社2000年版，第82—83页。
④ 赵德馨：《20世纪上半期中国经济史学发展的回顾与启示》，原发布于"中南经济史论坛"。

也刊出了，其中马乘风撰写的《中国经济史》（二册），在当时学术界的影响颇大[①]。

1932年，中央研究院社会科学研究所创办了中国第一份以经济史命名的学术刊物——《中国近代经济史研究集刊》（后改称《中国社会经济史研究集刊》）。这是中国经济史学发展史上的一件划时代的大事[②]，因此我们以此作为中国经济史学发展第一阶段的起点的标志。同样值得强调的是以北京大学法学院的名义于1934年创办的《食货》半月刊。这是我国第一份"中国社会史专攻"的专业性期刊，被称为"一个最著名的社会经济史杂志"[③]，其发行量一度高达4000份，在日本也拥有相当数量的读者。这两份刊物对中国经济史学的发展做出了重大贡献。此外，北平社会调查所的《社会科学杂志》、北京大学的《社会科学季刊》、中山大学的《社会科学论丛》、中央大学的《社会科学丛刊》、武汉大学的《社会科学季刊》等社会学刊物，以及天津《益世报·史学》双周刊和《中央日报·史学》周刊，也是中国社会经济史的研究论文的主要发表园地。

在此时期，也出现了经济史研究的学术团体。在《中国近代经济

[①] 嵇文甫在为该书所作的"序言"中称："这本大著，一方面带着论战时期战斗气氛，而另一方面在搜集材料上也很下一些功夫。从此继续探讨，理论和材料两方面同时并进，对于将来中国社会史论坛上一定有很大的贡献，这是我所最期望的。"顾颉刚对本书也有很高评价："自上古至汉代为止，材料相当丰富，见解相当正确，是与《食货》学派相近而又有贡献的佳作。"顾颉刚：《当代中国史学》，上海古籍出版社2002年版，第99页。

[②] 刘翠溶指出，这是第一份以经济史为名的学术刊物，创刊时间比美国经济史学会出版的 *Journal of History*（1941年5月）还要早，这份刊物实为导致今日研究中国经济史和社会史之嚆矢。见于宗先等编：《中国经济发展史论文选集》（台湾联经出版事业公司1980年版）之《导言》。

[③] 向燕南、尹静：《中国社会经济史研究的拓荒与奠基：陶希圣创办〈食货〉的史学意义》，《北京师范大学学报》2005年第3期。

史研究集刊》的背后就活跃着"史学研究会",主要成员吴晗、汤象龙、夏鼐、罗尔纲、梁方仲、谷霁光、朱庆永、孙毓棠、刘隽、罗玉东、张荫麟、杨绍震、吴铎等主要来自清华大学和北平社会调查所(即后来的中央研究院社会科学研究所),其中不少人后来成为经济史研究的骨干力量。在以《食货》杂志为中心的"食货学会"和与《食货》杂志关系密切的学者中,傅衣凌、鞠清远、杨联陞、全汉昇、何兹全、连士升、武仙卿、沈巨尘、贾钟尧等,日后也成为经济史研究的中坚人物。中山大学法学院成立的中国经济史研究室也是当时相当有影响的学术团体之一。

1931年学潮后,北京大学聘请陈翰笙、陶希圣担任教授,开设中国社会史(即社会经济史)、唯物史观等课程。1933年春夏之际,陶希圣在北大法学院着手筹建中国经济史研究室,并组织出版"中国社会史丛书",这些都显示出中国经济史学已经开始进入历史研究的主流。

此外,经济史领域里还活跃着一股重要的力量,即以郭沫若、吕振羽为代表的一批接受了马克思主义的学者。他们虽然并非专业的经济史学者,但其研究也体现了"社会经济史"的取向。

这一时期的中国经济史学,有如下几个重要特点:

(一)中国的现代经济史学,如同中国的现代史学一样,自形成伊始就深受近代西方(以及日本)学术的影响。20世纪前半期,西方史坛上的三大主要流派对中国经济史学的形成都起了重要作用。

在20世纪前半期的西方史坛上,居于主流地位的仍然是兰克客观主义历史学派[①]。直到第二次世界大战,尤其是1955年以后,情况才发

---

① 斯波义信:《宋代江南经济史研究》,东京大学东洋文化研究所1988年版,第7页。

生重大改变，史学也才从艺术转变为科学①。但是在19世纪末20世纪初，西方史学已经开始呈现出与社会科学结盟的态势，历史学家们开始批判兰克客观主义历史学派的范式，召唤着一种能解说各种社会经济因素的历史学②。而代表这一世界学术新潮流的，就是兴起于20世纪二三十年代之交的"年鉴学派"③。同时，1917年俄国十月革命以后，马克思主义史学在苏联建立。马克思主义强调研究"经济力量的冲突"，以"经济体系形态的模式"来"理解历史进程"④，因此尤其重视经济史研究⑤。以年鉴学派为代表的西方社会经济史学与马克思主义经济史学虽然颇为不同⑥，但二者都以唯物史观为基础。而即使是以客观主义历史学派的范式为基础的实证主义经济史学，也并不排斥唯物史观。因此，在经济史研究中，这三大学派的冲突并不像在其他领域中那样明显。

在中国，强调以社会科学方法研究历史的新史学，一直到20世纪30年代仍仅停留在理论层面。对于具体学术实践来说，则所谓"以科学方法整理国故"的新考据学，依旧是当时史学界的主流。中国史学本

---

① 杰弗里·巴勒克拉夫：《当代史学主要趋势》第三章。
② 伊格尔斯：《20世纪的历史学》，何兆武译，辽宁教育出版社2003年版，绪论，第6页。
③ 王学典：《唯物史观派史学的学术重塑》，《历史研究》2007年第1期。
④ 向燕南、尹静：《中国社会经济史研究的拓荒与奠基：陶希圣创办〈食货〉的史学意义》，《北京师范大学学报》2005年第3期。
⑤ 沃尔什指出："自从马克思以来，或者不如说自从19世纪末年以来"，历史研究的"重点已经转移到经济史和社会史"，"人们日益接受……与政治因素相对而言的经济因素乃是历史变化中真正的决定因素的论点"。见威廉·沃尔什：《历史哲学——导论》，何兆武、张文杰译，社会科学文献出版社1991年版，第185—186页。
⑥ 当然，年鉴学派在许多重要方面并不同意马克思主义（特别是社会分期论），但该学派主张"马克思主义和非马克思主义的新史学家有责任把这场讨论进行下去，这也是当今历史学界的任务之一"。参见李伯重：《斯波义信〈宋代江南经济史研究〉评介》，原刊于《中国经济史研究》1990年第4期，后收入李氏《理论、方法、发展趋势：中国经济史研究新探》，清华大学出版社2002年版。

有乾嘉考据学的传统,与兰克学派有颇多共同点,都强调史料、注重考证,以致有"史料即史学"之说[①]。因此中国史学家很容易接受兰克学派的方法。在此基础上形成的史料考订学派,成为此时中国史学的主流[②],并被认为是进入了西方史学的主流[③]。从研究范式上看,史料考据派学者共同的特点,一是强调史料的发掘与考据对于史学的意义,而对社会历史过程的解释,则一般并不予以过多的注意;二是在研究的内容上,或囿于中国传统学术思路及西方实证史学研究取向的影响,大都更关注政治史、文化史或学术史,而"不重视社会经济的作用,较少探索这方面的问题",至于所谓"中国社会是什么社会"这样大的理论问题,更是"一个京朝派文学和史学的名家不愿出口、甚至不愿入耳的问题"[④]。

但在此时,学界对社会经济史的重视也日益加强。《现代史学》杂志的创办人朱谦之指出:"现代是经济支配一切的时代,我们所需要的,既不是政治史,也不是法律史,而却为叙述社会现象的发展、社会之历史的形态、社会形态的变迁之经济史或社会史。所以现代史学之新倾

[①] 张广智:《克丽奥之路——历史长河中的西方史学》,复旦大学出版社1989年版,第160、162页。
[②] 这种以乾嘉考证学和西方兰克以后的历史主义的汇流为其最主要的特色的"新史学",可以胡适的"实验主义"史学与顾颉刚的"疑古史学"为代表的史料学派为代表,形成一种以批判史料、考证史实为圭臬的学术规范,乃是中国史学的主流。
[③] 20世纪二三十年代之交,即中央研究院史语所诞生前后,陈寅恪明确指出:"敦煌学者,今日世界学术之新潮流也。"敦煌学的中心和正在在法国,"法国汉学"遂被看作是"新潮流"之所在,而"步法国汉学之后尘,且与之角胜",就是陈氏所谓的"预流",而"其未得预者,谓之未入流"。见王学典:《唯物史观派史学的学术重塑》,《历史研究》2007年第1期。
[④] 参见田余庆:《魏晋南北朝史研究的回顾与前瞻》,载《秦汉魏晋史探微》,中华书局1993年版;陶希圣:《潮流与点滴》,第129页(转引自向燕南、尹静:《中国社会经济史研究的拓荒与奠基:陶希圣创办〈食货〉的史学意义》,《北京师范大学学报》2005年第3期)。

向,即为社会史学、经济史学。"① 因此社会经济史学的引进具有特别重要的意义。它不仅顺应了国际史学的最新潮流,而且还填补了乾嘉以还中国学术史上的一个重要空白,即"食货之学"的衰微②。"井田制"、"初税亩"、"均田制"、"地主制"、"庄园制"、"农村公社"等一系列关键史实的发覆,都是明显受到西方社会经济史学的影响。在当时中国史学中,唯物史观派与史料考订派两大学派存在明显的冲突③,但是在中国经济史研究中,两大学派彼此之间却较少抵牾④。

由此,我们可以看到这一时期中国经济史学的特点:在研究的内容方面突破了"食货之学"的局限,但是依然以经济制度为主;在研究的方法论方面强调理论的重要性,但是仍然以史料的搜集和考据为主。这一点,集中地体现于陶希圣在"中国社会史丛书"的《刊行缘起》中所发出的号召:"多做中国社会史的工夫,少立关于中国社会史的空论";"多找具体的现象,少谈抽象的名词"⑤。《中国近代经济史研究集刊》的《发刊词》也声明:"我们要知道过去的经济最要紧的条件便是资料",欲开展经济史的研究,首先要"注意于经济史料,尤其是近代经济史料

---

① 朱谦之:序,载陈啸江:《西汉社会经济研究》,新生命书局 1936 年版。
② 章太炎在《自述学术次第》一文中曾指出,有清三百年,学术研究的方向选择上存在四个方面的缺陷,其中之一即是对"食货之学"亦即社会经济史的忽略。
③ 考订派处在主流地位上,因此其所倡导的学风、路数、旨趣也就成为主流学风、主流路数,而史观派的学风、路数和述作则备受轻蔑。参见王学典:《近五十年的中国历史学》(《历史研究》2004 年第 1 期)以及《唯物史观派史学的学术重塑》(《历史研究》2007 年第 1 期)。
④ 史料学派的代表人物胡适、顾颉刚和傅斯年等均不做社会经济史,但是他们也都承认社会经济史的重要性。因此胡适在其"中国文化史"撰述计划中列有经济史一项,而顾颉刚也承认"社会的基础和历史的动力是经济",并提议从地方志中寻求经济史料。
⑤ 陶希圣:"中国社会史丛书"的《刊行缘起》及卷首《附言》,转引自向燕南、尹静:《中国社会经济史研究的拓荒与奠基:陶希圣创办〈食货〉的史学意义》(《北京师范大学学报》2005 年第 3 期)。

的搜集","现在我们希望就着所能得的资料,无论题目大小,都陆续的整理发表,以就正于经济史的同志"。这一立场在该刊中得到反复申述:"我们认为整理经济史最应注意的事有两点:一是方法,二是资料。关于前者,我们以为一切经济史的叙述必须根据事实,不可凭空臆度,所采用的方法应与研究其他的严格的科学无异。关于后者我们认为最可宝贵的要为原始的资料,尤其是量的资料,有了这种资料才可以将经济的真实意义表达出来。"① 在此学风的引导下,此时期的经济史研究便出现了以下偏好:第一,注重对具体经济事实及经济现象的研究和考释②;第二,注重史料的考订③;第三,注重中国历史本身,而非简单地套用西欧历史所得出的规律④。此外,有组织的经济史料搜集与整理和专题研究也开始了。1935年9月,陶希圣在北京大学法学院设立中国经济史研究室,召集一批弟子从事中国古代社会经济史的史料搜讨和史事研究工作,先后编著了《西汉经济史》、《唐代经济史》、《魏晋南北朝经济史》和《唐代经济史料丛编》等。

上述特点在《食货》杂志上也表现得很明显。《食货》所刊登的文章中,关于经济史学理论方法的有29篇,关于社会形态理论和欧洲社会经济发展的有30篇,合计59篇,占文章总数的20%以上。除了

---

① 《史料参考》,《中国近代经济史研究集刊》1932年第1期。
② 如发表于《食货》半月刊上的有关魏晋庄园经济、宋代都市夜生活、三国时代的人口、元代佛寺田园及商店问题的研究,都属此类。
③ 如马乘风在《中国经济史》中对王宜昌有关中国用铁时代研究的批评,就有很多地方涉及史料的来源和解释问题。
④ 齐思和在总结新史学发展史时说:陶希圣"对于西洋封建制度并未给一个彻底的解说,因之对于中国封建制度的解说也稍失之于空泛笼统"。到了后来,陶先生大概感觉这问题太广大,应从专题研究入手,又作了《西汉经济史》、《辩士与游侠》等书(齐思和:《近百年来中国史学的发展》,《燕京社会科学》1949年第10期)。此外,《食货》杂志还推出了几期"中国社会形式发展史专号",以探讨中国社会自身特点。

这部分文章外,讨论中国经济史具体问题的文章共 222 篇,其中通论性质的 33 篇,占总数的 14.9%;分论各代问题的有 189 篇,占总数的 85.1%。《食货》一般称这些文章为"研究资料",实际上,除少量纯属资料的排比之外,大多数是在收集整理资料基础上的专题研究①。

（二）马克思主义的唯物史观在经济史研究中发挥了重大影响。马克思主义关于生产力决定生产关系、经济基础决定上层建筑的理论,引导人们去关注社会经济状况及其发展的历史②。社会史论战后不久,以郭沫若、范文澜、翦伯赞③、吕振羽、侯外庐为代表的马克思主义学者首先运用社会经济形态的理论来研究中国历史的发展阶段,论证马克思主义对于中国历史的普适性。这些研究不但在运用马克思主义来研究中国经济史方面具有开创意义,也奠定了中国马克思主义史学的基础④。

尽管取得了很大成就,但是此时期的中国经济史学仍然存在一些严重的问题。

（一）在此时期,年鉴学派提出了"总体史"的新概念,号召将地理学、心理学和社会学引入历史学,进行多学科和跨学科的社会经济史的综合研究⑤。但是这个当时国际史学的最新潮流,对于中国经济史研究的实际影响却很有限。从社会科学吸取研究方法的重要性,虽然早有一

---

① 李根蟠:《中国经济史学形成和发展三题》,载侯建新主编:《经济—社会史:历史研究的新方向》,第 86—106 页。
② 汤象龙曾有过明确的说明:"当时大家虽然说不上熟悉马克思主义的理论,但都倾向于唯物主义,对一些历史问题的分析,主要倾向于社会和经济的分析。"见《汤象龙自述》,载高增德、丁东编:《世纪学人自述》第三卷,北京十月文艺出版社 2000 年版,第 323 页。
③ 有关郭沫若、范文澜、翦伯赞等马克思主义史学代表人物对经济史内容的重视及其在社会经济史研究上的开拓之功,参见王学典:《"年鉴范式":20 世纪唯物史观派史学的学术史意义》,载《20 世纪中国史学评论》,山东人民出版社 2002 年版,第 66—67 页。
④ 李根蟠:《中国经济史学百年历程与走向》,《经济学动态》2001 年第 5 期。
⑤ 李伯重:《"年鉴学派"——一个重要的历史学派》,《百科知识》1996 年第 6 期。

些学者强调①,但是在此时期,基本上仍然停留在口号上,罕有学者真正将其付诸实践。

(二)在方法论方面,虽然自梁启超开始,"新史学发展的主流始终在'科学化',历来的巨子,莫不以提高历史学的'科学'质素为职志",但是当时主流史学所追求的科学方法,主要仍然是"以校勘、训诂为本的材料整理术"和"以内外考证为主的史料审定术"②。这一点,清楚地表现在傅斯年的见解中:"现代的历史学研究,已经成了一个各种科学的方法之汇集",但"近代的历史学只是史料学,利用自然科学供给我们的一切工具,整理一切可逢着的史料"。③因此,除了张荫麟、梁方仲等少数学者在研究中开始使用社会学、经济学和统计学方法外,绝大多数经济史学者使用的仍然主要是史料收集、整理和考证的方法④。

(三)在此时期,一些中国经济史学者开始注意到中国经济史自身的特色。陶希圣强调"也许中国社会的发达与欧洲有同样的过程,也许两者截然不似。但是,要断定中国社会的发达过程,当从中国社会历史的及现存的各种材料下手。如果把史料抛开,即使把欧洲人的史学争一个流水落花,于中国史毫没用处"。因此学者们应当"不独把欧洲的史

---

① 早在中国经济史学的萌芽时期,梁启超就在《新史学》一文中大力鼓吹史学研究应当"取诸学之公理公例而参伍钩距之,虽未尽适用,而所得又必多矣"。陶希圣更明确地把"统计法"作为中国社会史研究的主要方法,并将其列入"科学的归纳法"之中。
② 许冠三:《新史学九十年》上册,香港中文大学出版社 1986 年版,《自序》第 140 页。
③ 傅斯年:《历史语言所工作之旨趣》,《国立中央研究院历史语言研究所集刊》第 1 本第 1 分,1928 年 10 月。
④ 即使是张荫麟,其 2/3 以上的文章亦涉及考辨。其弟子李埏说:"荫麟先生的史学著作,用心最多的是《史纲》,而分量最大的却是考据论文","考据不是荫麟先生治史的目的,而只是他的手段"。见李埏:《张荫麟先生传》,《史学史研究》1993 年第 3 期。

学当作中国史的自身","宁可用十倍的劳力在中国史料里找出一点一滴的木材,不愿用半分的工夫去翻译欧洲史学家的半句来,在沙上建立堂皇的楼阁。""唯物史观固然和经验一元论不同,但决不抹杀历史的事实。我希望论中国社会史的人不要为公式而牺牲材料。"[1] 但是在总体的史观上,欧洲中心论在中国经济史研究中仍然占有统治地位。

(四)从中国经济史学形成伊始,就一直强调学术为现实服务。这一特点深刻地表现在中国经济史学的发展对"问题"的路径依赖上。在中国经济史学萌芽时期,学术界对"井田制有无"问题展开了激烈的讨论[2],而社会史大论战更集中在中国古代社会的性质问题上。这些争论对中国经济史学的形成至关重要。这种路径依赖,对中国经济史学的影响具有二重性。一方面,现实问题提出了一些有关的中国经济史的理论命题,围绕这些命题,进行理论的研究与探讨,对经济史学的发展有促进作用。但是另一方面,学术发展依赖于现实的政治论争,使得政治与学术之间的关系纠缠不清,从而也妨碍了经济史学自身的学科发展。

1937年7月爆发的日本全面侵华战争,使中国经济史学蓬勃发展的势头受到了压抑。但在战争时期极其困难的条件下,学者们仍然没有放弃中国经济史研究,并逐步走向深入,取得不少成果。

---

[1] 陶希圣:"中国社会史丛书"《刊行缘起》及《中国社会形式发达过程的新估定》,转引自向燕南、尹静:《中国社会经济史研究的拓荒与奠基:陶希圣创办〈食货〉的史学意义》,《北京师范大学学报》2005年第3期。

[2] 1919年至1920年间,胡适、胡汉民、廖仲恺曾就"井田制有无"的问题展开激烈的辩论,虽然胡适当时主要是从考证的角度提出这一问题,其目的是为了证明"层累地造成古史",但是对这一问题的讨论,客观上对中国经济史学科产生了积极的影响,学术界有人甚至认为,井田制有无的辩论是中国经济史学开始形成的标志。

三、转型（1950—1978）

1949年新中国建立后，经济史学在中国史学中的地位发生了根本性变化。1951年，郭沫若就说：新中国的史学界"在历史研究的方法、作风、目的和对象方面"，"已经开辟了一个新纪元"，具体表现为：由唯心史观转向唯物史观，由个人研究转向集体研究，由名山事业转向群众事业，由贵古贱今转向注重研究近代史等①。以前考订派处在主流地位上，因此其所倡导的学风、路数、旨趣也就成为主流学风、主流路数，而史观派的学风、路数和述作则备受轻蔑。1949年后的中国，不只社会天翻地覆，学术界也同样乾坤倒转：史观派从边缘走向中心，由异端变为正统，考订派连同其路数则被放逐到史学界边缘，以后几十年（特别是20世纪50年代前期）的中国经济史学就是在这一大势下展开的。一切都已经翻过来了，新旧中国史学界之间出现了一条鸿沟②。因此我们可以说，这是一个经济史学的转型时期。

从学理方面来说，经济史学的转型直接导源于马克思主义指导地位的确立。马克思主义高度强调社会经济在历史发展中的地位③，因此社会经济史在马克思主义史学中也具有支配性地位。即使是作为马克思主

---

① 郭沫若：《近两年来的中国历史学》，《光明日报》1951年7月29日。
② 王学典：《近五十年的中国历史学》，《历史研究》2004年第1期。
③ 恩格斯说："正像达尔文发现有机界的发展规律一样，马克思发现了人类历史的发展规律，即历来为繁茂芜杂的意识形态所掩盖着的一个简单事实：人们首先必须吃、喝、住、穿，然后才能从事政治、科学、艺术、宗教，等等；所以，直接的物质的生活资料的生产，因而一个民族或一个时代的一定的经济发展阶段，便构成为基础，人们的国家制度、法的观点、艺术以至宗教观念，就是从这个基础上发展起来的，因而，也必须由这个基础来解释，而不是像过去那样做得相反。"见恩格斯：《在马克思墓前的讲话》，载《马克思恩格斯选集》第三卷，人民出版社1972年版，第574页。

义理论在 20 世纪西方学界的主要敌人的波普尔也认为"马克思对社会科学与历史科学"的一个"不可磨灭的贡献",就是"强调经济条件对社会生活的影响","这可以说完全扭转了先前历史学家的观念",因此"在马克思之前没有严肃的经济史"。①

我国于 20 世纪 50 年代从苏联全面引入马克思主义史学体系,并确立了马克思主义史学在中国史坛的主导地位。史学界掀起了学习马克思主义的热潮,绝大多数史学家努力学习马克思主义并用以指导自己的研究,加入史学界展开的有"五朵金花"美称的全国性史学大讨论。虽然"五朵金花"几乎都与时代主题相通②,但现实性并未将学术性完全稀释,其学术意义不可低估。有论者指出:"中国的大部分史学家们纷纷浸淫于'五朵金花'及其相关命题的研究,这就不能不使得这些命题的研究深度,得到空前的发掘,从而形成这个时期中国史学成就的一个显著特色,尤其是中国古代生产关系史、农村社会经济史、商品经济史的研究,为后人的学术进步打下了坚实的基础。"③

马克思主义的确立,导致了经济史研究在理论与方法上的变革。这个变革一反过去主流史学"有史无论"的偏见,提出"以论带史"的口号。这种对理论的高度重视,同 20 世纪 50 年代国际"史学革命"的领袖、年鉴学派的旗手布罗代尔（Fernand Braudel）的著名口号"没有理

---

① 卡尔·波普尔:《二十世纪的教训:波普尔访谈演讲录》,王凌霄译,广西师范大学出版社 2004 年版,第 17 页。
② 例如"古史分期论战",在当时看来,关乎"五种生产方式"理论是否适应中国国情的问题,关乎中国革命与历史的前途问题,即马克思所说的理想社会形态能否在中国实现;同样是把社会形态学说引入中国史领域的产物,为了说明没有帝国主义也能发展到资本主义去,资本主义萌芽问题应运而生。见王学典:《近五十年的中国历史学》,《历史研究》2004 年第 1 期。
③ 陈支平:《20 世纪中国历史学的三大情结》,《厦门大学学报》2001 年第 4 期。

论就没有历史",形成相互呼应之势。这个变革也强调对过去史家所漠视的人民大众在经济活动中的作用与地位进行研究,对于促进经济史研究范围的扩大,意义尤为深远。早在20世纪初,梁启超就痛斥君史湮没民史的弊病,但在史学实践中全面扭转精英本位的局面,则是在1950年以后。在这一方面,马克思主义史学起到了与年鉴学派相同的作用。伊格尔斯说:进入20世纪后,渗透在历史著作中的实际上是贵族的观点,或者说一种贵族的偏见支配了历史研究;大众的历史、日常生活史和人民文化史都被认为没有价值;而年鉴学派的努力纠正了这一偏向①。巴勒克拉夫也认为"马克思促进了对人民群众历史作用的研究,尤其是他们在社会和政治动荡时期的作用"②。中国的马克思主义史学也起到了同样的作用。从价值立场的选择上看,马克思主义史学同情历史上的"小人物"和普通百姓,对历史上反复发生的农民暴动、平民造反尤为推崇。以农民战争史为中心的对农民的研究曾经是"五朵金花"中最为繁茂的一朵。据不完全统计,1949年后的四十年中,共发表文章4000余篇,各种资料、专著和通俗读物达300余种,可谓极一时之盛。农民战争史可能是1949年后史学成果密集度最高的专门领域③。

在1950—1966年间,我国经济史学界不仅产生了一批重要的马克思主义指导的中国经济史学著作④,同时也有重大理论创新,其中最重

---

① 伊格尔斯等:《历史研究国际手册》,陈海宏等译,华夏出版社1989年版,第1、5页。
② 巴勒克拉夫:《当代史学主要趋势》,第27页。
③ 王学典:《近五十年的中国历史学》,《历史研究》2004年第1期。
④ 如郭沫若的《奴隶制时代》、李亚农的《中国的奴隶制与封建制》、王仲荦的《关于中国奴隶社会的瓦解和封建制的形成问题》、贺昌群的《汉唐间封建土地所有制形式研究》、尚钺的《中国资本主义关系发生及演变的初步研究》、杨宽的《古史新探》与《战国史》、唐长孺的《三至六世纪江南大土地所有制的发展》、韩国磐的《隋唐均田制度》、严中平的《中国纺织史稿》等,以及关于"五朵金花"的讨论文集,等等。

要的是资本主义萌芽理论。这是具有中国特色的马克思主义经济史学的一个主要理论基础。首先,这个理论体现了一种比较史观,即把中国历史纳入世界历史范围之中,把中国历史作为世界历史的一个部分进行研究。其次,该理论打破了自黑格尔以来盛行于西方的"中国停滞"论及其变种①和20世纪中期以来西方流行的"冲击—回应"模式的束缚,使得我们能够以发展的眼光来看待中国过去的历史,并且把研究的重心放到中国自身,而不是将近代中国经济的变化归之于外部因素(特别是西方帝国主义的作用)。再次,在寻觅资本主义在何时何处"萌芽"的过程中,中国经济学者们对于商品经济、雇佣劳动等至关重要的问题,付出了巨大努力,并且取得了丰硕成果②。

"中国封建社会"(实际上应当称为"具有中国特色的封建社会")理论的提出,也是我们经济史学界的重大理论创新。从苏联引进的马克思主义史学中的"封建社会"的概念,是以西欧历史演变模式为标准的,显然不符合中国的实际。用傅衣凌的话来说,用西欧的标准来看中国的封建社会,那么中国封建社会就是"既早熟而又不成熟"③。也正是因为如此,学者们对中国封建社会的开端的看法,也有巨大的分歧,其

---

① 如西方学界的"传统平衡"理论、"高度平衡机制"理论和我国学界的"中国封建社会结构是超稳定系统"之说等。
② 李伯重:《中国经济史学中的"资本主义萌芽情结"》,原刊于《读书》1996年第8期,后收入李氏《理论、方法、发展趋势:中国经济史研究新探》。又,余英时也认为大陆学者从事的资本主义萌芽讨论,对明清经济史的研究做出了很大贡献。见余英时:《中国近世宗教伦理与商人精神》,安徽教育出版社2001年版,第59、60页。
③ 傅衣凌:《明清封建土地所有制论纲》(原名《论明清时代封建土地所有制》,是傅衣凌教授1965年间为厦门大学历史系中国经济史专门化[专业]学生授课时的油印讲义。1975年,原稿由北京师范大学铅印成册,内部传阅,作为编写《中国通史》多卷本讨论明清社会经济的基础)。

时间竟然相差达数千年之久①。为了克服这种削足适履的做法,中国经济史学家进行了理论创新,提出"中国封建社会"的理论。这个理论,使得他们得以避免完全依照西方的模式来重建中国历史。

在此时期,也开始了由国家组织的系统收集整理资料的工作。1953年,由中央政府组织成立的中国历史问题研究委员会决定,由中国科学院经济研究所严中平负责,编辑出版一套中国近代经济史资料汇编。至1966年前,已有多部重要的资料汇编出版②。1960年,周恩来根据毛泽东"很有必要写出一部中国资本主义发展史"的指示,组织以许涤新、吴承明为首的中央工商行政管理局的专家,从编辑《中国资本主义工商业史料丛刊》着手,进行该项工作。这些扎实的资料工作不但推动了有关专题研究,而且培养了一批研究骨干。

但是我们也要看到,这一时期的中国经济史学也存在着严重的问题,主要表现为:

(一)对1949年以前中国经济史学的成就,强调批判而忽视继承。"以论带史"的口号,后来演变为"以论代史"的做法。这种轻视史实的风气,到了"文化大革命"时期更发展成为无视史实乃至捏造史实的恶劣手法。在此时期,原来居于中国史学主流地位的史料考订派,通过历次"批判资产阶级学术"的运动(特别是1958年的"史学革命"),作为一个整体已经不复存在③。但是在经济史学领域中,重史料、重考据

---

① 这些看法包括西周封建说、春秋封建说、战国封建说、秦汉封建说,乃至魏晋南北朝封建说。
② 如严中平等编的《中国近代经济史统计资料选辑》,孙毓棠、汪敬虞编的《中国近代工业史资料》两辑,李文治等编的《中国近代农业史资料》三辑,陈真等编的《中国近代工业史资料》四辑,彭泽益编的《中国近代手工业史资料》四卷,另外还有涉及中外经济关系的资料,如辑自海关的第一手资料《帝国主义与中国海关》十五辑。
③ 王学典:《近五十年的中国历史学》,《历史研究》2004年第1期。

的研究学风并未完全消失。一些重要的著作①，较少当时流行的教条和八股气味，大都有考证、有材料。

（二）在理论和方法上，50年代唯苏联之马首是瞻；60年代又陷入自我封闭状态，对西方经济史学的新进展既缺乏了解，又盲目排斥。而在此时期，法国年鉴学派进入第二代，形成以布罗代尔（Fernand Braudel）为首的整体观史学；在美国，以福格尔（Robert W. Fogel）为首的计量史学学派和以诺思（Douglas C. North）为首的新制度经济史学学派兴起，引发了"新经济史革命"；而稍后西方又出现了对社会经济史的回归。这些重大变化，中国经济史学界基本上不知道，依然闭门造车。这种自我封闭，使得中国的经济史学游离于国际学术之外。

（三）教条主义严重，盲从于以欧洲经验为基础的历史发展模式。过去欧洲史学家（尤其是以黑格尔为代表的德国历史学派）把欧洲经验作为人类社会发展的共同道路。马克思继承了黑格尔史观中的合理部分，提出了人类社会的发展阶段论，为科学的唯物史观奠定了理论基础。限于历史条件，马克思关于人类社会发展阶段的理论仍然是主要依据欧洲经验，但是他并未把这种以欧洲经验为基础的共同规律视为僵死的教条，认为无论哪个民族都必定走一条完全相同的历史发展道路②。然而到了斯大林，却将这种共同规律绝对化了，认定所有的国家和民族都必定走一条从欧洲经验总结出来的发展道路。从根本上来说，把从欧洲经验得出的社会发展规律绝对化，是欧洲中心主义的一种形式。此时期我国学界思想方法上的教条主义，使得我们相信中国也必定要按照顺序

---

① 例如梁方仲的《明代粮长制度》（1957年），傅衣凌的《明清时代商人及商业资本》（1956年）、《明代江南市场经济试探》（1957年）、《明清农村社会经济》（1961年）等。
② 例如，马克思就不认为包括中国在内的"东方国家"会像欧美国家那样发展。

经历这些阶段①。

（四）学术的政治化，导致经济史学成为政治斗争的工具。例如农民战争史研究从一开始就负载着意识形态使命，其"一度成为显学"，也不过是"当时强调阶级斗争理论的产物"②，逐渐演变为"阶级斗争决定论"，在"文化大革命"中更发展为"路线斗争决定论"（如"儒法斗争"论）等荒谬理论。更为严重的是，在此时期，由于政治上极左路线的支配，将学术问题作为政治斗争的工具的做法愈演愈烈。在1957年的"反右"运动和1959年"史学革命"中，对许多学有成就的实证史学家粗暴地进行大批判。到了"文化大革命"时期，连吴晗、翦伯赞、侯外庐等著名的马克思主义历史学家亦未能幸免，成为极左政治的牺牲品③。

总之，"文化大革命"使中国经济史学受到致命打击，研究完全停顿。直到1978年以后，才进入了一个新时代。

四、繁荣（1979—2007）

1978年12月，中国共产党召开了具有伟大历史意义的十一届三中全会，提出改革开放的方针。由此开始，中国经济史学进入了史无前例的繁荣时期。

"文化大革命"中遭到破坏的中国经济史研究机构和队伍在此时期迅速恢复和发展。20世纪三四十年代和五六十年代即已开始从事研究

---

① 李伯重：《中国经济史学中的"资本主义萌芽情结"》，载氏著《理论、方法、发展趋势：中国经济史研究新探》。
② 赵世瑜、邓庆平：《20世纪中国社会史研究的回顾与思考》，《历史研究》2001年第6期。
③ 张剑平：《新中国史学五十年》绪论，学苑出版社2003年版。

工作的学者焕发了学术青春，取得了前所未有的研究成果；恢复研究生培养制度以后培养出来经济史学者，迅速成长为研究骨干。厦门大学主办的《中国社会经济史研究》和中国社会科学院经济所主办的《中国经济史研究》分别于 1982 年和 1986 年创刊。这两份杂志在某种程度上起到了当年《中国社会经济史研究集刊》和《食货》所发挥的作用。2000 年又建立了"中国经济史论坛"网站，成为中国经济史学的重要学术阵地。在各地纷纷成立经济史研究的学术团体的基础上，全国性的中国经济史学会于 1986 年正式成立。2002 年，中国经济史学会加入了国际经济史学会；2006 年，李伯重当选为国际经济史学会执行委员会委员。这些都标志着中国经济史学与国际学坛的关系变得更为密切。

此时期研究成果十分丰硕。1988 年齐鲁书社出版中国社会科学院历史所经济史组编的《中国社会经济史论著目录》，收录了 1900—1984 年上半年中国（包括大陆和港台）出版的中国经济史论著近二万种，其中中国大陆"文化大革命"后出版者居多数。《中国经济史研究》编辑部编的 1986—1995 年中国经济史专著和论文索引[①]，仅大陆的论著亦近二万种。这表明 1986 年以来发表的中国经济史论著，其数量约略相当甚至超过前此八十五年中发表的论著的总和。

在"实事求是，解放思想"的思想路线的指引下，中国经济史学者在很大程度上摆脱了以前教条主义的束缚，国际学术交往日益频繁，新理论、新方法得以不断引进，使得中国经济史学界思想空前活跃，新思路、新见解层出不穷，在理论方法方面突破了单一的模式，进行广泛的探索，呈现了多元化发展的趋向。

---

① 刊于《中国经济史研究》1996—1997 年联合增刊。

中国经济史的研究领域大为扩展，破除了过去只着重研究生产关系和经济制度的老套，生产力的研究受到空前的重视；同时流通也渐成热门，生产力决定论受到质疑，一些学者认为流通或市场需求也是经济的发展动力之一，因此经济史研究范围逐渐扩大到生产、流通、分配、消费诸领域。部门经济史和区域经济史的勃兴引人注目。专题经济史、民族经济史的研究也渐次展开。在这里需要特别提出的是中华人民共和国经济史研究。它起步较晚，但自20世纪80年代中期系统的研究开展之后，很快就成为新的研究热点，并出版了大量的著作[1]。

收集、发掘和整理史料的工作在此时期也取得了重大进展，大批经济史的文献档案资料得以整理刊布[2]。其中，由中国社会科学院经济研究所与中央档案馆合编的《中华人民共和国经济档案资料选编》和中国第二历史档案馆《中华民国档案资料汇编》都规模巨大[3]。中国社会科学院经济

---

[1] 如赵德馨主编《中华人民共和国经济史（1949—1984）》、孙健《中华人民共和国经济史》、汪海波《新中国工业经济史》、商业经济研究所《新中国商业史稿》、左春台等《中国社会主义财政简史》、赵梦涵《中华人民共和国财政税收史论纲（1949—1991）》、曹尔玢等《新中国投资史纲》、夏泰生《中国投资简史》、庄启东等《新中国工资史稿》、叶善蓬《新中国价格简史》、李子超《当代中国价格简史》、董志凯《跻身国际市场的艰辛起步》、袁伦渠《新中国劳动经济史》、路建祥《新中国信用合作发展简史》、迟孝《中国供销合作社史》、中国物资经济学会编《中国社会主义物资管理体制史略》、财政部编《中国农民负担史》、宫成喜《中国财政支援农业简史》等。
[2] 例如航运、盐务、商务等部门和行业史资料书，英美烟草公司、满铁、鞍钢、伪满中央银行、金城银行、上海商业储蓄银行、中国银行、聚兴诚银行、汉冶萍、裕大华、大生、刘鸿生企业、吴蕴初企业等大型企业史资料书，关于旧中国海关、海关税收和分配统计、清代外债、民国外债、华侨投资国内企业、江苏省工业调查统计、天津商会、苏州商会、南开经济指数资料、自贡盐业契约、张謇档案、盛宣怀档案、自然灾害档案资料等专题资料书，抗战时期主要革命根据地等根据地财经史料书相继出版；不少地方政府及业务部门也组织力量，编纂本地方本部门史志，所出版的地方工商史、农林史、金融史、财政史、港史、公路史、邮政史等资料书更是不胜枚举。
[3] 前者共12部，后者更有数十卷，其中包含的经济史资料非常丰富。

研究所与台湾"中央研究院"经济研究所等单位合作,将清朝大内档案中的粮价资料录入电脑,建成有关资料的数据库;中国社会科学院经济研究所等单位开展了中华人民共和国经济档案的大规模整理出版工程。满铁资料的整理和出版也已开始。气象、水文、地理变迁等资料以及各种考古材料、民间资料不断出版公布①。各地政府、各经济部门也广泛开展方志和专业史志的编纂和出版。这些成果均为经济史研究提供了丰富的资料。

在此时期,我国的经济史学对以往研究中的欧洲中心主义进行了深刻的反思。近代西方和苏联的经济史学都以19世纪的西方学术为基础。而19世纪西方社会理论的主要特点之一,是以西方为中心,把西方的经验视为人类社会变化的共同的和必然的规律。这种西方中心论的历史观,也成了中国经济史学的基本观点之一。尽管我国的历史学家在政治上和感情上都强烈反对那种把西方视为至高无上的观点,但是依然相信西方社会经济变化的道路是人类社会演变的唯一道路,中国社会经济的演变也一定沿着这条道路。因此,许多中国经济史学者们耗费了巨大精力所进行的研究,实际上是一种预先设定了结论的研究。这种做法实际上是力图把中国历史的真实,硬塞进西方的社会经济发展模式。这种从西方经验中获得的发展模式近来正在受到越来越多的质疑和批评②。由于对现在使用的理论和方法感到惶惑,中国经济史学界出现了一股怀疑主义的思潮。一些学者甚至主张中国经济史研究应当回到以考证为主的旧

---

① 考古材料包括出土实物和文字材料,如农作物、工具、城址、甲骨文、金文、秦汉简牍、敦煌吐鲁番文书等。民间资料包括各种民间文书、族谱、碑刻等。其中敦煌吐鲁番文书、徽州文书以及上海、苏州、佛山、北京等地有关经济史的碑刻资料都已整理出版。

② 这些模式包括"中国资本主义萌芽"和"中国封建社会"理论。这两个理论的主要建构者吴承明、傅衣凌在20世纪80年代后期和20世纪90年代中期,都先后放弃了自己原来的观点。吴承明认为不应当再提资本主义萌芽的问题,而应把注意力转到对市场的研究上。傅衣凌则否认明清时期的中国社会是封建社会。

日汉学去。但是，一些学者也提出了新的理论和模式，用以说明中国社会经济变化的特征①。这些尝试，标志着中国的经济史学正在摆脱欧洲中心主义的束缚，开始更高水平的理论创新。

此时期我国的经济史学出现了意义重大的分化。因理论与方法不同，中国经济史学逐渐形成了三个主要的学派，即原先的社会经济史学派、新兴的社会史学派和经济史学派②。

原先在中国史学中居于主流地位的社会经济史学派，在"文化大革命"中遭受严重打击，在此时期不仅得到恢复，而且达到了黄金时代。早在"文化大革命"以前即组织众多专家着手编撰的《中国资本主义发展史》（许涤新、吴承明主编）和《中国近代经济史（1840—1894）》（严中平主编）在20世纪80年代完成并出版，成为中国经济史研究中里程碑性的成果。80年代中期组织诸多学者合作撰写的《中国经济通史》、《中国经济发展史》，亦先后分卷出版。各种专史研究更是硕果累累③。特别要指出的是，到了20世纪80年代，随着社会经济史研究日益深入，演化出偏重于社会史层面和经济史层面的两个新学派，这里姑且称为新社会史学派和新经济史学派。

新社会史学派的奠基人是傅衣凌。傅氏早年在日本受过社会学的训练，在研究中特别注重从社会史的角度研究经济史，在复杂的历史网络

---

① 例如吴承明的市场史理论、方行的"中农化"理论、李伯重的"江南发展模式"等。
② 这里对三个学派的区分参考了刘兰兮执笔的《中国经济史研究前沿扫描》（《中国社会科学院院报》2007年5月8日），但所用的表述与刘文颇有不同。
③ 例如林甘泉主编的《中国封建土地制度史》，赵俪生的《中国土地制度史论要》，朱绍侯的《秦汉土地制度与阶级关系》、《魏晋南北朝土地制度与阶级关系》，张泽咸的《唐代阶级结构研究》，王曾瑜的《宋代阶级结构》，傅衣凌的《明清封建土地所有制论纲》，李文治的《明清时代封建土地关系的松解》，章有义的《明清徽州土地关系研究》，杨国桢的《明清土地契约文书研究》，胡如雷的《中国封建社会形态研究》，以及郭正忠主编的《中国盐业史：古代篇》等。

中研究二者的互动关系；注重地域性的细部研究、特定农村经济社区的研究；把个案追索与对宏观社会结构和历史变迁大势的把握有机地结合起来；强调注意发掘传统史学所轻视的民间文献（如契约文书、谱牒、志书、文集、账籍、碑刻）等史料，倡导田野调查，以今证古，等等①。在他的影响下，社会人类学的民间取向逐渐得到历史学家的认同，并开始以"从下往上看"的视角和价值立场重新审视历史。在此时期，社会史研究有了长足的发展，成果丰硕②。厦门大学中国社会经济史研究中心、中山大学历史人类学中心、华中师范大学近代史研究中心和南开大学社会史研究中心，成为社会史研究的重镇。

新经济史学派的代表人物是吴承明。吴氏早年在美国攻读经济学，具有深厚的经济学素养。他本是资本主义萌芽理论研究中最有建树者，但是他的眼光却远远超越该理论。早在20世纪80年代初，当我国经济史学界还在生产关系的圈子里打转的时候，他已经着手研究市场以及其他与经济近代化有关的问题了③。他认为中国传统社会自身蕴藏着众多向近代化转型的能动的积极的因素，而其市场史研究则是对这一预设的实证考察。同时，他对经济史方法论展开了积极的探索，构建起一个经济史研究的方法系统。在他的影响下，中国社会科学院经济研究所经济史

---

① 杨国桢：序言，见《傅衣凌治史五十年文编》，厦门大学出版社1989年版。
② 如冯尔康、常建华等对宗族社会、清代社会生活的研究，刘泽华对传统社会"士"的研究，彭卫、宋德金等对婚姻史的研究，朱凤瀚、谢维扬对商周家族形态的研究，马新、齐涛对汉唐乡村社会的研究，唐力行等对徽商的研究，马敏等对晚清"绅商"和"商会"的研究，陈支平、郑振满等对福建家族的研究，陈春声、刘志伟等对华南民间信仰的研究，赵世瑜对北方民间社会的研究，蔡少卿等对近代帮会和秘密社会的研究，乔志强对近代华北乡村社会的研究，定宜庄、高世瑜对古代妇女的研究等，都是其中引人注目的成果。见王学典：《近五十年的中国历史学》，《历史研究》2004年第1期。
③ 参见叶坦：《吴承明教授的经济史研究》，《近代中国史研究通讯》1998年第26期。

研究室、清华大学中国经济史研究中心、南开大学经济学研究所都发展了更为专业化的经济史研究，并取得了重要的研究成果。

上述两大新学术流派的形成，显示出中国经济史学真正出现了百花齐放的局面。但这里也要强调：（一）尽管中国经济史学出现分化，但是总的来说，其社会经济史学的性质并未改变[①]；（二）上述分化与国际潮流不谋而合。在西方，从20世纪60年代开始，经济社会史的分化日益扩大，其主要标志有二：一方面是"新经济史"（或"计量经济史"）的出现，另一方面则表现为将严肃的经济学转向人类活动的更广阔和更复杂领域的趋势。具体而言，后一趋势体现为社会史在20世纪五六十年代的快速发展[②]。但是在学科分化的同时，经济史学的社会经济史性质也在加强[③]。我国的经济史学在此时期的变化，也与这个国际大趋势相一致。

此外，与历史上的经济活动有关领域的研究，在此时期也取得重大成就。其中以复旦大学历史地理研究所为中心的中国人口史研究、以南

[①] 傅衣凌是社会史学的主要代表人物，但他提倡的是把对地区社会细部的研究和社会经济的总体研究结合起来。吴承明是采用经济学的方法研究经济史的主要倡导者，但他也明确提出经济史研究不能只讲"纯经济的"现象，应该有整体视野，经济史学家应有历史学修养，应能从自然条件、政治制度、社会结构诸方面，包括思想文化方面研究经济发展与演变。

[②] Donald C. Coleman, "What has happened to Economic History? An inaugural lecture," delivered in the University of Cambridge on 19 October 1972. Eric J. Hobsbawm, "From Social History to the History of Society," in M. W. Flinn & T. C. Smout, eds., *Essays in Social History*, Oxford, 1974.

[③] 作为标志，"经济—社会史"一词在20世纪60年代晚期开始流行起来，到了70年代经济社会史逐渐成为主流。就英国而言，20世纪70年代，英国经济史学会在"经济史丛书"和"社会史丛书"的基础上出版"经济社会史丛书"，在70年代和80年代，英国诸多大学都建立了经济社会史系。见徐浩：《英国经济—社会史研究：理论与实际》，载侯建新主编：《经济—社会史：历史研究的新方向》，第65—85页。

京农业大学中国农业遗产研究室和浙江农业大学中国农史研究室等为中心的中国农业史研究，都取得了重大成就。环境史、地理史、灾害史、技术史、水利史、交通史等的研究也有重大进展。这些成就和进展，都为经济史学的发展提供了重要帮助。

除此之外，还有一个情况值得重视。在以往各阶段上都存在着的中国经济史学发展对"问题"的路径依赖[①]，在此时期逐渐弱化。20世纪80年代的中国经济史研究仍然强烈地体现出对"问题"的路径依赖，只不过是把研究的重点从社会经济形态、生产关系和经济制度转移到与现代化有关的问题上来，从而展开了对中国封建社会长期延续、中国封建社会经济结构、小农经济、商品经济和传统市场等问题的讨论。然而在进入20世纪90年代后，已不再有这类全国性大讨论，取而代之的是各种更加专业化的小型讨论会[②]。摆脱学科的发展对现实政治"问题"的路径依赖，表现出中国经济史学正在走向依照学科发展自身规律而发展的道路。

五、危机与机遇：21世纪的中国经济史学

中国经济史学的重要性，随着最近三十年中国经济的起飞而得到加

[①] 在1949—1978年间，经济史学发展对"问题"的路径依赖变得比以前更明显。在50年代，经济史学界将过多的努力集中于"五朵金花"问题的讨论，致使经济史的其他方面受到忽视和轻视。

[②] 如对"传统农业与小农经济研究"、"传统市场与市场经济研究"、"中国少数民族经济史"、"中国经济史学理论与方法"、"中国经济史上的'天人关系'"、"中国历史上的商品经济"、"中国传统经济再评价"等问题的小型专门讨论会。

强。正如柏金斯（Dwight Perkins）所言，中国今日的经济奇迹是20世纪世界上所发生的最重大的事件之一，而只有从历史的长期发展的角度出发，才能真正了解这个奇迹①。因此中国经济史研究在国际学坛受到前所未有的重视②。

然而在进入20世纪90年代以后，我国的中国经济史研究却开始出现衰落的迹象③。经济史论著数量减少，经济史学者纷纷转向其他领域。更重要的是，构成以往中国经济史学基础的许多主要理论与方法，近年来也受到越来越多的质疑与挑战。中国经济史学已经感到日益严重的危机。

这个危机是近几十年来全球性史学危机在中国经济史学中的表现。这个危机开始于20世纪60年代，到20世纪末达到高潮。而这个时期是一个社会科学发生巨大变化的时代，以往史学赖以建立的若干理论基石（例如单元论、目的论、直线进化论、决定论，等等）都受到强烈冲击，用以构建历史的主要依据也发生了动摇。在此背景之下，经济史学在西方也出现了危机④。经过二十多年来的改革开放，中国经济史学已成为国际学术的一个组成部分，因此在全球性的史学危机中，中国经济史学受到冲击并不奇怪。不仅如此，中国经济史学作为现代中国史学的一部分，在1949—1989年这四十年间，一直都在马克思主义的历史话语

---

① Dwight Perkins, *China: Asia's Next Economic Giant?*, University of Washington Press, 1986.
② 像安古斯·麦迪森（Angus Madison）、贡德·弗兰克（Andre Gunder Frank）等一些原来并不研究中国经济史的西方著名经济学家、政治学家，近年来也开始加入中国经济史研究的队伍。
③ 李根蟠指出：经济史研究的黄金时代是20世纪70年代末至80年代末，但90年代初以来，情况发生了变化。见李根蟠：《中国经济史学百年历程与走向》。
④ 例如，有学者指出：经济史或经济社会史在20世纪七八十年代的英国出现停滞或下降势头。经济社会史系在英国大学收缩了规模，经济史的教授职位得不到补充，经济史系缩减编制或者并入经济系或历史系。参见徐浩：《英国经济—社会史研究：理论与实际》，载侯建新主编：《经济—社会史：历史研究的新方向》，第65—85页。

系统内思考问题。但是到了 90 年代，情况发生了深刻变动[①]。这是中国马克思主义史学的主流地位遇到严峻挑战的一个结果。中国经济史学出现衰落，"尤其与马克思主义基础理论在当代受到挑战有关"[②]。

如何应对这个危机，对于中国经济史学来说是生死存亡的大事。我们必须充分动员我们所拥有的一切资源，和全球同行一起努力，才能成功地战胜危机，并使中国经济史学得到更大的发展。而要做到这一点，关键是正确对待我国的经济史学的学术传统以及我们面对的学术国际化的趋势。

如前所述，我国的经济史学在其一个世纪的发展演变过程中，已形成了自己的学术传统。这个传统包括三个部分，即：（一）1949 年以前居于主流地位的实证史学传统；（二）1949 年以后确立的马克思主义史学传统；（三）1978 年以后形成的多元化史学传统。上述三个传统都是我国的中国经济史学的宝贵财富[③]。轻率地否定它们中的任何一个，都

[①] 王学典指出：在 1949 年以后居于主流的史观派，其发展一直在"社会史论战"以来，特别是 1949 年以来所形成的历史话语系统内进行。这一话语系统有以下几个特点：首先，这一系统基本上是从西方引进的，是西方（主要是西欧）用来描述、反映自身历史特点的概念和术语。更重要的是，这是一套"充斥着二十世纪政治与文化诉求"的话语，为学术共同体与政治社会所共用。像"封建"、"封建社会"、"阶级"、"阶级社会"、"剥削"、"剥削阶级"、"地主"、"地主阶级"等，以及与这些术语相关联的许多社会历史理念、若干带有全局性的重大假设，都只有放在特定的意识形态语境中才好把握。严格地讲，这套话语是史学界从政治社会照搬过来的，而政治社会主要用这套话语来从事社会动员。值得特别注意的是，史学界在这套话语系统内所提出的许多命题大都是意识形态命题，或半是学术半是意识形态的命题，见王学典：《近五十年的中国历史学》，《历史研究》2004 年第 1 期。

[②] 李根蟠：《中国经济史学百年历程与走向》。

[③] 关于历史主义方法（即实证史学方法）的重要性，我们可以从熊彼特（Joseph Shumpeter）下面的话见之，他说："经济学的内容，实质上是历史长河中的一个独特的过程。由于理论的不可靠性，我个人认为历史的研究在经济分析史方面不仅是最好的，也是唯一的方法。"（熊彼特：《经济分析史》第一卷，朱泱译，商务印书馆 1991 年版，第 20 页及注 3）

是浅薄的行为。这里要强调的是，虽然它们研究的对象各有侧重，研究的方法也各有不同，但是它们也有明显的共同点，例如重视唯物史观①，强调社会经济史的整体性质，都是在国际学术潮流的影响下形成的②，等等。因此不能把它们视为三种相互对立的学统。相反，在主要方面，它们是可以互补的③。三者结合，才形成了当今中国经济史学的传统。真正具有"中国特色"的经济史学，也就只能以此为基础。

与此同时，我们也要正确对待学术国际化的问题。如前所述，中国经济史学从萌芽到今天，一直受到国际学术潮流变化的重大影响，因此

（接上页）关于马克思主义的重要性，则年鉴学派奠基人之一的费弗尔已说得很明确："任何一个历史学家，即使从来没有读过一句马克思著作……也要用马克思主义的方法来思考和理解事实与例证。马克思表述得那么完美的许多思想早已成为我们第一代精神宝库的共同储藏的一部分。"（张广智：《克丽奥之路》，第 264 页）该学派第二代领导人布罗代尔认为他著名的"长时段"理论与马克思主义是相一致的："马克思的天才、马克思的影响经久不衰的秘密，正是他首先从历史长时段出发，制造了真正的社会模式。"（布罗代尔：《历史和社会科学：长时段》，载蔡少卿编：《再现过去：社会史的理论视野》，浙江人民出版社 1988 年版，第 76 页）第三代领导人勒高夫指出："在许多方面，如带着研究历史、跨学科研究、长时段和整体观察等，马克思是新史学的大师之一。"（维克·勒高夫：《新史学》，载蔡少卿编：《再现过去：社会史的理论视野》，第 118 页。按："带着研究历史"一句似不通，但所引译文如此）至于第三个传统所体现的多元化和专业化的优点，更自不待言。

① 在 1949 年以前，虽然史料考据是中国史学的主流，但是唯物史观也受到中国主流史学中一些人物的重视。例如胡适说："唯物的历史观，指出物质文明与经济组织在人类进化社会史上的重要，在史学上开一个新纪元，替社会学开无数门径，替政治学开许多出路。"见胡适：《四论问题与主义——论输入学理的方法》，《每周评论》第 37 号（1919 年）。

② 1932—1949 年占主流的考据学派深受西方实证学派的影响，而 1949 年以后占统治地位的马克思主义学派则更是以马克思主义作为指导。1978 年以后兴起的社会史、经济史学派，也与西方学术有着密切的关系。

③ 上面谈到的实证史学传统注重史料考据，马克思主义史学传统则强调理论指导，强调人类历史发展的共同规律；二者可以互补。1978 年以后形成的多元化史学传统既保存了前两个传统中的许多重要内容，同时又吸收了 20 世纪后半期国际学术的许多新成就，是以前两个传统为基础的改进和发展，因此更与前两个传统可以互补。

不论我们主观愿望如何，我们都无法拒绝我国的经济史学正在国际化这一现实。事实上，只有主动地投入国际化，才能进入国际主流学术，从中汲取我们所需要的学术资源。这里我们应当强调：国际经济史学的主流学术本身并非一成不变。一方面，它具有西方渊源与西方背景；但是另一方面，它在长期的发展中也在不断地"科学化"，而真正的科学化意味着要超越西方的局限。由于国际主流学术具有这种两重性，因此正确的态度应当是充分运用其合理部分，同时对其不合理部分加以改进。同时，如余英时所指出的那样，在西方的多元史学传统中，任何新奇的观点都可以觅得容身之地。近年来西方学界涌现了各种新理论方法，其中包括许多有悖于主流的"异义怪论"，不过这些"异义怪论"是否都具有普遍的有效性，尚有待于事实的证明①。因此，我们在大力引进新理论方法的同时，也要对这些理论方法进行深入的分析，取其长而避其短，这样才能既不"趋时"而又不落后于时代之后②。

我国经济史学的传统与国际经济史学主流学术的发展，二者之间并无根本冲突。相反，二者在发展的大方向上是颇为一致的。特别要

---

① 参见余英时：《关于韦伯、马克思与中国史研究的几点反省》及《中国文化的海外媒介》，均收入《文化评论与中国情怀》，台湾允晨文化实业股份有限公司1988年版。他指出："最近海内外中国人文学界似乎有一种过于趋新的风气。有些研究中国文史，尤其是所谓思想史的人，由于受到西方少数'非常异义可怪之论'的激动，大有走向清儒所谓'空腹高心之学'的趋势。"特别是"在古典文字的训练日趋松懈的今天，这一新流派为中文程度不足的人开了一个方便法门。因此有些人可以在他们不甚了解的中国文献上玩弄种种抽象的西方名词，这是中国史研究的一个潜在危机"。虽然"到现在，这一流派在美国绝大多数史学家眼中尚不过是一种'野狐禅'"，但是对青年学生却有严重的消极影响，"有志于史学的青年朋友们在接触了一些似通非通的观念之后，会更加强他们重视西方理论而轻视中国史料的原有倾向。其结合则将引出一种可怕的看法，以为治史只需有论证而不必有证据"。

② 李伯重：《"融入世界"：新世纪我国的中国经济史学的发展趋势》，载吴焯主编：《清华人文社会科学专家谈21世纪的中国与世界》，人民出版社2001年版。

指出的是，我国经济史学的社会经济史传统，与20世纪晚期西方经济史学的最新发展趋势更为相符。在西方，自20世纪60年代起，经济史学的分化（即计量史学的兴起与社会史的独立），导致了经济史学的衰落。鲁宾斯坦（William D. Rubinstein）指出，经济史常常围绕两种方法打转，即以美国为主导的计量经济史和以英国为中心的强调历史学与社会学方法的经济史。但问题在于，强调社会学方法的经济史家不能使用计量经济学的公式与参数系统，而社会史也不断分化出许多小分支（如城市史、劳工史、女性史等），变得支离破碎①。它们在脱离社会经济史的方向上走得太远，受到许多学者的抨击②。他们呼吁打破学科藩篱，使经济史重新成为全方位的"整体史"的一部分③。在此背景下，一种回归社会经济史（或者经济社会史）的倾向出现了。克里吉（Eric Kerridge）总结说：经济史是从通史或总体史中抽取出来的，而农业史、工业史、

---

① 参见前引龙秀清编译：《西方学者眼中的经济—社会史》。
② 索洛（Robert Solow）批评某些西方经济史学者过分尾随经济学说：当代经济学脱离历史和实际，埋头制造模型；而当代经济史也像经济学那样，"同样讲整合，同样讲回归，同样用时间变量代替思考"，而不是从社会制度、文化习俗和心态上给经济学提供更广阔的视野。因此"经济学没有从经济史那里学到什么，经济史从经济学那里得到的和被经济学损害的一样多"。他呼吁经济史学家可以利用经济学家提供的工具，但不要回敬经济学家"同样的一碗粥"。Robert Solow, "Economic History and Economics," in *Economic History*, Vol. 75, No. 2.
③ 熊彼特说：经济史"只是通史的一部分，只是为了说明而把它从其余的部分分离出来"（熊彼特：《经济发展理论》，商务印书馆1991年版，第65页）。卡洛·奇波拉（Carlo Cipolla）指出，"经济史本身就是一种划分，而且是最为任意的划分。其所以这样划分是为了分析和教学上的方便。但生活中并没有这种界限，有的只是历史"（奇波拉主编：《欧洲经济史》第一卷，商务印书馆1988年版，导言，第3页）。庞兹（N. J. G. Pounds）更指出：社会科学的各个学科不是彼此孤立的六角形，而是在内容和方法上有着一定联系和渗透的，作为研究人类社会过去的历史学尤其如此。因此，以历史学家的眼光看待经济史，许多社会和文化因素都应该进入经济史的研究领域，因为在社会生活中，没有纯粹的经济活动，人类行为的因果联系无限延伸，没有尽头（N. J. G. Pounds, "What Economic History Means to Me," in P. Hudson, ed., *Living Economic and Social History*, Economic History Society, Glasgow, 2001）。

商业史等又是从经济史中抽取出来的。这种专门化的目标只有一个，那就是集中思考总体史的某一具体方面，以揭示整体的发展。其他诸如政治史、宪政史、宗教史、法律史、药物史、海洋史、军事史、教育史等，其目标都是这样。但现在各门专业壁垒高筑，互不理会，经济史也沾上了这种毛病。首先，经济学家渗入经济史学带来了一种非历史的观念（unhistorical cast of mind）。其次，统计学家的侵入也使经济史变得面目可憎。最后，经济史也受到"历史假设"的困扰，"历史假设"不仅违背事实，也违反最基本的常识。要摆脱这些困扰，经济史家与社会史家应该联合起来，开始新的综合。只有整合的历史才能使我们穿越现实，看到那已逝去的我们不熟悉的世界，更重要的是运用这种对那个已逝世界的知识，与当今世界对比，从而加深我们对现实的认识？这才是历史学家最伟大、最崇高的目标[①]。为了克服以上弊端，英国在20世纪60年代新建立的社会科学研究协会（Social Science Research Council）在1966—1967年间就经济史发展方向进行了讨论，决定拓宽经济史的研究领域，将其调整为"经济—社会史"学科，并予以资助。这个学科成立了自己的学会，有自己的研究经费。英国经济史学会创办于1927年的《经济史评论》是西方经济史研究的权威杂志，自1991年起，该杂志增添了副标题"经济社会史杂志"，标志着它自20世纪70年代以来从单一经济史杂志向经济社会史杂志转变过程的完成[②]。到了今天，国际经济史学越来越采取"经济—社会史"的研究取向，这与我国经济史学的社会经济史传统正好相符，因此二者有机地结合是具有深厚的基础的。

[①] 参见龙秀清编译：《西方学者眼中的经济—社会史》。
[②] 参见徐浩：《英国经济—社会史研究：理论与实际》，载侯建新主编：《经济—社会史：历史研究的新方向》；以及龙秀清编译：《西方学者眼中的经济—社会史》。

那么，中国经济史学未来的发展将会朝着什么样的方向发展呢？

早在1935年4月，在近代中国史学发展方面起过重要作用的《益世报》"史学"双周刊创办时，在发刊词就已明确指出："我们既不轻视过去旧史家的努力，假如不经过他们的一番披沙拣金的工作，我们的研究便无所凭借"，同时"我们也尊重现代一般新史家的理论和方法，他们的著作，在我们看，同样有参考价值"；"我们不愿依恋过去枯朽的骸骨，也不肯盲目地穿上流行的各种争奇夸异的新装。我们的目标只是求真"。此言道出了中国经济史学形成时期有眼光的学者对未来的展望。同样，在今天，我们应当既珍视我国已经形成了的经济史学传统，又积极进入国际化的进程，在此基础上，建立一种既有中国特色又融入国际学术主流的经济史学。当然，这样做是很难的，因为二者之间虽无根本冲突，但是也有明显差异。要化解其中的紧张，还需多方努力。不过，我认为这是21世纪的中国经济史学的发展方向；中国经济史学朝这个方向发展，既是我们的期望，也是历史的必然。

（原载《文史哲》2008年第1期）

叠加与凝固

——重思中国文化史的重心与主轴

葛兆光

引言：重寻中国文化史的重心与主轴

稍稍熟悉文化史研究领域的人都知道，文化史至今仍是一个边界不清、脉络不明的领域，究竟怎样写文化史，换句话说，文化史的重心和主轴是什么，实在是一个很犯踌躇的事情。最近，我集中阅读了一些西洋文化和东洋文化的历史著作，也读了一些有关文化史甚至新文化史的理论著作，在我粗略的感觉中，似乎这些域外论述，文化史的主轴和重心倒是很明确，即文化史首先关注的是"文化"如何型塑一个"民族国家"。因此，族群、宗教、语言、学校、阶层、传播等，这些在历史上造成国家形成与国民认同的内容，在文化史中占了很大的比重。为什么？因为所谓"文化史"既是从这个"民族国家"的形成才开始逆向追溯的"这个国家的文化史"（the culture history of this nation-state），也是叙述这些在历史上逐渐导致这个"民族国家"的形成的文化要素。因此，编撰者心目中应当对此非常清楚。例如，让-皮埃尔·里乌（Jean-

Pierre Rioux）和让-弗朗索瓦·西里内利（Jean-Francois Sirinelli）主编的《法国文化史》第三册结语《法国人的愿望是要成为一个统一的国家》中就说：如果说，文化首先是被作为国家的和独特的现象而被察觉到的，那么一部文化史就需要追问，一个群体居住的领土，一份共同回忆的遗产，一座可供共同分享的象征的和形象的宝库，一些相似的风俗，是怎样经由共同的教育，逐渐形成一个国家的文化的。① 当然，这里对文化史宗旨的撮述与归纳，很简单也很粗疏，但是，我想说明的就是，文化史一方面叙述某个国家的文化是如何在历史中形成与流变的，另一方面需要叙述这些原本散漫复杂的文化是如何逐渐汇流，并型塑出一个国家，以至于它成为"某国"的"文化"的"历史"的。

请允许我回到中国文化史上来。过去百年来，中国文化史著作很多，这些文化史著作各有各的结构，各有各的重心，各有各的脉络，似乎至今也没有形成一种有关"文化史"写法的共识。如果粗粗地区分，现在大多数中国文化史或者文明史著作（在中国学界，"文化史"和"文明史"似乎还没有自觉地划出各自的领地）可以归为两类。一是分门别类的平行叙述，政治制度经济思想学术文艺风俗，甲乙丙丁，一二三四，逐一开列出来，这是名为文化史的"（中国）文化常识"，其重心落在"文化"二字上②。二是以时间为纲的纵向叙述，顺着历史

---

① 〔法〕让-皮埃尔·里乌、让-弗朗索瓦·西里内利主编：《法国文化史》第3册，钱林森等译，华东师范大学出版社2007年版，第347页。
② 比如，梁启超没有来得及写完的《中国文化史（社会组织篇）》（中华书局1936年版）一共八章，分别是"母系与父系""婚姻""家族与宗法""姓氏""阶级（上下）""乡治""都市"；又，例如1933年陈安仁在商务印书馆出版《中国上古中古文化史》，1936年出版《中国近世文化史》，他所谓的文化包括也很广，所以也是分为政治、社会风习、家族制度、农业、税制、商业、工业、交通、外交、币制、官制、军制、法制、宗教、美术、教育、文学等门类的。后来，两书在1947年合为《中国文化史》，仍由商务

叠加与凝固
——重思中国文化史的重心与主轴

（或王朝）写各个文化领域的转变，比如，最早译成中文的日本高桑驹吉所著《中国文化史》就是这样，重心放在"史"上，可是，各章里面还是一样，仍然一一陈列叙述①。因为"文化"是一个无所不包的大口袋，用这两种方式写出来的书，无论哪一种都会显得庞大无边，也都会有些力不从心。所以，20世纪30年代王云五主持商务印书馆，就出版了包括民族、伦理、音韵、文字、骈文、韵文、俗文学、目录、交通、医学、回教、道教、算学、婚姻、商业等在内的"中国文化史丛书"。然而，无论是重心在分门别类的"文化"，还是重心在时间贯穿的"历史"上，似乎它们都把"中国"当作不言而喻的基础。因此，迄今为止的各种中国文化史著作，都不够重视"国家"的文化型塑和"文化"的国家认同。这样的文化史虽然面面俱到，但我总觉得缺乏一个贯穿的"主轴"和清晰的"重心"，以至于各种中国文化史著作，仍然过于"膨大"而无法"瘦身"。

（接上页）印书馆出版。再如，1936年出版的王德华《中国文化史略》（萧一山作序，正中书局1952年再版），内容分成了"经济史""政治史""学术史""社会史"，而一门中间又包括很多类内容，像"政治史"里再分官制、地方制度、乡治、教育、考选、司法、兵制等。此后，较晚近的著作，如在大陆最通行的阴法鲁、许树安的《中国古代文化史常识》（北京大学出版社1991年版），也是这样写的；在台湾也一样，像卢建荣和林丽月合编的《中国文化史》（台湾五南图书出版股份有限公司2002年版），内容也还是典章制度的变迁、学术思想的演变、文学艺术的发展、科学与技术、宗教信仰、社会与经济，最后则是"现代的文化变迁"，好像要囊括整个历史。

① 高桑驹吉《中国文化史》，原名《支那文化史讲话》，大正十三年（1924）初印，第二年即印了第三版，中文译本在1926年经李继煌翻译，由商务印书馆出版，这一种文化史体例，也很难界定自己的边界。高桑驹吉的《中国文化史》的体例是每个时代先作"历史概说"，然后是"文化史"，文化史部分也还是分门别类，比如制度、儒学、文学、史学、科学、宗教、音乐、贸易、交通，等等，这对中国影响很大，像柳诒徵的《中国文化史》就有一点儿像这个模式，大体上以时代为纲，以文化为纬，既不很清晰"文化史"的主轴，也难划清所谓"文化史"的边界。

自20世纪30年代以来,这两种文化史的写作传统一直延续到现在。其实,这两种文化史体例的困境,学者也一直都在反省。连最早动念撰写文化史的梁启超也不例外,1926年到1927年间,他在北京清华学校讲历史研究方法,其中特别论述了"文物的专史"即"文化史"的写法。有趣的是,他对于这种"文物的专史",一方面追溯到"旧史的书志体"(类似前面所说的第一种写法),一方面比照专以文物、典章、社会状况为主的"文化史"(类似前面所说的第二种写法)。虽然那时他已经在清华学校讲过一轮"文化史",可这次讲到"文物的专史",他仍然感慨说:这两种方法都有问题。他指出,如果一段一段地按照时代顺序,即按照朝代分开在政治史之后说上几句,"那么,作出来的史,一定很糟。这种史也许可以名为文化史、文物史,其实完全是冒牌的";可是,如果按照过去旧书志的方法分门别类,"多是呆板而不活跃,有定制而无动情,而且一朝一史,毫无联络"。他觉得,这种"文物的专史",似乎"都不能贯彻'供现代人活动资鉴'的目的"。然而,他在这次重新讨论"文物专史"的时候,仍然不得不把它分为政治专史、经济专史、文化专史,而在"文化专史"中又分门别类,分成语言史、文字史、神话史、宗教史、学术思想史、文学史、美术史,在学术思想史中再分成道术史(即思想史)、史学史、自然科学史、社会科学史[①]。

可是,如果这样写,文化史究竟与通史如何区别?文化史真的要如此庞杂地包罗万象吗?为什么文化史没有自己的重心,为什么很难确立它的主轴,也很难设定它的边界?下面,我想先从"文化""汉族文

---

① 梁启超:《中国历史研究法补编》分论三《文物的专史》,收入《中国历史研究法》(外二种),河北教育出版社2000年版,第294—346页。

化""中国文化"这些最基础的问题开始,讨论今天我们是否可以有一个新的"中国文化史"的重心与主轴。

一、为什么要在文化史中强调"中国文化的复数性"?

2007年,我曾经在香港举办的一次论坛中提出一个说法,就是"中国文化传统是复数的,而不是单数的"。当时只是为了表示一种担忧,即随着中国的"膨胀",会出现重返传统,强调国学,高唱爱国的极端趋向。那个时候,我心中的疑问只是,现在讲"国学"会不会窄化为汉族之学,讲"传统"是否会把汉族中国文化窄化为儒家一家之学?这会不会导致一种危险趋向,即布热津斯基(Zbigniew Kazimierz Brzezinski,1928—)在《战略思维》(*Strategic Vision*)中所说的"崛起之后的自我错觉"[①]?如果是这样,它很容易和现在中国的所谓"汉服运动""祭炎黄,祭女娲""尊孔读经"等社会潮流结合起来,不由自主地把尊重传统和强调认同,在所谓"文化自觉"的论述下,推动民族主义甚至是国家主义。因此,我在很多场合反复说明中国文化的复数性也就是中国文化的复杂性、容摄性与开放性。

几年过去了,我仍然持这样的想法。但是,这里更希望从中国文化史的角度,通过中国的文化在几千年中不断叠加、凝固、叠加、凝固、再叠加、再凝固的历史过程,说明中国文化传统为什么是复数的,也想

---

① 我没有看到此书,据说,2012年2月14日,布热津斯基曾经与中国领导人习近平见面,并亲手赠送此书。关于"崛起之后的自我错觉",乃引自《南都周刊》2012年第7期的报道《习近平在美国》一文。

通过中国文化在晚清民初以后的百年渐渐处于断续之间的状况,来说明复数的中国文化传统,在今天为何仍然需要持开放的胸怀,接受各种外来文化的再次"叠加"。特别是在文化史研究和撰述上,我想提醒的是,如果充分注意到"中国文化的复数性",在撰写中国文化史的时候,也许我们不得不关注中国文化在融汇、凝固、叠加过程中的复杂性,从而建立文化史的主轴。

请让我从"什么是中国文化"这个问题讲起。这些年来,我曾在很多场合批评某些论述中国文化的方法,因为研究中国文化的论著常常是用一种概论(或者说宏观)方式,高屋建瓴地,也是笼统地,或者抽象地介绍所谓"中国文化"。可是我觉得,要讲清什么是中国文化,"中国"两字是相当重要的,因为"文化"是每个民族都有的,你只有讲清楚,这个文化是中国特有(或比较明显),而其他国家没有(或者较不明显),或者说华人世界特有(或比较明显),其他民族没有的(或者较不明显),这才是比较"典型的"中国文化,你不能把那些"非典型的"东西统统叙述一遍,就算是中国文化了[①]。

那么,什么才是典型的"中国的"文化?这里先以汉族中国的文化为主来讨论,必须承认,自古以来汉族文化是中国文化的主脉和核心。特别能呈现汉族中国的文化的,简单地说,或许可以归纳为五个方面:

第一个是汉字的阅读书写和用汉字思维。古代传说中由于仓颉造字,"天雨粟,鬼夜哭",这虽然是神话,但是正说明汉字对于型塑中国

---

① 亨廷顿(Samuel P. Huntington)在《文明冲突与世界秩序的重建》(*The Clash of Civilization and the Remaking of World Order*,黄裕美译,台湾联经出版事业有限公司1997年版)中曾经说到"血缘、语文、宗教和生活方式是希腊人的共同点,也是他们有别于波斯人和其他非希腊人之处"(第36页),那么,汉族中国人同样是因为包括族群、语文、宗教、生活方式等文化元素,与其他民族区分开来。当然,亨廷顿对于"文化"与"文明"区分得并不是那么清楚。

文化的意义。使用象形为基础的汉字，而且至今还使用这样的文字来思考和表达（其他各种文化大体上已不再使用象形为基础的文字），这在汉族中国人的思考方法和意义表达上，确实影响深远而巨大[①]，不仅影响了中国文化，甚至还影响到周边即所谓"汉字文化圈"。

第二个是古代中国的家庭、家族、家国结构，以及这种在传统乡村秩序、家族伦理、家国秩序基础之上发展出来的儒家学说，也包括儒家的一整套有关国家、社会和个人的政治设计（它与希腊罗马城邦制基础上发展起来的文化相当不同）[②]，及其延伸出来的修齐治平的思想[③]，构成了古代中国的日常生活和政治生活的传统[④]。

第三个是所谓"三教合一"的信仰世界。传统中国有所谓"儒家治

[①] 汉字与表音文字不同，很多字是"象形"的，像"日、月、木、水、火、手、口、刀"等等，还有很多字需要更仔细的更复杂的表述，于是就别出心裁加上一些，像刀口上加一点是"刃"而不是刀背，手放在树上是"采"，牛关在圈里是"牢"，这是"会意"。会意不够用，更加上声音来标志不同，于是有了"形声"，像"江、河、松、柏"等。但是，由于基础还是"形"，很多汉字意思是可以从字形或结构中猜测的，而且很多字的意义也是从象形的字中孳生出来的，像"木"指树，而"木"在"日"中，即太阳从东方升起，就是"东"。"日"是太阳，如果它落在"草"中，那么就是"莫"（暮）。"手"象征力量，而手持木棒，就是掌握权力的"尹"、是威严的"父"，可如果是下面加上"口"，表示动口不动手的，就是"君"。汉字影响了人的思考和想像，也使中国人有了"望文生义"的阅读和思考习惯。中国人对于文字的崇拜和信仰，可以参看胡适：《名教》，《胡适文集》第四册第一卷，北京大学出版社 1998 年版，第 51—62 页。

[②] 许烺光《东西方文化的差异及其重要性》认为，中国文化与西方文化的一个差异，就是西方文化强调个人的自我依赖（self-reliance），而中国文化强调群体的互相依赖（mutual dependence），载其《文化人类学新论》（张瑞德译，台湾联经出版事业有限公司 1980 年版）附录，第 236 页。

[③] 即"修身""齐家""治国""平天下"。费正清（John Fairbank）在《美国与中国》（孙瑞芹、张泽宪译，商务印书馆 1971 年版）一书中曾说，从诚意格物致知，到修身齐家治国平天下的说法，曾经在古代中国是学者的信条，但是"从希腊人的眼光来看它，不过是一串奇特的、不合理的推论而已"（第 64 页）。

[④] 在这一方面，可以参看费孝通《乡土中国》（1948 年初版，上海人民出版社 2006 年重印本）和许烺光《祖荫下：中国乡村的亲属、人格与社会流动》（Under the Ancestor's Shadow，王芃、徐隆德译，收入《许烺光著作集》[2]，台湾南天书局 2001 年版）的研究。

世、佛教治心、道教治身"的说法①,儒道佛各种宗教彼此相处,互为补充,任何宗教都没有超越性的绝对和唯一,因而也没有超越世俗皇权的权威,彼此在政治权力的支配下可以兼容。由于处在皇权的绝对权威之下,中国不像西方那样存在着可能与皇权分庭抗礼的宗教②,佛教、道教以及后来的天主教、基督教、伊斯兰教等,都只有渐渐向主流意识形态和伦理观念屈服,改变自己的宗教性质和社会位置,在皇权许可的范围内作为辅助性的力量。当然,同时它也使得宗教信仰者常常没有特别清晰和坚定的宗教立场,形成所谓"三教混融"的实用性宗教观念,虽然宗教没有那种信仰的绝对权力,但也很少宗教之间的战争,这大概是世界其他很多区域或国家都罕见的③。

第四个是理解和诠释宇宙的"天人合一"思想、阴阳五行学说,以及从这套学说基础上衍生出来的一系列知识、观念和技术④。这种学说的

---

① 宋孝宗《原道辩》,后易名为《三教论》,参见史浩《鄮峰真隐漫录》卷十。此篇在宋代很罕见的针对韩愈的论文,本来在理学渐渐兴盛的南宋初期,是很容易激起反弹的,为什么宋孝宗以皇帝之尊,来写这样一篇东西?这很值得思考,而且它确实曾经引起范成大、史浩、程泰之的不同议论,参看李心传:《建炎以来朝野杂记》乙集卷三《原道辩易名三教论》,中华书局 2000 年版。
② 这一传统的形成,应该经历了从东晋到唐代关于"沙门不敬王者论"的争论,到唐代终于由官方裁定,宗教徒必须礼拜父母与君主,必须接受传统的"孝"与"忠",即古代中国传统的家庭伦理与政治伦理。参看葛兆光:《中国思想史》第一卷《七世纪前中国的知识、思想与信仰世界》第四编第六节《佛教征服中国?》,复旦大学出版社 1998 年版,第 568—581 页。
③ 正因为"三教合一",古代中国与政教合一、宗教拥有绝对影响力的伊斯兰世界不一样,跟西方中世纪曾经能与政权相颉颃,成为西方精神和文化来源的基督教天主教也不一样。
④ "阴阳"既可以被比拟成日月、天地,也可以被象征君臣、上下,从阴阳中进一步引申出来的冷暖、湿燥、尊卑、贵贱,而且也暗示了一系列的调节技术。"五行"在古代中国,是宇宙中最基本的五种元素"金木水火土",但是"五行"在宇宙、社会、人身中有种种匹配的事物和现象,甚至对应人的五种品德"仁义礼智圣",人们普遍相信"五行"可以归纳和整理宇宙间的一切,如五色、五声、五味、五方、五脏、五祀等,否则,社会就会混乱,宇宙就会无序。

来源相当之早①，发展到后世，其影响不仅波及中医、风水、建筑②，甚至还包括政治、审美等③。

最后一个是在"天圆地方"的宇宙论影响下，形成的古代中国非常特殊的天下观，以及在这种天下观基础上，发展出来的一种看待世界的图像，在这样的天下想象下，古代中国还形成了以朝贡体制为基础的国际秩序。

如果你拿这五个方面跟基督教文明比，跟伊斯兰世界比，甚至跟东亚、南亚也相信佛教，或者也用儒家律令的区域比，你会发现这才是"中国"的"文化"。所以，我一直希望，不要用"放之四海皆准"的宏大概念和空洞语词（比如中国文化强调"中庸"、讲究"伦理"、重视"家庭"等），来抽象和泛泛地定义中国文化。

---

① 关于五行说的缘起，有很多论述，在现代考古资料上，可以参看冯时《上古宇宙观的考古学研究》(《史语所集刊》第八十二本第三分）介绍 2006 年 12 月至 2008 年 8 月发掘之安徽蚌埠市双墩一号墓春秋时代的锺离国（前 518 年灭于吴）墓。此墓的发掘报告发表于《考古》2009 年第 7 期。值得注意的是：(1) 墓上封土与墓内填土，皆由五色青、白、赤、黑、黄混合，与五色五方五行观念有关；(2) 五色封土之下有白色石英细砂砌筑之圆璧遗迹，可能与盖天观念有关。

② 近年来考古发现的一些早期文献，如湖北张家山出土的《引书》里面也说，不仅是治理国家要"尚（上）可合星辰日月，下可合阴阳四时"，就连人的生活，也要同"天地四时"对应配合，就是"治身欲与天地相求，犹橐籥也"，天地的规律像四季，也影响着人的生活，所以，人要像天一样"春产，夏长，秋收，冬藏，此彭祖之道也"，如果人与天的"燥湿寒暑相应"，就可以求得永恒。

③ 在古代中国人的心目中，凡是仿效"天"的，就能够拥有"天"的神秘与权威，于是，这种"天"的意义，在祭祀仪式中转化为神秘的支配力量，在占卜仪式中转化为神秘的对应关系，在时间生活中又显现为神秘的希望世界，支撑起人们的信心，也为人们解决种种困厄。不仅是一般民众，就连掌握了世间权力的天子与贵族，也相信合理依据和权力基础来自于"天"，秦汉时代皇宫的建筑要仿效天的结构，汉代的墓室顶部要绘上天的星象，汉代皇家的祭祀要遍祭上天的神祇，祭祀的场所更要仿造一个与天体一致的结构。在人们的心目中，"天"仍然具有无比崇高的地位，天是自然的天象，是终极的境界，是至上的神祇，还是一种不言自明的前提和依据。

二、究竟什么是"中国"?

但是,问题仍然没有解决,因为"中国"仍然是一个需要定义的概念。以上所说的各种文化现象,虽然贯穿中国历史数千年,一直处于主流位置,但仍然只是汉族文化,如果我们承认,"中国"并不只是汉族中国,上述"中国的"文化传统,仍然无法简单地认为它就是"中国文化"。

越来越多的考古和历史证据表明,自古以来,各个王朝的核心区域(中国)很小,但与当时王朝之外(域外)的文化,有着或密切或疏远的交换关系①。即使在过去认为相对封闭的上古时期,在中国这块土地上,与周边的文化、种族、宗教、物品上的交融也相当密切。上古三代,各王朝血统都未必像古史传说中"黄帝之苗裔"那么单纯②,比如商代,它真的是一个"汉族"或"华夏族"吗?傅斯年(1896—1950)就不那么认为,他说,殷人就是"夷人",殷商建立的王朝,是东夷与西夏冲突交融,甚至是"夷人胜夏"的结果。他还提醒人们,向来被认为是后来中国文化源头的齐鲁,其实也是夷人的中心③。还有

---

① 1926年,顾颉刚指出,不要相信"中国汉族所居的十八省,从古以来就是这样一统的,这实在是误用了秦汉以后的眼光来定秦汉以前的疆域",他反复强调夏商周的范围很小,"周朝时候的中国,只有陕西、河南、山东三省和山西、直隶两省的南部"。见顾颉刚:《秦汉统一的由来和战国人对于世界的想象》,《顾颉刚全集》第六册,中华书局2010年版,第33页。

② 像《史记》说夏禹"黄帝之玄孙而帝颛顼之孙也",说殷契出自帝喾,而帝喾也是黄帝的曾孙,说周后稷的母亲也是帝喾元妃,说起来也是黄帝的后代(中华书局1959年版,第49、91、111页)。

③ 傅斯年:《夷夏东西说》(1935),《傅斯年全集》第三册,台湾联经出版事业有限公司1980年版,第864页。

人更说,殷商的文化渊源"与日后的通古斯族群文化,有相当的关系"①。即使这些说法只是猜测,但那个时代各种文化的交融一定是很频繁的。以目前发掘与研究最为成熟的"殷墟"为例,李济(1896—1979)就在1932年一篇有关安阳殷墟考古的报告中说,过去认为夏商周一线单传,纯粹是古代中国的殷墟文化,其实是多元的。比如骨卜、龟卜、蚕桑、文身、黑陶、玉琮等来自东方,而青铜、空头锛、矛等来自中亚、西亚,稻米、象、水牛、锡等来自南亚②。即使到了所谓华夏礼乐成熟的周代,南蛮北狄西戎东夷仍然频频进入华夏,过去传说中"断发文身"的越族,"信巫鬼重淫祀"的楚人,也渐渐进入周王朝的文化范围③。虽然"礼乐"成为周代文化共同体的统一象征,但北方的三晋、东边的齐鲁、南面的荆楚、西面的戎秦、中原的郑卫,却各自发展着各自的文化④,只是在封建诸侯制度的约束下,共

---

① 许倬云:《我者与他者:中国历史上的内外分际》,生活·读书·新知三联书店2010年版,第9页。
② 李济:《安阳最近发掘报告及六次工作之总估计》,《李济文集》第二卷,上海人民出版社2006年版。他曾经提出,中国古史研究者应当"打倒以长城自封的中国文化观,用我们的眼睛,用我们的腿,到长城以北去找中国古代史的资料。那里有我们更好的老家",见李济:《记小屯出土之青铜器(中篇)后记》,《李济文集》第五卷。他在《中国上古史之重建工作及其问题》(收入《李济文集》第一卷)一文中也提出,中国文化不是一个孤立的世界,它的来源"可以从黑海,经过中亚草原,新疆的准噶尔,蒙古的戈壁,一直找到满洲"。
③ 《左传·宣公三年》记载公元前606年楚子征讨陆浑之戎,而陆浑之戎居然就在今河南嵩县,即东周王都洛阳附近,可见楚、戎与华夏在地域上的交错。当然,楚子居然试图觊觎周王朝王权的象征物九鼎,也说明当时各个族群都已经是同一政治共同体"中国"(周)的组成部分。
④ 有一种说法认为,阴阳、五行、八卦的观念,分别来源于三种不同的占卜技术,即龟卜、卦卜、枚卜,代表了古代中国东方、西方和南方的不同文化,直到东周即战国末期,才逐渐综合起来,"发生了一次萧墙内的大融合",并附上了种种道德和政治的解释。见庞朴:《阴阳五行探源》,《中国社会科学》1984年第3期。

同构成复杂、多元和松散的周文化。在我看来,那种整齐同一、秩序井然、边界清楚的"周文化",恐怕更多地是后世的追怀和想象,就像把周礼归之于周公制作一样。其实,大体能够称为周文化核心的,主要是两个传统的交织,即"礼乐传统"与"巫史传统"。现在看来,春秋战国之前,人们对于所谓"文化"或"传统",其实处在一种并不"自觉"而只是"自在"的状态,看上去"混沌"的和谐,其实包孕着种种"七窍"的差异。正因如此,"礼崩乐坏"的时代,恰恰成为"文化启蒙"的时代,这个时代的到来,便导致"百家往而不返,必不合矣"的分化现象,孔子、墨子和老子等学者,儒、墨、道等潮流,加上各种各样冲突的知识、信仰和风俗,正是在这个多元而分裂的时代产生的,如同余英时先生所说,"道术将为天下裂"的时代,正是中国思想的"轴心时代",也恰恰提供了后世各种思想与文化的无尽资源[1]。

因此,秦汉一统王朝继承下来并且扩而大之的"中国"[2],原本是一个杂糅了各种种族、思想、文化和地域,彼此混融交错的空间。不过,汉族"中国"的民族认同、国家意识和文化取向,却在秦汉大一统时代,将这些杂糅的元素第一次凝固重铸起来,从《吕氏春秋》到《淮南子》的思想兼容(即所谓包容百家的"杂家"),从《春秋繁露》到《白虎通》的思想整合(即罢黜百家的"王霸道"),开始形成"中国的"文

---

[1] 余英时:《综述中国思想史上的四次突破》,原为 2007 年名古屋日本中国学会第 59 届大会上的演讲《我与中国思想史研究》,原载《中国文化史通释》,牛津大学出版社 2010 年版。又余英时:《天人之际》,载《人文与理性的中国》(余英时英文论著汉译集),上海古籍出版社 2007 年版,特别是第 1—7 页。
[2] 《史记》卷六《秦始皇本纪》引贾谊《过秦论》说,秦统一,"南取百越之地,以为桂林、象郡","使蒙恬北筑长城而守藩篱,却匈奴七百余里"(第 280 页)。

化世界，而"中国的"文化认同，也逐渐在来自"匈奴""西域""西南夷"等的压力下，开始浮现①。

应该承认，由于秦代推行"一法度、衡石丈尺，车同轨，书同文字"②，汉代实行"罢黜百家，独尊儒术"③，以想象与传说中"九州"为中心区域的"中国"开始出现，以"华夏"为核心的汉民族开始形成，以天下中央的意识、阴阳五行的观念、王霸道（儒法）杂之的政治、汉字书写的习惯、宗族伦理的秩序等为基础的"中国文化"开始成型。那个时代的"中国"，既是《史记·秦始皇本纪》中所说的"地东至海暨朝鲜，西至临洮、羌中，南至北向户（指向北开窗才能见日的极南方），北据河为塞，并阴山至辽东"④，也是《史记·货殖列传》中"汉兴海内为一"一句以下对中国的自我描述，说明古代中国对于"中国"的认知，到了司马迁那个时代，西面是关中、巴蜀、天水，南面到番禺、儋耳，北面是龙门碣石、辽东、燕涿，东面是海岱、江浙，这已经大体划出"疆域"，它表明"中国"的初步形成⑤。

长达四百余年的两汉，似乎确立了"中国"的文化世界。但是尽管如此，中国与周边的文化接融仍然没有停歇。实际上，从秦汉到魏晋南

---

① 比如汉代铜镜铭文常常在"胡虏"或"四夷"的对照下出现"国家"字样，如"侯氏作镜四夷服，多贺国家人民息，胡虏殄灭天下服，风雨时节五谷熟"；而《史记》中的《大宛列传》《匈奴列传》等，就已经通过周边异国异族的存在，说明"中国"意识的萌生。
② 《史记》卷六《秦始皇本纪》，第239页。
③ 《汉书》卷五八《董仲舒传》记载董仲舒上书建议："诸不在六艺之科、孔子之术者，皆绝其道，勿使并进"，其目的是"统纪可一，而法度可明，民所知从矣"，就是在汉帝国建立同一的政治与文化（中华书局1962年版，第2523页）。
④ 司马迁：《史记》卷六《秦始皇本纪》，第239页。
⑤ 《史记》卷一二九《货殖列传》，第3261—3270页。

北朝再到隋唐,四方辐辏、彼此交融的情况更加明显,特别是东汉之后到隋唐时期,更是一个各种异文化重铸中国文化的重要时期。请允许我用最粗略的方法简单叙述:

(一)从民族上来说,秦汉时代,西方与西域三十六国,北方与匈奴,南方与百越,南北朝时期与鲜卑、羌,交往都相当多,各种种族互相融合①,以至于西晋时代充满焦虑的汉族文人士大夫江统要写《徙戎论》来警告人们②,警惕这一种族混融杂居的状况。不止是北方有胡汉的交融,南方也一样,有着汉族文化的南侵和蛮族文化的加入,谭其骧指出,无论北方还是南方的汉人,都杂糅了很多异族血统,现在湖南地方的汉人就融入很多"蛮族"的文化③。到了隋唐,突厥、吐蕃、回纥相继崛起,波斯、天竺人迁入,粟特、沙陀人处处皆是,中国已经成为一个胡汉混融的文化共同体,胡人未必会有外来异族的感觉,而汉族也未必就有绝对的优越感④。就连李世民的长子李承乾,都特别好"胡风",喜

---

① 正如佛经中描述的"一一国中,种类若干,胡汉羌虏、蛮夷楚越,各随方土,色类不同"。见《法苑珠林》卷二《界量部第五》,《大正藏》第五十三卷,河北省佛教协会2008年版。
② 《晋书》卷五十六《江统传》,中华书局1974年版,第1529—1530页。在江统之前,傅玄曾经提出"胡夷兽心,不与华同,鲜卑最甚……宜更置一郡于高平川,因安定西州都尉募徙民,重其复除以充之,以通北道,渐以实边"。另一位郭钦也提出过"裔不乱华,渐徙平阳、弘农、魏郡、京兆、上党杂胡"等策略。分见《晋书》卷四七《傅玄传》,第1322页;卷九七《北狄匈奴传》,第2549页。
③ 有关中古各种族群混融的这种情况,前辈学者研究甚多。此见谭其骧:《近代湖南人中之蛮族血统》,原载《史学年报》1939年第5期;后收入葛剑雄编:《长水粹编》,河北教育出版社2000年版,第234—270页。
④ 参看苏其康:《文学、宗教、性别与民族——中古时代的英国、中东、中国》"丙篇",台湾联经出版事业有限公司2005年版,第237—365页。特别是引言《丝路上的胡人》,第237—241页。又,《北史》卷九二《韩凤传》记北齐宦官韩凤(本汉人)所谓"恨余得到'汉狗'饲吗。又曰:刀只可刘'汉贼'头,不可刘草",又常常说"狗汉大不可耐,唯须杀却"云云,可见也有汉人以胡人自居,即做"假洋鬼子"的现象。

叠加与凝固
——重思中国文化史的重心与主轴

爱突厥语言与风俗①。而胡人则很多人都在中国的中心区域并进入上层,所以,元代胡三省在注释《资治通鉴》的时候曾经感慨:"自隋以后,名称扬于时者,代北之子孙十居六七矣。"② 不妨举两个小小的例子,印度的瞿昙氏,可以几代成为唐王朝的技术官僚③,波斯萨珊王朝君主与贵族、僧侣,也可以成为大唐臣民甚至长安市民④。很多异族或者异国人后来都融入中国,不仅成为中国人,而且成为所谓京兆人或长安人⑤。正因

---

① 据《新唐书》卷八〇《太宗诸子传》说,李承乾让手下"数十百人习音声,学胡人椎髻",而他自己"好突厥言及胡服,选貌类胡者,披以羊裘,辫发,五人建一落,张毡舍,造五狼头纛",自己还扮演死去的胡人可汗,学习胡人的习惯,与兄弟分队战斗(中华书局1975年版,第3564—3565页)。有趣的是,在唐代或唐代之前,习胡语还是时髦,如《颜氏家训》卷上《教子篇》记载,北齐有一士大夫,就很自豪自己的儿子学鲜卑语、弹琵琶,"以此伏事公卿,无不宠爱,亦要事也"。但是到了宋代,士大夫官员会说胡语竟然成为一种过错,甚至会被认为有里通外国的嫌疑而被治罪,如欧阳修《赠刑部尚书余靖襄公神道碑铭并序》中记载,余靖(安道)主张与西夏和议,并亲自谈判成功。但是却因为"坐习虏语,出知吉州",甚至被仇家中伤,回归乡里(见《欧阳修全集》第二册,中华书局2001年版,第367页)。对于这一资料,刘子健早就在《讨论北宋大臣通契丹语的问题》短文中说,"儒臣不学这种夷语的末技,多半用通事通译,反映中国文化自我中心的态度,对于外国情形不够注意,并且通过外国语还可能被君主怀疑,戴上一顶帽子,说是有可能私通外国的嫌疑"(载《两宋史研究论集》,台湾联经出版事业公司1987年版,第89页)。
② 《资治通鉴》卷一〇八,中华书局1956年版,第3429页。
③ 1977年在西安长安县发现印度人瞿昙氏的墓志,上写"法源启祚,本自中天(中天竺),降祉联华,著于上国,故世为京兆人也"。这个来自印度的瞿昙氏,和佛陀本是一个种姓,隋唐之际来到中国以后,五代人都在长安居住,并且以他们熟悉的天文历法星占之学,成为中国的官员,著有《开元占经》,翻译了《九执历》。参看晁华山:《唐代天文学家瞿昙譔墓的发现》,《文物》1978年第10期。
④ 据《旧唐书》卷一九八《西戎·波斯传》等文献记载,波斯萨珊王国末代君主伊嗣侯(Yazdagird)之子卑路斯(Peroz),在其国被阿拉伯人灭掉之后,逃到中国,在唐高宗咸亨四年(673)和五年两入长安,其随从在中国建立了"波斯寺",即琐罗亚斯德教(祆教)的寺院,他的儿子及随行的贵族、随从、僧侣数千人,也都随之定居中国。参看方豪《中西交通史》上册(岳麓书社1987年版)的论述。
⑤ 《周书》卷四《明帝纪》引皇帝诏书:"三十六国九十九姓,自魏氏南徙,皆称河南之民。今周室既都关中,宜改称京兆人"(中华书局1971年版,第55页)。《隋书》卷三三《经籍志》史部谱系类序:"后魏迁洛,有八氏十姓,咸出帝族。又有三十六族,则诸国之从魏者。九十二姓,世为部落大人者,并为河南洛阳人"(中华书局1973年版,第990页)。

为异域血缘融入汉族,才出现了陈寅恪所说的"取塞外野蛮精悍之血,注入中原文化颓废之躯,旧染既除,新机重启,扩大恢张,遂能别创空前之世局"的大唐盛世现象①。

(二)再说物品的交流,看过谢弗(Edward H. Schafer)的名著《撒马尔罕的金桃——唐代的舶来品研究》(中文翻译为《唐代的外来文明》)②以及劳费尔(Berthold Laufer)的名著《中国伊朗编》③的人们就会知道,在中古时期,不仅各种珍奇、药物、香料、葡萄、紫檀、莲花,也包括百戏、胡舞、胡服、胡粉等纷纷进入中国,就出现了所谓"胡音胡骑与胡妆,五十年来竞纷泊"(元稹《法曲》)的现象,这一点无需多说。

(三)再看宗教方面,来自印度与西域的佛教、本土崛起的道教、来自中亚甚至更远地区的三夷教(火祆教、景教、摩尼教),纷纷涌入中国,无论在西域,在敦煌,还是在长安,各种宗教既互相冲突也互相融合。各种文化的交融与冲突的程度有多深呢?这里也举一个例子,8世纪中叶大约在四川成都编成的禅宗史书《历代法宝记》里面,就记载了佛教与摩尼教、景教冲突的故事,说明在罽宾(今新疆)就有来自南亚、西亚乃至欧洲的三教之冲突,而这种冲突的故事,不仅已经传入内地,还刺激着内地宗教的发展④。更为重要的是,纷纷涌入中国的各种外来宗教,一方面引起了传统儒家的危

---

① 陈寅恪:《李唐氏族之推测后记》,载陈美延编:《金明馆丛稿二编》,生活·读书·新知三联书店2001年版,第344页。
② 〔美〕谢弗:《唐代的外来文明》,吴玉贵译,陕西师范大学出版社2005年版。
③ 〔美〕劳费尔:《中国伊朗编》,林筠因译,商务印书馆1964年版。
④ 参看荣新江:《〈历代法宝记〉中的末曼尼及弥师诃》,载《中古中国与外来文明》,生活·读书·新知三联书店2001年版,第343页以下。

机感，一方面也在危机感中产生的抵抗中，渐渐彼此汇合生成新的思想与文化①。

所以近年来，越来越多的学者，反对过去把古代中国视为"封闭""内向"和"保守"的说法，也反对把近代中国看成是由于西方冲击，中国被迫回应的观点，开始强调中国的一贯开放性。2000年有两本书很有趣，美国学者韩森（Valerie Hansen）出版的一本中古中国史新著，书名就叫"开放的帝国"（*The Open Empire*），她认为，古代中国就是一个外向的，生机勃勃的帝国②。而同一年，另一个美国学者卫周安（Joanna Waley-Cohen）在他的近代中国史著作中，也讨论了早期中国的世界主义，从政治、宗教、商业各个方面来反驳中国史封闭和内向的说法③。

三、文化史在宋代有一个再转折

不过，中国文化史在宋代有一次深刻的变化。我在一篇论文中曾经

---

① 瞿兑之在《读〈日本之再认识〉》一文中说："唐代也不纯是中国。因为唐朝是民族大混合的时代，唐朝各地方常常看见日本、新罗的学生僧侣，波斯的商贾，印度的婆罗门僧，南洋的昆仑奴，以及其他，与中国人杂居齐齿。而所谓的中国人者，自帝室皇亲以至公卿大夫学士，下至兵卒，又无不掺有汉末以来各胡种的血液。所有的风俗都是混同的，甚至语言文字，早都带有变化的色彩。"他下面还举了元稹和白居易的例子，说明元稹是拓跋氏的后裔，白居易也是九姓胡之一，"因为种族的关系，所以诗格也略与汉人不同"。见其《铢庵文存》，辽宁教育出版社2001年版，第129页。

② *The Open Empire: A History of China to 1600*, New York and London: Norton & Company, 2000. 中译本：《开放的帝国：1600年前的中国历史》，梁侃、邹劲风译，江苏人民出版社2009年版。

③ 《北京的六分仪：中国历史中的全球趋向》（*The Sextants of Beijing: Global Currents in Chinese History*, New York and London: W. W. Norton & Company, 2000）。

讨论过"宋代中国意识的凸显",说明古代中国原本对于种族、文化和宗教的开放心怀和叠加状况,在宋代逐渐转变,经过中古时期叠加了很多异族色彩的汉族中国文化,也在这个时代第二次重建、清理并且再次凝固,形成了影响至今的汉族中国文化传统,当然,这是一个既旧且新的新传统①。

8世纪中叶以来,突厥、波斯、粟特、回鹘、吐蕃、沙陀等各种非汉族人因为战乱大量涌入,一直到10世纪中叶的五代十国,各种异族纷纷进入内地,不仅带来族群的问题,也带来宗教的问题,这对传统居于中心的汉族文明有很大的威胁。虽然宋代初步一统,然而宋代的北方异族政权辽(契丹)、夏(党项羌)、金(女真)以及后来的蒙古,都对汉族政权虎视眈眈。正如日本学者西嶋定生所说:"宋代虽然出现了统一国家,但是,燕云十六州被契丹所占有,西北方的西夏建国与宋对抗,契丹与西夏都对等地与宋同称皇帝,而且宋王朝对辽每岁纳币,与西夏保持战争状态,这时候,东亚的国际关系,已经与唐代前期雄踞天下、册封周边诸国成为藩国的时代大不一样了,从这一状况来看,东亚从此开始了不承认中国王朝为中心的国际秩序。"② 于是,在自我中心的天下主义遭遇挫折的时候,自我中心的民族主义开始兴起。这显示了一个很有趣的现实世界与观念世界的反差,即在民族和国家的地位日益降

---

① 葛兆光:《"中国"意识在宋代的凸显——关于近世民族主义思想的一个远源》,原载《文史哲》2004年第1期,收入《宅兹中国:重建有关"中国"的历史论述》,中华书局2011年版。
② 〔日〕西嶋定生:《中国古代国家と东アジア世界》第六章《东アジア世界と日本史》,东京大学出版会1983年版,第616页。

低的时代,民族和国家的自我意识却在日益升高①。

这种情况影响到了中国文化史的巨大变化,即全力捍卫汉族文化、强行推广汉族文化。对异族文化的高度警惕,在某种程度上形成这个时代的"国是",即上下一致的思想与文化共识。"中国"在"外国"的环绕下,凸显出自己的空间也划定了有限的边界,从而也在文化上开始逐渐成为一个"国家","汉文化"在"异文化"的压迫下,不再像唐代或唐代之前那样,满不在乎地开放自己的领地,大度地容纳各种异类,而是渐渐确立了自己独特的传统与清晰的边界②。

这个重新强化汉族王朝的权力,捍卫汉族中国文化传统的思潮,是从中唐就开始的,从韩愈以来,这种在政治上、文化上都可以称为"尊王攘夷"的趋向,就在危机感很深的知识群体中浮现。为什么韩愈如此重要?正如陈寅恪先生指出的,是因为韩愈在建立儒家道统、扫除章句繁琐、排斥佛道以救政俗、排佛申明夷夏大防、改进文体以利宣传、奖掖后进促进学说流传等六方面有其历史意义③。从文化史的角度说,这就是重新建立汉族文化的权威和排斥异族文化的侵蚀。这种文化取向一直蔓延到宋代,我们可以看到,宋代前期朝廷重建礼仪,经学家以《春秋》之学鼓吹尊王攘夷,史学家对于唐代兴亡和五代社会问题进行反省,于是,在"澶渊之盟"即11世纪以后,出现从石介的《中国论》

---

① 这一转变相当重要,它使得传统中国的华夷观念和朝贡体制,在观念上,由实际的策略转为想象的秩序,从真正制度上的居高临下,变成想象世界中的自我安慰;在政治上,过去那种傲慢的天朝大国态度,变成了实际的对等外交方略;在思想上,士大夫知识阶层关于天下、中国与四夷的观念主流,也从"溥天之下,莫非王土"的天下主义,转化为自我想象的民族主义。
② 参看邓小南《祖宗之法——北宋前期政治述略》(生活·读书·新知三联书店2006年版)第二章《走出五代》中关于胡汉问题的消解的论述,特别是第92—100页。
③ 陈寅恪:《论韩愈》,载《金明馆丛稿初编》,上海古籍出版社1980年版,第285—297页。

到欧阳修、章衡、司马光关于"正统"之讨论。这究竟是一种什么样的文化潮流?同时,宋代士大夫在面对新的国际秩序挑战之外,还要面对国内的合法性危机冲击。原因很简单,因为这个新王朝已不再是天生拥有权力的贵族政权,赵宋王朝为什么合法,皇帝为什么是神圣的和权威的,都需要重新进行论证。这就是为什么宋王朝从建立之初,就要一方面祭天封禅、祀汾阴、制造天书事件,一方面要重回三代,制礼作乐,制定新政策,保证与士大夫共治天下的原因。特别是,古代中国始终是以"三代"为最高理想的,因此,宋代不仅是皇帝(如真宗与徽宗)对于文化的复古更新很有热情,官僚士大夫无论保守还是激进(如王安石和朱熹),也极力支持"一道德,同风俗",这一理想连一般士绅也受到鼓动,这对人们重新确立这个帝国的文化边界与思想路标,尤其有明显的影响。

四、宋代之后文化史的再变化

正是在这种背景下,宋代开始在国家(朝廷)和士绅(地方)双重推动下,逐渐重新建立了以汉族传统、儒家伦理为中心的文化同一性,"中国文化"再一次"凝固"。正如我在《中国思想史》第二卷中所说的,正是在国家用"制度",士绅以"教化",两方一致的推动中,一些儒家原则被当作天经地义的伦理道德确定下来,按照这种原则建立有序生活的制度也被认同,并逐渐推广到了各个地区。像家庭、宗族秩序的基础"孝"、国家秩序的观念基础"忠",都成了笼罩性的伦理,就连原来是化外的宗教(如佛教道教)也必须随时注意皇权的存在。来自

叠加与凝固
——重思中国文化史的重心与主轴

古老儒家仪式的礼仪制度,也渐渐扩展到各个区域的民众生活中,成了新的习俗,一些被"文化"拒绝的生活习惯与嗜好被确定为错误,比如所谓的过度饮酒、贪恋美色、聚敛财物,以及个性强烈的表现,即酒色财气,越来越被当作可耻的习惯。用现代的语言来说,就是在汉族中国国家空间中,伦理道德的同一性被逐渐建构起来,普遍被认同的文化世界开始形成,并奠定了中国人的日常生活[①]。

"中国文化"似乎在宋代再一次被型塑成"汉族中国的文化"。前面我们所说的"中国的"文化的特点,就是在这个时代再次被塑造、被奠定、被日常化的。正如国际学界都基本承认的"唐宋变革说"所指出的,在唐宋之间,中国发生了巨大变化,宋代中国的文化与此前的汉唐中国文化,其实很不一样。由于有了"他者",它开始有了"排他性",因而,这是"中国的"文化,是"汉族的"传统。美国学者包弼德(Peter A. Bol)那部有关宋代思想文化史的著作用了 *This Culture of Ours* 为题,相当有深意[②]。毫无疑问,这个文化,是后来中国文化的核心和主流,但是它并不是一切,也不是一成不变的中国文化。然而,对于"中国"来说,历史相当诡异,宋代重建了以汉族为中心的文化,再次确定了儒家为基础的伦理,形成了汉族的中国意识。

但值得文化史特别强调的是,尽管宋代重建了汉族中国文化,形成了新的传统,并且影响深远,但是,后来中国历史又有两次巨大的转折

[①] 葛兆光:《中国思想史》第二卷《七至十九世纪中国的知识、思想与信仰》第二编第三节《国家与士绅双重支持下的文明扩张:宋代中国生活伦理同一性的确立》,复旦大学出版社2000年版,第356—386页。

[②] 〔美〕包弼德:《斯文:唐宋思想的转型》,刘宁译,江苏人民出版社2001年版。此书的英文书名即 *This Culture of Ours*。

和变化。对于中国文化来说，蒙古与满清两次进入汉族文化区域并统治汉族中国，给中国带来了更多民族血缘，给中国带来了很多异族文化，也给中国拓展了原本的疆域，因此，在此后的那些时代，所谓"中国的"文化传统就越发不容易界定。

13—14世纪，蒙古文化随着政权更迭进入汉族中国，它对于中国文化世界的影响其实很深，至今我们对这种"蒙古化"的研究还不很充分。后来明太祖朱元璋所说"昔者元处华夏，实非华夏之仪，所以九十三年之治，华风沦没，彝道倾颓"①，虽然有些夸张，但是，所谓"上下无等""辫发左衽"等异族风俗，确实影响很深②。据说，当时华北的汉族中国人包括士大夫，已经对胡汉之分很不敏感③，所谓"天下污染日深，虽学士大夫，尚且不知此意"④，这已经导致"宋之遗俗，消灭尽矣"⑤。

异族文化再次叠加在汉族文化之中。蒙古人的"辫发椎髻""胡乐胡舞""胡姓胡字"，在汉族中国流行了近一个世纪，以至于人们"俗化既久，恬不为怪"⑥，而草原民族带来的"驰马带剑"之风，上下无别的

---

① 朱元璋：《大诰序》，载钱伯城等主编：《全明文》第一册，上海古籍出版社1994年版，第586页。
② "中央研究院"历史语言研究所编：《明太祖实录》卷一七六，上海古籍出版社1983年影印本，第2665—2666页。
③ 一个很有趣的例子是何炳棣曾经提到的，原本具有鲜卑血统的文人元好问，在政治上却认同女真人所建立的大金，在新的蒙古帝国统治之下，又以编选汉族文学特征很重的《中州集》，保留对金国文脉的历史记忆。
④ 刘夏：《陈言时事五十条》，载《刘尚宾文续集》卷四，《续修四库全书》第一三二六册，上海古籍出版社2002年影印本，第155页。
⑤ 王祎：《时斋先生俞公墓表》，载李修生主编：《全元文》第55册，凤凰出版社2004年版，第618页。
⑥ "中央研究院"历史语言研究所编：《明太祖实录》卷三〇，第525页。

礼仪,以及进入城市后的奢靡生活,也给汉族文化传统带来威胁,甚至蒙古、回人与汉族通婚,婚丧礼俗也影响到汉族的家族伦理。经历一个世纪的蒙古统治,宋代"一道德,同风俗"的努力,似乎遭到很大的消解,异族文化与汉族文化的交错融汇,已经到了很深的程度。在汉族传统观念中,最重要的文化象征(衣冠、风俗、语言)上面,最重要的社会秩序(士农工商、乡村宗族)上面,都出现了问题。因此,在汉族再一次取得政权的明初,在皇权的推动下,新政权曾经有过一个"去蒙古化"的运动,不穿胡服,不用胡姓,重建儒家礼仪,恢复儒家秩序,强调汉族经典,文化重心转回本土十五省,似乎明代中国又一次重回汉家天下。明代人曾经认为,明代初期的文化变革,是"新一代之制作,大洗百年之陋习……真可以远追三代之盛,而非汉唐宋所能及"[1]。似乎中国文化再一次凝固,并且他们也守住了传统汉族文化的边界[2]。

但是,历史的再一次曲折又打断了这个重建汉族中国文化传统的进程,1644年满清入关以后,正如我在另一部书中所说,大清帝国逐渐包容了满、汉、蒙、回、藏、苗诸多民族,成为一个"多民族大帝国",各种异族文化诸如宗教信仰、生活方式、思想观念、语言形式等,又再一次容纳到"大清"这个大帝国文化系统之中,使得文化再一次出现叠加现象[3]。一直到1911年中华民国成立,及1949年中华人民共和国成立,都无法改变这种状况。推翻帝制的人们接受了帝国时代的国土,原先呼吁"驱逐鞑虏"的革命派接受了《清帝逊位诏书》

---

[1] 《皇明条法事类纂》卷二二,《中国珍稀法律典籍集成》乙编第四册,科学出版社1994年版,第978页。
[2] 以上均参看张佳:《洪武更化:明初礼俗改革研究》,复旦大学博士学位论文,2011年。
[3] 葛兆光:《中国再考——领域·民族·文化》,岩波书店2014年版。

提倡的"合满、汉、蒙、回、藏五族完全领土,为一大中华民国",共和制国家继承了大清帝国遗留下来的民族与疆域。于是,这种被称为"中国的"文化,显然已经再度突破了上文所说的具有五个特征的"汉族中国的"文化。

那么,中国文化的"复数性",是否要兼容满、蒙、回、藏、苗的文化?可是,现在中国很多文化史著作面临的问题就在这里,它面对本来是复数的文化,却作了单数的选择。

五、"中国的"文化史:传统帝国与(多)民族国家的历史特殊性

现在,很多人热心提倡"国学",有人说"国学"就是五经儒家之学,有人说"国学"就是胡适当年提倡的"国故之学",还有人更说,由于现在中国已经包括了各种民族,继承大清、民国形成庞大的疆域,那么应当有"大国学",因此,这里我还得再次说到"中国"。2011年,我出版了一本《宅兹中国:重建有关"中国"的历史论述》,其中开篇的绪论,就是《重建有关"中国"的历史论述——从民族国家中拯救历史,还是在历史中理解民族国家?》,讲的是现在有关中国的历史论述,面临很多挑战。所以,我们不得不考虑,"中国"作为一个特别的(多)民族国家,究竟同时是否也是一个(多)文化世界?

我的一个看法是,尽管我们很反对狭隘的民族主义或国家主义,也希望在历史研究中超越固执的"国家边界",但仍然要看到,"国家"(或者"王朝")对于"文化"的型塑力量还是很强的。这是东北亚诸国

的一个特色,在中、日、韩等国,政治的力量要比欧洲强很多,国家的疆域也比欧洲稳定得多,欧洲民族国家都是到近代才逐渐形成,而中国的中心区域从秦朝开始就很清楚(尽管边缘在不断变化),日本、朝鲜、越南、琉球的种族与文化的空间也是如此,既没有一个超越国家疆域又凌驾皇权之上的宗教,也缺乏便利的自由流动和交流条件,更没有一个超越国家的东亚知识人共同体。在东亚,大与小、内与外、我与他的界限相对清楚,国家(王朝)的作用非常大,大到有区隔文化和制造认同的功能。它不像欧洲那样,各种人员来来往往,各国王室彼此通婚,知识也互相流动,不仅共享一个古希腊罗马文化传统,而且那里的宗教力量很大,教皇权力在世俗王权之上,人们可以共享一个信仰世界。因此,我虽然很赞成把中国、朝鲜、日本、越南等环东海、南海的区域看成是一个"彼此环绕与交错的历史",把这个区域联系起来研究,但是,也有些担心学界为了"从民族国家拯救历史",而忽略了国家、王朝与皇帝的"区隔"历史和"塑造"文化的作用。同样,也不能为了套用新理论,而忽略了中国作为一个来源悠久的民族国家(或多民族帝国),不仅是一个稳定的历史空间,而且是一个稳定的文化世界。

毫无疑问,作为一个文化世界,"中国"不是一成不变的,而是一个逐渐从中心向四方弥漫开来,又从四方汇聚中央的空间。"中国文化"也不是一个单一的文化,而是一个以汉族文化为核心,逐渐融汇各种文化形成的共同体。不过,问题要从两方面看。一方面,由于秦汉、宋代、明代文化世界的三次凝固,它逐渐形成汉族中国文化的主轴和重心,特别是在宋、明两代,那种有关"中国"(汉族中国)的意识,以及有关"外国"(周边蛮夷与异域)的认识逐渐形成,"华"与"夷"之间开始有清晰的界分。在宋、明两朝朝廷与士大夫的合力推动下,变得相当稳定与牢固，使得中国核心区域（即传统说的本部十八省）始终固守着这种文化，并且逐渐扩散开来，辐射到周边，形成一个特点相当明显的"文化世界"。从这一点上看，汉族中国文化是这个文化世界最重要的核心，无论是匈奴、鲜卑、突厥、蒙古、满族，还是日本、朝鲜、安南，都曾经被这个汉族文化影响，就是中国的历代王朝，无论是辽、金、元或者清，都曾经以汉族文化为既合法又合理的新文明来标榜和建设。但是，另一方面，我要强调的是，我们不必坚持所谓"汉化"或者"华化"的说法。过去，陈垣先生写过《元西域人华化考》，说蒙古占领中国之后，很多来自西面和北面的异族人却被汉人华化了，前些年去世的美国华人学者何炳棣也曾经坚持，由于满清"汉化"，才能够统治中国的说法。对这种说法，读者要仔细体会其背景和心情。陈垣先生骨子里是个汉族中国的民族主义者，无论是他的《通鉴胡注表微》还是《南宋初河北新道教考》，都是在抗战时期民族危亡之际撰写的，都有民族自尊的含义。而何炳棣先生是身处异国，总强调本民族文化力量的美籍华人，他与罗友枝（Evelyn S. Rawski）的论战中，显然也带有汉族中国人的感情色彩[1]。

在今天，后一方面尤其需要强调，为什么？因为文化的渗透、交融和影响常常是交错的。从历史上看，虽然你可以说元西域人华化的倾向很严重，满清汉化色彩也很浓，但我们也可以看到，蒙古统治下中国汉族传统变化也很大，而满清帝国也给汉族中国带来了极大的变化。以时髦的"现代性"一词来说，我总觉得，中国城市商业、娱乐与市民生

---

[1] Evelyn S. Rawski, "Presidential Address: Reenvisioning the Qing: The Significance of the Qing Period in Chinese History," *The Journal of Asian Studies* 55, No. 4 (Nov., 1996), pp. 829-850; 何炳棣（Ping-ti Ho）, "In Defense of Sinicization: A Rebuttal of Evelyn Rawski's Reenvisioning the Qing," *Journal of Asian Studies* 57, No. 1, 1998, pp. 123-155. 中文本《捍卫汉化：驳伊芙琳·罗斯基之"再观清代"》，张勉励译，《清史研究》（北京）2000 年第 3 期。

活方式，即现代性发展最快的，可能恰恰是在两个所谓异族统治的时代，即蒙元与满清两个王朝①。什么原因呢？因为汉族的儒家文化是以乡村秩序为基础的，城市的生活样式、日常秩序和价值取向，在汉族的儒家世界是被批判和抵制的。可是，恰恰在蒙元时代城市发展很快，也许就是因为儒家伦理暂时不那么有控制力的缘故。蒙古人并不完全用儒家思想来治理生活世界，举一个例子，元代戏曲发达，跟城市发展有很大关系，也与士大夫价值观念发生变化有关，士大夫做不成大官，去当市民，他们在城市里生活，暂时从"治国平天下"的价值观中脱离出来，有人就进入了"游民""市民""清客""浪子"行列，可就是他们促成了戏曲的创作、演出与欣赏的兴趣。同样，清王朝在某种意义上，由于满、汉两个文化世界的并存，也暂时在某些方面淡化了儒家伦理在生活世界的控制力（尽管表面上清朝皇帝还是倡导儒家学说的）。前面提到，何炳棣曾经特别强调清代的汉化，与美籍日裔学者罗友枝激烈辩论，现在看来，两人各有道理，太强调一方都不对。我曾经看了很多朝鲜使团到北京朝贡贺岁的记录资料，很多记载证明，正因为是满人当国，所以虽然上层社会和汉族士大夫仍然秉持传统价值观念，但是，现在我们所说的"资本主义"和"现代性"，却在清代城市里大发展，比如，商业之风大盛，连大学士都可以到隆福寺做生意，汉族风俗渐渐衰落，朝鲜使者看到，北方中国居然男女混杂、主仆无间、生活奢靡、娱乐繁盛、丧礼用乐、供奉关公和佛陀而冷落孔子等等，这让朝鲜人觉得满清入关以后，

---

① 日本学者杉山正明《忽必烈的挑战——蒙古帝国与世界历史的大转向》（周俊宇译，社会科学文献出版社 2013 年版）中也有这个观点，见其第一部第 2 节"蒙古是中国文明的破坏者吗？"，及第三部第 15 节"重商主义与自由经济"。

导致了汉族文化传统的衰落①。所以说,一方面汉族同化了异族,可反过来你也可以看到另一面,异族统治淡化了汉族儒家伦理的控制,那到底是汉族胡化了呢,还是胡族汉化了呢?现在的中国文化,仅仅是传统的、来自孔子时代的汉族文化,还是融入了种种"胡人"因素的新文化呢?

那么,"中国的"文化史,究竟应当如何叙述这个复杂过程呢?

六、晚清以来:中国文化处在断续之间

传统在不断延续,影响着今天的生活。经典也在不断被重新解释,至今还是我们精神的来源之一。中国跟欧洲很不一样,欧洲历史上,由于中世纪神学笼罩,文化曾经有过断裂,所以,才会有所谓通过重新整理和发掘古典,来进行"文艺复兴"的过程。欧洲近代,原本是建立在古希腊罗马传统、基督教信仰基础上的文化,随着各个民族国家的建立,曾经各自分化、凝聚、成型。然而在近世,中国却是国家从核心向四周弥散,文化从一元向多元发展。其中,中国古代汉族中国的传统和经典几千年来在不断地延续,它没有被打断。原因很简单,因为:第一,圣贤和经典的权威很早确立,并且一直与政治彼此融洽,这保证了文化和观念的传续;第二,借助王朝的权力,借助各种考试制度,主流读书人始终要通过这些知识的考试来进入上层,并且依靠它确立身份和位置,所以,读书人在维护它的存在;第三,我们的官学和私学,像私塾、乡校这些教育始终

---

① 参看葛兆光:《从"朝天"到"燕行"——17世纪中叶后东亚文化共同体的解体》,《中华文史论丛》2006年第1期。

很强大，加上政治制度始终在支持它。因此，正如几年之前我所说的那样——至少在晚清民初，我们仍然在传统、历史和文化的延长线上。

不过，15世纪之后西潮东渐，19世纪之后更因为列强的坚船利炮，渐渐改变了传统中国的政治与文化走向。尤其是1895年以后，中国开始整体加速度地向西转，"追求富强"的焦虑和紧张，形成一种不断地激进的潮流，经由辛亥革命、五四运动以及抗日战争、中华人民共和国成立，以及"文化革命"，逐渐改变了几千年来的文化传统，正如西方谚语所说，"过去即一个外国"（the past is a foreign country），似乎传统文化离我们很远了。现在，一般人都会同意当年张之洞的说法，自从19世纪近代西洋文明进入中国，使中国经历了一次"两千年未有之大变局"，中国似乎与传统有了"断裂"。

下面，仍然就前面我说的五个方面，各举一些例子：

（一）虽然中国仍然使用汉字，但是，现代汉语中的文字、词汇和语法有很大的变化。今天的汉语不仅由于蒙元、满清时代口语有很大影响，更重要的是"五四"新文化运动提倡白话文，使得传统口头语言成为书面语言，而且羼入了太多的现代的或西方的新词汇，无论在报纸、信件还是说话中，既有好多"经济""自由""民主"这些看似相识却意义不同的旧词，也有"意识形态""电脑网络""某某主义""下岗"这些过去从未有过的新词，如果语言还是理解和传递意义的方式，那么通过现代汉语理解和表达出来的世界，已经与传统大不一样了①。

---

① 文言（雅言）与口语（俗语）之间的界限逐渐淡化，其实不仅仅是一个语言现象，也是一个传统社会中的上流社会逐渐解体，边缘或底层阶层逐渐进入主流的象征，文化（包括价值观念）在语言变化中，也在渐渐变化，过去上层的、高雅的、有修养的语言，渐渐丧失其在文化中的制高点，而俚语俗言在书本、舞台和交际中的大量侵入，实际上构成现代文化史的一大变迁。

（二）虽然在现代中国尤其是乡村仍然保持着一些传统家庭、家族组织，中国人至今还是相当看重家庭、看重亲情、服从长上，但是，家庭、社会和国家的结构关系变化了。今天的中国拥有了太多的现代城市，现代交通、现代通信、现代生活，已经瓦解了传统文化的社会基础。过去的生活空间是四合院、园林、农舍，人际是家庭、家族、联姻的家族，这些血缘所形成的亲族关系和家庭家族中的亲情，是相当重要的和可以依赖的，所谓"血浓于水"这个词就可以形容这种关系。"男女有别，上下有序"基础上建立的伦理秩序，使得家庭、家族和放大的家国能够和谐相处。费孝通在《乡土中国》里就说，中国和西洋的基本社会单位不同，我们的格局不是一捆捆扎清楚的柴，各自立在那里，而是好像把一块石头丢在水面上所发生的一圈圈推出去的波纹。但是，现代的城市、交通与媒介却改变了一切，现代的法律又规定了男女平等、一夫一妻和自由结婚离婚，过去那种密切的、彼此依赖的邻里、乡党、家族关系，已经在民主化思潮和城市化过程中逐渐消失了，因此，建立在传统社会上的儒家伦理与国家学说，也逐渐失去了基础。

（三）自从晚清以来，儒家在西洋民主思想的冲击下，渐渐不再能够承担政治意识形态的重任，佛教与道教也在西洋科学思想的冲击下，受到"破除迷信"的牵累，渐渐退出真正的信仰世界，很多宗教实践也不再具有实质性的意义。虽然现在儒道佛三教，也包括其他合法宗教如伊斯兰教、基督教等仍然可以在政治权力的控制之下和谐共处，但是这种"合一"并不是唐代以来那种观念、知识和信仰上的彼此容纳，而是在政治高度控制下的分离。

（四）天人感应与阴阳五行为基础的观念、知识、技术，在近代西方科学的冲击下，渐渐淡化，并且分化为各个不同的领域，逐渐退出对于政治世界和自然世界的一般性解释，只是在一些科学尚不能到达的地方,如医疗(中医)、地理(风水)、饮食等领域仍然保留着。现代中国人已经不再坚持过去的阴阳五行观念,甚至也不再按照传统的时间观念,相信四季、二十四节气的意义,中国不再用王朝与皇帝的纪年,而改用西洋的公历了,按照传统的观念,"天不变,道亦不变",历法改了,这就是"改正朔"一样的天翻地覆。

(五)从"威斯特法利亚和约"(The Peace Treaty of Westphalia)以来,近代欧洲奠定的国际秩序与条约关系,随着西洋进入东方,不仅摧毁了原来中国的天下观念和朝贡体制,也重新界定了中国与世界各国的关系[1],尽管现在中国仍然残存着"天下中央王朝"的想象,正如许倬云所说,"正因为中国中心论,几千年来,中国不能适应与列国平等相处,直到近代,中国人似乎还难以摆脱这层心障"[2],但是,毕竟世界变化了,在这个全球化时代,古代传统中国文化中的天圆地方宇宙观下的世界认识和朝贡体制下的国际秩序,已经不再有效了。

结语:重寻中国文化史的主轴和重心

毫无疑问,经历了晚清民初帝制王朝变成共和制国家,经历了

---

[1] 徐中约(Immanuel C. Y. Hsu)《中国加入国际社会》(*China's Entrance into the Family of Nations, The Diplomatic Phase, 1858-1880*, Harvard University Press, 1960)第1页就指出,本来所谓"国际社会"只是西欧一批基督教国家,但其后不断膨胀,其秩序也就成为同行的国际秩序,但当它发展到远东时,就面临了中国领导下的另一个"国际社会"(another family of nations),在这两个互相排斥的秩序(these two mutually exclusive systems)之间,便发生冲突,其结果是中国秩序被相继侵入的西欧秩序所吞食。于是,"儒教的世界帝国"(Confucian universal empire)就变成了"近代民族国家"。
[2] 许倬云:《我者与他者:中国历史上的内外分际》,第21页。

"五四"以来的新文化浪潮,经历了种种政治变更尤其是"文化革命",现代中国的文化已经不是传统中国的文化了。为了接续传统与回应现状,最近,中国出现了"传统文化热",其背景与心情当然是可以理解的。我认为,有三个背景与心情十分重要:一是"回到起点",即超越近代以来笼罩着我们观念、制度和信仰的西方文化,回到传统文化资源中,寻找能够重建现代中国价值的基础;二是"寻求认同",就是在信仰缺席的时代,重新建立"中国"国民对于历史、文化与价值的认同,特别是试图形成国家的凝聚力;三是"学术新路",即从百年来影响中国的西方学术制度中挣脱出来,无论是在知识分类,还是在表达术语,还是在研究制度上,找到一个新的路向。

看上去,这些背景与心情似乎没有问题,但问题是,传统不是固定的,中国也不是单数的,我要指出的是:

首先,文化在历史中形成,而历史一直在对文化做"加法"与"减法"。所谓"加法",就是对于不断进入的外来文化,借助传统资源进行创造性的解释(正如中古时期中国知识人对印度佛教知识的"格义",使外来观念变成中国思想);所谓"减法",就是对于本土固有文化中的一些内容,进行消耗性的遗忘或者改造(如古代中国对一些不吻合伦理秩序的风俗进行改造,或现代中国以科学对迷信的批判)。因此,并没有一个固定的、一成不变的文化传统。

其次,我要提醒的是,古代中国的历史说明中国文化是复数性的,古代中国文化中曾有多种族群与多种文化因素,虽然秦汉帝国逐渐形成汉文化主轴,但经过中古时代异族与异文化的叠加,已融入相当复杂和丰富的内容;到了宋代,由于国际环境与外在压力,经由国家与士绅的努力,汉族中国文化凝聚成形,开始凸显中国文化世界的"内"与

"外"、"我"与"他"的界限。但是蒙元统治时期,中国再次融入异族,文化又叠加并形成混融的新文化。经由明代初期的"去蒙古化",汉族中国文化虽然再度凝固,可是满清帝国建立之后,疆域和族群再度扩大,文化再次叠加混融。既然古代是一个"众流汇聚"的文化共同体,而现在中国又已经是一个(多)民族国家,因此我们一定要承认中国文化的复数性。

再次,在晚清民初,中国文化经历了"二千年未有之大变局",界定中国的文化传统处在断续之间。现在当然需要重新认识与发掘传统,但是我们要了解,既然传统是一直在不断变化的,今天如何用现代价值重新"组装"传统文化,是值得思考的大问题。正如前人所说,"传统是死人的活资源,传统主义是活人的死枷锁",以"原教旨"的方式刻舟求剑,固守想象中的文化传统是固步自封的做法。

因此,我们如何讨论"中国文化",如何写作"中国文化史",真的是一个相当复杂的问题①。我个人的看法是,中国文化史的"主轴",

---

① 中国的文化史研究者对于"主轴"和"重心",其实也曾有过大体清醒的认识。举两个例子,一是柳诒徵,我很赞成1932年他在《中国文化史》中关于文化史主轴的概括。他在"绪论"中说,中国的文化史可分为三个大时段:一是"吾国民族本其造之力,由部落而建设国家,构成独立文化之时期",这是远古到两汉时期文化史的主轴;二是"印度文化输入吾国,与吾国固有文化由抵牾而融合",这是东汉到明末时期文化史的主轴;三是"中印两种文化均已就衰,而远西之学术、思想、宗教、政法依次输入,相激相荡而卒相合"的明末迄今文化史的主轴。这正好说明中国文化史先有一个民族与国家的核心,然后由核心逐渐弥散融合的特征,也正好可以一方面寻求中国文明的普遍进程,一方面可以凸显中国文化的特殊历史。参看柳诒徵:《中国文化史·绪论》,东方出版中心1988年版,第1页。虽然此书最早并不叫"文化史",只是叫"通史",但是却是文化史意识最清晰的,他说,他的书要回答的是:"中国文化为何?中国文化何在?中国文化异于印欧者何在?"(同上书,第2页)。他也看到了通史的弊病,注意到文化史的特征:"世恒病吾国史书为皇帝家谱,不能表示民族社会变迁进步之状况","吾书欲祛此005,故于帝王朝代,国家战伐,多从删略,唯就民族全体之精神所表现者,广搜而列举之"(同上书,第7页)。二

可能不像欧洲那样，朝向近代，由语言、民族、伦理与艺术的整合，而各自形成现代民族国家与文化，而是朝向国家、民族与疆域的弥散与兼容，逐渐形成各种文化的融合与变异。因此，中国文化史的"重心"，当然也不是在叙述这些国家文化的逐渐清晰与凸显（当然也包括了自我与他者的日益分离），因为我们这个国家很早就形成一个文化主轴，因此可以叙述这一国家文化的逐渐混融与丰富（当然也包括了文化的冲突与杂驳）①。这当然只是一个笼统观念或者宏大设想，重要的问题仍然是，它如何落实到文化史写作中，把各种文化现象整合进历史叙述，使这个历史显示出它的"主轴"，呈现出这个文化的整体趋向？

（接上页）是钱穆，1941年以后他陆续发表的《中国文化史导论》，虽然并不是一部完整的"文化史"而只是一个"导论"，但是，他在第一章叙述了中国的地理背景之后，即在第二章讨论"国家凝成与民族融合"。他特别强调，与西方文化史比较，从政治形态看，中国很早就已经凝成一个统一的大国家。他说，中国文化史是中国民族和国家独创的，"民族"和"国家"，"在中国史上，是早已'融凝为一'的"。然后，在讨论了这个早已形成的文化国家的观念、生活、学术、文字、政治制度、经济形态之后，一再讨论"新民族与新宗教之再融合"，以及"宗教再澄清、民族再融和与社会文化之再普及与再深入"，最后才是"中西接触与文化更新"。按照他的描述，中国文化的历史，不像法国那样，逐渐凸显并划出边界，而是如同河流，是一大主干逐段纳入许多支流小水而汇成一大水系，形成种族与文化的融合，"民族界限或国家疆域，妨碍或阻隔不住中国人传统文化观念一种宏通的世界意味"，所以没有宗教战争，而新元素的进入"只引起了中国社会秩序之新调整，宗教新信仰之传入，只扩大了中国思想领域之新疆界"。见钱穆：《中国文化史导论》（修订本），商务印书馆1994年版，第21、148—149页。

① 那么，我们是否还有很多可以写入而过去被忽略的内容？以语言文字为例，比如《切韵》综合南北音韵，给唐代一统王朝带来的影响，又如蒙古进入中原之后，《中原音韵》使得中国官话声韵的变化，是否也是文化史的重要内容？再以领土与疆域为例，南诏、大理之从唐宋分离与经由蒙元之收复，在民族迁徙与宗教融合中有什么意义（有趣的是，中国最早的"文化史"著作，恰恰是《云南文化史》）？明清朝贡体系的崩溃与中国疆域的扩张，又给中国文化带来怎样的内外变化？如果说欧洲启蒙时代的印刷与出版，给文化史带来了巨大影响，那么，是否也可以让我们想到宋代雕版印刷（不必特意强调并没有在宋代实际书籍流通中产生大影响的活字印刷）的意义，以及书肆书铺的文化传播在常识普及中的作用？

也许，我们的文化史被历史上过于丰富的文化所缠绕，很难分身清理出一个文化史的主轴，总是担心丢三落四，生怕忽略了自家宝藏，以至于左右支绌，忙于叙述那些类别各异的"文化"。可是，如果我们清晰地设立文化史的重心，清理文化史的主轴，有一些并不构成重大意义的文化内容，虽然很精彩、很值得自豪，是否可以不必进入文化史呢？而另一些真正型塑"中国"的文化现象，一些事关"认同"的历史事件，由于没有清晰的"主轴"和"重心"而被我们忽视了呢？① "主轴"与"重心"在文化史中的凸显，也许，意义非常重大，它一方面关系到中国文化史是否能够给读者一个"民族""国家"与"文化"相互型塑与彼此纠缠的历史脉络，让人们了解，自己为何会习惯甚至认同这样一个文化；另一方面则关系到中国文化史到了今天，是否可以自我调整与自我转型，在恪守传统与文化的同时，以最平静和最理性的态度，拥抱各种异质的文化，形成一个共同的文明。

（原载《文史哲》2014 年第 2 期）

---

① 以宋明为例，我想到的，比如宋代真宗一朝在"澶渊之盟"后追求正统性与神圣性的举措，宋徽宗朝回向三代的文化复古，明代初期以改易风俗、严格制度为名，既回归乡村传统秩序，又同时"去蒙古化"的努力，其实对于今天的中国文化都有相当深的影响，为什么文化史就把它们轻易地放过了呢？

一般与个别：论中外历史的会通

阎步克

一

中国传统史学把自己的使命，概括为纵向的"通古今之变"；至于与四边蛮夷的横向比较，只是"礼乐之邦"的陪衬而已。近代以来的"中外历史的会通"，显然就是一场视角的变革了。把中外同时纳入视野，激发了近代史家的无数灵感。"中外历史的会通"之意义重大，首先在于事物的特点是在比较中呈现出来的。在某种意义上甚至可以说，是比较建构了事物。进而现代科技也极大地增加了各地域的交流频度，在人类生活逐渐"全球化"或"一体化"时，学术的展开也必然趋于"会通"。笔者所学习的中国制度史，当然也是如此。

笔者认为，根据自然法则，人类生活的"一体化"最终不可避免，其多样性也将以新形式表现出来。当然，漫长曲折的"一体化"中，既存的各民族、地域和文化单元，也在全力维护其独特性。除了争取利益最大化之外，也在于多样性本身的文化价值。学术上也是如此。

吉尔兹的"地方性知识"概念，便含有一个意图：不是寻求抹杀个性的"规律",而是采用"文化持有者的内部眼界","摒弃一般,寻找个别的方式去重建新的知识结构"。在文化之中,蕴含着人类精神创造的那些最精微的东西,这就需要"内部眼界"。比如说,使用"清新""华腴"或"沉郁顿挫"之类传统术语,方能传达中国诗词的美妙之处。然而这套术语,或说这种"内部眼界",无法用于外文诗歌。笔者所学习的政治制度就不同了。若转入制度领域,那么连"寻求个别"的吉尔兹,也看到了"在任何一个复杂构成的社会的政治核心中,总有统治精英以及一套符号形式去表达他们真正管理统治的操作行为","在任何地方,这一点都十分明晰,国王们通过仪典获得对他们的王国的象征性的拥有"[1]。"统治精英""符号形式""操作行为""礼制仪典"之类概念,实际就组成了一个普适的参照系,可以用于"任何地方""任何一个复杂构成的社会"。

历史学特别关注那些独一无二、不可重复的东西。"天底下没有两片一模一样的树叶"。然而千姿百态的纷纷树叶,也是可以类型化的。当你把视线从某一特定个体移开,着眼于更多个体之时,"类型"就浮现了。凯特莱说:"人数越多,个人的意愿就会深埋在普遍事实的系列之下,而普遍事实则取决于决定社会存在与延续的总体原因。"穆勒也看到:"本性看来似乎最为变幻莫测的事件,单独处理时看不出端倪,一旦涉及足够多的回数,它们就能够以接近数学规律的特征发生。"[2] 样本越多,"大数定律"的意义越大。比如说,个人最终无法超越"正态

---

[1] 〔美〕克利福德·吉尔兹:《地方性知识:阐释人类学论文集》,王海龙、张家瑄译,中央编译出版社2000年版,"导读"第14—15页;正文第162—163页。
[2] 转引自〔英〕菲利普·鲍尔:《预知社会:群体行为的内在法则》,暴永宁译,当代中国出版社2007年版,第48、50页。

分布"。所谓"中外历史的会通",所涉样本至少在两个以上,超越个性的深层法则,就开始重要起来了。

一位世界史教授曾对笔者谈到,他在讲授东南亚各国史时,最大难点之一,就是如何把它们的历史同中国史"放在同一平台上加以观察"。笔者觉得这个想法很好。尽管作为人文学科,历史学对独一无二的、不可重复的东西情有独钟,但它毕竟还有一个科学的层面。科学要求对同类事物采用同一方法,不能甲人、甲地、甲事物是一套,乙人、乙地、乙事物又是一套。有人认为,中西政治体制的内在逻辑不同,本质上是不可比的。然而也可以换一种态度:人类既然是同一个物种,其各个种群的结构就应该可比;其各种差异,可以、也需要在同一平台上呈现出来。中国有很多传统政治术语,如"德治""法治"或"王道""霸道"之类,它们无法用作比较各种权力结构、政治思想的共同平台,只是分析对象而已。适当建构起来的"同一平台",看上去是"中外历史会通"的基本问题之一。

有一种观点认为"中国皇权不下县",县以下广泛存在着各种"自治"。对此,秦晖做出了一个出色的反驳。他通过比较西欧、东欧、东亚、南亚、西亚等地的"小共同体"与国家的关系,有力阐明了在各前现代文明中,中国属于"大共同体本位社会"[①]。这就是一个基于"会通"的认识。假如谁想反驳它,那就必须遵循同样的方法,即引证其他社会的相关资料提供比较。最近笔者参与讨论"中国专制主义"概念的问题,就深感对中国传统政体的认识也依赖于"会通",即需要在政体

[①] 秦晖:《"大共同体本体"与传统中国社会——兼论中国走向公民社会之路》,载《传统十论:本土文化的制度、文化和变革》,复旦大学出版社2003年版,第61页以下。

类型学的层面建立共同的参照系,对人类历史上的各种政权加以分类比较,由此在"序列"中确定中国皇权的属性,而不宜孤零零地就中国论中国①。

这样的理论框架的建构,经常要超出历史学领域,而进入相关的社会科学领域,甚至科学领域。从学理上说,一套解释模式,在自身所处的层次不可能拥有"完备性",必须求助于更高层次的概念体系。中外政治制度史的"会通",须以一般政治学理论为基础;中外经济史的"会通",须以一般经济学理论为基础。假如要比较罗马帝国和秦汉帝国的地方行政,只把二者放在一起各作叙述,还不算"会通";假如要比较西方的"四要素说"(土、水、火、气)及其医学理论与中国的"五行说"及其医学理论,只把二者放在一起各作叙述,也不算真正"会通"。这时的分析平台,是要在更高的行政学,或文化学、医学层次上建构起来的;换个说法,则是在历史学与行政、文化学、医学的交界面上建构起来的。个人当然可以不承担这种建构,大多数人只是利用既成范式从事具体研究而已,可对一个领域就不是如此了。超越实证也超越"地方性"的新平台的探索与搭建,是"中外历史会通"新开拓的基础工作。

近代中国人最初看世界时,采用的仍是"内部眼界":用"大同"来比拟民主;用"议郎"比拟议员;赞扬华盛顿的"推举","不僭位号,不传子孙,而创为推举之法",等等。随后的严复、康有为、梁启超等人,就不同了。他们尝试把中外比较,建立在一个共同平台之上。严复翻译孟德斯鸠《法意》之余,对中西政制之异颇有评述,其若干认知已积淀下来了。像"家长主义"问题上的中西之异,严复的讨论至今

---

① 阎步克:《政体类型学视角中的"中国专制主义"问题》,《北京大学学报》2012 年第 6 期。

仍有价值。康有为曾"经三十一国,行六十万里",在万木草堂开设过"外国政治沿革得失"的课程,为光绪帝编写过《列国政要比较表》。其《官制议》一书中有大量中西制度比较,不乏卓见。萧公权评价《官制议》:"可说是当时中国讨论政府官制的论著中,最有系统的一部。"[①] 梁启超的《中国专制政治进化史论》,以现代政体理论为"平台",采用了"专制""贵族制""封建制"等概念,本于中国史的内在发展逻辑,为历代政治史勾画出了一个基本轮廓,并阐述了中央集权、外戚势力、异族政权和部落贵族、宰相权臣等重大问题。其基于政治体制、政治形态的历史分期,不妨说是中国学者的"制度史观"的开山之作。我想这篇名作,可以列为历史系本科生的必读之文。这类比较,都在为"中外历史的会通"搭建平台。

时至今日,中外比较业已蔚为大观,相关的论著、论文,用"遍地开花"来形容并不过分。大到中外历史的不同方向和阶段,小到风俗、器物,旁及环境、自然……尽管各位具体研究者可能仅仅在各个"点"上深挖,但从整体上说,视野开阔的中外比较,必将使中国史研究的传统视角、方法、课题得到深化,并引发新视角、新方法、新课题。

二

从理论上说,"中外历史的会通"的基础是一个共同框架。然而在科学实践中,每个人的具体分析方法,又必定是家异其说,且因时而异的。

---

① 萧公权:《康有为思想研究》,汪荣祖译,新星出版社2004年版,第191页。

梁启超《中国专制政治进化史论》一文的历史分期，以政治体制、政治形态为本，可以说是"制度史观"的。而近代以来，文化史观、经济史观等，也开始展露风采。郭沫若等马克思主义史学家，把唯物史观引入中国学界，从而使中国人知道了"母系氏族""父系氏族""奴隶社会""封建社会"等概念，它们都是清以前的史家梦想不及的。又如以铜器论述夏国家起源，以铁器论述战国剧变（"奴隶制与封建制的更替之发生在春秋、战国之交，铁的使用更是一个铁的证据"[①]），均令人耳目一新，学术创新度相当之高。"五种生产方式"的概念，成了中西比较、中外会通的理论平台之一。

用现代眼光审视中国史，日本学者比中国学者先行了一步。京都学派的内藤湖南、宫崎市定等人，用古代、中世、近世为中国史分期。"上古"或"古代"到东汉中期为止，这是中国文化形成、发展和扩张的时期。在经历了汉晋间的过渡后，进入六朝隋唐之"中世"，这个时代的最大特点，被认为是贵族政治。唐宋之际又发生了"变革"，这是一个根本性的转型[②]，其意义是"东洋的近世"，中国由此步入近代社会。

这个"三分法"，很大程度上是比照西欧史而来的。近代日人受西欧史启发，把日本史分为"上古之史""中古之史"和"近代之史"，

[①] 郭沫若：《中国古代史的分期问题》，《红旗》1972年第7期。
[②] 正如柳立言先生所论：只有认为唐宋间发生了一场根本性的社会转型，而且这个转型具有"近代化"的意义，才是日本京都学派"唐宋变革论"的基本观点。见柳立言：《何谓"唐宋变革"？》，《中华文史论丛》2006年第81期；《宋代的家庭和法律》，上海古籍出版社2008年版。一般性地申说唐宋间的变化，认为此时进入了历史中期或后期，那跟日人的"唐宋变革论"并不相同。

进而又"西体中用",把这个"三段论"用于中国史①。有人说,这个中国史的"三段论"与西欧史只是"形似",实际上所遵循的,仍是中国史的内在规律。然而无法否认,在理论起点上,"三分法"来自于对西欧史三阶段的模拟参照。宫崎市定是这样提问的:"欧洲史上三个时代(按:即古代、中世、近世)的概念,大致如上所述,这个时代观念怎样适用于其他地域?"于是,汉帝国可以媲美于罗马帝国,北方民族势力"亦可与日耳曼雇佣兵相比";"东洋的近世亦和宋王朝的统一天下一起开始",这时候的资本主义、君主独裁、国民主义、宋学等,看上去可以比之于西欧近世。宫崎市定进而申言:"既然我们的态度是将特殊的事物尝试应用在一般事物上,则所谓特殊事物实际上便不再特殊。"②这个辩白确实很思辨、很机智,然而也足以证明,宫崎并非不知道他的"比之"是一种套用。他只是表明,自己就是要寻求一种"深刻的片面"。为"唐宋变革论"提供的各种论证,大抵都是参照西欧之近代化的。

与之类似,尽管中国学者努力阐述"中国封建社会"有自己的特点,但在理论起点上,这类认识仍是以"五种生产方式"为本的,可是"生产方式"只有五种吗?任何社会都必然经历"五种生产方式"吗?中国学人对"封建"概念已提出了各种质疑。那么在"会通"的实践中,也可能出现各种扭曲变形,——若直接以一方为模板来剪裁另一方的话。

当然,学术的推进其实是很奇妙的,它也经常通过"深刻的片

---

① 参看王晴佳:《中国史学的西"体"中用》,《北京大学学报》2014年第1期。
② 〔日〕宫崎市定:《东洋的近世》,载刘俊文主编:《日本学者研究中国史论著选译》第一卷《通论》,黄约瑟译,中华书局1992年版。

面"①来获取新知。只有上帝才是"全面",然而上帝并不存在。应该承认,中国的"五种生产方式"、日人的"三段论"依然留下了丰厚的学术遗产。各种不同论点,宛若从不同角度投向黑暗的历史客体的一束探照灯光,它们各自照亮了不同景象,同时必定各有所见不及之处,"深刻"与"片面"时常是伴生的。

"五种生产方式"是一种经济史观,日本的京都学派的"三段论"则被说成是"文化史观"(这个"文化"是"大文化",不限于思想文化)。日人相信,内藤的"文化史观"揭示了中国史的内在特质。然而在这个模式之中,秦奠定了两千年帝国制度的重大意义,以及两千年帝制的连续性,仍有被低估之嫌。唐宋间的历史趋势,是沿中国史自身的逻辑与道路继续前行呢,还是转身走上了世界另一局部地区的近代化道路呢?一段时间里,中国学者对于中古士族通常要冠以"地主"二字,故对此期士族是"寄生官僚"还是"自律贵族"的讨论,无疑是日人居优。范文澜断言:三千年的一大堆历史现象,本质上"却只有一个土地问题,即农民和地主争夺所有权问题",一旦土地改革胜利,"即全中国永远大治的时候"②。然而历史真的这么简单吗?

近几十年来,"制度史观"又有逐渐复兴之势。首先,"文革"结束之后的政治反思,促成了历史学者对"政治体制"的再度重视。进而,伴随着近年来的"中国崛起"和经济成就,又出现了很多新认识。改革开放三十年时,经济学家、社会学家、政治学家、法学家总结改革

---

① 笔者最早是从黄子平先生那里听到"深刻的片面"这个提法的,见氏著《深刻的片面》,收入《深思的老树的精灵》,浙江文艺出版社1986年版,第7页。
② 范文澜:《研究中国三千年历史的钥匙》,载中国社会科学院近代史研究所编:《范文澜历史论文选集》,中国社会科学出版社1979年版,第108、112页。

成就，几乎异口同声地把"行政主导"视为最大的"中国特色"。GDP体量不久将居于世界第一的中国，在政治体制上又与西方国家保持了重大区别。现行政治体制应在多大程度上继续维持，或者在什么方向上加以改革？各种不同的主张与论辩，表明它是当今中国所面临的最重大问题之一。这甚至成了一个世界性论题——中国很重要，"当中国统治世界"时会发生什么①？而中国人已在讨论改变世界规则这样的问题了②。就连"历史的终结"的断言者，也不由得滋生了犹疑，承认了中国的未来"尚无答案"——"中国能否使用政治权力，以民主法治社会无法学会的方式，继续促进发展呢"③？

比之20世纪，在21世纪之初，史学家更清晰地看到，中国自秦汉就发展出了现代式的集权官僚体制④，两千年连续不断的政治传统展示了巨大历史惯性，影响至今，影响到了社会政治的方方面面，并将继续展示各种影响，尽管物质生产与生活相较于古代已发生了巨大变化。这反过来启迪学者重新审视国史，正视这一事实：政治体制在塑造中国古今的社会形态上，都是一个巨大权重。这是一个"政治优先的社会"，"政

---

① 参见〔美〕埃里克·安德森：《中国预言：2020年及以后的中央王国》，葛雪蕾、洪漫、李莎译，新华出版社2011年版；〔英〕马丁·雅克：《当中国统治世界：中国的崛起和西方世界的衰落》，张莉、刘曲译，中信出版社2010年版。这样的论述还有很多。
② 如阎学通：《历史的惯性：未来十年的中国与世界》，中信出版社2013年版。
③ 美国学者弗朗西斯·福山在20世纪末发表《历史的终结及最后之人》（中译本为黄胜强、许铭原译，中国社会科学出版社2003年版），其中对中国的历史与现实的讨论颇不充分。而在他2011年出版的《政治秩序的起源：从前人类时代到法国大革命》（中译本为毛俊杰译，广西师范大学出版社2013年版）一书中，对中华帝国的政治体制便有了很多讨论。他还承认，未来的政治发展有两点尚无答案：一是中国的未来，二是若干西方民主制国家的政治衰败迹象。
④ 顾立雅在半个世纪之前就曾评价说，早在纪元之初，中华帝国就显示了与20世纪的超级国家的众多类似性。H. G. Creel, "The Beginning of Bureaucracy in China: The Origin of Hsien," *Journal of Asian Studies* XXXII（1964）．

治决定着经济、身份、文化等其他方面"①。有人称之为"轴心制度",有人视之为众多分支领域的"统摄核心"。据报道,在2010年的一次研讨会上,二十多位中国史学家取得了如下共识:"在秦至清这一漫长的历史时期,与现代社会不同,权力因素和文化因素的作用要大于经济因素。"② 类似看法还可以举出很多。而几十年前余英时就已提出:"中国现在所遭遇的问题,政治仍是最紧要的","这一传统笼罩到经济、文化、艺术各方面。所以要研究中国历史的特质,首先必须研究这个政治的传统"。为此他忠告:"我希望大家多研究中国的政治史,不要存一种现代的偏见,以为经济史或思想史更为重要。"③

社会科学方面,对"制度"的重视与日俱增。经济学有"新制度主义",政治学也出现了"新制度主义"。这对中国史研究的"制度史观",看上去也是一个好消息。一百年前梁启超率先阐释的"制度史观",已尝试在共同比较平台上阐述中国史了;加之一百年来中国制度史研究的丰富成果,可以为各种"会通"的努力提供新的资源和动力。在这个"制度史观"中,夏商周早期国家可以说是中国政治社会体制的1.0版;秦以降两千年帝制是它的2.0版;近代以来,中国政治社会体制的3.0版,正在探索形成之中。

与日人的"三段论"不同,"百代多行秦政法"的意义应予以充分强调。与"封建社会"观点不同,两千年的中国是农业官僚社会。说到

---

① 李开元:《汉帝国的建立与刘邦集团:军功受益阶层研究》,生活·读书·新知三联书店2000年版,第256页。
② 《〈文史哲〉杂志举办"秦至清末:中国社会形态问题"高端学术论坛》,《文史哲》2010年第4期。
③ 余英时:《关于中国历史特质的一些看法》,载《文史传统与文化重建》,生活·读书·新知三联书店2004年版,第146—147页。

魏晋南北朝，则一百年前梁启超有论："六朝时代，可谓之有贵族，而不可谓有贵族政治。其于专制政体之进化，毫无损也。"一百年后田余庆有论：门阀政治只是"皇权政治在特殊条件下出现的变态"。在"变态—回归"的视角中，此期的政治体制源于皇权官僚政治，最终依然"回归"于皇权官僚政治了。魏晋南北朝若非贵族政治，那么唐宋的政治变化，也就没有构成根本性的政治转型。至于近代政治变迁的意义，也可以理解为在外力冲击和推动之下，其固有的政治社会体制的又一次"升级换代"。我们刻意使用"升级换代"一词，就是在外源性的推动之外，强调它也是同一事物的连续发展，在某种意义上，其中含有中国史进程的内在逻辑与节奏。

三

　　现代学术曾给中国史学带来了革命性的变化。然而又不能忽略这样一点：所谓"现代学术"的具体内容，主要是以西方的历史经验为基础，在西方率先发展起来的。它提供了很多被认为是普适性的方法，但因为没有把更多民族、地区的历史经验完全纳入考虑，那些认识是否充分"普适"，并不是没有疑问的。这还不是所谓"东方主义"那一类问题，而更多的是"地方性"的问题。比如，用于分析西方人心理的模式与技术，很可能不全适用于中国人的心理；西方经济学，难以充分解释当代中国的经济起飞。现代社会科学理论，其实仍没有摆脱"地方性"。古希腊的政体理论，根本没有考虑中国。孟德斯鸠眼中的中国，也只是一个不甚清晰的轮廓。到20世纪六七十年代，欧美学者开始对各种政体进行大规模的系统比较，动辄对数十百个国家政权加以分类，但传统中国的资料仍不能说已被充分利用了。

在讨论国家起源理论时，张光直曾指出："（美国）考古学界在将社会进化学说应用在世界各区古代文化史时，集中其注意力于所谓'国家起源'这个问题上。在这些讨论中间，很少人用到中国的材料，因为中国古史材料还很少用最近的比较社会学的概念和方法去处理"，那么中国的商周史料，"在社会进化论上与在国家起源问题上可能有什么新的贡献？"面对商周国家的独特性，一种方式是把中国视为常规的变态，而"另一种方式是在给国家下定义时把中国古代社会的事实考虑为分类基础的一部分，亦即把血缘地缘关系的相对重要性作重新的安排"。总之，张光直认为，"中国考古学可以对社会演进的一般程序的研究，供给一些新的重要资料，并且可以有他自己的贡献"[①]。

依张光直的看法，中国的古史材料，可以用现代比较社会学的方法来处理；同于中国的考古学，应为、也可以为国家社会的演进研究做出自己的理论贡献。类似的事例，以及学者们的类似看法，都可以作为21世纪中国史学的努力方向之一。中国浩如烟海的典籍文物，留下了极为丰富的历史资料；中国历史进程无与伦比的连续性，也使人类社会的某些内在规律，更鲜明地体现出来了。中国史所能为学人提供的学术灵感、学术创造、学术新知，足以为历史研究的"同一平台"增添砖瓦。当然这个任务也给中国史学人的世界史素养和社会科学素养，提出了更高要求。需要他们稔熟世界各地区、各民族的历史，甚至稔熟社会

[①] 张光直：《从夏商周三代考古论三代关系与中国古代国家的形成》，载《中国青铜时代》，生活·读书·新知三联书店1999年版，第89、94页。

科学。"中外历史的会通"任务,需要几代人的持续努力。

笔者在研究古代官僚等级制度时,也有一些相关心得。中国历代曾发展出纷繁多样的品秩勋爵制度,足以精巧处理"人"的分等分类和"职"的分等分类,以安排身份和保障行政。而且它们经历了数千年的连续发展。周朝的爵号可以一直使用到帝制后期,这在其他社会绝无仅有。直到当今中国,级别、衔号、名位的身份功能,依然蔚为大观。人类社会的品级衔号现象中的很多内在规律,在中国社会中更鲜明地反映出来了。可以说,没有任何一个国家,在品级衔号的复杂性、精致性和连续性上,能跟中国相比。然而西方社会学、行政学、组织学等,是在西方的历史经验上发展出来的,所以在这方面所累积的理论工具,并不足以充分解释中国古今的品级衔号。这里有一个很大的灰色区域,可供中国学人发挥才智发展理论。

例如,在现代行政学、组织学中,职位是职位,级别是级别,各是各。而中国古代的位阶变迁却显示,职位可以转化为级别,级别也可以转化为职位。古代的职位往往被用作虚衔,由此发生"品位化",当职位最终发展为阶衔之时,往往就要另行设置新职、拟定新名。由此就可以提炼出一个"职阶转化律"。

又如,如何分析"品位分等"的发达程度,在现有著作中找不到现成的分析方法。而我们可以提供下列指标:(一)品位获得的开放或封闭程度;(二)品位占有的流动或稳定程度;(三)品位待遇的丰厚或简薄程度;(四)品位安排的复杂或简单程度。这样,同样是品位分等占主导的时代,人们就可以把周朝与唐宋进一步区分开来了:周朝的品位结构,封闭性、稳定性很大,待遇丰厚,结构简单;而唐宋的品位结构,开放性、变动性大,待遇不如周代丰厚,结构复杂。

从职、阶关系出发，就可以进行若干中外对比。比如，西欧中世纪的五等爵号——"男爵"（Baron）本义是"人"，逐渐特指领主之下的重要附庸[1]，用作贵族通称，又用作低等爵号。英国的伯爵（Earl）本是镇守一方的地方长官。"公爵"（Duke）原系罗马帝国的高级将领称号，10世纪时德皇重拾其号，设置了公爵。"侯爵"（Marquess）本是威尔士边疆的领主。"子爵"（Viscount）源于法国的郡守，在伯爵之下[2]。其五等爵号，可以说有四个来自职称。而周代五等爵，只有"侯"来自职称，其余公、伯、子、男，以及卿、大夫、士，都来自人之尊称，甚至家族亲称。斯维至认为："五等爵，除侯以外，公、伯、子、男原来都是家族称谓。这样，等级起源于血缘关系亦可证明。"[3] 从中西爵号来源看，一个以职称居多，一个以人称、亲称居多，这一差异，是不是跟周朝的封建贵族更富宗法性，而西欧中世纪的封建制更具契约性质相关呢？我想答案应是肯定的。这样的比较，就是以"职—阶"关系的一般原理为平台的。

在若干具体问题上，中外比较也饶有兴味。例如中国古代的"士"阶层是文士，日本、欧洲的小贵族却是武士、骑士。明治时代的官僚，75%来自毕业于帝国大学法律系的旧武士。这都跟明清官僚主要来自科举考生形成对比。在中国的秦汉，军功爵构成了一套身份性位阶；到了宋明清，却以科举功名构建身份体制——中国王朝日益"重文轻武"了。10世纪中叶的高丽政权，九品官吏分为文武两班，文武官形

---

[1] 〔法〕马克·布洛赫：《封建社会》下卷，李增洪、侯树栋、张绪山译，张绪山校，商务印书馆2004年版，第546页。
[2] 阎照祥：《英国贵族史》，人民出版社2000年版，第100—103页。
[3] 白寿彝主编：《中国通史》第三卷上册，上海人民出版社1994年版，第837页。

式上平等，但实际差别很大，文班才能成为贵族。不过两个世纪后出现了武臣叛乱，政权又转向武臣政治了。拜占庭帝国晚期的军职官阶，明显高于文职。印度莫卧儿帝国的官僚位阶来自军事编制"曼沙达尔"（mansabdar），共33级，从指挥10人的"曼沙达尔"直到指挥万人的"曼沙达尔"。由此"军队、贵族和民政合为一体"。但文、武待遇还是有区别的，军职的"曼沙达尔"封赐采邑，文职的"曼沙达尔"领取薪俸。彼得一世颁令，军职、文职各十四品。军职明显高于文职，十四品军职都有世袭贵族权，文职要八品以上才有这种特权，九品以下没有。而且武职为社会所敬仰，文职则为社会所蔑视。这类情况，都可以跟中国"重文轻武"加以比较。罗素曾说过："由于哲人的治理而产生的社会也和武人统治下产生的社会截然不同。中国和日本就是这种对比的实例。"① 然而现有的政体理论主要是在欧洲的历史经验中发展起来的，未能把中国史纳入考虑，因而未能体现这种"截然不同"。

又如"侍从官"这个职类，在中国古代地位特殊而功能复杂。朝廷选拔权贵子弟做侍从侍卫，由此成为国家官僚的主要来源；历代有多种位阶，都是由侍从侍卫的官号蜕变而来的；甚至若干最重要的机构都发源于侍从官，如尚书台、御史台、中书省、门下省以至内阁（明清的内阁学士理论上是"文学侍从"）。可见侍从职类在历代官制发展中具有很大的能动性。康有为已看到："设官之制，原以为国为民，故美、法之国，无供奉之官。而君主之国，若俄、德、英、日，皆有宫内部以奉人主。"② 如古波斯帝国也有让少年接受集中管理教育，承担差役，由此

---

① 〔英〕罗素：《权力论：新社会分析》，吴友三译，商务印书馆1991年版，第29页。
② 康有为：《官制议》卷一二《供奉省置》，《康有为全集》第七卷，中国人民大学出版社2000年版，第321页。

获得公职的制度。16世纪奥斯曼帝国宫廷中,有约三百名侍童,可以经许多年的侍从或侍卫服务,被选拔到军职与文职上去,其制度称"契满"。俄罗斯在彼得一世时,军职、文职之外,别有"御前职"十四品。日本官制,有"宫内省"或"宫内厅"。这些御前职、宫内官,跟中国的"侍从"职类在官制上的能动性相比,又有何异同?

当然,限于才识,笔者个人无力全面了解各国古今的位阶衔号细节。所幸新一代年轻学人非常优秀,期望他们会对这个工作发生兴趣。近日看到余英时在"唐奖"颁授典礼上的讲话:"我们必须致力于揭示中国历史变动的独特过程和独特方式。然而这绝对不是主张研究方法上的孤立主义;恰恰相反,在今天的汉学研究中,比较的观点比以往任何阶段都更受重视。原因并不难寻找。中国文明及其发展形态的独特性,只有在和其他文明(尤其是西方文明)的比较和对照之下,才能坚实而充分地建立起来。"我想,其他历史学者也都会有类似的看法。

(原载《文史哲》2015年第1期)

新世纪中国文学研究的主要趋向

跃 进

新世纪的中国文学研究呈现出转型迹象,也提出了转型时期若干重要的问题,包括最基础的问题,譬如什么是文学?文学的职能是什么?以什么样的尺度评判文学?以什么样的方法研究文学?在此基础上,还有一些习以为常的问题也应给予重新审视。譬如,文学研究与现实的关系,文学研究与传统的关系,文学研究与市场的关系,文学观念与文学史料的关系,坚守文学与拓展领域的关系,文学研究的普及与提高的关系,等等。这就涉及文学研究的思想原则、学术方法和研究态度等方面,事实上这些也已经成为当前的热点问题和焦点问题。基于这样的考虑,本文拟对新世纪中国文学的研究作一番反思,以就教于方家。

一、世纪的回顾

对于 20 世纪中国文学发展历程的回顾与总结,早在 20 世纪 80 年代就已开始。北京大学出版社 1994 年出版的《中国二十世纪文学研究论著提要》草创于 80 年代后期。该书收录了 1900 年至 1992 年间 1200 多部研究论著,基本上反映了这九十多年间中国文学研究的面貌。诚如袁行霈先生在"序言"中所说,20 世纪中国文学研究与整个社会科学、自然科学一样,在西方文明的强烈冲击下发生了六个方面的重大变化:第一,建立了中国自己的比较系统的文学理论,古代文学理论的研究空前繁荣;第二,整理出比较系统的中国古代文学史,并对文学史的各个侧面以及众多的作家、作品进行了比较广泛的研究;第三,古代通俗文学,如白话小说和戏曲,成为学术研究的对象,登上了大雅之堂;第四,现当代文学不但引起研究者的注意,而且日益成为研究的热点;第五,中国民间文学和少数民族文学的研究起步之后,迅速得到长足的发展;第六,翻译和介绍了大量的外国文学作品和理论,并对它们进行了有益的探讨[①]。90 年代,由杜书瀛、钱竞主编的《中国 20 世纪文艺学学术史》(上海文艺出版社 2001 年版)以煌煌四部的篇幅,试图展现文艺学的研究活动及其研究成果的历史,或者说具体点是文艺理论、文艺批评和文学史学的研究活动和研究成果的历史。该书对 80 年代兴起的各种新方法的讨论,也进行了初步的审理。进入新的世纪,这种学术史类的著述更是如雨后春笋般涌现出来。举其要者,如:

作家研究史: 如《元前陶渊明接受史》(李剑锋著,齐鲁书社 2002 年版),《山东杜诗学文献研究》(张忠纲主编,齐鲁书社 2004 年版),《清代辛弃疾接受史》(朱丽霞著,齐鲁书社 2005 年版),等等。

专书研究史: 如《汉楚辞学史》(李大明著,中国社会科学出版社 2005 年版),《隋唐文选学研究》(汪习波著,上海古籍出版社 2005 年版),

---

[①] 袁行霈:《序言》,载乔默主编:《中国二十世纪文学研究论著提要》,北京大学出版社 1994 年版。

《现代〈文选〉学史》(王立群著，中国社会科学出版社 2003 年版)，等等。

分体研究史：福建人民出版社策划的"20 世纪中国人文学科学术研究史丛书"2005 年推出《中国古代散文研究》（陈飞主编）和《中国古代小说研究》（齐裕焜主编），2006 年推出《中国诗学研究》（余恕诚主编）和《中国文学批评史研究》（韩经太著）。《20 世纪中国古代文学研究史》（黄霖主编，东方出版中心 2006 年版）则是以文体分类编纂的，包括《总论卷》（周兴陆著）、《诗歌卷》（羊列荣著）、《词学卷》（曹辛华著）、《小说卷》（黄霖、许建平等著）、《散文卷》（宁俊红著）、《戏曲卷》（陈维昭著）、《文论卷》（黄念然著），等等。

断代文学研究史：如《建安文学接受史稿》（王玫著，上海古籍出版社 2005 年版），《新时期中国古典文学研究述论》（第一卷：先秦—六朝，陈友兵著，商务印书馆 2006 年版），《唐诗学史稿》（陈伯海主编，河北人民出版社 2004 年版），《元代唐诗学研究》（张红著，岳麓书社 2006 年版），《明代唐诗学》（孙春青著，上海古籍出版社 2006 年版），《20 世纪中国近代文学研究学术史》（郭延礼著，江西高校出版社 2004 年版），等等。

学科研究史：《20 世纪中国古代文论学术研究史》（蒋述卓、刘绍瑾、程国斌、魏中林著，北京大学出版社 2005 年版），等等。

重要学者研究：如《近世名家与古典文学研究》（董乃斌著，上海大学出版社 2005 年版），《学境——20 世纪学术名家大家研究》（《文学遗产》编辑部编，上海古籍出版社 2006 年版），等等。

至于相关论文更是不胜枚举。在这类著作中，《20 世纪中国文学经验》（杨匡汉主编，东方出版中心 2006 年版）和《中国文学史学史》（董乃斌、陈伯海、刘扬忠主编，河北人民出版社 2003 年版）具有一定的代表性。

《20世纪中国文学经验》对20世纪中国文学的历史性变化发展以及经验教训等作整体梳理思考、分析研究。在研究方法上，力求打破以往研究中将史、论、批评、传记彼此分割开来的做法，更加注重综合整体的把握，使四者共融。具体而言，就是对文学史对象的取舍与叙述，突破线性因果链，而注重时空断裂结构，将问题抽取出来，注意对已有研究成果作宏观系统的整合，并作进一步拓展。该书除对20世纪中国文学的发展历程、分期问题、总体特征以及基本经验和教训作出深入的研究阐释而外，同时更致力于对20世纪以来中国文学嬗变过程中的社会影响、观念转型、现代性问题、审美形态、传播与生产、主体精神演进等重大学术问题作深层次的学理性的探讨。该书特别关注城市化和农村社会结构变迁对文学类型和文学主题的影响，关注地域文化形态对文学流派和群体倾向形成的背景，关注传统在现代化进程中的潜在意义及其变异的因素，从而有效地把握文学发展的脉搏。

《中国文学史学史》分三卷十编：第一卷"传统的中国文学史学"，从中国古代浩瀚的诗文评、目录书、文苑传、文学选本、笔记、评点、杂论等资料中钩稽出具有文学史意味的材料，整合出一条中国传统文学史学发展的明晰线索。第二卷"中国文学通史与断代史的产生和演变"，按照时间线索，将百年来文学史的写作分为通史和断代两种类型予以观照，描述它们各自的演变轨迹。第三卷"各类文学专史的形成和繁荣"，按照文体原则，将百年来文学史的实践大致分为韵文类诸史、散文史、小说史、戏曲史、民间文学史、俗文学史和民族文学史、文学批评史、区域文学史及其他专史七类，条分缕析，纵横贯通，论述了各种文学专史的形成、发展和繁荣。该书紧紧地抓住了史观、史料、史纂这三条纲,笼罩全局,奠定了一部中国文学史学史的基本构架,考察了中国文学史学科由发生到成长并逐步成熟、由传统向现代的历程,对一百年来文学史写作的实践作了回顾和总结,反映了文学史演进中内部与外部诸种关系的交互作用,力图从实践中提升出一些理论性的认识和规律,为新世纪的文学史研究和著述提供一个出发点,对古代文学史研究的学科建设和发展具有重要的作用和意义。

此外,《中国古代文学通论》(傅璇琮、蒋寅主编,辽宁人民出版社2005年版)也具有文学史和学术史相结合的意义。该书注意从"历史—文化"的角度做跨学科的综合研究。根据时代的不同,共涉及文学与社会政治、哲学思潮、宗教、经学、史学、语言文字、学术文化、文人境遇、门阀世族、都市生活、民族关系、民族文化、艺术、审美文化、文学传统、地域文化、交通、科举制度、幕府制度、出版藏书、女性创作等二十一个方面,其中有不少问题是迄今为止的文学史尚未涉及的。因此,在研究思路、研究方法以及知识积累、学科建设等方面具有一定的开创性和建设性。

20世纪中国文学研究的理论与实践可以给我们提供许多值得思考的问题,包括基本理论的创新、学科布局的建设、学术领域的拓展以及值得关注的趋向等。尽管有很多问题限于历史条件,现在还不能解决,但是总结历史经验,可以给我们许多启示。

二、历史的启迪

从学术史的回顾中可以发现,百年文学经历了三次重要的变化:19

世纪末到20世纪前半期,以进化论思潮为核心的西方文明强烈地冲击着中国思想界和学术界,中国文学研究走向了现代化的过程;20世纪中期以后占据主流地位的马克思主义思潮,又从根本上改变了中国的面貌;世纪之交,中国文学研究汲取百年精华,从外来文明与传统文明的交融中悄然开始了第三次意义深远的历史转型。它要解决的根本问题就是中国文学研究如何选择适合中国国情的发展道路,也就是如何在马克思主义指导下走向文学研究中国化的建设进程。

总结20世纪中国文学研究的经验,最深刻的历史启迪在于,推动中国文学研究的根本性变化,核心因素是观念,支撑是文献。凡是在中国文学研究方面真正做出贡献的人,无不在文学观念上有所突破,但是,所有的观念必须建立在坚实的文献基础之上,建立在本民族的文学传统之上。如果说文献基础是骨肉的话,那么文学观念就是血液。一个有骨有肉的研究才是最高的境界。

1859年,达尔文《物种起源》的出版标志着现代生物进化理论的形成,并引发了近代最重要的一次科学革命。三十多年后的19世纪末叶,严复将其重要思想引进中国。他在《天演论》的译著中将进化论核心思想概括成"物竞天择,适者生存"八字,进而将大自然中不同物种之间弱肉强食的竞争法则引进到社会生活领域,强烈地震撼了以儒家中庸思想为核心的传统伦理准则①。以梁启超、胡适、鲁迅等为代表的20世纪初叶的文化先驱者在"科学"与"民主"精神的影响下,逐渐走出传统,积极迎合现代西方文明,创新求变的意识日益强烈。

---

① 王国维1904年撰写的《论近年之学术界》就指出:"近七八年前,侯官严氏(复)所译之赫胥黎《天演论》出,一新世人之耳目……嗣是以后,达尔文、斯宾塞之名,腾于众人之口。物竞天择之语,见于通俗之文。"

20世纪50年代以后，随着马列主义的逐渐兴盛，特别是占据了中国思想界主导地位之后，中国学术界又一次发生了根本性的变化。马列主义思想方法的核心内容就是唯物史观，注重联系时代背景和社会生活，捕获最能体现一定历史时期的文学特征，从中探寻文学发展的过程和演变的规律。任何一种思想方法，哪怕是很有价值的思想方法，一旦固化，甚至独尊，就会制约思想，走向反面。在中国文学研究界，庸俗社会学曾一度泛滥，有些研究与中国文学的实际相去甚远，留下许多教训。改革开放初期，中国文学研究界已经不再满足于过去单一僵化的研究模式，开始探讨自己的学术道路。后来的文学史观和文学史宏观研究大讨论，正是这种时代思潮的必然结果，它反映了学术界的后来者渴望超越自己、超越前代的强烈呼声。从思想方法上说，一方面对于过去僵化的研究方式表示不满，希望借用某种更加先进的思想来解决中国文学的研究方法问题。另一方面，这种选择又在重复着过去的路径，只不过变换了若干名词而已。一时间，各种新潮理论话语充斥在我们的周围，对文学史研究产生了各种不同的影响，一些学者往往自觉或不自觉地用一些时髦的理论或者花哨的话语来粉饰文学史研究，造成文学研究脱离现实环境、与文学史实际严重脱节、缺乏必要的历史感等后果。但不管怎样，这种探索依然是有意义的，至少，它在客观上促使人们对以往的学术研究观念、研究课题、研究方法等作进一步的反思。

世纪之交的中国文学研究界，正从历史上的正反两个方面总结经验教训，不再固守着纯而又纯的所谓"文学"观念，也不再简单地用舶来的观念指导中国文学研究实际，而是从中国文学发展的实际出发，梳理中国古代文学发展演进的线索。通过这种研究，作者的现实人生感受就易于转化为对史料的清晰思辨和理性概括[①],易于转化为文学研究中国化的历史语境,可以把研究问题与研究对象放在网络式的关系"场"中加以考察,凸显出文学史以及学术史的诸多问题[②]。更重要的意义还在于,通过这种研究,我们可以积极介入现实文化环境,努力创造新型文化范式,其意义是不言自明的。

新的世纪,学术转型已经蓄势待发。最明显的三点变化表现在:第一,我们已经不满足于对浅层次艺术感的简单追求,而更加注重厚实的历史感;第二,我们也已经不满足于对某些现成理论的盲目套用,而更加注重文献的积累;第三,努力寻求中国文学理论体系及中国文学研究格局的构建方法和途径。在这个探索的过程中,学者们普遍认为,尽早实现马克思主义文学理论的中国化,从而有效地指导中国文学研究实践,是新世纪文学研究中国化的历史选择。

实现这个理想的目标,确实还面临着很多困惑与挑战,还有很多工作要做。尽管前面引述学人的观点,认为20世纪的业绩之一就是"建立了中国自己的比较系统的文学理论",但是客观地说,我们还缺乏一套可以遵循和必须遵循的学术规范。在文学理论方面,还缺乏具有中国特色的、为国际学术界所瞩目的严密逻辑体系。因此,在具体的文学批评实践和理论探索中,往往缺乏清晰的理论界说和必要的学术张力[③]。

如何解决这些棘手的文化性问题、学科性问题和现实性问题,首先的工作,就是重新审视中国固有的伟大传统,回到并且深入中国文

---

① 陈方竞:《研究框架在史料与文学史话语转换中的作用》,《汕头大学学报》2005年第1期。
② 郑家建、汪文顶:《论中国现代文学研究的再出发》,《文艺理论研究》2005年第3期。
③ 王先霈:《"20世纪中国文学理论批评的发展与建构"述略》,《文艺研究》2004年第2期。

学思潮发展史中,协调世界性与本土化的关系,融合中国经验与西学理论。这是重构具有中国特色的研究框架和理论体系的基本前提。譬如"文气""感悟""风骨"这类具有学术张力的美学概念,在中国文学传统中俯拾皆是,如何激活这些理论命题,使之转化为现代中国文学理论的重要范畴,就需要我们做深入细致的文献梳理和理论辨析工作。即以"感悟"为例,它原本是一种认识事物、掌握世界、思考问题的方式,经过唐宋诗歌、历代文论诗话的艺术实践的熏染琢磨,这个概念逐渐转变而为中国特有的诗学智慧,成为中国精神文化生命的一个重要部分,因此,强调感悟的价值,就是强调审美思维方式的中国本色和滋味[1]。

其次,还要继续像20世纪初叶的先驱者那样"睁开眼看世界",要站在世界的舞台上寻找自己的位置。20世纪90年代初期,后现代主义社会文化思潮风起云涌,反映了西方当代哲学范式的重要变革。而这股思潮,又与马克思主义所开启的哲学思维方式有着重要的历史关联。这就强有力地证明,马克思主义哲学在当代依然有着不可超越的维度,在后现代境遇下依然有着理论的活力和发展的张力[2]。当代西方马克思主义理论在中国的传播,对当代文学理论建设也产生了一定的影响,关于艺术与美学中的人道主义问题,现实主义与现代主义之争,艺术的人文精神的失落与拯救,后现代语境及其现代性问题,从美学的革命、从审美乌托邦向更广阔的文化领域的转向,大众文化问题,生态文艺学和生态美学问题,后马克思主义话语等,都能看到这种影响的痕迹。这些思想

---

[1] 杨义:《感悟通论》,《新国学》集刊第一辑、第二辑,人民文学出版社2006年版。
[2] 宋一苇:《马克思哲学与后现代理论话语》,《文艺研究》2005年第5期。

资源也为建构中国化的马克思主义文学观念提供了重要的借鉴。如何及时地激发这种理论活力，如何有效地盘活这些思想资源，自然也成为当代理论界探讨的热门话题。2006年10月，由中国社会科学院主办，中国社会科学院文学研究所承办，在北京香山饭店举行了"马克思主义美学与当代中国和谐社会建设"学术研讨会，与会者普遍认为，和谐社会是党的十六大提出的重要战略，从某种意义上来说和谐社会就是美的社会，这不仅是一个理论问题，同时也是一个现实问题。因此，在建构以社会主义核心价值体系为根本的和谐社会这样一个总目标下，如何发展马克思主义世界观、方法论，研究人类的审美意识，研究美和艺术的本质规定，是我们当前中国文学界的根本任务。这个问题的提出，是中国文学研究界理论意识的再一次强化和飞跃，是新世纪最值得关注的重要变化。

当然，观念的变化，还只是文学研究中国化进程中的一个前奏。在新世纪文学研究转型过程中，如何真正把这种观念贯彻始终并主导这种转变的完成，更需要做大量的沉潜其中的基础性研究工作，这包括我们下面要讨论的对现有学科的反思清理，以及在回归传统、回归经典的同时，寻求超越固有传统，创造新型经典的途径，等等。

三、学科的疆界

在中国文学研究现代化的进程中，中国文学研究的总体框架及其二级学科的确立，应当是20世纪最重要的业绩之一。在回顾学科建设的过程中，学术界围绕着学科建设的基本问题曾进行过深入的探讨，包括学科划分的合理性问题,学科意识的淡化与强化问题,学科的边界与拓展问题,等等。而对这些问题的探讨,最初的机缘却是从反思学科的危机开始的。

20世纪中叶以后,中国文学研究界几乎处在一种自给自足的内循环状态中,与西方文学理论的接触非常有限①。80年代以后,这种互动逐渐恢复,在其初期,关于学科的合理性问题还没有引起重视。到了世纪末,问题开始凸显出来,学科危机意识越来越强烈。在网络上,甚至出现了所谓文学几种死法这类危言耸听的言论。这种状况显然不仅仅限于中国文学研究界,似乎成为全球性的问题。理论研究的极度困惑,专业队伍的急剧分化,致使"文学研究者变成了业余的社会政治家、半吊子社会学家、不胜任的人类学家、平庸的哲学家以及武断的文化史家"②。这种现象确实值得我们深思。

在全球化语境中,中国文学理论建设面临着空前的挑战。

消费时代所带来的文学生存环境的改变,互联网的高速发展,文学形态的巨大变化,给文学理论研究提出了前所未有的难题。面对着如此纷繁复杂的变化,文学理论界似乎没有作好足够的思想准备,一时间,竟然出现了所谓文学理论即将或者干脆死亡的论调。"文学理论有明天吗?"正是持着这样一种复杂的心态,"许多原本职业从事文学理论研

---

① 20世纪五六十年代,为了更好地主导当时风起云涌的学术论争活动,何其芳同志曾提出在第二、第三个五年计划的十年内文学研究所要完成七项任务,包括研究我国当前文艺运动中的问题,经常发表评论,并定期整理出一些资料。《文艺理论译丛》《古典文艺理论译丛》《现代文艺理论译丛》等三套丛书就是当时的重要成果,介绍了诸多重要的古典、现代外国文艺理论特别是美学方面的文章,为新中国文艺理论界提供了丰富而难得的参考资源,成为公认的不可缺少的资料库。三套丛书已经汇总编入《文学研究所学术汇刊》(知识产权出版社2006年版)。

② 参看美国著名学者哈罗德·布鲁姆:《西方正典》,江宁康译,译林出版社2004年版。

究的学者,开始关注政治、社会、历史和哲学的话题",文学理论界好像在"集体大逃亡"。这是文学理论危机的表现之一①。与此相关联,面临学科危机的文学理论界所关注的另外一个话题就是"文化转向"问题和文学理论的重构问题。2004年6月召开的"多元对话语境中的文学理论建构国际研讨会暨中国中外文艺理论学会第三届代表会",钱中文在大会开幕词中从历史的角度描述了新时期以来中国文学理论所受的三次冲击:第一次是改革开放之初西方理论对传统文学理论的冲击;在大众文化的推进中,一些同行转向了国外盛极一时的各种后现代文化理论,形成第二次冲击波;随后,在信息技术、图像艺术的不可抗拒的威力下,在消费主义的扩展中,我们在一些外国学者的论述里看到文学正在走向终结的观点,文学研究也风光不再,而日常生活审美文化研究在一些大学里也流行一时,这样就对文学理论造成了第三次冲击波,这第三次冲击就使文学理论学科确实面临着一场合法性危机。现有的文艺学研究似乎已经难以令人满意地解释20世纪90年代以来的文化文艺活动新状况,特别是消费主义时代大众的日常生活与艺术生活,而新兴的知识生产领域如文化研究、传媒研究等却可以很好地承担起这种阐释任务。很自然地,对于当前种种文化现象的阐释就逐渐从传统文艺学转向新型学科。结果,文学理论曾经高高在上的权力逐渐旁落。人们说这种"文化转向"事实上就是一种"权力"的转移,不无道理②。而这种转移又必

---

① 高建平、金惠敏、刘方喜在2004年2月11日《中华读书报》上发表了一组文章分析文学理论学科在中国学术界处境的变化,认为从20世纪70年代末到几乎整个80年代,学术界最热点的话题,都与文学理论有关,当时许多关心文学话题的其他学科都参加了进来,而从90年代起则出现一个"反向"运动,好像"集体大逃亡"。
② 《文艺研究》2004年第1期发表了一组专题为"当代文艺学学科反思"的文章,上文所引主要是陶东风《日常生活的审美化与文艺社会学的重建》一文中的观点。

然涉及相关学术领域,涉及文学理论的所谓"边界"问题①。这门曾经辉煌一时的学科,现在真的面临着重大的转折。与此有重要关联的学科是民间文学和比较文学,也面临着学科定位和划定边界的诸多问题。民间文学的研究范围如何划定?比较文学的研究对象该是什么?似乎已经约定俗成,其实这种理性的辨析才刚刚开始。

在文学史研究方面,以往的学科划分,也受到空前质疑。

古代文学学科虽然历史悠久,但在其内部也面临着重新组合与划分的问题。人们已经不满足于简单地以朝代划分的传统分期方法,而是希望从文学发展的内在脉络重新解读文学史现象。譬如对"中古"概念的理解、唐代的分期、近代文学的起始等,始终在探讨中。

现代文学学科面临着同样的问题。按照约定俗成的看法,这个过程真正开始于1919年的五四运动,1949年以后的中国文学研究则由当代文学学科所承担。这样,在古典和当代的夹击中,现代文学研究的时间范围不过三十年,显然受到了很大的制约。黄子平、陈平原、钱理群就在《文学评论》1985年第5期上发表《论"20世纪中国文学"》,试图打破现当代的界限,认为"'20世纪中国文学'这一概念首先意味着文学史从社会政治史的简单比附中独立出来,意味着把文学自身发生发展的阶段完整性作为研究的主要对象"。在高校学科划分上,这种观点显然并没有被接受,而在学术界,实际上已经产生了微妙的影响。中国现代文学研究会会刊《中国现代文学研究丛刊》专辑有"'十七年'文学研究",发表了若干研究传统当代文学领域的文章。不仅如此,现代

---

① 《文学评论》2004年第6期刊载童庆炳《文艺学边界三题》和陶东风《移动的边界与文学理论的开放性》。

文学研究还要上溯古典，为自己正名。传统的看法，五四运动终结了古典传统。而近年兴起的复兴传统文化的舆论潮流对现代文学的合法性造成了较强的冲击，以新文学为核心的现代文学再次背上了割裂传统的骂名，并面临着被否定、被忽视，进而被排斥在中国历史传统之外的危险。为此，曾任中国现代文学研究学会会长的王富仁就认为，今天中国所借助的传统绝不仅指古代传统，同时也应该包括现代中国的传统，以新文学为核心的现代文学就是这个现代传统的重要组成部分；相应的，旧的"国学"观念也应该被"新国学"所取代，它的研究对象应包括从古至今所有属于中国的文化历史[1]。

面对着现代文学的拓展，当代文学研究也在反思自己的学科地位问题。当代文学与现代文学最大的不同，就是不断延伸的下限和强烈的社会主义意识形态特征。社会主义现实主义作为一个新兴的文学规范，铸就了特殊的文学实践活动，创造了崭新的审美理想和审美形态。80年代以后出现的新的思想意识形态，虽然与现代文化史有着千丝万缕的联系，但是其价值内涵迥然有别，依然被规范在当代文学的范畴之内。因此，当代文学的合法性不容质疑，更不能被吞并[2]。不仅不能被吞并，而且还有必要把触角伸到传统的现代文学领域，以"二战"结束作为当代文学的起点[3]。

现当代文学在学科划分方面有纷争，也有融合。2005年4月，由中国现代文学研究会、中国当代文学研究会、《文学评论》编辑部、《中国现代文学研究丛刊》、陕西师范大学文学院主办的"中国现当代文学

---

[1] 王富仁：《"新国学"论纲》，《社会科学战线》2005年第1、2、3期。
[2] 旷新年：《寻找"当代文学"》，《文学评论》2004年第6期。
[3] 杨匡汉：《关于20世纪中国文学的分期问题》，《山花》2006年第1期。

前沿问题学术研讨会"就是这种融合的一次具体体现。两个学科的专家学者聚集在一起,共同探讨中国现当代文学研究中关注的重要议题,在学科建设方面具有重要意义。与此相关联,近五年来,学术界又重新回顾了20世纪80年代提出的现当代文学整体观的问题,认为这是一种带有革命性的构想,它使现当代文学史的写作掀开了新的一页。现代文学与当代文学应当是"既分又合"的,由于文学内在规律的贯通性,"分"的因素逐渐淡化,"合"的因素逐渐凸现,相互的融通之点越来越多[①]。近年来对于20世纪四五十年代的转型期文学研究就发表了很多文章,《中国现代文学研究丛刊》2004年第2期专门推出中国社会科学院文学所现代室组织的"20世纪40至70年代文学研究:问题与方法"笔谈,对这一转型时期的文学现象,包括"五四"新文学的走向、变异与共和国文学的发生、发展等问题,做了宏观的考察。

现当代文学学科建设还有一个值得关注的现象,即香港、台湾文学和海外华文文学也纳入了研究者的视野。《中国现代文学研究丛刊》开设"台湾文学研究""海外华文文学研究"等栏目。《江苏社会科学》第4期也特辟"跨区域跨文化的华文文学研究"专栏。2004年9月,百花洲文艺出版社推出绍兴文理学院世界华文文学研究所编辑的《世界华文文学研究》第一辑。中国社会科学院文学研究所也不失时机地恢复了台港澳文学与文化研究室,并设立了院重大课题"台湾文学史料编纂与研究"。这些都是学科建设方面的重要事件。

从以上描述中可以看到中国文学学科建设的几个基本特点:第一,19世纪末到20世纪中期,传统学术向现代学术转变,其重要的标志就

---

① 雷达:《现当代文学是一个整体》,《当代作家评论》2005年第2期。

是学科的重新布局,中国文学研究脱离了经史之学的束缚,步入现代国际学术的轨道;第二,20世纪后半叶,刚刚规划完成的学科分布又受到强烈质疑,学者们在学科的固守与拓展之间常常面临着困惑,面临着挑战;第三,现代科学的一个最大特点就是专业化色彩越发强烈,可是在中国文学研究实践中又呈现着多学科相互融汇的倾向。

新世纪中国文学学科的整合与论争,在某种程度上蕴含着一种新的研究趋势,即注重学科的整体性,注重研究的历史感,这实际上又意味着在较高层次上向传统回归,向经典回归。

四、回归中的超越

注重文学历史的整体性,注重研究成果的历史感,又不仅仅限于各个学科之间的融通,还体现在对文学史发展的时空把握,以及注意文学所反映的不同阶层的生活,特别是文化研究方兴未艾,尤其引人瞩目。拓展新的研究领域,必然对知识的综合性有更高的要求。回归原典,文学文献学由此而得到复苏。

(一)文学史研究的时空视角

我们知道,文学既不是避风港,也不是空中楼阁,她一定是发生在特定的时间和空间当中的;一个作家的精神生活也离不开他的物质环境。我们只有把作家和作品置于特定的时间和空间中加以考察,才能确定其特有的价值,才不会流于空泛。诚如恩格斯《反杜林论》所说:

"因为一切存在的基本形式是时间和空间,时间以外的存在和空间以外的存在,同样是非常荒诞的事情。"① 正是由这样一种新的理念所推动,文学编年研究、文学地理研究成为新世纪的学术热点。近年出版了很多文学编年史著作,包括《秦汉文学编年史》(刘跃进著,商务印书馆 2006 年版)、《南北朝文学编年史》(曹道衡、刘跃进著,人民文学出版社 2000 年版)、《元代文学编年史》(杨镰著,山西教育出版社 2005 年版)、《17 世纪中国通俗小说编年史》(李忠明著,安徽大学出版社 2003 年版),以及十八卷本《中国文学编年史》(陈文新主编,湖南人民出版社 2006 年版)等。但是上述这些作品,都是传统的纸质文本,缺乏立体感。在我看来,现代意义上的文学编年研究,应当是利用现代科技手段,将中国历朝历代的作家生平、作品系年、文学流派、文学社团及相关评论等文献资料和碑石拓片、善本书影、作家手稿及书法绘画等方面的图片数据,逐年编排起来,以多媒体的方式全景展现中国文学发展的历史面貌。

文学地理研究不仅仅局限于汉民族不同地区的文学,还应当在民族共同体的视野下,关注华夏多民族的文学发生、发展状况。这是两个既相关联又有区别的视野。前者关注的主要是汉民族不同区域的文学,譬如《山东文学史论》(李伯齐著,齐鲁书社 2003 年版)、《山东分体文学史丛书》(许金榜等著,齐鲁书社 2005 年版)、《上海近代文学史》(袁进著,复旦大学出版社 2005 年版)、《江西文学史》(吴海、曾子鲁主编,江西人民出版社 2005 年版)、《湖南近代文学》(孙海洋著,东方出版社 2005 年版)等地方文学专史,就属于这类著作。中国文学史上的断代文学地理研究,譬如胡阿祥的《魏晋本土文学地理研究》(南

---

① 《马克思恩格斯选集》第 3 卷,人民出版社 1972 年版,第 91 页。

京大学出版社2001年版），戴伟华的《地域文化与唐代诗歌》（中华书局2006年版），以及刘跃进的秦汉文学地理研究系列等，也属于这类著作。其中，曹道衡先生的《兰陵萧氏与南朝文学》（中华书局2005年版）将兰陵萧氏的兴衰与南朝文学结合起来考察，从一个特定视角对这一历史时期的文体、文学集团、总集编纂、文风和文学思想的变迁作了精深论述。此外，曹先生撰写的《试论北朝河朔七州地区的学术和文艺》《"河表七州"和北朝文化》《北朝黄河以南地区的学术和文化》《关中地区与汉代文学》《西魏北周时代的关陇学术与文化》（一并收入作者著《中古文史丛稿》，河北大学出版社2003年版）以及《黄淮流域和中古学术文化》（《文史哲》2004年第3期）等系列论文，多以实证为本而又视野开阔，标志着文学地理研究的最高成就。

众所周知，中华民族至少有五千年的文明发展史，而且幅员广阔，包括占国土百分之六十以上的少数民族区域也在华夏文明史上做出了特殊的贡献。这是因为，在几百年人类各大圈的世界性碰撞和竞争中，由于中国的社会状况和民族政策，加上外来文化受沿海和中部地区的缓冲，少数民族文学以其各种方式、各种程度保存了相当多的原生形态，保存了一批文化活化石。这笔异常珍贵的、甚至具有全人类文化遗产价值的文学形态，将为我们华夏民族文学史增添难以比拟的多元一体的文化生态景观。文学地域研究就是基于这样的认识，希望通过对汉族不同地区文学、少数民族文学以及它们的相关关系，进行系统、深入的研究，试图在某种程度上还原华夏民族文学的整体性、多样性和博大精深的立体形态，探寻华夏民族文学的性格要素和生命过程。在此基础上，沟通华夏民族文学史、艺术史、物质生活史、精神文明史的内在脉络，从宏观上建构华夏民族文化共同体的总体框架。杨义的论文《重绘中国文学地图与中国文学的民族学、地理学问题》将"地图"这一概念引入文学史的写作，提出一个以空间维度配合历史叙述的时间维度和精神体验的维度共同构成的多维度的文学史结构[①]。《中国古典文学图志——宋、辽、西夏、金、回鹘、吐蕃、大理国、元代卷》（生活·读书·新知三联书店 2006 年版）尝试创造一种"以史带图，由图出史，图史互动"的文学史形态，则是这种主张的一次有益尝试。此外，《西域文化影响下的中古小说》（王青著，中国社会科学出版社 2006 年版）也是这方面的代表著作。

时空中的现代性与现代文学的发生问题也是现代文学研究界的热点问题。由于中国从古代进入"现代"是一个被迫的过程，因此整个现代进程中包着双重的冲动，一是"西化"的冲动，二是"超越"西洋的冲动，它们构成现实与理想之间的纠结，而现代文学正是"赋形"和扩展了这种冲动，由此形成了文学与时代的共生关系[②]。这种时空的"共生关系"不仅仅限于中国，其含义更加广泛，内容更加深刻，相关论述也异常繁富。但是，全球视野下的时空观，又与这里所设论题含义不尽相同，可以略而不论。

（二）文学反映的不同阶层生活

不同阶层自有不同的文化需求，因而也就有不同的文学形态。譬如从东汉开始的中国文化思想界，经历了一场空前的文化变革：儒学

[①] 杨义：《重绘中国文学地图与中国文学的民族学、地理学问题》，《文学评论》2005 年第 3 期。
[②] 王晓明：《"大时代"里的"现代文学"》，《文学评论》2006 年第 3 期。

的衰微,道教的兴起,佛教的传入,形成了三种文化的冲突与融合。第一是外来文化(如佛教)与中原文化的冲突与融合。第二是传统文化与新兴文化(如道教)的冲突与融合。第三是官方文化与民间文化的冲突与融合。正是这三种文化的交融,极大地改变了东汉的文化风貌。最明显的一个变化,就是东汉文化所呈现出来的平民化与世俗化的特点。譬如"鸿都门学"中就有很多"为尺牍及工书鸟篆者","喜陈方俗闾里小事"①。这个时期有许多类似的通俗作品,譬如新近出土的《神乌赋》、田章简牍、韩朋故事以及蔡邕《短人赋》等。这使我联想到曹植的《蝙蝠赋》《鹞雀赋》《令禽恶鸟论》,它们也属于这类"方俗闾里"的创作②。如果脱离了曹植的家世背景,脱离了当时整个社会世俗化的风气,我们就很难理解曹植的这些怪异举止及其相关创作。由此来看,建安文学之所以引起我们的共鸣,其中一个非常重要的原因,就是《文心雕龙》所概括的"风衰俗怨"四字。这"怨"就是"俗"的代名词,与《诗品》中的"情兼雅怨"四字有异曲同工之妙,其实已经点出整个东汉后期到魏晋时期文风所发生的重大转变,即由过去的传统精英文化转到了下层的市井文化。而魏晋文学,也就是司马氏当政以后,实质上是精英文化在反弹,精英文化在试图抢回话语权。所以文学史应当关注不同的文化阶层,以及它们之间复杂的关系。

　　文学史永远都是那些掌握话语权的人写的,他所关注的只是他认为值得关注的内容。从这个意义上说,文学史永远不可能百分之百地反映那段历史。像五四运动前后,文坛主流是什么?文学史告诉我们是胡

---

① 《后汉书》卷六〇下《蔡邕列传》,中华书局1965年版,第1991—1992页。
② 参看刘跃进:《曹植"情兼雅怨"论略》,《光明日报》"文学遗产"副刊2006年1月27日。

适、陈独秀等文化精英们倡导的新文化运动，但是这场新文化运动是谁在推动？当然都是精英分子。老百姓所关心的似乎还是鸳鸯蝴蝶派的东西，与主流文化始终保持着距离。对于下层文化的这种影响，受众面往往比主流文化还要大，但是后来撰写文学史的人是不会把这些人写进去的，就因为在他们看来不入流。但是历史的经验告诉我们，这种文化地位在一定条件下可能会发生意想不到的转化。在中国文学史上，任何一种文体、学术思潮，大都源于民间。即便是一些外来文化，也往往是通过民间逐渐影响到上层社会。

当代文化的变化又何尝不是如此。随着社会变革的加剧，社会阶层的分化也呈加速态势。与此相呼应，思想界出现了所谓"新左派"与自由主义思潮。20世纪90年代中后期，就有一批反映社会下层生存状况的所谓"底层写作"引起了文坛的关注。这种现象，对于带有精英色彩的所谓"纯文学"的确是一个不小的冲击。《文艺报》2006年1月23日刊出了《"底层文学"引发思考》，《文学自由谈》2006年第3期也组织了《"底层文学"四人谈》笔谈，可见这个问题已经引起了比较广泛的关注。在中国当代文学研究会与四川师范大学文学院主办的"中国当代文学研究会第十四届学术年会"上，"新世纪的底层文学"成为一个热点话题之一。反思这些问题的来龙去脉，很自然地会追溯到现代文学史上的左翼文学思潮。他们创作的"政治性"写作传统、文学形式的探索以及大众化的倾向等，有很多经验教训值得汲取[1]。当然，"底层文学"概念是否恰当，现在还有论争，但是，关注这一文学现象，并结合中国文学史的实际从理论上加以阐发，确实还有很多探讨的空间。

---

[1] 刘勇、杨志：《"底层写作"与左翼文学传统》，《文艺报》2006年8月22日。

(三) 文化研究的倾向

20世纪80年代以后在中国文学界兴起的文化研究热潮，更多地关注的是宏观的方面。而新的世纪，这种文化研究发生了重要的变化，即更加注重作家的具体生存环境及其对创作的影响。

本来，物质生活对于作家精神生活有着决定性影响，这是马克思、恩格斯早就论证过的一个基本常识。恩格斯《在马克思墓前的讲话》有这样一段名言："正像达尔文发现有机界的发展规律一样，马克思发现了人类历史的发展规律，即历来为繁芜丛杂的意识形态所掩盖着的一个简单事实：人们首先必须吃、喝、住、穿，然后才能从事政治、科学、艺术、宗教等；所以，直接的物质的生活资料的生产，从而一个民族或一个时代的一定的经济发展阶段，便构成为基础，人们的国家设施、法的观点、艺术以至宗教观念，就是从这个基础上发展起来的，因而，也必须由这个基础来解释，而不是像过去那样做得相反。"① 我们常说经济基础决定上层建筑，这是一个基本常识，也就是说一切出发点都是由经济决定的。但是落实到具体作品研究时，我们往往忽略这一点。文学史中讲了那么多文学家，讲了那么多文学作品，但是给我们留下什么印象呢？就是这些作家似乎不食人间烟火，他们的作品似乎是在一个真空的状态中产生出来的，文学研究缺乏对具体的物质文化氛围的阐释②。我们知道，中国并没有所谓纯粹的"脱产作家"，

---

① 《马克思恩格斯选集》第3卷，第776页。
② 罗素《西方哲学史》英国版序言："在大多数哲学史中，每一个哲学家都是仿佛出现于真空中一样；除了顶多和早先的哲学家思想有些联系外，他们的见解总是被描述得好像和其他方面没有关系似的。""这就需要插入一些纯粹社会史性质的篇章。"看来这种弊端并非中国特有。

中国作家一直到今天为止，都跟官场有着千丝万缕的联系，或者说就是官场一个重要组成部分。弄清一个作家官位的高低、权力的大小很重要。一个作家的地位对他的创作有直接的影响。一个作家的物质生存环境就涉及他的衣、食、住、行，当然包括官位问题。因为你的官位的高低、权力的大小决定俸禄的多少，决定衣食住行的方方面面。在汉代，官员出行坐什么车，穿什么衣服，戴什么帽子，前后的随从怎么样，包括死后坟墓前立什么碑，周围栽什么树，在《白虎通》中都规定得明明白白，如果稍有僭越，当然就是重罪。两千多年了，我国就是一个官本位的社会，因此中国古代作家在官场上的每一天生活当然直接影响到他的创作。物质生活关涉到衣食住行的方方面面，关涉到历代的官场制度及相关政策。各个时代、不同时期文人学者的物质生活状况已开始引起学术界的关注，譬如 2005 年《文学评论》杂志社与上海财经大学合作举办"中国传统经济生活与文学研讨会"，2006 年《文学遗产》再次与该校合作举办"文学遗产与古代经济生活"学术研讨会，这是一个令人鼓舞的迹象。

宗教与文学的关系，也是文化研究的一个重要方面。孙昌武先生《汉译佛典翻译文学选》（南开大学出版社 2005 年版）大致按照佛传、本生故事、譬喻故事、因缘经、法句经等方面选择了三十四部佛典，辑录或者节录，为我们提供了一部全面反映这类佛典概貌的基本选本。陈允吉主编《佛教文学研究论集》（复旦大学出版社 2004 年版）收录了三十四篇论文，广泛地探讨了汉译佛典经、律、论三藏中与文学相关的论题。《中古汉译佛教叙事文学研究》（吴海勇著，学苑出版社 2004 年版）从佛教文学题材入手，进而揭示佛教文学的民间成分及其宗教特性，阐释了佛教翻译对于中国古代文学叙事理论与实践的重大影响。佛教传入中国并逐渐本土化,六朝僧侣起到了关键作用。他们往返于各个文化区域之间,纵横南北,往来东西,在传播佛教文化的同时,也在传递着其他丰富的文化信息。其影响所及,不仅渗透到当时社会的各个阶层,而且也在很大程度上改变了中国文化的发展方向[1]。此外,《想象力的世界》(吴光正、郑红翠、胡元翎主编,黑龙江人民出版社2006年版)收录了20世纪有关道教与文学关系的研究论文,赵益《六朝南方神仙道教与文学》(上海古籍出版社2006年版)则集中在神仙道教方面,上述两部著作都有力地推动了道教文学研究的深入。

文学与音乐,向来密不可分。从先秦时代的《诗经》到唐诗、宋词、元曲等,音乐歌舞始终起着重要的主导作用。最近几年,这个问题重新引起了关注,涌现出一批成果[2]。文学与学术史的密切关系,也是中国文学发展的一种重要现象。譬如汉代的藏书政策与修史制度就对文学产生了重要影响[3]。清代四库馆开启后,在如何对待以程朱理学为核心的宋学上,姚鼐与戴震等汉学家就发生了重要分歧。汉学诸家尊汉抑宋,姚鼐则始终将宋学凌驾于汉学之上。正是这种汉宋之争,姚鼐萌生了开宗立派的意识,重新回归辞章,创建桐城派。乾嘉后期的学坛格局也由此一变[4]。

当然,文化研究在给中国文学研究带来活力的同时,也不可避免地出现了若干负面影响。这主要表现在文化研究成为热点之后,文学研究

---

[1] 刘跃进:《六朝僧侣:文化交流的特殊使者》,《中国社会科学》2004年第5期。
[2] 参看马银琴《论"二南"音乐的社会性质及〈诗经〉"二南"的时代》(载《文学前沿》第十辑,学苑出版社2005年版),赵敏俐《汉乐府歌诗演唱与语言形式之关系》(《文学评论》2005年第5期),崔炼农《〈乐府诗集〉"本辞"考》(《文学遗产》2005年第1期)及修海林、孙克强主编《宋元音乐文学研究》(河南大学出版社2005年版)等。
[3] 刘跃进:《东观著作的学术活动及其文学影响》,《文学遗产》2004年第1期。
[4] 王达敏:《姚鼐与四库馆内汉宋之争》,《北京大学学报》2006年第5期。

历来所关注的"文学性",包括审美、情感、想象、艺术个性一类文学研究的"本义"无形中被漠视,甚至被舍弃,这样就提出了一个问题:文学史研究中的思想史热有没有值得反思的问题或倾向?思想史是否可以取代文学史?文学的审美诉求在文学史研究中还有地位吗[①]?这种追问确实值得我们反思。

(四) 文学文献学的复苏

关注文学时间与空间的发展,关注作家物质生存环境的变化,首先面临的一个严峻问题是,以往的教学体系未能提供必要的知识储备和理论武器。也就是说,我们的知识结构不足以支撑这种研究的重负。20世纪50年代之后,学习苏联教育模式,把过去的传统学科分为文、史、哲三科;中文系又分语言和文学两类;文学类里面再分古代、现代、当代;古代里又分先秦、两汉、唐宋、元明清各代;专攻一代者也只能切出文学中的一小块。因此,现在的教学体制,把我们引到狭窄的道路上去,而且越走越窄。现在意识到问题的严重,又强调所谓"通才"教育,倡导"国学"复兴,希望在几年、十几年间,通过这种教育体制培养出大师,实际上这无异于画饼充饥。因为这种教育理念不过是"拼盘教育"而已,并无新意。当然,这个问题比较复杂,需要大家共同探索,至少应当关注一下传统的理念。其实在中国,有一个数千年的传统,这个传统不管你怎么骂它,直到今天它依然存在,这就是文学文献学。

古典文学研究向来强调文献学的价值,对于传统的所谓"小学",

[①] 温儒敏:《现当代文学研究的"空洞化"现象》,《文艺研究》2004年第3期。

即目录、版本、校勘、文字、音韵、训诂等最基础的学科比较关注。其实现当代文学研究同样面临着目录、版本问题。校勘学，从广义来看，不仅仅是对读的问题，也包含着平行读书的治学方法。而音韵训诂等学问，好像与文学研究保持着距离，其实是息息相关、密不可分。进入"史学"的几把钥匙，包括历史地理学、历代职官及天文历算的知识也必不可少。我们研究文学地理、文学编年，研究作家的政治地位，当然离不开这些知识。此外，先秦时期的几部经典如《尚书》《诗经》《左传》《荀子》《庄子》《韩非子》《周易》《老子》《论语》《礼记》《楚辞》等，更是我们的根底之学。研习文学文献学的目的，就是应当随时关注、跟踪相关学科的进展，这样，在自己的研究过程中，如果涉及某方面的问题，可以知道到哪里去寻找最重要、最权威的参考数据。章学诚在《校雠通义》中早就说过，读书治学的首要工作就是要"辨章学术，考镜源流"。文学文献学的作用就在这里。

随着时间的推移，现代文学研究对象离我们渐行渐远。因此，现代文学文献问题也成为当前研究的热点。早在20世纪80年代就曾出版过"中国现代文学史资料汇编"甲乙丙三编、"中国现代文学运动、论争、社团资料丛书"八种、"中国现代作家作品研究资料丛书"六十余种、"中国现代文学书刊资料丛书"（如《中国现代文学期刊目录汇编》《中国现代文学总书目》《中国现代文学作者笔名录》等），很多学者也从理论上阐述了文学史料学的价值。在这个领域，我们不能不提到樊骏先生的学术贡献。早在1989年，他就在《新文学史料》第1、2、4期上连续刊载8万字的长文《这是一项宏大的系统工程——关于中国现代文学史料工作的总体考察》，认为就整个历史研究来看，史料工作的进展，明显地落后于理论观念上的更新，史料工作的基础和传统出现了明显的脱节现象和多种形式的空白。此后,他发表了一系列的论文对此展开论述,引起了学术界的高度重视。这些成果,主要收录在 2006 年人民文学出版社推出的《中国现代文学论集》中,是现代文学史料及学科建设的标志性成就。经过数代学者的努力,现代文学文献的抢救搜集、研究整理,已经成为新世纪文学研究的重要方面。这项工作的意义,不仅是为现代文学学科保存资料,而且更着眼于这些文献本身巨大的文学和文化价值的传承。2003 年 12 月,清华大学、北京大学、河南大学、中国现代文学馆、北京鲁迅博物馆等五家单位共同发起"中国现代文学的文献问题座谈会"。2004 年 10 月,由河南大学文学院、《文学评论》编辑部、洛阳师范学院中文系联合举办的"史料的新发现与文学史的再审视——中国现代文学文献问题学术研讨会"在开封和洛阳召开,围绕现代文学的史料文献问题及其对文学史叙述的影响等话题展开讨论。2005 年第 6 期的《中国现代文学研究丛刊》发表"现代文学史料学"专号。2004 年,相继出版了贾植芳、陈思和主编的《中外文学关系史资料汇编》(上、下,广西师范大学出版社 2004 年版),刘福春《新诗纪事》(学苑出版社 2004 年版),《中国新诗书刊总目》(作家出版社 2006 年版),反映了现代文学研究界的这一动向。后者收录了 1920 年 1 月到 2006 年 1 月间出版的 18700 余种汉语新诗集、诗论集的目录,并附有书籍说明和著者简介,是迄今为止最全的新诗书刊目录。2005 年,新华出版社出版了由刘增人等纂著的《中国现代文学期刊史论》,集资料汇编与总体研究为一体。下编专辟"史料汇编"一项,包括期刊叙录、研究资料目录等。而这"叙录一体"的模式即与中国学术传统建立起紧密的联系。人民文学出版社 2004 年 5 月推出的金宏宇的《中国现代长篇小说名著版本校评》选取了《家》《子夜》《骆驼祥子》《创业史》等八部名著,对校其不同版本，探讨版本变迁的历史原因与修改的长短，这是借鉴古典文献学的传统惯例、汲取以往现代文学文献研究成果而做的一次重要尝试。

当代文学史料的积累与整理还刚刚起步，中国社会科学院文学研究所当代文学研究室联合全国30多家单位协作编辑的《中国当代文学研究资料》，迄今已出版80多种，计2000多万字。当代文学已经发展了五十多年，远远超过现代文学，而史料建设似乎还远不能适用于日益丰富的当代文学发展实际，这个问题应当引起高度重视。

文学文献学的复苏，还不仅仅停留在传统的领域。出土文献、域外文献以及电子文献，为文学文献学增添了许多新的内容。

出土文献包含碑刻文献、简帛文献、画像文献等。我们知道，中国历来重视"文以载道"的文学功用，重视人生"三不朽"的永久名声，所以，碑刻文献异常丰富。简帛文献是近三十年的重要发现。临沂银雀山汉简的发现，使我们有可能将《孙子兵法》和《孙膑兵法》区分开来；湖北郭店楚简的发现，使我们对于儒家传承有了新的认识，对于《老子》的成书有了新的论据；江苏尹湾汉简中《神乌赋》的问世对于秦汉以来下层文化的研究，云梦秦简中关于"稗官"一词的理解等，都曾引起学术界的广泛关注，也解决了许多悬而未决的学术问题。近年最受关注的是上海古籍出版社出版的《上海博物馆藏战国楚竹书》。第一册中由29支简组成的《孔子诗论》格外引人注目，引起了广泛的讨论。由于这批竹简是从香港收购过来的，其出土时间和地点不详，不无遗憾。画像文献研究自古有之。《论衡·须颂》载："宣帝之时，画图汉列士，或不在于画上者，子孙耻之。"① 所谓"宣帝之时，画图汉列士"，

---

① 王充：《论衡》卷二〇《须颂篇》，上海人民出版社1974年版，第308页。

是宣帝时下诏书图画十一位功臣。后汉明帝追感前世功臣,永平年间下令追摹二十八位武将画像,悬挂于南宫云台。据应劭《汉官仪》记载,不仅朝廷悬挂功臣画像,郡府厅事壁也悬挂古代先贤图像。这些画像,显然是已经有了一定的摹本在世间流传。汉代画像石很可能就是根据这些摹本雕刻下来的。北宋沈括《梦溪笔谈》卷一九就曾记录济州金乡县发掘的汉大司徒朱鲔墓的壁画。北宋末年赵明诚《金石录》也著录了山东嘉祥武氏祠的榜题。南宋洪适《隶释》还收录了武氏祠部分图像摹本。令人惊奇的是,宋人所见的武氏祠,今天依然保留着,给人以千年历史不过一瞬的强烈感触。汉代画像的大规模收集著录始于20世纪初叶,但是那个时候所见不多。鲁迅先生收集三百多幅,近来已经影印出版。20世纪后半叶,发现越来越多,包括画像砖、画像石、石棺画像、铜镜画像、瓦当画像等,主要分布在山东、江苏、河南、四川、陕西等地。其画像大小不一,多达上万种。利用传世文献对这些画像进行解读研究,现在还刚刚起步[1]。历史的图像还没有解释清晰,当今社会又进入到新的"读图时代"。回味汉代的画像文献,给人似曾相识的强烈感觉。与历史上画像文化不同的是,汉代画像内容更多地强调伦理教化,而今最能代表后现代图像的"电视图像"则主要是受经济利益所驱使,"它在一开始就盯上了你的钱袋"[2]。因此,有学者称"读图时代"的到来,标志着图像主导文化将取代传统的语言主导文化,是"图像转向"的重

---

[1] 参看扬之水:《古典的记忆——古诗文名物新证》,紫禁城出版社2004年版;作者另有《济南画像石墓所见汉故事考证》,《故宫博物院院刊》2004年第6期;廖群:《厅堂说唱与汉乐府艺术特质探析——兼论古代文学传播方式对文本的制约和影响》,《文史哲》2005年第3期。

[2] 参看金惠敏:《图像增殖与文学的当前危机》,《中国社会科学》2005年第5期。

要标志①。当读者变成观众,阅读变成观看,审美变成消费,也许,这是真正的"文学性"的危机②。从这个意义上说,解读历史上的画像,还不仅仅是为了还原历史面貌,也有很多经验教训值得汲取。

域外文献同样值得关注。我们常说,学问没有国界。我们要走向世界,就要努力使自己的学问能与国外学术界接轨,起码应当使自己设法与国外同行站在同一起跑线展开平等的竞争。对于域外文献研究,古代文学研究领域比较关注。而今,随着国际学术界的理论热潮的兴起,女性主义、后殖民主义、现代性、后现代主义等理论层出不穷,给现当代文学研究提供了更多的研究视野和研究方法。许多海外汉学家往往处于地域优势,得风气之先,加之在问题意识、理论工具、研究方式以至于写作风格上,又与我们多有不同,因此,他们对一些司空见惯的文学史现象所作的"再解读"就会给人耳目一新的感觉。客观地说,海外汉学研究,很多也受到不同文化背景的制约,常有偏颇之论,也不排除其中的政治和文化的偏见。一些学者很少使用文学史材料,他们判断问题和研究对象,主要依据的是当前时尚的理论;他们推导问题时,不是凭借材料的根据,而是通过理论的预设和大胆的假定,这样一来,有时得出的结论就很难有说服力,而且也较为浮泛。"再解读"主要是研究文学史、作家作品的一种理论姿态,而不是研究文学史和作家作品的有效方法。这样说,并不是否认它的意义和价值,而是主张在进行这一项工作时,不能只是以"新""奇"出胜,还应当有相当艰苦的查勘、分辨、比较、审慎推敲的功夫,应该把"再解读"建立在认真踏实的实证研究

---

① 周宪:《"读图时代"的图文战争》,《文学评论》2005年第6期。
② 赖大仁:《图像化扩张与"文学性"坚守》,《文学评论》2005年第2期。

的基础上。也许,只有这样,"再解读"才能够真正地与历史"对话",在历史的"现场"开展有效的"考古学"工作,进而把问题的发现和研究引向深入,产生出令人信服和实质性的研究成果来[①]。因此,对于这些成果应当本着客观、平实的心态加以吸收利用。2005年在聊城大学召开的中国现代文学研究会青年学者研讨会上,"新时期以来海外汉学对中国现代文学的影响"成了一个专题,表明学术界对这个问题的关注。更重要的是,我们吸收域外研究成果,目的是创造我们自己的研究思路。由河南大学出版社推出的《差异》专刊,在承认中西方文化差异的前提下,倡导"新对话",既求同,更存异,在此基础上寻求理解,建设新文化。目前已经出版了四辑,引起广泛的好评。

电子文献对于我们学术研究的意义更是显而易见。东汉以来,随着纸张的逐渐普及,书籍编纂取得了质的飞跃,文学创作也走向大众化。左思《三都赋》脱稿后,洛阳为之纸贵。《太平御览》卷六〇五载,东晋元兴元年(402),桓玄在建康自立称帝,就曾下令废除竹简,皆用黄纸抄写文件,纸的应用和推广逐渐取代了简帛。学术文化也因此而有了从量变到质变的飞跃。中国的图书从抄本到卷轴,再到雕版印刷和现代电子激光照排,这是一个历史性的进步。而今却面临着一个新的转型,即电子书籍逐渐要替代我们的传统阅读,这就迫使我们要痛苦地经历一个文字文化急剧衰退的时期。2002年美国曾举办了一场"电子书籍"研讨会,有学者幽默地把这次研讨会界定为"下载或死亡"(Download or Die!)[②]。如何评价这种逆转的利弊得失,现在也许为时过早,但是

---

① 《海南师范学院学报》2004年第3期刊出的《海外学者冲击波》,是中国人民大学中文系师生关于海外学者中国现当代文学研究之影响的讨论。

② 〔美〕哈罗德·布鲁姆:《西方正典》,江宁康译,译林出版社2004年版。

不管怎么说，以信息技术为核心的文化转型已经势不可当。如何抓住这样一个历史契机，加速文学研究中国化的进程，这是摆在我们每一位文学工作者面前的重要任务。

五、转型期的探索

中国文学研究现代化是一个复杂而又漫长的过程。过去的一百年，中国文学经历了与西方文明由最初接触到最终接受的"西方化"过程。新的世纪应当是中国文学与西方文明从相互融合到建立自身核心体系的"中国化"的时代。这是中国文学研究的又一次重要的转型，所面临的问题可能更加复杂、也更加深刻。但是一些基本问题依然值得我们关注。

首先，文学与现实的关系，这是文学创作与文学研究生存的基础，文学扎根于现实的土壤，又通过艺术形象反映、影响现实生活，中国文学家，忧国忧民，有着比较强烈的历史责任感和社会使命感，强调"文章合为时而著，歌诗合为事而作"（白居易语），认为文学艺术是社会政治生活的反映，通过文学艺术可以考察一个时代的政治得失和民心向背，可以起到"补察时政，泄导人情"的巨大作用。《毛诗序》指出："治世之音安以乐，其政和；乱世之音怨以怒，其政乖；亡国之音哀以思，其民困。"因此，一部文学作品是否及时正确地反映了时代生活，就成为评价其文学价值的重要尺度，古代文学史上的屈原、李白、杜甫、苏轼、曹雪芹，现代文学史上的鲁迅、茅盾、巴金、老舍等人之所以获得后人的广泛尊重与爱戴，最重要的原因就在于，他们的作品真实地、深刻地反映了各自时代的风貌，反映了人民的理想与追求、时代的苦难与抗争。贴近生活、贴近人民，中国文学家把自己一腔的理想和抱负与国家、人民紧密地联系在一起，就使得他们的人格得到升华与净化，使得他们的作品具有深刻的现实感，这是一个历久弥新的传统。

当今文学，随着全球化和市场化时代的来临，文坛格局和文坛生产方式都在发生着巨变。一方面，这种变化为新世纪文学的发展提供了前所未有的社会历史语境，也改变了人们的思维方式、生活方式以及文学的整体风貌；另一方面，文学走向也发生了值得注意的变化，从改革之初的伤痕文学、反思文学、改革文学等，与现实生活密切相关，随后的先锋文学、痞子文学以至个人化写作或者私人写作，"70后"的欲望叙事，"80后"写作者关于青春、自我等情感和经验的想象性的另类表达以及为赚取市场卖点的商业化写作等，回归自我，面向市场，浮躁现象日益凸显，缺少对现实生存的精神超越，缺少对时代生活的整体性把握能力，缺少宝贵的原创能力。为此，著名评论家雷达发表了《当前文学创作症候分析》（《光明日报》2006年7月5日），深刻分析了我国当前文学界的诸多现实问题，回应了社会对作家作品现状的种种困惑，提出了当前和今后创作的重大命题，尤其是文章敢于讲真话，真切地表达了文学界在社会责任感、庄严目标、崇高理想、服务大众、贴近生活、净化市场等方面的忧虑，从而引发了文艺界和社会各界的热烈反响[①]。

与此相关联，就是如何对待传统、对待经典的问题。早在1996年，刘心武推出《秦可卿之死》（华艺出版社1996年版），只是在红学界引起关注。后来他在中央电视台"百家讲坛"节目中，广泛传播他的观

---

① 见《〈当前文学创作症候分析〉一文引发文化界热烈反响》，《光明日报》2006年7月19日。

点。随后，东方出版社又推出《刘心武揭秘红楼梦》一书，影响更为广泛，有超过 53.13% 的网民认为刘心武"扩大了红学的大众讨论空间，值得肯定"①。这就引起了学术界主流的特别关注。诚如媒体所说，"央视十频道是社会公共资源，用珍贵的有限的社会学术平台来展示刘先生无法穷究的秦学学问，然后让不明真相的公众跟在戏说红学的后面感受探佚或猎奇之趣，对中国健康的学术建设来说，是一件不负责的行为"②。中国艺术研究院出版的《艺术评论》2005 年第 10 期集中刊发了蔡义江、孙玉明、张书才等主流红学界学者对刘氏的批评。香港《凤凰周刊》2006 年第 2 期发表《泡沫红学与窥阴文化》，《红楼梦学刊》也发表多篇文章指出刘心武的谬误，认为刘心武揭秘所用的都是索隐方法，都是主观臆测，没有可靠的证据，不是研究《红楼梦》，而是变成一种游戏娱乐。"他做不成考据家，因为有据可考，才能称为考据；无据可考，无证而据，就只能沦为推测、猜谜、索隐。他是怎么考的呢？他讲得荒唐的要命，秦可卿本来在红楼梦第八回里写的是从养生堂里抱来的，他不得了，他把秦可卿说成是康熙皇帝的孙女儿，因为康熙皇帝有一个太子叫胤礽后来废掉了，他说秦可卿就是废太子的女儿，这个不知道他从哪来的证据。……他的书《红楼望月》考证天下的月，因为《红楼梦》里容禧堂里有一幅对联，提到这个'月'，月是哪一个，刘心武说月就是胤礽太子，太阳是皇帝，月亮是太子。"这样一搞，弄得大家心浮气躁，影响了很多年轻人，想抄近路，走捷径，一夜成名暴富③。学术讲堂成为一种时髦而有效的向大众传递学术信息的途径。但是"学术的讲述

---

① 《北京娱乐信报》2005 年 11 月 7 日。
② 吴祚来：《研究林黛玉身世是学术无聊，精神包二奶》，《新京报》2005 年 11 月 9 日。
③ 参看吴新雷：《红楼梦与曹雪芹江南家世》，《明清小说研究》2006 年第 4 期。

是通俗讲述的基础。因为只有能够彻底讲述某物的人，才能以通俗的方式讲述它"①。也就说，提高在前，普及在后。普及不是随意发挥，一定是在提高基础上的普及才有意义。刘心武的讲述带有"学术创作"的色彩，应当引起学术界高度警觉。

由此我们必须回答这样的问题：就在文学日益边缘化、经典日益消解化的时代，严肃的文学研究工作者是否也应随着大众沉浸在文学的狂欢中？是否只有市民性、休闲性、消费性的文学才有出路？文学的经典是否还有意义？这些都成为新世纪的重要论题。当然，学术界的主流意见还是承认经典的存在，认为经典具有超时空性、永恒性和普遍性。经典的意义就在于它写出了人类共通的"人性心理结构"和"共同美"的问题。就是说，某些作品被建构为文学经典，主要在于作品本身以真切的体验写出了属于人的情感，这些情感是人区别于动物的关键所在，容易引起人的共鸣。因此，文学研究工作者主张在回归传统的同时，也应当回归经典，在历史还原、文化还原与多元解读，尤其是审美分析方面，经典重读具有广袤的可能性空间②。当然，我们也要看到确立经典的复杂性和文化差异性，并认识清楚隐含在经典认可过程中的复杂的权力关系③，但是不能由此简单地颠覆经典、亵渎经典。

---

① 康德：《逻辑学讲义》，许景行译，商务印书馆1991年版，第10页。
② 秦弓：《略论中国现代文学经典的重读》，《江苏行政学院学报》2004年第3期。此外，程光炜《"鲁郭茅巴老曹"是如何成为经典的》（《南方文坛》2004年第4期），胡尹强《鲁迅：为爱情作证——破解〈野草〉的世纪之谜》（东方出版社2004年版），王科《"寂寞"论：不该再继续的"经典"误读——以萧红〈呼兰河传〉为个案》（《文学评论》2004年第4期），张洁宇《鲁迅作品中"路"——意象分析之一》（《鲁迅研究月刊》2004年第4期），何平《〈故乡〉细读》（《鲁迅研究月刊》2004年第9期），洪玲《论萧红笔下的太阳意象》（《呼兰师专学报》2003年第4期）等论文，在经典析读方面均有独到之处。
③ 赵勇：《关于文化研究的历史考察及其反思》，《中国社会科学》2005年第2期。

2006年是鲁迅先生逝世七十周年,因此,关于鲁迅研究的成果也就成为近年经典解读的范例。近年的研究与以往有所不同,更多地关注了鲁迅在吸收中外文化方面对于中国文化建设的启迪意义。譬如杨义在阐述了鲁迅广阔的文化视野的同时,特别强调鲁迅在吸取、转化传统文化资源方面,出入"四库、四野之学",整理小说史料,挖掘乡邦文献、民俗传统,兼治杂学,形成其独特的学术文化立场。这些为中国文化的现代转型提供了至关重要的参照[1]。钱理群则通过讨论鲁迅在20世纪30年代对于孔子、陶渊明、《庄子》、《文选》、《四库全书》的看法以及与胡适、周作人、施蛰存等人关于相关问题的争论,深入探讨了鲁迅对传统文化的态度及其现实针对性[2]。值得关注的是,近几年出版了很多鲁迅方面的研究专著,多出自青年学者之手,如田刚《鲁迅与中国士人传统》(中国社会科学出版社2005年版),汪卫东《鲁迅前期文本中的"个人"观念》(人民文学出版社2006年版),朱崇科《张力的狂欢——论鲁迅及其来者之故事新编小说中的主体介入》(上海三联书店2006年版),袁盛勇《鲁迅:从复古走向启蒙》(上海三联书店2006年版)等,显示出鲁迅研究的新气象。

在中国文学研究转型时期还出现了一个特别值得关注的"嘲弄"现象。2006年有三次文坛纷争与此有关,一是网络版《一个馒头引发的血案》,二是青年作者韩寒与评论家白烨之间的"韩白之争",三是诗人赵丽华新体诗引发的争论。三件事之间并没有必然关系,但是所表现出来的"嘲弄"倾向却是相近的。嘲弄主流文学的背后,实际上隐含着

---

[1] 杨义:《鲁迅与中国文化的现代启示》,《文学评论》2006年第5期。
[2] 钱理群:《20世纪30年代有关传统文化的几次思想交锋——以鲁迅为核心》,《鲁迅研究月刊》2006年第1、2期。

大众的文学想象与文学现状的巨大落差，隐含着他们的强烈不满。看来，世纪之交的文化界，其主要矛盾已经发生了深刻变化。20世纪前期的学术界论争，主要集中在文化圈内。以王国维为代表的主流意见认为20世纪应当是"发现的时代"，"新学问大都由于新发现"。而以黄侃为代表的一批传统学者则倡导学问"贵乎发明，不在发现"。纷争的焦点是固守传统学问还是走出传统学问。而新世纪的纷争则跳出了文人的范围，表现为市场化、大众化的文化需求与文人化、专业化的文化体制之间的矛盾。对于这些现象如何评价是一回事，但是由这些纷争所引发的一些深层次问题，确实值得我们长久思之。

从当前浮躁不已的学术风气来看，这里似乎有必要强调一下中国历来所重视的人品与文品的关系问题。中国文学家讲究学行一致、表里如一，讲究文以载道、积极入世，"为天地立心，为生民立道，为往圣继绝学，为万世开太平"。张载的这句名言就鲜明地表现了东方作家注重人的精神修养和历史责任感。你再有才气，人品不好，广大的欣赏者就是不买你的账。历史真是一个最公正的裁判。清代文学家沈德潜说："有第一等襟抱，第一等学识，斯有第一等真诗。如太空之中，不着一点；如星宿之海，万源涌出；如土膏既厚，春雷一动，万物发生。古来可语此者，屈大夫以下，数人而已。"[①] 清代另一文学家刘熙载也说"诗品出人品"[②]。新的世纪，中国文学研究事业要有更大的发展，首先还是要从学者自身的道德文章做起。

（原载《文史哲》2007年第5期）

---

① 沈德潜：《说诗晬语》卷上"六"，人民文学出版社1979年版。
② 刘熙载：《艺概》卷二《诗概》，上海古籍出版社1978年版。

中国近代文学的历史地位
——兼论中国文学的近代化

郭延礼

中国近代文学（1840—1919）是中国文学发展中一个重要的历史阶段。它作为中国文学的四大段（古代、近代、现代、当代）之一，作为一个独立的学科，其历史地位是必须坚持的。笔者记得王瑶先生1986年在中国社会科学院文学研究所举办的一次"中国近、现、当代文学史分期问题学术研讨会"上说："关于中国文学史的分期问题，今后如何分我不能肯定，但就目前来讲，将中国文学史分为古、近、现、当四大段，还是合理的、必要的。"王先生作为中国文学史著名的专家，他的这段话既反映了学术界对中国文学史分期认同的看法，同时也表达了他本人对当前中国文学史分为四大段的赞同态度。这一分期也得到学界多数学人的认同，对此只要检阅一下以"近代"冠名的各种文学史[①]就可

[①] 如已出版的不止一种的《中国近代文学史》《中国近代文学发展史》《近代文学批评史》《中国近代美学思想史》《中国近代文艺思想论稿》《中国近代小说史》《中国近代诗歌史》《中国近代散文史》《中国近代传奇杂剧经眼录》《中国近代翻译文学概论》《20世纪中国近代文学研究学术史》《中国近代文学编年》《中国近代小说编年》《近代女性文学研究》等。

以得到证明。

一

为什么要提出"近代文学的历史地位"这个问题呢?

近十几年来,学界有些专家,似乎在有意无意地消解为期八十年的近代文学。

章培恒、骆玉明先生主编的《中国文学史》(复旦大学出版社1996年版)从先秦一直叙述到清代,下限到1911年清朝灭亡,比通常所说的古代文学史(1840年前)下延了七十年[①]。此书的增订本《中国文学史新著》(复旦大学出版社、上海文艺出版社2007年版)下限是1900年,比首次版本上提了十年,但还是比通常的古代文学史的下限延伸了六十年。

目前的现代文学史,也有人主张不从"五四"或1917年开始,而将上限提前到1898年或1894年。还有的学者主张以1892年的《海上花列传》作为现代通俗文学的起点,这又比通常现代文学史的分期上溯了二三十年。

古代文学史下延六十年,现代文学史上溯二十年,两相连接,八十年的中国近代文学史就不存在了。笔者认为这样处理中国文学史的分期是不科学的。

更值得注意的是,有的文学史著者,已取消了"近代文学"这一

---

① 类此者还有马积高、黄钧主编的《中国古代文学史》(人民文学出版社2009年版)。

中国近代文学的历史地位
——兼论中国文学的近代化

文学史概念。章、骆二先生主编的《中国文学史》第八编《清代文学》，将近代文学化解为"清代文学"的两章："第七章 清代后期的诗词文"及"第八章 清代后期小说"。著者在第八编"概说"中交代，这里所指的清代"后期"，即通常所说的"近代"[①]。章先生在另一篇文章中说得更清楚："古代文学研究与现代文学研究是两个学科，前一个学科的终点是后一个学科的起点。"[②] 中间的"近代文学"呢，既没有了它的时空范围，当然也就不存在了。前述《中国文学史》的"终章 向新文学的推进"，将"五四"新文学的源头或曰"推进"力量上溯到元明清。不错，周作人的《中国新文学的源流》曾追溯到晚明的思想解放运动。作为一种文学或思想资料，二者也许有某些联系；但更直接地推进"五四"新文学运动的恐怕还不是元明清文学，而应当是近代文学。近代的社会思潮、西学东渐、"四界革命"（诗界革命、文界革命、小说界革命、戏剧界革命[③]）、白话文热潮与"五四"新文学运动的关系，要远比"元明清文学"与"五四"新文学运动的关系直接得多，这是无需争辩的事实。

消解近代文学的另一策略，是将一些自定的标准作为区分近、现代文学的理论根据，即凡具有"现代性"的作品就是现代文学。有学者说："现代文学是靠其现代性而有别于古典作品的。"[④] 把《海上花列传》定为现代通俗文学的开山之作，大约就是根据小说中的"现代大都

[①] 章培恒、骆玉明主编：《中国文学史》下册，复旦大学出版社1996年版，第386页。
[②] 章培恒：《不应存在的鸿沟——中国文学研究中的一个问题》，《文汇报》1999年2月6日。
[③] 近代戏剧界革命，一般称"戏剧改良"，实际上柳亚子撰写的《二十世纪大舞台·发刊词》已明确提出"戏剧革命"的口号，其革新内容和精神与"诗界革命""文界革命""小说界革命"相同，为统一起见，本文称"戏剧界革命"。
[④] 范伯群：《论中国现代文学史起点的"向前位移"问题》，载《多元共生的中国文学的现代化历程》，复旦大学出版社2009年版，第32—33页。

会""现代生活方式""现代气息""现代化的运作方式"来判定的吧!由于在英文中"近代"和"现代"都是同一个词 modern,而 modernity 既可以译为"现代性",也可译为"近代性",以上所举"现代大都会"等,均可置换为"近代大都会""近代生活方式""近代气息""近代化的运作方式"。那么,什么是"现代性"呢?各家的解说不一。钱中文先生说:"把现代性看作是促进社会进入现代社会发展阶段,使社会不断走向科学进步的一种理性精神、启蒙精神,一种现代意识精神,一种时代的文化精神。"他还说:"新理性精神主张现代性是在传统的基础上建立起来的现代性,又是使传统获得不断发展、创新的现代性。"① 由此可见,现代性(或曰近代性),并不是现代文学作品所独有,更不是区别现代文学与古典文学的唯一标准。

20 世纪 90 年代中期学术界用"现代性"取代"现代化"并成为核心话语之后,"现代性"就成为现代文学属性的一个标志。虽然对什么是"现代性"的阐释相当宽泛,而且每个人对其内涵的理解也不尽一致,但有的学者却把它视为区分古典与现代、近代与现代文学作品的一个标签,大有 20 世纪 50 年代学界使用"人民性"的趋势。也有的专家以这个内涵不十分确定的概念在近代文学中寻求其现代性,并以此划分近代/现代的归属。在此观照下,几乎全部近代小说都具有"现代性"。从《海上花列传》到四大谴责小说,从徐枕亚的《玉梨魂》到杨尘因的《新华春梦记》,从蔡东藩的《清史通俗演义》到《中国黑幕大观》②……以此为坐标,并将中国现代文学史的上限逐渐上升,其前移

---

① 钱中文:《新理性精神与文学理论研究》,《钱中文文集》第三卷,黑龙江教育出版社 2008 年版,第 396—397 页。
② 范伯群:《中国现代通俗文学史》(插图本),北京大学出版社 2007 年版。

中国近代文学的历史地位
——兼论中国文学的近代化

时间（1919—1892）几乎等于现代文学时限三十年的本体。笔者以为这样做并不能提高现代文学的地位；恰恰相反，而是对文学的"五四"作为新文学开端地位的忽视，以致有意无意地消解了"五四"文学革命对于中国现代文学的开端和奠基意义。二十五年前，笔者曾在中国社会科学院文学研究所主办的"中国近、现、当代文学史分期问题学术研讨会"上有一个发言，题目是《"五四"这块文学界碑不容忽视》[①]，笔者至今仍认为"五四"作为文学界碑，有两点尤其值得注意。第一点是"五四"前后文学语言的不同。"五四"前基本上是文言，"五四"后基本上是白话，这是谁都不能否认的客观存在。这里笔者又想起王瑶先生的一段话。什么是现代文学呢？王瑶先生说：所谓"现代文学"，"就是用现代人的语言来表现现代人的思想"的文学；"现代人的语言是白话文，现代人的思想就是民主、科学以及后来提倡的社会主义"[②]。可见王先生是非常重视文学形式对文学分期的决定意义的。第二点，"五四"前后文学作品给人的总体艺术感受不同。所谓总体艺术感受，既包括作品所表现的社会生活和语言形式，也包括作家的审美理想、思维方式、表现艺术和美学风格。这里，我们不妨作一个简单的类比：把黄遵宪的新派诗与郭沫若的《女神》、艾青的《大堰河》对读，把《官场现形记》等近代小说与茅盾、巴金的小说对照，把吴梅的戏曲与曹禺的《雷雨》《日出》比较，就不难发现，近代作品和现代作品给人的艺术感受、美学效果是完全不同的。不知道主张将现代文学的上限划到1892年的师友们，是否曾意识到这个问题，是否认识到"五四"前后

---

① 文载《东岳论丛》1986年第6期。
② 王瑶：《序》，载中国现代文学研究会编：《在东西古今的碰撞中——对"五四"新文学的文化反思》，中国城市经济社会出版社1989年版。

文学"质"的差别。

还有一种消解近代文学的方式就是破体位移,即将近代主流作家纳入现代文学的范围。目前最明显的例证是王国维和梁启超。

王国维(1877—1927)和梁启超(1873—1929)是近代最有成就的两位文学理论家、批评家和美学家,这两位大师级的人物是中国近代文学理论史和批评史上的双子星座。但近年来,一些学者千方百计地将其二人进行破体位移:从近代拉到现代。有一部《中国现代文学批评史》,把王国维作为现代文学批评的开拓者,其第一章的标题就是《王国维批评的现代性》。又有学者也试图将梁启超划入现代,2008年4月下旬在杭州召开的以梁启超的文学思想为讨论中心的学术研讨会,就命名为"中国现代美学、文论与梁启超",其用意和指向已十分清楚。

王国维、梁启超是中国文学史、文学理论批评史、美学史上的大家,受到学界愈来愈多的关注,有更多的学者对他们进行多侧面、多角度、多方位的研究是一种很正常的学术现象。不同学科专家的共同参与,也有助于研究的深入和突破,笔者也绝非主张因为王国维、梁启超是近代作家,只有研究近代文学的人才能参与。这里我只是说,如果把近代顶尖级的作家"破体位移",划入现代文学史或古代文学史,那便无形中加速了中国近代文学的解构。其实,对某些文学大家的归属,学术界亦有个约定俗成的潜规则。比如鲁迅,众所周知,他的文学活动早在近代(1903年)就开始了,但鲁迅先生的主要文学成就是在现代,所以就应当放在现代来讲。写近代文学史可以提到鲁迅、周作人,但不能把他们作为近代作家看待。中国近代文学史上并非没有大家,但如果把王国维、梁启超等人划到现代,再把龚自珍、黄遵宪、康有为、章太炎拉到古代①，那中国近代文学史真的要变为只有丘陵不见高山的广袤的大平原了。

二

近代文学是中国文学史中一个独立的发展阶段，它是指鸦片战争（1840）至五四运动（1919）这八十年间的文学；这八十年是中国文学由古典向现代的转型期，这个转型期也就是中国文学近代化的历程。不论称文学的转型期，还是文学近代化的历程，既有时空范围，它就有其存在的位置。因此，中国近代文学（1840—1919）既不是古代文学的延伸和尾巴，也不是现代文学的背景和前奏。它是一个独立的文学发展阶段。

近代化是17世纪以来开始于西欧的世界性的历史潮流，但由于历史条件的不同，西欧与东方诸国走向近代化的道路是不同的。西方的近代化有一个漫长的历程，如果以文艺复兴作为欧洲近代历史的序幕，或者从1640年的英国资产阶级革命作为西方近代史的开端，至19世纪末，西方的近代社会已经历了数百年的历史。与此相应的近代化（政治的、经济的、文化的）也已走向了成熟的阶段。东方国家则与此不同。东方诸国（日本除外）走向近代化大多是在殖民主义入侵后为了抵御侵略、救亡图存而被迫走上近代化道路的。作为意识形态的东方文学，它一步入近代就是以反抗殖民侵略、批判封建专制、弘扬爱国主义作为旗

---

① 参见章培恒、骆玉明主编：《中国文学史》下册，复旦大学出版社1996年版。

帜的。但东方各国步入近代文学的道路和方式又是不同的。以亚洲而论，大体有两种类型：一种是由古代文学自身变化而来，如越南、缅甸；另一类是借用外国文学（欧洲文学）的文学形式，开创近代文学的新纪元，如菲律宾、印度、日本。中国属于前者。中国近代文学是由古代文学演变而来的；但是中国古代文学向近代文学的转化，其内在动力不足，它需要西方文化的介入和碰撞。

文学的近代化是一个历史范畴，它有一个萌芽、发展和基本确立的过程，笔者把中国文学的近代化分成三个阶段，即萌生期（1840—1870年代）、发展期（1870年代—19世纪末）、完成期（20世纪初—1919年）。

中国文学近代化的过程，过去学界认为"是反帝反封建和爱国民主的文学产生和发展的过程"[①]，这个概括既有偏重政治和抽象之嫌，也有混淆近代、现代文学界限之弊。笔者认为，中国文学近代化的过程，从某种意义上说，也就是中国文学学习西方，以及在西方文化的撞击下求新求变的过程。根据这一认识，笔者认为促进中国文学近代化的，主要有四种力量：一是中国文学自身创造性的转化；二是西方文化的影响；三是在中西文化撞击下，第一、第二种力量的合力所引发的求新求变的本土文学革新运动；四是中国社会的近代化对文学的呼唤和促进。

19世纪中叶，西方殖民主义者用大炮轰开了中国闭关自守的大门，随着一次次的武力入侵和不平等条约的签订，古老的帝国面临着严重的生存危机，"天朝帝国万世长存的迷信破了产，野蛮的、闭关自

---

① 颜廷亮：《关于中国文学近代化过程的几个问题》，载中山大学中文系主编：《中国近代文学的特点、性质和分期》，中山大学出版社1986年版，第240页。

中国近代文学的历史地位
——兼论中国文学的近代化

守的、与文明世界隔绝的状态被打破"[1]；与此同时，西方文化以其特有的强势进入中国，史称第二次"西学东渐"。西方文化的输入首先来自传教士。传教士来华，固然有其明确的宗教目的，但其对中国文学的近代化，特别是20世纪前有着促进意义，这也是不争的事实。面对外敌的入侵和中华民族的危机，一部分先进的中国士大夫开始面对现实，寻求出路，林则徐、魏源是其中的代表。"师夷之长技以制夷"，成为时代的命题。它包括两方面的内容：一是防御殖民主义者的侵略，二是向西方学习。"向西方学习"已成为当时最迫切的问题，近代的"经世致用"思潮就包括这两个内涵，这也是它与传统的"经世致用"之学不同点之一。

从鸦片战争至19世纪70年代是中国文学近代化的萌生期。

从鸦片战争至19世纪70年代，中国社会开始步入近代化。尽管这种近代化并非中国社会自然演变的结果，而是一部分先进人物在民族危机面前为寻求救亡图存，借助西方文化所采取的求强、求富措施，这就是近代史上早期的自强运动（后来又称"洋务运动"）。自强运动的思想体系，虽然是"中体西用"，它的基本内容却是为了回应时代的命题："师夷之长技以制夷"，并由此产生了一种社会变革思潮。

早在鸦片战争之前，具有卓识远见的龚自珍基于对清王朝已历史地进入它的"衰世"的认识，就提出变革、"更法"的概念，大声疾呼"一祖之法无不敝"[2]，"奈之何不思更法"[3]。随着殖民主义的入侵和民族

---

[1] 马克思：《中国革命和欧洲革命》，《马克思恩格斯选集》第一卷，人民出版社1995年版，第691页。
[2] 龚自珍：《乙丙之际著议第七》，《龚自珍全集》，中华书局1959年版，第6页。
[3] 龚自珍：《明良论四》，《龚自珍全集》，第35页。

危机的加深,这种变革的呼声已形成一种社会思潮。从洪仁玕的《资政新篇》、冯桂芬的《校邠庐抗议》、郑观应的《救时揭要》,到容闳向洪仁玕提出的改良政府、组建军队、改变教育体制、举办洋务等七条建议,都表现了此时社会精英观念的变化和社会改革的理想:求富求强,救亡图存。中国社会在近代化道路上也迈出了第一步。

在文学上,近代化的变革还不太明显。中国古典文学的历史悠久,它已形成一个超稳定的系统,因此文学近代化的变革,其步调更加缓慢。但随着近代历史革命风暴的到来,由于铁与血的召唤,以及经世致用思潮的推动,文学也在或显或隐地朝着近代化前进。鸦片战争时期所出现的以反殖民主义侵略为主题的爱国诗潮,就是中国文学近代化的开端。作品中抒情叙事主体关注民族命运、国家前途的忧患意识,对中国人民反殖民主义爱国精神的赞颂,正是中国近代化初期诗人的呐喊及其精神世界的艺术体现。而这类诗中的爱国主义也已具有近代色彩。笔者此前多次谈过,鸦片战争前的爱国主义,就其性质而言,基本上属于中华民族长期融合、发展、形成过程中掠夺与反掠夺、压迫与反压迫的性质,它有侵略与反侵略、正义与非正义之分,长期形成的这一历史事实,我们不能抹煞;但如从近代国家多民族这一新的视角、新的理念来考察,它基本上还是属于中华民族大家庭中带有民族性质的内部矛盾。鸦片战争之后,爱国主义有了新的含义,它包括各少数民族在内的中华民族团结起来共同反抗世界殖民主义的侵略,挽救国家危亡,争取民族独立和解放。这是此前中国古代文学史上爱国主义诗歌所未有的新的内容。近代诗人张维屏有《书愤》诗云:

汉有匈奴患,唐怀突厥忧。界虽严异域,地实接神州。渺矣鲸波远,居然免窟谋。鲲生惟痛愤,洒涕向江流。

张维屏从中华民族这一整体观念出发,正确指出匈奴、突厥虽曾为汉唐之患,但它们仍是中国境内的兄弟民族,所谓"往者蛮夷长,依然中国人"①;而今天侵略中国的却是远隔重洋的英国殖民主义者。这种认识表现了作者民族意识的新观念,连地处天末的贵州布依族诗人莫友芝也说:"卧榻事殊南越远,可容鳞介溷冠裳。"②他说:殖民主义者的入侵,远非古代南唐、朱崖可比。南唐是本民族的事,朱崖当时虽系"蛮夷",但与英、法等外国侵略者是不同的。这两位分别处于鸦片战争前线和后方的诗人都一致指出:近代初期以反殖民为主要内容的反侵略战争,与古代中国境内诸民族间的反侵略、反压迫的战争已具有不同的爱国主义内容。这种观念上的变化,反映的是鸦片战争时期文学家近代民族国家整体意识的萌生和强化。

笔者之所以把近代初期的这次爱国诗潮作为文学近代化的开端,还不仅仅着眼于它反殖民主义侵略和爱国主义的主题,而且还因为它表现了诗人主体意识的强化。这次爱国诗潮的创造主体虽然多数还属于士大夫阶层,但他们的书写活动既不是遵命文学,也不是酬酢之作,更不是无病呻吟,而是一次自觉地为中华民族而战的群体怒吼。外国殖民主义者的侵略罪行,激发了诗人的民族意识和爱国主义情感,促使他们以自己的诗笔参加了这次反对殖民主义侵略、保卫中华民族的神圣的爱国战争。创造主体第一次站在了中华民族共同利益的立场上去书写这次战

---

① 张维屏:《越台》,载张维屏撰、邓光礼、程明标点:《张南山全集·松心诗集》,广东高等教育出版社1995年版。
② 钱仲联编:《近代诗钞》(一),江苏古籍出版社2001年版,第374页。

争,他们的创作所包涵的思想意蕴不仅具有无可争辩的正义性,同时也显示了近代初期诗人群体的历史使命感。以中华民族为立足点,团结国内各兄弟民族共同反抗外敌入侵,这既表现了诗人主体意识的强化,同时也是民族国家建构初期重要的思想资源。而这一点,是三千年的古代文学因受历史局限所未能达到的思想高度。

  近代文学在其初期,其色彩不够显著,这是事实,尤其在文体形式方面与1840年前的古代文学相比变化不太明显,这是因为文学的变革较之社会的变革要缓慢得多,而文学形式(如旧体诗)一旦形成,就有它固有的稳定性。如果有学者因此就认定19世纪中后期(1840—1900)的近代文学与1840年之前的古代文学完全相同,仍将其作为古代文学的继续和尾巴,从笔者上面的举例,即可表明这种看法是不符合近代文学的实际情况的。另外,有些学者还是形而上学地看问题,他们不理解作家与历史传统的联系,更不是用"历史的意识"观察问题。英国文学批评家托·斯·艾略特(1888—1965)说:"历史的意识又含有一种领悟,不但要理解过去的过去性,而且还要理解过去的现存性。历史的意识不但使人写作时有他自己那一代的背景,而且还要感到从荷马以来欧洲整个的文学及其本国整个的文学有一个同时的存在,组成一个同时的局面。这个历史的意识是对于永久的意识,也是对于暂时的意识,也是对于永久和暂时的合起来的意识。就是这个意识使一个作家成为传统性的。同时也就是这个意识使一个作家最敏锐地意识到自己在时间中的地位、自己和当代的关系。"[①] 如果我们用这种"历史的意识"观察近代前

[①] 〔英〕托·斯·艾略特:《传统与个人才能》,卞之琳译,见〔英〕戴维·洛奇编:《二十世纪文学评论》上册,葛林等译,上海译文出版社1987年版,第130页。

中国近代文学的历史地位
——兼论中国文学的近代化

期的文学作品,可能就会有新的发现。

随便举两个例子。比如近代前期诗人姚燮(1805—1864)的长篇叙事诗《双鸩篇》,这是写一对青年男女在封建势力的迫害下双双殉情的悲剧。就诗作主题而言,它和一千八百多年前的《孔雀东南飞》没有太大的差别,从中可以看出《双鸩篇》的历史继承性。但我们倘进一步探索它的思想意蕴,就明显地感到二者的时代差异。如果说《孔雀东南飞》的悲剧主要是迫于封建礼教的家庭伦理(婆媳不和);那么《双鸩篇》的悲剧则是由于资本主义初期金钱力量的破坏。为了金钱,女方父母竟逼迫男主人公丢下爱妻外出赚钱:"不得金钱弗还里。"为了金钱,他们又强逼女儿改嫁:"东家西家郎,手中累累千金黄。"经过两年的颠沛流离,在男主人公囊空衣破归来后,他们竟不让自己的女儿和丈夫同居,最后迫使一对年轻夫妻双双饮鸩自杀。造成这一悲剧的原因(金钱势力)与《孔雀东南飞》封建家长专制对爱情的破坏是有显著不同的。而这一点也正显示了这首长诗的时代性,也就是"近代性"。它反映了在封建经济逐步解体、资本主义经济开始成长的近代时期金钱拜物教的作用,以及它在近代社会生活中所表现出来的利害关系。诚如《共产党宣言》中所揭示的:这个时代"已经撕下了罩在家庭关系上的温情脉脉的面纱,把这种关系变成了纯粹的金钱关系"[①]。

再如,近代小说《荡寇志》,表面上看来与明代小说《水浒传》在叙述方式上没有什么差别,但认真研究起来,我们即可发现二者的时代

[①] 马克思、恩格斯:《共产党宣言》,《马克思恩格斯选集》第一卷,人民出版社1995年版,第275页。

差异。如关于军事技术（武器）的描写，小说中出现的"奔雷车"（近于坦克）[①]、"沉螺舟"（近于潜水艇）、"火鸦"（空中炸弹）、"飞天神雷"（火箭炮）、"水底连珠炮"、"飞楼"等，在古代小说中都是见所未见的，它们已和《三国演义》中的"木牛流马"大不相同，也不是《荡寇志》中吴用所说的"吕公车"；它具有近代色彩。联系《荡寇志》的写作背景，则可以明显地窥见在鸦片战争中被"船坚炮利"的英国人打败后，中国知识界对于"师夷长技""富国强兵"的回应和艺术想象[②]。至于小说中宋江聘请的那位"深目高鼻，碧睛黄发"的欧罗巴人白瓦尔罕，其博学多才，也或多或少地反映了中国知识界对于"洋鬼子"科学技术的认同心态。以上二例正可以回应那些认为近代前期的文学与古代文学没有什么差别之无据。

三

从19世纪70年代开始到19世纪末是中国文学近代化的发展期。

这时期世界各主要资本主义国家加紧对外扩张，中法战争、中日战争又相继失败，割地赔款，民族危机日趋严重。庚子事变的发生，《辛丑条约》的签订，使中国半殖民地化的程度日益加深，亡国灭种之祸迫在眉睫。19世纪70年代后，中国出现了以发展资本主义和救亡图存为

[①] 奔雷车构造完善、装备精良、威力巨大、战守皆宜。详见俞万春：《荡寇志》，人民文学出版社1985年版，第631—633页。
[②] 另见王德威：《想象中国的方法：历史·小说·叙事》，生活·读书·新知三联书店1998年版，第48页。

主旨的维新运动，虽然以谭嗣同等六君子的流血宣告了它的失败（史称"戊戌政变"），但这次带有发展资本主义和爱国主义性质的改革运动，其意义是不可低估的。这是在外国列强掀起瓜分中国狂潮的背景下发起的一次爱国救亡运动，同时也是早期准知识分子[①]力图摆脱封建思想束缚的一次思想解放运动。在思想战线上，也是一次"新学"反对"旧学"的斗争。维新运动对中国社会的政治、经济、思想、教育以及文学的近代化都有积极的推动作用。

文学的近代化在这时期的发展较为显著，其主要原因有二：一是维新变革思潮的高涨；二是在维新思潮的推动下，对西方文化/文学的汲取，较前更为主动和自觉。发展期对文学近代化的推进主要表现在以下几方面：

第一，文学中求新求变的思潮日趋高涨。求新求变，是中国文学近代化历程中的一个突出特点。随着社会的进步和发展，社会生活也在日新月异地发生变化。为了适应社会的需求，文学也要变革，而西方文化的输入又刺激与推动了近代文学的变革，从而加速了文学近代化的进程。19世纪70年代之后，与维新思想的发展相适应，以黄遵宪为旗帜的新派诗人普遍地要求诗歌要书写新事物、新思想、新意境。

求"新"，首先是时代向诗人提供了大量的新事物、新思想。诸如声光电化、火车、轮船、外国风物，以及自由、平等、民主、博爱等思想观念，都成了诗人歌咏的对象。五彩缤纷的社会生活，熔铸了诗人新的审美意识，使诗人的审美趣味、审美感受，由古代历史文化转移到资

---

① 笔者认为中国第一代知识分子群体正式形成于20世纪初，故将19世纪晚期的这部分人称为准知识分子。

产阶级的物质文明和精神文明。

早在近代初期,有的诗人就把审美视觉投向社会生活中新的景观。1847年,魏源游澳门,在《澳门花园听夷女洋琴歌》中就有了"新意境"[①]。1863年,何绍基的《乘火轮船游澳门与香港作,往返三日,约水程二千里》写了轮船的"神速":"火急水沸水转轮,舟得轮运疑有神。约三时许七百里,海行更比江行驶。"[②]1864年,壮族诗人郑献甫在《辛酉六月二十六日花舫观番人以镜取影歌》中描写了照相(摄影)艺术的逼真与传神:"唤之欲下对之笑,珠海买得珍珠娘。"稍后的1866年,自称"东土西来第一人"的清政府外交人员斌椿在他的诗集《海国胜游草》和《天外归帆草》中有许多描写异域风光和西方自然科学成就的诗作,内有一篇《与太西人谈地球自转理有可信》书写了"地动说":"地转良可信,破的在一言。"[③]这更是古代诗人所梦想不到的。

描写新事物,在"诗界革命"新派诗人的作品中更为习见。黄遵宪的《今别离》四首被时人誉为是"以旧风格含新意境"的"千年绝作"[④],诗人把火车、轮船、电报、照片和东西半球昼夜相反等西方自然科学的新成就、新知识写进自己的作品,通过这些新的审美对象来表达传统的男女相思的主题,从而使这组诗具有了新意境。曹昌麟、毛乃庸亦仿黄氏之《今别离》各作四章,通过咏蜡像、蒸汽循环、月球和地球、报纸、留声机、电话、望远镜、南北两半球寒暑相反,来写男女相思和情爱(限于篇幅,引诗从略)。

---

① 魏源:《澳门花园听夷女洋琴歌》,《魏源集》下册,中华书局1976年版,第739页。
② 何绍基撰,龙震球、何书置校点:《何绍基诗文集》,岳麓书社1992年版,第572页。
③ 斌椿:《海国胜游草》,岳麓书社1985年版,第178页。
④ 转引自钱仲联:《梦苕庵诗话》,齐鲁书社1986年版,第176页。

中国近代文学的历史地位
——兼论中国文学的近代化

近代诗人中有许多曾涉足海外。除前面已提到的斌椿外,著名的还有王韬、黄遵宪、康有为、梁启超、马君武、潘飞声等人都到过欧美,而东渡日本的就更多了。诗人身居异邦,眼界开阔了,审美对象丰富了,异国的风光、风俗人情,以及政治、科学、文化、艺术,都成了他们诗歌创作的题材。经过诗人的艺术创造,在他们的作品中就产生了新意境。康有为说:"新世瑰奇异境生,更搜欧亚造新声。意境几于无李杜,目中何处著元明。"① 丘逢甲说:"直开前古不到境,笔力纵横东西球。"② 就是对近代文学这一求新求变思潮的简要概括。求新求变是近代文学思潮中的主流,即使当时较为保守的一些诗人也受到这一思潮的影响。宋诗派诗人江湜说:"意匠已成新架屋,心花那傍旧开枝。"③ 樊增祥也说:"今当万世求新日,故纸陈言要扫空。"④ 就连被胡适称为"假古董"的王闿运都说:"五十年来事事新,吟成诗句定惊人。"⑤ 革新派和传统派诗人均已认识到求新求变是时代的召唤和文学自身发展的必然趋势,而这一点也正是促进文学近代化一个重要契机。

新思想、新事物、新意境,在这时段的旅外游记中更为突出,其代表作如王韬的《漫游随录》、郭嵩焘的《伦敦与巴黎日记》、黎庶昌的《西洋杂志》、薛福成的《出使英法意比四国日记》中的部分散文,更是

---

① 康有为:《与菽园论诗兼寄任公、孺博、曼宣》,载人民文学出版社编辑部编注:《康有为诗文选》,人民文学出版社1958年版,第264页。
② 丘逢甲:《说剑堂题词为独立山人作》,载丘铸昌校点:《岭云海日楼诗钞》,上海古籍出版社1986年版,第84页。
③ 江湜:《近年》,载左鹏军点校:《伏敌堂诗录》,上海古籍出版社2008年版,第139页。
④ 樊增祥:《余论诗专取清新,以为古作者虽多,于诗道固未尽也,赋此示戟传、午诒》,载涂晓马等校点:《樊樊山诗集》(下),上海古籍出版社2006年版,第1378页。
⑤ 王闿运:《忆西行与胡吉士论诗因及翰林文学》,载马积高主编:《湘绮楼诗文集》,岳麓书社1997年版,第1588页。

琳琅满目。限于篇幅，兹从略。

第二，翻译文学的介入，促进了文学的近代化。

近代西学传播的途径首先是自然科学，而后是社会科学，最后才是文学。文学的译介最迟，大约在19世纪70年代之后[①]。在此之前虽然也有传教士翻译的西洋文学，如1853年出版的宾威廉译的英国作家约翰·班扬（John Bunyan, 1628—1688）的小说《天路历程》和威妥玛（T. F. Wade, 1818—1895）译的美国作家朗费罗（Henry Longfellow, 1807—1882）的《人生颂》等，但真正由中国人翻译的外国文学作品大约要在19世纪70年代之后。目前所知，19世纪70年代到19世纪末，除翻译了少数诗歌、寓言外，主要是小说翻译，大约译了17种[②]，这之中不仅有社会小说《昕夕闲谈》、游记小说《绝岛漂流记》（即《鲁滨逊漂流记》）、爱情小说《巴黎茶花女遗事》，而且还有政治小说《佳人奇遇》《经国美谈》、侦探小说《福尔摩斯侦探案》、科学小说《八十日环游记》，后面这三种类型的小说，中国过去都没有，它们对此后的近代小说创作产生过很大影响。近代后期创作的政治小说（如梁启超的《新中国未来记》、陆士谔的《新中国》），侦探小说（如讷夫的《钱塘狱》），科学小说（如徐念慈的《新法螺先生谈》）都是在翻译小说的影响下产生的。翻译文学的出现，对于中国文学的近代化，从文学观念、文学思想、文学体制到语言建构均有重要的影响。即以叙事模式而论，林纾译《巴黎茶花女遗事》的第一人称叙事、倒叙，以及书中插入书信、日记，对此后苏曼殊的自传体小说《断鸿零雁记》、徐枕亚的《玉梨魂》、何诹的《碎琴楼》均有一定的影响[③]。

---

① 详见郭延礼：《中国近代翻译文学概论》（修订本），湖北教育出版社2005年版，第12页。
② 此据樽本照雄编：《清末民初小说年表》，日本清末民初小说研究会，1999年。
③ 详见郭延礼：《中国前现代文学的转型》第七章《西方文化与近代小说形式的变革》之"六、小说形式的近代化"，山东大学出版社2005年版，第139—142页。

中国近代文学的历史地位
——兼论中国文学的近代化

顺便再提一点,笔者虽然不主张将外国传教士翻译的作品列入中国翻译文学①,但李提摩太1894年所译《百年一觉》稍有例外,这是因为它不同于专门宣传基督教义、主要供教民阅读的小说《天路历程》。《百年一觉》是一部带有浓厚幻想色彩的政治小说,它不但对当时的梁启超、康有为、谭嗣同等维新派人士思想上有很大影响②,而且在叙事艺术上对近代小说创作也有一定的启示,比如梁启超的政治小说《新中国未来记》所使用的"未来幻想曲"的结构方式,就有可能受到这部小说的影响③。再一点,小说的白话译文对近代白话欧化式的语言建构也许有鸿爪可寻。

第三,文学题材聚焦于大都市。

文学题材并不能完全决定文学的时代属性,但某一时段社会生活的原生态对文学书写肯定会有所影响。正如马克思所论述的:"与资本主义生产方式相适应的精神生产,就和与中世纪生产方式相适应的精神生产不同。如果物质生产本身不从它的特殊的历史形式来看,那就不可能理解与它相适应的精神生产的特征以及这两种生产的相互作用,从而也就不能超出庸俗的见解。"④19世纪70年代之后,随着中国沿海城市的崛起及资本主义工商业的发展,随之而来的是农村经济的凋敝和破产,农村人口流入城市,这是资本主义发展进程中全球性的现象。因此,在近代文学中描写都市生活的小说很多,其中以描写妓女题材的所谓"狎邪小说"最为著名,这类小说背景的活动范围大多集

---

① 详见郭延礼:《中国近代翻译文学概论》(修订本),第12页。
② 详见郭延礼:《中国近代翻译文学概论》(修订本),第102—103页。
③ 详见郭延礼:《中国近代翻译文学概论》(修订本),第102—108页。
④ 马克思:《剩余价值理论》,《马克思恩格斯全集》第26卷第1册,人民出版社1972年版,第295页。

中于上海、南京等沿海大城市或商业繁荣的文化名城（如扬州、苏州、杭州），1892年出现的韩邦庆的《海上花列传》是这方面的代表作。此前的这类小说有《花月痕》（1873）、《青楼梦》（1878）、《绘芳录》（1878）、《风月梦》（1883），此后则有《海上繁华梦》（1903）、《九尾龟》（1906—1910）等。19世纪70年代后出现的这些描写妓女题材的小说，大多把镜头锁定在商业大都市。这类小说所描写的社会背景、风土民情，正是近代半殖民地半封建社会的中国大都市的典型写照。从外国租界、巡捕班房、十里洋场，到酒楼烟馆、赌场剧院，灯红酒绿，纸醉金迷，无不打上了近代半殖民地大都市的烙印。娼妓制度，是剥削阶级社会的产物，在近代，它又是伴随着资本主义的发展而盛行的一种社会文化现象。妓女多是农村破产后盲目流入城市的乡村姑娘，嫖客则是与商业有关的名流，什么红顶巨商、招商局局长、财界大亨、当铺掌柜、银行买办，他们成了小说中的主人公，上海这个典型的近代中国半殖民地的大都会，就成了他们的伊甸园。这类所谓"狭邪小说"（金肉交易）已与1840年前的古典言情小说中才子佳人（佳人中也有妓女）的书写模式（重才、重貌、重情）大不相同。小说在题材上展示的这种由农业文明向工业文明蜕变中所呈现的近代性，是中国文学近代化进程中必然出现的文学现象。

第四，近代白话文热潮促进了文学语言的近代化。

近代白话文热潮出现于19世纪末并非偶然，它是近代社会政治、经济、文化发展的产物，也是文学近代化进程中出现的语言现象。随着近代资本主义的发展和西学东渐的深入，新的科学技术和新事物、新思想、新名词不断进入社会生活领域，与此相适应，作为直接反映这种变化物质外壳的语言也必然相应地有所变化。另外，一些具有维新思

中国近代文学的历史地位
——兼论中国文学的近代化

想的文学家,为了思想启蒙和推动文学进入民间,也需要建构一种文体——由文言变为白话。

近代白话文热潮的兴起,是近代文学家不断探索的结果。早在1868年,黄遵宪就提出"我手写我口"的主张,后来在《日本国志》中,他又针对中国言文分离的现状表达了文体改革的意向,即创建一种"适用于今、通行于俗"的"文体",这种文体也就是"言文合一"的白话文体。此后,梁启超、谭嗣同、狄葆贤、王照等人对这个问题都有过类似的论述,可见主张"言文合一"已是时代共同的呼唤。正是在这种情况下,裘廷梁(1857—1943)发表了《论白话为维新之本》(1898),正式提出了"崇白话而废文言"的口号,标志着近代白话文热潮进入了一个新阶段。

在以裘廷梁为代表的近代白话文理论的倡导下,19世纪末20世纪初出现了一个白话文热潮,其主要表现是白话报刊雨后春笋般地出现[①],白话书籍的大量印行和白话小说的出版。这三种白话载体/传媒的运作,扩大了白话文在社会上的影响,有力地推动了近代白话文热潮的健康发展,并取得了显著的成绩。

近代白话文的语言建构也有一个发展变化的过程,大体上说,在其前期,近代白话文以通俗化和口语化为其主要特点,随着近代白话文的发展和拟想读者接受程度的调整,雅化和欧化又成为近代白话文后期的发展趋势。在近代白话书面语变革中,通俗化—口语化—雅化—欧化(新名词的进入和模仿外国语法)的变迁,也就是白话语言建构之近代

---

① 据胡全章《清末民初白话报刊研究》(博士后研究工作报告,2010年6月)统计,1897—1918年间有白话报刊371种。

化的过程。它不仅推动了文学语言的近代化,也为"五四"白话文运动奠定了物质基础和社会接受的舆论准备。

近代白话文热潮这一冲击波对于文学创造主体也有一定的影响。梁启超的"新文体"虽系言文参半,还不是纯白话,但它无疑是近代文学语言建构中的一支生力军。特别是活跃于20世纪初文坛的一批作家,如秋瑾、陈天华,以及白话小说家李伯元、吴趼人、刘鹗、曾朴、陆士谔等人,他们的白话散文、弹词、小说有力地支持与推动了近代白话文热潮的发展。在此影响下,连坚守古文阵地的林纾也曾一度在《杭州白话报》上发表白话体的《闽中新乐府》32首,为文崇尚魏晋、语言古奥艰深的章太炎也写了通俗诗歌《逐满歌》。更值得注意的是,章太炎和国学大家刘师培还用白话文体撰写述学文[①],由此不难看出近代白话文热潮对近代文学的影响。

近代白话文热潮的核心是对古代文学语言雅俗格局的颠覆。数千年来,古代文学语言尚"雅",或以"雅言"相称,这是因为古代文学的创造主体和接受主体都是士大夫阶层的高雅之士。宋元之后的通俗文学虽尚俗,但并没有改变古代文学语言雅俗格局的基本定位。近代以来,基于经世致用思潮和思想启蒙的需要,作为文学物质外壳的语言必然也要变革,要"言文一致",要由雅入俗。近代白话文热潮虽然还不是想"用一种汉语书面语系统取代另一种汉语书面语系统"[②],却为此后这种

[①] 刘师培曾在《中国白话报》(1904)上连续发表白话述学文十多篇,如《黄梨洲先生的学说》《泰州学派开创家王心斋先生的学术》等。章太炎在日本创办的《教育今语杂志》(1910)上发表白话述学文6篇,1921年收入上海泰东图书馆出版的《章太炎的白话文》一书。详见胡全章《清末民初白话报刊研究》。

[②] 汪晖:《地方形式、方言土语与抗日战争时期"民族形式"的论争》,载《现代中国思想的兴起》下卷第二部《科学话语共同体》,生活·读书·新知三联书店2004年版,第1494页。

"取代"("五四"白话文运动)奠定了理论和实践的基础,并有效地推动着中国文学的近代化。这便是近代白话文热潮的历史功绩。

四

20世纪初至1919年的五四运动是中国文学近代化的完成期。

20世纪初的中国思想界较之19世纪末更加活跃,这是因为"天演论"与"民约论"的传播所带来的巨大活力。1898年,严复所译的《天演论》出版,书中宣传的"物竞天择,适者生存""优胜劣汰"的理论,成为当时及此后近半个世纪中国知识分子与封建顽固派进行斗争的思想武器。《民约论》的传播,使"天赋人权"学说,以及自由、民主、平等、博爱乃至革命,日渐深入人心。柳亚子在他的《放歌》中云:"卢梭第一人,铜像巍天闾。《民约》创鸿著,大义君民昌。"[①] 由此可见《民约论》在知识界的巨大影响。

随着近代民主、自由和革命思想的传播,近代民族主义、民主主义革命思潮日趋高涨,第一代知识分子群体逐渐形成。以梁启超、柳亚子为代表的知识精英在19世纪后期文学革新运动的基础上,正式提出了"诗界革命""文界革命""小说界革命"和"戏剧界革命"的口号,极大地推动了中国文学近代化的进程。随着"四界革命"的发展、西方文学的传播、新的文学观念的确立、新的文体结构的形成及新型传播媒介

---

① 柳无非、柳无垢:《柳亚子诗词选》,人民文学出版社1959年版,第3页。另,蒋智由在《卢骚》诗中亦云:"《民约》倡新义,君威扫旧骄。力填平等路,血灌自由苗。"见拙编《近代六十家诗选》,山东文艺出版社1986年版,第438页。

的建立,至"五四"前夕,中国文学基本上走完了近代化的道路,故笔者称 20 世纪初至"五四"为中国文学近代化的完成期。

对于 20 世纪初至五四运动这二十年文学近代化的定性,不论是赞成派或消解派①,都承认这二十年是具有最充分的近代性或现代性的二十年,是与古代文学不同质的二十年。于此,有的学者已作了必要的论述②。这里笔者再作如下补充。

第一,中国第一代知识分子已成为创作主体的主力军,加速了文学的近代化。

中国古代文学的创作和接受主体都是士大夫阶层,至 19 世纪中后期,这种状况也没有大的改变。20 世纪之后,由于新式教育的迅速发展和留学生的增多,在第一个二十年,第一代知识分子构成了近代文学创作主体的主力军③。

近代知识分子(intellectual)是中国第一代知识分子,它和科举时代的"士"(scholar)不同。近代知识分子是与近代新式教育联系在一起的,它包括三部分人:一是使外人员及在国外从事文化活动的知识精英,如黎庶昌、薛福成、曾广铨、王韬、黄遵宪、蒋智由(1866—1929)、梁启超、辜鸿铭等;二是新式学堂和教会学校培养的学生,这部分人在 20 世纪后越来越多,如女翻译家陈鸿璧(1884—1966)、黄

---

① 赞成派指赞同 1840—1919 年为中国近代文学时期者;消解派指提出中国文学史中没有"近代文学"这一时期者。
② 详见章培恒:《关于中国近代文学的开端——兼及"近代文学"问题》,《复旦学报》2001 年第 2 期。
③ 大约在 19 世纪 80 年代之后,作家队伍中开始出现知识分子,如王韬(1828—1897)、黎庶昌(1837—1897)、薛福成(1838—1894)、马建忠(1845—1900)、黄遵宪(1848—1905)、陈季同(1852—1907)、严复(1854—1921)、陈寿彭(1857—?)、辜鸿铭(1857—1928)、曾广铨(1871—1940)等人。

翠凝、陈翠娜、杨季威、郑申华、黄静英、高君珊等都是教会学校培养的高材生，男性作家更多；三是留学生，其中不少人是近代著名的文学家和翻译家，如马建忠、严复、陈季同、马君武（1881—1940）、苏曼殊（1884—1918）、吴梼、伍光建（1867—1943）、戢翼翚（1878—1908）、陈天华（1875—1905）、高旭（1877—1920）、李叔同（1880—1942）、秋瑾（1877—1907）、张昭汉（1883—1965）、吕碧城（1883—1943）、薛琪瑛、沈性仁（？—1943）、刘韵琴（1883—1945）、吴弱男（1886—1973）等①，这三部分人占了近代主流作家的三分之二以上。

近代知识分子与古代"士"的不同，主要表现在知识结构、生活理想和行为方式上。在知识结构方面，前者多数具有自然科学或社会科学、人文科学的知识，于西方文化亦有不同程度的了解，有的还精通一国或数国语言；而古代的"士"一般不具备以上的知识。在生活理想方面，古代的"士"走的是科举做官的道路，"学而优则仕"是晋升的阶梯；近代知识分子已放弃了科举—做官的道路，他们多数想通过自己的一技之长（专业知识）服务于社会，并作为谋生的手段。比如李伯元，有人曾推荐他应征经济特科，他拒不参加，而是自愿去办报纸、写小说。近代知识分子所向往的是西方的科学和民主，并希望在社会生活中求得自己独立的位置和保持自己独立的人格。这也可以看出近代知识分子的生活理想、行为方式已和古代的"士"执着于科举仕宦或皓首穷经，是大不相同了。

近代知识分子（包括女性）进入创作主体并成为主力，以他们新

---

① 近代留学生是一个庞大的群体，有学者统计，"南社"社员中有留日者49人，留学欧美者8人。

的生活姿态、新的审美感受和新的美学理想加速了中国文学近代化的进程；这也是中国文学近代化进入完成期的决定性因素之一。

第二，近代以"四界革命"为主要内容的文学革新运动，促进了文学的近代化，并为"五四"新文学的产生奠定了基础。

梁启超等文学精英所倡导的"四界革命"，是一次有纲领、有组织、有理论、有队伍、有阵地的文学革新运动，它反映了在西学东渐下中国文学求新求变的革新诉求，揭示了中国近代文学新的走向，它对中国近代文学的发展及文学的近代化具有积极的促进意义。

诚然，"四界革命"是想通过文学开启"民智"、培养"民德"、激发"民气"，并为思想启蒙和民主革命服务，带有明确的功利目的和政治色彩；但梁启超等人冲破传统桎梏，更新文学观念，使文学由过去的"世教民彝""劝善惩罪"、宣扬"孝道""忠义"，变为开启民智，传播西方文化，宣传变法革新和民族、民主革命的一种艺术形式，把文学视为一种独立的意识形态，而不是儒家所说的"雕虫小技""六经国史之辅"。他们从进化论的理念出发，大力主张文学革新，应当说，这对促进文学的近代化是有积极意义的。

近代的"文界革命"和"诗界革命"促进了文体和诗体的解放，并向着"平民化"和"通俗化"的方向发展。"小说界革命"和"戏剧界革命"颠覆了小说戏剧向为"荒诞"、"淫词"、不登大雅之堂的传统观念，促进了小说、戏剧的重新定位，使古代处于边缘地位的小说和戏剧，由文体结构的边缘向中心转移，并为"五四"新文学最后形成小说、戏剧、诗歌、散文为主体的现代文体结构奠定了基础。

第三，西方文化的输入促进了文学的近代化。

文学的生存环境对于文学的发展与变革具有重大的影响。中国近代文学与古代文学在生存环境方面最主要的不同就是西方文化的引入。西学东渐对近代文学的影响是全方位的,从创作主体、文学观念、文学主题、文体结构、叙事模式、艺术表现、文学语言到传播媒介,都受到西方文化的影响。这些笔者在《中西文化交汇中的近代文学理论》和《西方文化与近代小说形式的变革》[①]中已有论述,不再赘言。这里再以上面提到的"四界革命"为例,探讨一下它所受西方文化的影响。

梁启超等人提倡文学革新,就是受到西方文化的启示,并试图用西方文化精神来改造中国的旧文学。梁启超提倡"诗界革命",要求诗歌引进欧洲的新思想、新意境和新语句。他提倡"文界革命",主要是受到日本明治维新时代启蒙思想家福泽谕吉和政论家德富苏峰的影响,但他们二人的"文思"也是西欧文化影响下的产物,梁氏称之为"欧西文思"。"文界革命"的起点就是要输入这种"西欧文思"。"小说界革命"主张翻译西欧和日本的政治小说,认为世界诸国的政治变革和社会进步,"政治小说为功最高焉"。为了启迪民智和宣传变法的维新思想,他写了《译印政治小说序》,目的是将外国小说中"有关切于中国今日时局者,次第译之"。至于他在《论小说与群治之关系》中,将小说提升为"文学之最上乘",称"小说为国民之魂",极力强调小说的社会作用和文学地位,其理论资源也是取之于西方文化。

柳亚子、陈去病等人所倡导的"戏剧界革命",也明显地受到西方文化的影响。柳亚子主张编演西方革命历史题材的剧作,以宣传资产阶级民主革命。柳亚子说:"吾侪崇拜共和,欢迎改革,往往倾心于卢梭、

---

① 郭延礼:《中国前现代文学的转型》,山东大学出版社2005年版,第201—216、109—142页。

孟德斯鸠、华盛顿、玛志尼之徒,欲使我同胞效之;而彼方以吾为邹衍谈天、张骞凿空,又安能有济?今当捉碧眼紫髯儿,被以优孟衣冠,而谱其历史,则法兰西之革命,美利坚之独立,意大利、希腊恢复之光荣,印度、波兰灭亡之惨酷,尽印于国民之脑膜,必有欢然兴者。"①选用西方历史题材,特别是资产阶级革命历史题材,通过西方资产阶级革命志士的舞台形象来教育中国人民,激发青年的爱国情感和尚武精神。梁启超的《劫灰梦传奇》《新罗马传奇》《侠情记传奇》也属于这一类。由此可见近代的"戏剧界革命"与西方文化的关系。

至于作家个人自觉地摄取西方文学及哲学、美学理论中的营养以建构自己的理论体系者,其所受影响那就更加清楚了。如大家所熟知的王国维,他的美学理论和文艺思想就深受德国哲学家康德、席勒、叔本华、尼采及丹麦心理学家海甫定的影响。再如黄人,他在《中国文学史》中关于"文与文学"一节,于文学的定义、特质、目的等问题的论述均借鉴自日本文学批评家太田善男(1880—?)的《文学概论》一书,而太田善男的《文学概论》又是吸收了英国19世纪浪漫主义运动中关于文学的新观念及稍后兴起的唯美主义思潮中对文学形式的强调。与此相类似的还有成之(吕思勉)的《小说丛话》也受到太田善男《文学概论》中新观念的影响②。

近代作家主动、自觉地吸纳西方文化和文学思想中的新观念,是西学东渐中常见的现象,随着近代文学研究的深入,我们将会发现更多借鉴、吸纳西方文学资源的情况,同时也帮助我们进一步认识西方文化 /

---

① 亚卢:《〈二十世纪大舞台〉发刊辞》,载阿英编:《晚清文学丛钞·小说戏曲研究卷》,中华书局1960年版,第176—177页。
② 陈广宏:《黄人的文学观念与19世纪英国文学批评资源》,《文学评论》2008年第6期。

文学与近代文学的关系。至于像梁启超、康有为、林纾、蒋智由、柳亚子、高旭、马君武、苏曼殊、秋瑾、吕碧城等近代主流作家吸纳西方文化及所受影响，已是尽人皆知，兹不赘述。

第四，近代传播媒体的诞生促进了中国文学的近代化。

19、20世纪之交，传媒发生了巨大的变化，主要有两点：一是报刊大量出现并成为文学作品的主要载体；二是平装书的问世。报纸和杂志刊登文学作品虽不始于20世纪，但报刊普遍地、大量地刊登诗词、散文、戏剧，特别是小说，则是20世纪之后的事情。20世纪初，继《新小说》（1902）之后，小说杂志如雨后春笋，发展很快，到1919年"五四"前，小说杂志不下50种，既刊登创作小说和翻译小说（就连中长篇小说，也是先在报刊上连载，然后再结集出版），也刊登诗词、戏剧、游记、政论和理论批评，报刊成了文学作品的主要载体。所以有人说，20世纪几乎成了"刊物化"的时代[①]。

平装书的出现，也是传播史上的一件大事。进入20世纪，随着印刷术的进步，活字铅印、石印和机器复制的近代印刷体系已经形成，印刷效率空前提高。许多文学作品的单行本，大都采用铅印和石印的平装，这和此前木刻、线装、手工操作有了很大的不同。文学传媒和印刷上的这两大变化，促进了文学的繁荣以及文学创作主体和阅读群体的平民化，价格低廉的报纸、杂志和平装书，城镇市民、学生几乎可以人手一册。消费群体的这种变化，他们的审美趣味和娱乐需求又影响了文学的内容和形式，使文学向着平民化、通俗化、人性化的方向发展。由传

[①] 柳珊：《民初小说与中国现代文学的开端》，载章培恒、陈思和主编：《开端与终结——现代文学史分期论集》，复旦大学出版社2002年版，第71页。

媒和印刷术所引起的这一变化，正是促进文学近代化的又一动力。

　　上面笔者曾说过，中国文学的近代化是东方国家类型的近代化，它是在面临西方殖民主义者的武力威胁，以及强势文化入侵的历史背景下完成的，且历程较短（欧洲国家的近代化有百余年或数百年的历史），与西方发达资本主义国家的文学近代化相比，是显得不够充分。尽管如此，中国文学近代化的历史轨迹还是鲜明的，既有发展阶段可寻，也有着自身的特点：启蒙、开放、变革、多元。具体而言，中国文学的近代化是以思想启蒙为主旨，爱国主义、民主主义是其主旋律，在中西文化交流、撞击、融合中不断地探索着文学变革，形成了文学体裁、书写模式、艺术表现、美学风格、语言形式上多元共存的局面，为"五四"新文学的诞生奠定了思想基础和文学基础。以上概括也可以视为中国近代文学的本体性和特点。

五

　　近代文学是中国文学史发展链条上重要的一环，它有着独立的历史地位和不可替代的价值。这一点，笔者上面已谈到，下面再对其不可替代的价值作简要的论述。

　　关于近代文学的总体成就，二十年前笔者在拙著《中国近代文学发展史·绪论》中有一段钩玄提要的话：

> 　　这不平凡的八十年产生了不同凡响的文学。作家视野的开阔，文学体裁的完备，人物形象的刷新，审美理想的变化，都有别于古

代文学；而话剧的产生，翻译文学的繁荣，比较文学的诞生，女性文学的别开生面，文学期刊的出现，文艺社团的兴起，以及"诗界革命""文界革命""小说界革命""戏剧改良"等资产阶级文学革新运动的此起彼伏，形成了近代文学繁荣兴盛、万紫千红的局面，开创了一代文学的新纪元，其成就是光辉的。①

今天，我仍认同这一看法。列宁说过："判断历史的功绩，不是根据历史活动家没有提供现代所要求的东西，而是根据他们比他们的前辈提供了新的东西。"② 近代文学有无其独立的历史地位，那就看它比古代文学是否提供了"新的东西"，而这些"新的东西"对后来的文学是否有着不可忽视的影响。

近代文学固然是在中国传统文学母体中诞生和发展的，它有着对古典文学优良传统的继承；但以鸦片战争为开端的近代社会，是一个"三千年未有之大变局"的社会，再加上西方文化的影响，中国近代文学不论从思想基础、文学观念、创作主题、艺术形式，还是传播媒介、接受群体，与鸦片战争前的古代文学均有着显著的不同。比如在文学品种上，像话剧这种新的艺术形式就是在近代戏剧革新的基础上、在日本新派剧和西方戏剧的影响下产生的一个新品种，其他如翻译文学、报告文学，都是在近代产生的。再以小说类型而论，古代小说不外志人、志怪、讲史三大类，倘再细分，可区分为言情小说、历史小说、讽刺小说、神魔小说、公案小说等。但在近代小说中，除以上类型外，还有政

---

① 郭延礼：《中国近代文学发展史》第1卷，高等教育出版社2001年版，第1页。
② 列宁：《评经济浪漫主义》（1897年），载人民出版社编辑部编：《马克思恩格斯列宁斯大林论历史人物评价问题》，人民出版社1975年版，第36页。

治小说、科学（科幻）小说、侦探小说、教育小说，这四种类型的小说在古代小说中是没有的。以上还只是近代文学中一些外在的表层现象，下面笔者再就若干古代文学中所无而为近代文学所开创者略举数例，以见近代文学独特的贡献。

第一，文学上全方位的近代变革在中国文学史上首次出现。

中国近代社会是一个剧烈动荡、民族灾难空前深重的时代，也是一个呼唤风雷、变革求新的时代。随着近代经世致用—维新变法—民主革命思潮的发展，随着中国近代"民族国家"思想的建构，随着西学东渐以及学习西方意识的强化，中国文学在近代化过程中发生了全方位的近代变革。文学创作主体，由古代的士大夫变成近代知识分子。文学观念上，文学由古代的政治附庸变为独立的存在，由文以载道、社会教化变为思想启蒙或"审美的艺术创作"。文学结构由杂文学体系逐渐形成小说、戏剧、诗歌、散文的现代文体结构，小说、戏曲由文体边缘进入文体结构中心。文学语言总的走向是由文言向白话过渡。近代文学语言是一个多元混合体，从现存的文本分析，有文言、浅近文言、文白交错和白话四种。传播媒介，由手工雕版、线装变成铅印、石印、平装和机器复制，报刊成为文学文本的主要载体，读者也由士大夫阶层变为平民百姓。这种全方位的文学变革，是中国近代社会变革的一部分，也是文学近代化进程中的产物。这是因为近代文学的开端正处在马克思、恩格斯所说的"世界文学"的时代[1]，鸦片战争的炮火，使古老的中国"闭关自守的、与文明世界隔绝的状态被打破"[2]，并被迫地卷入世界市场。在

---

[1] 马克思、恩格斯：《共产党宣言》，《马克思恩格斯选集》第一卷，人民出版社1995年版，第276页。
[2] 马克思：《中国革命和欧洲革命》，《马克思恩格斯选集》第一卷，第691页。

这种历史语境下，随着西学东渐，知识精英学习西方和求新求变意识的日益强化，发动了一系列的文学革新运动，推动并完成了中国文学全方位的近代变革。

第二，近代对"美"的新认识和新发现。

近代之前的中国古典美学，自然也有丰厚的遗产，但"美学"作为近代西方一个专门的学科门类，笔者认为，真正意义上的中国美学应始于近代。诚然，古代也讲"美"，如诗美、美文，但这个"美"，是美好、称赞的意思，孔子所谓"尽美""尽善"是也[①]。先秦时代，美是同"味""声""色"联系在一起的。此后孔子主张以"仁"为美，庄子则主张以"自然"为美，汉代的王充以"真"为美，建安文学以"慷慨悲凉"为美，明清之后，李贽以"童心"为美，汤显祖以"情"为美的核心，袁枚倡"性灵"美，但以上所说的"美"与西方"美学"（Aesthetics）范畴中的"美"，其概念并不完全等同。中国近代美学是摄取了西方美学理论而形成的一门审美科学。20世纪第一个二十年，近代文学家已有若干对美的新认识和新发现。文学史家兼批评家黄人提出了"美为构成文学的最要素"[②]，是文学的一种属性、一种品格，把美视为文学批评的一条标准。他又在《小说林发刊辞》中说："小说者，文学之倾于美的方面之一种也。"如果有写小说者忽视其美的属性，自称"吾不屑屑为美，一秉立诚明善之宗旨，则不过一无价值之讲义，不规则之格言而已"，足见他对"美"之作为文学品格的重视。黄人在《中国文学史·总论》（1903）中曾提出真善美的统一，他说："人生有

[①] 《论语·八佾》，载杨伯峻编著：《论语译注》，中华书局1958年版，第36页。
[②] 黄人：《中国文学史·总论》，载江庆柏、曹培根整理：《黄人集》，上海文化出版社2004年版，第357页。

三大目的，曰真，曰善，曰美。……而文学则属于美之一部分，然三者皆互有关系。""美为构成文学的最要素，文学而不美，犹无灵魂之肉体。盖真为智所司，善为意所司，而美则属于感情，故文学之实体可谓之感情云。"① 他又进而提出文学所表现的主要是人的感情世界。如果说，黄人发现了美，并把文学的魅力归之于美或感情，见解深刻，另一位文学理论家徐念慈（1875—1908）则吸取了德国哲学家黑格尔（1770—1831）和基尔希曼（1802—1884）的美学理论，较系统地论述了小说美学的五大特点，强调小说要有"美之快感"，要有"具象理想"，要以"形象"感人②，称"小说者，殆合理想美学、感情美学而居其最上者"③。徐念慈从"美"和"审美"的角度对小说艺术特点的阐释，尽管存有概念含糊、论述简单乃至与西哲原著有抵牾之处，但他较早自觉地运用西方美学理论对小说中的形象性、个性化、理想化、美感作用，乃至典型化问题进行新的阐释，这对于提高人们对小说美学特点的认识，进而纠正当时小说创作中忽视"美"的倾向，都是有积极意义的。

在近代美学方面成就更突出的是王国维。王国维较早从西方引进了"美学""审美""美育""悲剧""欧穆亚""优美""崇高"（他称之为"宏壮"）等新概念，并将它们用之于文学批评，开创了近代文学批评的新范式。王国维的论著，已构成文艺美学一个较完备的体系。它包括非功利说、悲剧说、喜剧说、慰藉说、古雅说（第二形式之美）、美育说、境界说，它们各有其自身的理论内涵，而又相互联系、相互补充，在近代美学史上矗立起一座丰碑。在王国维的美学建构中，他的"悲剧

---

① 黄人：《中国文学史·总论》，载江庆柏、曹培根整理：《黄人集》，第 232、357 页。
② 具体论述详见拙著《中国近代文学发展史》第 3 卷，第 454—455 页。
③ 徐念慈：《小说林缘起》，《小说林》1907 年第 1 期。

说""境界说"影响尤大，分别见于他的《〈红楼梦〉评论》和《人间词话》。前者揭开了中国小说批评史上崭新的一页，也为现代性的文学评论提供了一种新的范式；后者则在传统的形式中注入了现代的理论内涵，从中西文化融合的角度讲，《人间词话》较之《〈红楼梦〉评论》在理论上显得更加成熟。二者的理论内涵，见拙著《中国近代文学发展史》第3卷"王国维的文学批评"章，兹从略。王国维在美学理论和文学批评上的建树和贡献是多方面的，本文的主旨意在说明近代美学的原创性和王国维在中国美学史上不可替代的地位，故在此仅做概括和举例。

在近代美学史上，蒋智由（1866—1929）的贡献也是不可忽视的。如果说，王国维是从解脱生活之欲给人生带来痛苦的角度肯定悲剧，带有出世和消极的思想倾向，蒋智由则是从悲剧能"鼓励人之精神，高尚人之性质，而能使人学为伟大之人物"①的角度推崇悲剧的。他在《中国之演剧界》中，以拿破仑爱看悲剧为例，说"使剧界而果有陶成英雄之力，则必在悲剧"。蒋氏又引拿破仑的话说："夫能成法兰西赫赫之事功者，则坤纳由（corneille，现通译为高乃依。——引者）所作之悲剧感化之力为多。"高乃依（1606—1684）是法国古典主义第一期的著名作家，其悲剧尤有名。蒋智由在历史呼唤英雄的近代，从认定悲剧能陶冶造就英雄的角度出发称赞悲剧，是具有积极的现实意义的。

蒋智由还翻译和介绍了法国19世纪著名的美学家欧仁·维龙（Egnène Vèron，1825—1889）《美学》②中的诗学观，通过按语，表达

---

① 以上引文均见蒋智由：《中国之演剧界》，《新民丛报》第65号（1905年3月20日）。
② 欧仁·维龙的《美学》一书最先由日本的中江笃介译成日文，蒋智由是从日文转译成中文的，题为《维朗氏诗学论按语》，刊于《新民丛报》第70号（1905年12月11日）、72号（1906年1月9日）。

了蒋氏新的文学观念,如蓄积感慨说、创作自由说(论述从略)。他如金天翮(1874—1947)提出的文学的双重美术性[①],成之(即吕思勉,1884—1957)在《小说丛话》中提出的小说乃是一种"美的制作",它需经过模仿、选择、想化和创造四阶段,论述了文学典型化的过程及其基本特征,丰富与完善了20世纪初黄人、徐念慈等人关于小说美学的理论。这些美学论述,不仅融入了近代之前中国美学中所不具有的中西文化汇通的特色,而且突出强化了20世纪第一个二十年文学理论、文学批评中的美学品格。这一点,是近代之前所不具备的。近代文论家对美学的新发现和新建构,应当视为近代文学的重要成就之一。顺便说一句,仅就近代美学理论这一点,那种否定近代文学独立存在的观点就站不住脚。

第三,翻译文学始于近代。

笔者认为严格意义上的中国翻译文学始于近代[②]。中国历史上有三次大的翻译活动,前两次分别是汉唐的佛经翻译和明末清初的西学翻译。佛经翻译虽然对我国汉唐之后的哲学、文学和艺术产生过重大影响,但佛经属哲学,尽管其中有些片断文笔空灵,词采华美,特别是譬喻文字和传说故事,更具文学色彩,但佛经并不是文学作品,佛经翻译亦不属文学翻译。明末清初的西学翻译,内容主要是自然科学,当时所译的宗教书中虽也杂有文学性质的片断,如传教士译的《畸人十篇》《七克》中所引伊索寓言,以及《圣经》中的部分故事,但都不具

[①] 金天翮:《文学上之美术观》,载徐中玉主编:《中国近代文学大系·文学理论集一》,上海书店出版社1994年版,第146—149页。

[②] 笔者认为,中国翻译文学始于近代,理由详见拙著《中国近代翻译文学概论》(修订本),第12页。

有独立的翻译文学性质。真正的翻译文学始于近代。从19世纪70年代开始，中国翻译文学正式诞生，才有了中国人自己用中文（主要指汉语）翻译的外国文学作品。据笔者粗略统计，近代出现的译者约250人，共翻译小说2569种[①]，翻译诗歌百余篇，翻译戏剧20余部，还有翻译散文、寓言、童话若干。近代翻译文学为中国作家打开了一个新的艺术天地，它向人们介绍了西方和东方数十位著名外国作家的文学作品，这不仅开阔了国人的生活视野和艺术视野，文学界也从中汲取了新思想和艺术营养，学到了许多新的艺术手法和表现技巧。近代文学家乃至"五四"时期一批著名的作家如鲁迅、周作人、郭沫若、郑振铎、冰心、庐隐、郁达夫、茅盾等人都不同程度地受到过近代翻译文学的影响。我们应该把近代翻译文学视为对中国文学史的一大贡献。

第四，近代女性文学别开生面。

近代女性文学尤其是20世纪第一个二十年的女性文学，在中国女性文学史乃至整个中国文学史上都有独特的贡献，具体而言，就是出现了四大女性作家群体：即女性小说家群、女性文学翻译家群、女性政论文学家群和南社女性作家群。其前三个群体，在中国女性文学史上均系首次出现，实属破天荒的文学现象。

中国女性文学遗产虽相当丰富且有不同凡响者，如蔡文姬的《悲愤诗》、鱼玄机的诗、李清照的词、朱淑真的诗词，但其文体比较单一，主要是诗词。近代之前，中国女性没有写小说的，第一位写小说的女性是近代满族词人顾太清（1799—1877）。她晚年写了《红楼梦影》（1877年出版），此后又有陈义臣（1873—1890）的《谪仙楼》，但彼

[①] 此据日本学者樽本照雄《新编增补清末民初小说目录》（齐鲁书社2002年版）中的数据。

时尚属孤立创作，真正在中国文学史上出现一个女性小说家群体则是在20世纪初。这个群体有小说家60余人，作品有长篇也有短篇，首次面世几乎全部刊登在报刊上，计有长篇小说17部，短篇150余篇，短篇小说集5种。这个女性小说家群体的出现具有重要的文学史意义。它不仅打破了中国文学史上无女性小说的纪录，开创了女性参与小说书写的新时代，而且也为"五四"时期女性小说家群体的出现提供了文体样板，奠定了文学基础，这就是为什么"五四"刚过便有这么多的女性小说家脱颖而出，出现了像冰心、庐隐、白采、白薇、冯沅君、凌淑华这样一批优秀的小说家。现在答案已很清楚，正是20世纪初第一代女性小说家群体的创作实践，为"五四"时期的女性作家成功登上小说文坛竖起了阶梯。

女性文学翻译家群体登上译坛，这更是中国文学史上一个破天荒的文学现象。古代女性作家大都是名门闺秀，她们接受的教育还是传统的旧式教育，没有学过外文，更没有机会走出国门，接触外国文学和外国语言，所以中国古代不可能出现女翻译家是完全可以理解的。近代由于新式女性教育的发展，女性在中小学阶段已有机会学习外国语，有的更出国留学，于是在20世纪初出现了一个女性文学翻译家群体。据目前可见的材料，大约有15至20人；虽然人数不多，但她们所涉及的翻译领域还是比较宽的，翻译的作品既有中长篇小说、短篇小说，也有随笔和戏剧，其翻译方式，除薛绍徽（1866—1911）一人采用"林译式"外，其他女性翻译家均是独立翻译。

女性政论，这也是古代女性文学中较少见的文学形式。20世纪初，随着女权运动的发展和大批女性报刊的出现，近代后期女性政论应运而生，并拥有一个比女性小说家、女性文学翻译家人数更多且具有较高社会知名度的写作群体（约60人），其代表性的作家有秋瑾、陈撷芬、林宗素、张默君、何震、唐群英、张竹君、燕斌、吕碧城等。她们对"五四"后的女性政论文学也有积极的影响。

南社女性作家群，有61人，其中虽也有小说家、翻译家、政论文学家，但更多的还是诗人／词人。她们多数受过新式教育，有的也是留学生。

20世纪初中国女性文学四大作家群体及其创作在中国女性文学史上占有重要的地位，作者多数是中国第一代知识女性，其创作成就富有开拓意义，有些文体或文类都是古代女性文学所没有的，值得引起学界关注，并应当视为对中国文学史和中国女性文学史的一大贡献。

第五，比较文学的出现始于近代。

比较文学（Comparative Literature）作为一门学科已有百余年的历史，中国学术界开始关注、研究比较文学是20世纪30年代的事。但时间不长，由于种种原因，50年代后，长期被搁置。大约直到80年代初，随着中国改革开放和思想解放运动的到来，比较文学才在中国复苏。作为中国比较文学的源头，笔者认为，20世纪初，以王国维、林纾、严复、梁启超、周桂笙、黄人、徐念慈为代表的近代文论家便为中国比较文学的建立奠定了基础。王向远教授在他的《中国比较文学百年史》中把1898—1919年称为比较文学的发生期[①]，笔者认同这一见解。

随着中西文化交流的深入以及中国近代翻译文学的发展，中国文学界对西方（包括日本）文化及文学的了解愈来愈多，在知己知彼的基

---

① 王向远：《中国比较文学百年史》，《王向远著作集》第六卷，宁夏人民出版社2007年版，第6页。

础上,自然形成了世界视野和比较意识。一些文化精英,开始对中西文化／文学产生了比较的念头进而着手从事这一研究。尽管他们当时并不了解"比较文学"这一学科概念,但他们所做的工作,毫无疑问是属于比较文学的研究范畴。

20世纪初期的比较文学,多数还是平行比较,主要是对中外文学(特别是小说)的优劣比较。这些比较,由于多数比较主体不能阅读原著,他们主要是通过自己的翻译实践(如林纾)或当时的译本进行比较评论。加之其文本形态多数是零散的片断,缺乏系统(王国维除外),严格地说,也只能算是中西"文学比较",但它是中国比较文学的雏形和萌芽,则是可以肯定的。

所谓"平行研究",主要是指"对那些没有事实联系的不同民族的作家、作品和文学现象进行研究,比较其异同,并在此基础上引出有价值的结论"[①]。近代的比较文学大多属于平行研究。早在19世纪末,严复和夏曾佑在他们合写的《国闻报馆附印说部缘起》(1897)[②]中就提出了"公性情"这一人类共通的问题。文云:"抑无论亚洲、欧洲、美洲、非洲之地,石刀、铜刀、铁刀之期,支那、蒙古、西米底(塞兰人)、丢度尼(俾格米人)之种,求其本原之地,莫不有一公性情焉。此公性情者,原出于天,流为种智。儒、墨、佛、耶、回之教,凭此而出兴;君主、民主、君民并主之政,由此而建立。故政与教者,并公性情之所生,而非能生夫公性情也。何谓公性情?一曰英雄,一曰男女。"正是

---

① 陈惇等主编:《比较文学》,高等教育出版社1997年版,第66—67页。
② 此文原刊于天津《国闻报》光绪二十三年(1897)十月十六日至十月十八日,原题如上文,后因为梁启超在《小说丛话》中提到此文,名曰《本馆附印说部缘起》,以是后来均依梁氏题名。

因为人类有公性情,就产生了人类文化的共通性,所谓"东海西海,此心此理"①,"南海北海此心同,此理同"②。这种"心同""理同"的文化共通性,便成为两种文化/文学进行比较的逻辑前提。黄人进而又阐释道:"小说为以理想整治事实之文字,虽东西国俗攸殊,而必有相合之点。如希腊神话,阿剌伯夜谈(《天方夜谈》)之不经,与吾国各种神怪小说,设想正同。盖因天演程度相等,无足异者。"③人类、宇宙间这种"心理""事理"的相通,便为跨国族、跨文化的比较研究奠定了基础。在中西文化交流的语境下,这种比较意识便催生了近代比较文学的萌芽。在平行研究方面,林纾是有代表性的。林纾一生翻译欧美、日本等11个国家的180余种小说(包括部分未刊稿),长期的翻译实践,使他逐渐感悟到中外文学的异同。基于此种认识,他为其所译小说写了大量的序跋,就小说的思想内容、创作方法、艺术形式、表现手法与中国文学进行比较,其中有不少真知灼见。但林纾系古文家,他所熟悉的是古文家的"伏线、接榫、变调、过脉"等笔法,他认为西方小说在谋篇、布局、剪裁、联系方面与我国司马迁的《史记》有相似之处。他说:"西人文体,何乃类我史迁也。"④又说:"哈氏(英国小说家哈葛德)文章,亦恒有伏线处,用法颇同于《史记》。"⑤他又将《左传》《史记》与狄更斯的小说并举:"左氏之文,在重复中能不自复;马氏之文,

---

① 王国维:《叔本华像赞》,载佛雏校辑:《王国维哲学美学论文辑佚》,华东师范大学出版社1993年版,第172页。
② 黄人:《小说小话》,载江庆柏、曹培根整理:《黄人集》,第321页。
③ 黄人:《小说小话》,载江庆柏、曹培根整理:《黄人集》,第321页。
④ 林纾:《斐洲烟水愁城录·序》,载阿英编:《晚清文学丛钞·小说戏曲研究卷》,第216页。
⑤ 林纾:《洪罕女郎传·跋语》,载阿英编:《晚清文学丛钞·小说戏曲研究卷》,第276—277页。

在鸿篇巨制中,往往潜用抽换埋伏之笔而人不觉;迭更氏亦然。"又说:"左、马、班、韩能写庄容不能描蠢状,迭更司盖于此四子外,别开生面矣。"① 林纾认为,狄更斯的文学成就并不在我国左丘明、司马迁、班固、韩愈之下,称赞狄更斯的《块肉余生述》完全可与《史记》《水浒传》《红楼梦》媲美②,这都是很有眼力的。

这些比较,虽有见地,亦有局限,即小说与古文毕竟不是一种文体。古文笔法的那一套很难与小说文体的人物形象、结构艺术、环境描写、心理刻画相对应。笔者认为林纾在比较文学中最大的贡献是对于西方小说中批判现实主义的阐发与介绍。林纾翻译英国狄更斯的小说五种,即《块肉余生述》(今译《大卫·科波菲尔》)、《孝女耐儿传》(今译《老古玩店》)、《滑稽外史》、《贼史》、《冰雪因缘》(今译《董贝父子》)。他对 19 世纪这位批判现实主义小说家十分喜爱,评价甚高。林纾通过狄更斯的小说与中国文学作品的比较,揭示了批判现实主义创作方法的若干特点,尽管他当时对"批判现实主义"这一概念并不清楚。

描写小人物并以他们为作品的主人公,是批判现实主义小说的一个主要特点。林纾说:

> 中国说部,登峰造极者,无若《石头记》。叙人间富贵,感人情盛衰,用笔缜密,着色繁丽,制局精严,观止矣。其间点染以清客,间杂以村妪,牵缀以小人,收束以败子,亦可谓善于体物。终

---

① 林纾:《滑稽外史·短评数则》,载阿英编:《晚清文学丛钞·小说戏曲研究卷》,第 276—277 页。
② 林纾:《块肉余生述·前编序》,载阿英编:《晚清文学丛钞·小说戏曲研究卷》,第 254 页。

竟雅多俗寡，人意不专属于是。若迭更司者，则扫荡名士美人之局，专为下等社会写照：奸狯驵酷，至于人意所未尝置想之局，幻为空中楼阁，使观者或笑或怒，一时颠倒，至于不能自已，则文心之邃曲宁可及耶？①

林纾将《孝女耐儿传》与《红楼梦》对比，指出二者在人物设置上的不同。《红楼梦》中的人物主要是王公贵族、少爷小姐，而狄更斯小说中，主要是书写小人物，为他们立传，所谓"扫荡名士美人之局，专为下等社会写照"。人物设置上的这一变化是平民文学与贵族文学的一个显著区别，恩格斯称其为小说创作发生的一次革命："先前在这类著作中充当主人公的是国王和王子，现在却是穷人和受轻视的阶级了，而构成小说内容的，则是这些人的生活和命运、欢乐和痛苦。最后，他们发现，作家当中的这个新流派……查·狄更斯就属于这一派——无疑地是时代的旗帜。"②

与此相关，描写下等社会的生活，乃至"家常平淡之事"，这也是批判现实主义作品的一个特色。林纾说：古代小说，"从未有刻画市井卑污龌龊之事，至于二三十万言之多，不重复，不支离，如张明镜于空际，收纳五虫万怪，物物皆涵涤清光而出，见者如凭栏之观鱼鳖虾蟹焉；则迭更司者盖以至清之灵府，叙至浊之社会，令我增无数阅历，生无穷感喟矣"③。

---

① 林纾：《孝女耐儿传·序》，载阿英编：《晚清文学丛钞·小说戏曲研究卷》，第252页。
② 恩格斯：《大陆上的运动》，《马克思恩格斯论艺术》第二卷，中国社会科学出版社1983年版，第247页。
③ 林纾：《孝女耐儿传·序》，载阿英编：《晚清文学丛钞·小说戏曲研究卷》，第252页。

狄更斯的小说描写下等社会、日常生活之所以这样真实生动、惟妙惟肖，与他的出身和社会经历有关。狄更斯出身于贫苦的小职员家庭，他十二岁时，父亲因负债入狱，他自己为谋生到一家作坊当学徒。由于他自幼过着穷苦的生活，后来又在律师事务所和新闻报社工作，广泛接触英国下层人民，熟悉城乡群众生活和议会政治①，因此他的小说能广泛地、真实地反映英国下层社会的现实。林纾在《滑稽外史·短评数则》中云："迭更司，古之伤心人也。按其本传，盖出身贫贱，故能于下流社会之人品，刻画无复遗漏。笔舌所及，情罪皆真；爰书既成，声影莫遁。"②

狄更斯小说中深刻的揭露与批判的锋芒是联系在一起的。林纾所译的《冰雪因缘》就将英国社会的黑暗和世态人情暴露于光天化日之下，他说："迭更司先生叙至二十五万言，谈谐间出，声泪俱下。言小人则曲尽其毒螫，叙孝女则直揭其天性。至描写东贝之骄，层出不穷，恐吴道子之画地狱变相不复能过，且状人间阘茸谄佞者无遁情矣。"③这种无情的揭露和尖锐的批判正是批判现实主义作品的基本特征。值得注意的是，林纾在谈到这类作品时，又和我国具有批判现实主义精神的谴责小说联系起来。他在谈到小说能改良社会现实弊端时说：

> 迭更司极力抉摘下等社会之积弊，作为小说，俾政府知而改之。……顾英之能强，能改革而从善也。吾华从而改之，亦正易易。所恨无迭更司其人，如有能举社会中积弊，著为小说，用告当

---

① 杨周翰等：《欧洲文学史》下册，人民文学出版社1979年版，第157页。
② 阿英编：《晚清文学丛钞·小说戏曲研究卷》，第275页。
③ 林纾：《冰雪因缘·序》，载阿英编：《晚清文学丛钞·小说戏曲研究卷》，第265页。

中国近代文学的历史地位
——兼论中国文学的近代化

事,或庶几也。呜呼!李伯元已矣。今日健者,惟孟朴及老残(指曾朴、刘鹗。——引者)二君。果能出其余绪,效吴道子之写地狱变相,社会之受益宁有穷耶!谨拭目俟之,稽首祝之。①

林纾将狄更斯的批判现实主义小说视为改良社会之利器,这和鲁迅所论述的"命意在于匡时","揭发伏藏,显其弊恶,而于时政,严加纠弹"②的中国近代谴责小说在精神实质上是一致的。众所周知,李伯元、吴趼人、刘鹗、曾朴是近代谴责小说的代表作家,林纾把他们与狄更斯并举,由此更可以看出林纾对于批判现实主义创作确有一定的认识。

批判现实主义作家于社会现实揭露深刻、批判尖锐、讽刺犀利,但他们的心地是善良的,并具有严正的立场。林纾在大力称赞《孽海花》"描写名士之狂态,语语投我心坎"时,又说作家"至刻毒之笔,无至忠恳者不能出。忠恳者综览世变,怆然于心,无拳无勇,不能致小人之死命;而形其彰瘅,乃曲绘物状,用作秦台之镜。观者嘻笑,不知作此者揾几许伤心之泪而成耳!"③作家之所以对社会黑暗、现实丑恶进行无情的揭露和深刻的批判,正是基于作家鲜明的爱憎和善良的心地,他们旨在秦镜高悬,引为鉴戒。这也正是批判现实主义小说的社会功能。

在近代比较文学中,属于平行比较者尚有一些,如侠人在《小说丛话》中对中西小说的比较,认为中国之小说长处有三,短处有一;西洋小说长处有一,短处亦多。结论是中国小说优于西洋小说。但侠人对西

---

① 林纾:《贼史·序》,载阿英编:《晚清文学丛钞·小说戏曲研究卷》,第265页。
② 林纾:《贼史·序》,载阿英编:《晚清文学丛钞·小说戏曲研究卷》,第265页。
③ 林纾:《红礁画桨录·译余剩语》,载阿英编:《晚清文学丛钞·小说戏曲研究卷》,第227—228页。

洋小说的认识，仅就其译本而言，并不了解全部西洋小说，其比较亦有偏颇。周桂笙于中西小说的比较，其结果是：中国小说不如外国小说。但周桂笙用于比较的内容，如"身份""辱骂""诲淫""公德""图画"，均不是构成小说创作的要素，缺乏说服力[1]。此外，黄人也有对中西小说的平行比较[2]，且见解较侠人、周桂笙等人为高，此处从略。

在近代比较文学研究中，成就最突出的是王国维。王国维治学不分中西，他于中学和西学都有研究，这为他进行跨文化、跨学科的比较研究奠定了良好的基础。王国维于哲学特别喜爱德国哲学，对于康德、叔本华、尼采，用力尤深。他的《〈红楼梦〉评论》就是一篇较早引鉴西方哲学、美学理论研究中国古典小说的具有开创性的学术论文，也是近代一篇富有智性和思辨力的比较文学论文。按比较文学研究的分类，它属于"阐发研究"。所谓"阐发研究"，简而言之，就是"试图以 A 文化的文学理论阐释 B 文化的文学作品，或以 B 文化的文学理论阐释 A 文化的文学作品"[3]（按：A 文化与 B 文化必是两种文化）。王国维在这篇长文中提出了《红楼梦》是"悲剧中之悲剧"的命题。王国维根据叔本华的悲剧理论，将悲剧分为三种，他认为《红楼梦》则属于第三种悲剧：

> 由于剧中人物之位置及关系不得不然者，非必有蛇蝎之性质与意外之变故，但由普通之人物，普通之境遇，逼之不得不如是。彼等明知其害，交施之而交受之，各加以力而各不任其咎。此种悲剧，其感人贤于前二者远甚，何则？彼示人生最大之不幸非例外之

---

[1] 《小说丛话》，载阿英编：《晚清小说丛钞·小说戏曲研究卷》，第 348—349 页。
[2] 黄人：《小说小话》，载江庆柏、曹培根整理：《黄人集》，第 302—322 页。
[3] 王向远：《中国比较文学百年史》，《王向远著作集》第六卷，第 12 页。

事,而人生之所固有故也。

《红楼梦》的悲剧不是由于外部势力或具有蛇蝎心肠的人的破坏,而是由普通人在普通境遇中所发生的最常见而又是最惨的悲剧。这种悲剧的不幸,从本质上讲,几乎和同时代人周围的生活近似到惊人的程度,以致使接受主体会怀疑自己是否已置身其中。它"无时而不可坠于吾前,且此等惨酷之行,不但时时可受诸己,而或可以加诸人,躬丁其酷,而无不平之可鸣,此可谓天下之至惨也"[①]。

王国维又把悲剧引向广义,认为悲剧不仅存在于戏剧中,也存在于小说和其他文体中,他认为《红楼梦》就是中国文学史上最具悲剧精神的作品,称之为"悲剧中之悲剧","彻头彻尾之悲剧也"。

王国维在这篇文章中又运用"平行研究",将《红楼梦》与歌德的诗剧《浮士德》相比,认为两书的主人公都是悲剧人物,"法斯德(浮士德。——引者)之苦痛,天才之苦痛;宝玉之苦痛,人人所有之苦痛也"。正因为贾宝玉之痛苦是普通人所有之痛苦,这种痛苦就带有更大的普遍性和更深刻的社会意义。但有一点应当指出,王国维把这部深刻地批判封建社会罪恶、揭露旧礼教残酷的现实主义巨著《红楼梦》,仅视为只是"展示人生之苦痛与其解脱之道",也是错误的。

近代比较文学研究尚处于萌芽期,其运作方式和理论深度都不高,但它从无到有,毕竟标示着中国比较文学已迈出了第一步。

第六,近代文学在它的成长过程中出现过许多文学现象,这其中既有艺术经验,也有历史教训,都值得文学史家作认真的反思和总结;而

[①] 以上均见刘刚强编:《王国维美论文选》,湖南人民出版社1987年版,第39页。

且它们的影响一直延伸到现代和当代。比如文学大众化、通俗化问题、文学的雅俗问题、文学的功利与审美、文学与政治、中国诗歌的走向、戏剧与表现现代生活、中国文学与西方文化的关系等等，在现当代文学史上都曾是讨论的热点。所以袁进先生说："从发生学来说，近代的选择，实际上一直影响到现在。"[①] 著名美籍华人学者王德威先生更进一步地认为：近代小说四大文类（狎邪、侠义公案、谴责、科幻小说），"其实已预告了20世纪中国'正宗'现代文学的四个方向：对欲望、正义、价值、知识范畴的批判性思考，以及对如何叙述欲望、正义、价值、知识的形式性琢磨"[②]。这又再次说明，中国近代文学并非可有可无，而是有其独特的文学史意义的。

综上所述，可以看出，中国近代文学是中国文学史发展中重要的一环，它具有承前启后、继往开来的转型意义；它又是一个独立的发展阶段，有不可替代的价值和独特的历史贡献，是中国文学史研究中亟须强化的部分。它成功的经验和失败的教训都值得我们认真借鉴和吸取，这对21世纪中国文学的走向和发展，以及中国文学史的科学总结都将有着重要的启示意义。

（原载《文史哲》2011年第3期）

[①] 袁进：《中国文学的近代变革》，广西师范大学出版社2006年版，第3页。
[②] 王德威：《被压抑的现代性——晚清小说论》，宋伟杰译，北京大学出版社2005年版，第55页。

安阳小屯考古研究的回顾与反思
——纪念殷墟发掘八十周年

陈 淳

安阳小屯殷墟发掘是中国现代考古学之肇始。它不仅是新中国成立前中国学者所主持的最为重要的大规模田野工作之一,而且,由殷墟发掘建立的考古学传统对其后中国考古学发展的影响至深。它塑造了现代中国考古学,并培养了中国考古学的第一代领导者。一方面,由此建立的将自西方引入的田野方法和器物学相结合的研究路径,成为后来中国学者严格遵循的范例;另一方面,殷墟发掘使此前饱受怀疑的上古史再度成为信史,从而稳固了传统史学的地位,确立了考古学依附于历史学的学科属性。

进入 21 世纪,我们需要对这项对中国考古学发展和上古史重建影响深远的研究作一番回顾和思考。正如张光直所言,殷墟发掘是由对甲骨文的寻求促成的,而甲骨文研究更是文献史学的延伸,因此,殷墟发掘的主要收获还是体现在"累集史料"上,它的方法体系仍然没有摆脱传统史学的窠臼。以史学为导向的考古学有几个明显的特点:第一是它的道德价值取向;第二是它的研究特点为关注个案记载,而非抽象的历史概括；第三是它的视野局限在中国的地理空间之内，体现的是一种以中国为中心的思想[①]。

20 世纪下半叶起，世界考古学开始拥抱人类学，历史学研究也开始转向社会学研究。虽然中国考古学仍在一个封闭的环境里操作，但新的探索也开始起步。一些国外学者以独到的视角解读出土文献和考古材料，拓宽了我们的视野，并提供了有价值的启示。与中国学者信奉的"二重证据法"不同，人类学导向的考古学和文献解读将考古资料看作人类活动和行为的证据，文献材料除了其字面提供的历史信息外，还蕴含着其他深层或外延的信息；结合考古学材料，可以帮助我们重建殷商社会诸多方面的历史场景。

殷墟研究的传统途径主要集中在甲骨、墓葬和城址三个方面。但自 20 世纪下半叶起，海内外学者的殷墟研究趋于多元化，取得了许多新成果。本文在对殷墟研究进行一番约略回顾后，试图对如何用考古发现与文献材料来进行古史重建作一番思考，希望我们的历史学与考古学研究能够跳出文献学的窠臼，从更广阔的背景上来重建上古史。

一、传统途径

在引入田野考古学前后，殷墟研究可以大体划分为两个不同的阶段。采纳田野发掘之前，相关研究可视为金石学的延伸；引入考古学方

[①] 张光直：《考古学与中国历史学》，载《中国考古学论文集》，生活·读书·新知三联书店 1999 年版，第 11—13 页。

法以后，在获取资料的手段和研究的科学性上有了很大的提高，研究视野大为拓展。然而，由于考古发掘和发现的遗物遗迹数量可观，对这些遗存进行消化和解读颇费时日，而且远不如释读卜辞那么容易。因此，胡厚宣对新中国成立前三十年殷墟研究的一百余种成果进行了统计和分类后指出，甲骨学虽是新发现的学问之一，但其主要成就只限于文字，不能从整体上了解古物①。新中国成立后，相关发掘和研究的模式大体仍在延续之前的传统，而且大部分新中国成立前出土的材料都被运往台湾，加上海峡两岸又长时间中断交往，对殷墟研究的负面影响不可忽视。殷墟研究的传统领域主要包括甲骨、墓葬和都城，而墓葬研究则涵盖了王陵贵族墓葬、氏族墓地和人牲人祭等方面，下面予以约略的回顾。

（一）甲骨

安阳殷墟发掘之肇始得益于甲骨学的发展。从1899年清末的王懿荣开始，历经刘鹗、孙诒让、罗振玉和王国维等学者的工作，确立了甲骨学的学术地位。五四运动对儒家经典地位的颠覆以及疑古思潮对传统古史观的冲击，加上安特生和李济等人的田野考古学实践，促成了在甲骨学中开始引入现代考古学的方法。

1928年，中央研究院历史语言研究所成立。关于该所的宗旨，傅斯年这样写道："我们很想借几个不陈的工具，处治些新获见的材料，所以才有这历史语言研究所之设置。"② 史语所甫一成立，董作宾就被派

---

① 胡厚宣：《殷墟发掘》，学习生活出版社1955年版，第38—40、115页。
② 傅斯年：《历史语言研究所工作之旨趣》，《国立中央研究院历史语言研究所集刊》第1本第1分（1928年10月）。

往安阳小屯进行考察。由此可见,当时殷墟发掘的组织者是把甲骨当作新史料来进行发掘、收集和研究的,而田野考古学则被看作是获取新史料的一种新工具。

随后,当李济加入发掘队时,曾与董作宾达成如下协议:董研究文字记载,李济则负责其他遗物。但是在具体材料的处理中,无论在收集还是重视程度上,甲骨都远远超出了其他材料,成为收集的"关键珍品"。比如,李济将1936年夏发现的H127甲骨堆积称为"明显居于整个发掘过程的最高点之一,它好像给我们一种远远超过其他的精神满足"①。

董作宾本人缺乏现代考古学的训练,对出土文物的期望也大体与前辈金石学家相近,但却是为甲骨学做出重大贡献的一位学者。他指出:"用近世考古学的方法治甲骨文,同时再向各方面作精密观察,这是'契学'唯一的新生命。"他根据"大版四龟"中的第四版卜旬之辞断定卜贞之间的某是贞人名,创立了贞人说;还根据同版共见贞人差不多同时的判断,将其作为甲骨断代的标准之一,提出了甲骨文断代的八项标准②。1933年,董作宾又创立了"十项标准"和"五期"说的甲骨文断代体系,其中以世系、称谓和贞人最为重要,并由此而推出方国、人物、事类、文法、字形和书体等分析标准③。在历时十年、于1943年完成的《殷历谱》一书中,董作宾系统分析了各种祭祀仪式,并将当时发生的各类事件按年代序列予以编排。

田野方法的引入为甲骨学研究提供了新的手段,虽然该领域也包括

---

① 李济:《安阳》,苏秀菊、聂玉海译,中国社会科学出版社1990年版,第550页。
② 董作宾:《大版四龟考释》,《安阳发掘报告》1931年第3期,第437—440、4—5页。
③ 董作宾:《甲骨文断代研究例》,"中央研究院"历史语言研究所1965年版,第3—139页。

了材质、制作方法以及后来发展起来的甲骨钻凿形态等研究，而且其发展也突破了初期因字论价的局限，但最受关注的仍然是刻辞文字，它们也被视为商代史料的主要来源。

（二）墓葬

1. 王陵及贵族墓葬。1934年，由梁思永领导的第十次殷墟发掘在侯家庄西北冈王陵展开。新中国成立前对该地点进行的三次发掘，共揭露墓葬1232座和大量祭祀坑。由于墓葬中未曾发现具有断代标准的甲骨或因为墓室被盗严重而缺乏标志性器物，学者们只能根据墓道打破关系，利用骨笄形制变化来确定墓葬的相对年代[①]。

由于历代盗掘所造成的严重扰乱和缺失，给墓葬的断代及复原工作带来极大的困难，导致墓葬形制、随葬品和墓主等各种现象和信息难以呼应，无法进行综合研究。这个局面直到20世纪70年代妇好墓的发掘才有所改观。妇好墓是殷墟一座未经盗掘的贵族墓葬，出土了保存完好的铜器群、玉器、骨器、石器和陶器等1900多件。墓葬形制、器物和铭文对断代和判断墓主发挥了关键作用。许多器物铭文中刻有"妇好""司母辛""亚""亚其""亚启""束泉"等7个名字或标记，其中以"妇好"组铜器数量最多[②]。

武丁时期的卜辞中保留了很多关于妇好的资料。此外，第四期武乙、文丁甲骨也有对"妇好"的记载。虽然裘锡圭等学者推测妇好为商

---

① 参见李济：《笄型八类及其文饰之演变》，《李济考古学论文选集》，台湾联经出版事业有限公司1977年版，第1—69页。
② 中国社会科学院考古研究所：《殷墟妇好墓》，文物出版社1980年版，第37—100页。

代晚期，但大多数学者倾向于妇好应属武丁时期[①]，妇好是武丁的妻子，地位显赫，从事征伐活动并主持祭祀典礼。卜辞中还有武丁为妇好占卜生育、健康状况和凶吉祸福等内容。从卜问她死葬以及为她举行的多次祭祀中，可以判定她死于武丁晚期。李学勤对妇好墓多数青铜器上看似较晚的复层花纹进行了讨论，从小屯331号墓葬、H21窖穴等遗址出土的早期器物上相似的装饰风格，说明复层花纹也存在于早期[②]。妇好墓为研究武丁时代青铜器提供了关键的信息，进而建立起类型学的断代标准，为悬而未决的殷墟青铜器分期提供了重要依据；它与陶器类型分析相结合，成为殷墟文化分期的重要尺度。由于妇好墓保存完整，因此借助文字和随葬器物的研究，使得这座墓葬在整个殷墟研究中成为一个标尺，从而能将墓葬、器物、铭文和甲骨文结合起来从事综合性研究[③]。

2. 氏族墓地。氏族墓地集中分布在后岗、大司空村、殷墟西区和南区以及苗圃北地，其中以殷墟西区为最大。该墓地的划分是根据墓葬的地理位置和成群分布相互之间存在明显界限，同区各墓葬的方向、大小、葬式和随葬品基本一致，而且出土青铜器上普遍存在作为墓主身份标志的多种图形铭文。此外，《礼记·丧服小记》中商代氏族命名的内容和《周礼》中多处记载的周代"族坟地"聚族而葬的现象，被认为是商族葬俗的传承。《左传·定公四年》也有对殷人分族而治和以族为基本社群单位的记述。据此，出土铭文铜器的墓区被认为是该族"聚族而葬"的墓地，属于宗氏一级组织，而墓区中的墓群反映了氏族中不同的

[①] 《安阳殷墟五号墓座谈纪要》，《考古》1977年第5期。
[②] 李学勤：《论"妇好墓"的年代及有关问题》，《文物》1977年第11期。
[③] 张光直：《殷墟5号墓与殷墟考古上的盘庚、小辛与小乙时代问题》，《文物》1989年第9期。

家族，共有相同铭文铜器的相邻墓区间关系密切①。

杨锡璋根据铜器族徽的不同，考证了商代后期各族与商王以及族与族之间的关系，指出第七墓区"共"族为商王异姓族，第一墓区的"子韦"和第八墓区的"子"则是与商王有血缘关系的多子族，同一墓区的小墓间是同族关系②。

氏族墓地之间及各族内部墓葬规格和随葬品存在着很大差别，大墓（如出土了殷墟中唯一一件有纪年铭文铜器帝辛铜鼎的第七墓区M1713）随葬整套精美青铜礼器、车马器、玉石器和数量不等的人殉③。平民墓葬品简单，说明当时以血缘关系联结的氏族中等级差别和阶级分化的历史事实。带墓道的大墓的墓主是族内地位较高的小奴隶主或贵族，平民墓墓主的身份与甲骨文中的"众"或"众人"一致④。

3. 人殉和人祭。李济曾根据殷墟葬俗中人殉人祭现象探讨过中国古代社会的史实，但对殷商祭祀现象的全面关注，则要到1950年武官村大墓以及20世纪70年代祭祀场和杀殉坑的发掘才真正开始。武官村大墓是新中国殷墟发掘恢复后发掘的第一座王陵，该墓为"亚"字形，殉葬的人兽合计131个个体⑤。墓葬南面还分布有成排的祭祀坑，是殷墟人殉、人牲最多的一座墓葬。

郭沫若根据马克思主义社会进化模式和殷墟人殉人祭的现象将殷商

---

① 中国社会科学院考古研究所安阳工作队：《1969—1977年殷墟西区墓葬发掘简报》，《考古学报》1979年第1期。
② 杨锡璋：《商代的墓地制度》，《考古》1977年第10期。
③ 中国社会科学院考古研究所安阳工作队：《安阳殷墟西区1713号墓的发掘》，《考古》1986年第8期。
④ 杨锡璋：《商代的墓地制度》，《考古》1977年第10期。
⑤ 段振美：《殷墟考古史》，中州古籍出版社1991年版，第139—142页。

定为奴隶制时代①,但是许多学者持不同看法,认为不能将殉葬制度等同于社会制度,人殉更多反映了古代灵魂不死的思想,与社会制度无关。尽管存在不同意见,20世纪50年代,学界在殷商社会性质上仍达成了某种共识:殷商社会生产力已进入青铜时代,生产关系上属于奴隶制。

殷商时期的人祭以武丁最多,帝乙帝辛最少。对于这种现象,杨锡璋和杨宝成认为,随着生产力的发展,奴隶的劳动力价值逐渐受到重视而不再随意杀戮。殷墟青铜器生产的发展轨迹刚好与人殉人祭现象的衰退趋势相反,说明伴随着生产力发展和商业活动繁荣对大量劳动力的需求,人们的价值观也由此发生了变化,人祭不再受到鼓励②。

从葬俗三个方面的研究可见,断代、氏族关系和社会性质是当时关注的焦点。虽然在氏族和社会性质的探讨上,许多学者已经涉及了社会发展的一般性问题,但是从整体视野而言仍然囿于历史学的范畴。正如郭沫若坦言,希望用地下发掘出的材料和科学史观来研究和解释历史,并且将殷商确定为奴隶社会视作马克思主义社会发展观应用于中国古史研究的一大成果③。这种在殷墟研究中所尝试和确立的,将考古现象与马克思主义经典术语对号入座的古史研究与分期方法,成为新中国成立后考古学研究的重要特点。

(三)都城

1908年,罗振玉考证甲骨出土地为安阳小屯,进而认为小屯应为

---

① 郭沫若:《奴隶制时代》,人民出版社1973年版,第1、13页。
② 杨锡璋、杨宝成:《从商代祭祀坑看商代奴隶社会的人牲》,《考古》1977年第1期。
③ 郭沫若:《中国古代社会研究》,人民出版社1954年版,第195、6、10页。

安阳小屯考古研究的回顾与反思
—— 纪念殷墟发掘八十周年

殷商武乙到帝乙时的王都所在。后来,王国维把殷墟修正为盘庚至帝乙时期的商都[①]。1928年,殷墟发掘出大量甲骨之后,董作宾通过对考释大龟四版和对甲骨文的研究,肯定了古本《竹书纪年》中"自盘庚迁殷至纣之灭,二百七(?)十三年更不徙都"的记载[②],使殷墟作为晚商盘庚迁殷到商纣灭亡时都城的说法得到普遍认同。

但是,随着考古材料的积累,自20世纪80年代起,开始有学者对殷墟是否为晚商都城提出了不同看法。比如,田涛根据殷墟卜辞中缺少帝辛、帝乙名谥等资料认为,帝辛、帝乙徙都于朝歌,即在今天的淇县而不在小屯[③]。秦文生则认为,盘庚应迁都于郑州商城。殷墟没有发现城墙、街道、宫城和大型宫殿建筑,所以它并非王都,而仅仅是商王武丁至帝辛时期的宗庙区、陵墓区和大型祭祀场所[④]。

杨锡璋等批驳了殷墟非殷都说,认为殷墟没有大型宫殿建筑的说法并不符合科学发掘的事实。1998年春在三家庄东和花园庄村西之间铁路西侧的钻探中发现了夯土建筑基址,杨锡璋等据此认为这里很可能分布着一处规模较大的商代中期(包括盘庚、小辛、小乙时期)遗址,并推测这里很可能是盘庚迁殷的最初地点,殷墟则是武丁即位后所迁之地[⑤]。

这一武丁迁殷说的最早提出者是丁山,他对《国语·楚语》武丁

---

① 王国维:《说殷》,《观堂集林》卷十二,中华书局1961年版,第5—6页。
② 董作宾:《甲骨文断代研究例》,"中央研究院"历史语言研究所1965年版,第3—4页。
③ 田涛:《谈朝歌为殷纣帝都》,载《全国商史学术讨论会论文集》(《殷都学刊》1985年增刊),第160—164页。
④ 参见秦文生《殷墟非殷都考》(《郑州大学学报》1985年第1期)及《殷墟非殷都再考》(《中原文物》1997年第2期)两文。
⑤ 杨锡璋、徐广德、高炜:《盘庚迁殷地点蠡测》,《中原文物》2000年第1期。

"自河徂亳"进行考证,最早提出"武丁始居小屯"的论断①。彭金章和晓田根据文献中有关"盘庚渡河南""河南偃师为西亳"等记载,认为安阳小屯作为都城的历史始于商王武丁时期,盘庚迁都于偃师商城②。唐际根则根据考古资料的综合分析,认为盘庚迁殷的可能性不大,也倾向于武丁迁殷的说法③。

武丁迁殷说的主要依据在于殷墟没有发现武丁以前的甲骨文,以及殷墟一、二期文化特征之间存在明显差异。但许多学者对此表示异议,比如杨宝成认为殷墟的甲骨文尚未完全揭示,因此不应轻易断言殷墟不存在武丁以前的甲骨文。殷墟甲骨文从字形结构和造字方法来看已比较成熟,因此,这种文字必定已经经历了一个相当长的发展过程,而绝不会仅自武丁时期开始④,而孙华、赵清和陈旭则认为武丁以前尚无甲骨文,他们从已发掘的郑州商城、偃师商城和小双桥遗址均未发现甲骨文的事实推断,甲骨文在早商文化中很可能还未出现⑤,武丁时期出现大量卜辞则是当时战争频繁的历史背景的产物⑥。

邹衡认为,从仲丁到盘庚、小辛、小乙时期,国内政局不稳,迁徙无常,居住时间短,所以不能形成考古学文化上的特点。武丁之世,商王朝兴盛,正是这种文化发展水平的差异,导致了殷墟一期早段文化特

---

① 丁山:《商周史料考证》,龙门联合书局1960年版,第35—37页。
② 彭金章、晓田:《殷墟为武丁以来殷之旧都说》,载《中国考古学会第五次年会论文集》,文物出版社1988年版,第17—23页。
③ 参见唐际根《殷墟一期文化及其相关问题》(《考古》1993年第10期)以及《商王朝考古学编年的建立》(《中原文物》2002年第6期)。
④ 杨宝成:《试论殷墟文化的年代分期》,《考古》2000年第4期。
⑤ 孙华、赵清:《盘庚前都地望辨——盘庚迁都偃师商城说质疑》,《中原文物》1986年第3期。
⑥ 陈旭:《关于殷墟为何王始都的讨论》,《中原文物》2002年第4期。

征更接近于早商或中商文化特征,而与晚商文化特征存在很大不同①。

从殷都的讨论可见,大家关心的中心问题还是如何利用考古证据来印证文献中的史实。由于文献和考古发现之间常常没有一种完全可靠的契合关系,因此,如果没有更多的甲骨文出土来澄清事实,殷墟是盘庚抑或武丁所建之都的讨论,仍然不会有什么结果。

值得指出的是,新中国成立前的内忧外患及其后的两岸对立无疑使殷墟研究受到很大影响。新中国成立前,学者们还是主要致力于田野发掘、收集资料和处理各方关系,发掘和研究过程的艰辛,以及可以理解的成果滞后,使得这一阶段的工作既令人惊叹,又略有些遗憾。新中国成立后,李济和其他台湾学者的研究直到两岸关系冰释后才为大陆学界所知。1977年李济在美国出版的《安阳》一书直到1990年才在大陆翻译出版。该书是李济对殷墟研究及其一生事业的一个总结,体现了他追求整体知识的理念。除了甲骨文字提供的信息外,他还从其他物证来重建当时的历史,复原安阳的环境、经济、手工业、动植物、建筑、贸易、交通运输、葬俗、人牲和装饰工艺等。因此,虽然李济后来被誉为中国考古学之父,但是他的许多理念和成果对大陆的考古实践和殷墟研究并没有太大影响。

二、研究进展

殷墟研究在中国早期国家研究中占有重要的地位。随着研究的深

---

① 邹衡:《夏商周考古学论文集》,文物出版社1980年版,第86—89、209—210页。

入,这一领域也取得了长足进展,主要体现在环境与经济、聚落考古、甲骨学、宗教信仰、手工业专门化、青铜器研究、国家特点、社会性质和理论阐释等方面。胡厚宣、李济、张光直、吉德炜等海内外著名学者以及诸多新锐都有大量相关著述问世,在此不能细及。简介的内容有的集中在殷墟,有些则与夏商周三代的整体研究联系在一起。

(一) 环境与经济

安阳位于清水、淇水和漳河汇聚的平原之上,土地肥沃。在 5000 至 2500 年前,气候较今天温暖湿润,并有湿季风期。殷墟发现的 29 种哺乳动物包括犀牛、大象、虎、狼、貘、水牛、豹、羊、熊、马、羚羊、竹鼠、猴和各种鹿类,其中以圣水牛、肿面猪和四不像麋鹿为最多。水牛的大量发现,表明当时气候与今天江南以至华南地区相仿,其附近有茂密的森林和大片沼泽。当时的村落和地名大多位于小山或土岗之上,表明当时这里地势低洼、潮湿多水。甲骨文中也很少有降雪的记载。据甲骨文记载的殷代农作物有稷、水稻、黍、麦、莱、秜和禾等,其中稷(小米)和水稻是主要作物,秜是野生的水稻。家养动物包括狗、牛、圣水牛、绵羊、马、猪和鸡,其中马可能是进口动物,而牛是主要的祭祀动物,并且是占卜甲骨的主要来源[①]。

(二) 聚落形态

美国考古学家欧文·劳斯(I. Rouse)将聚落形态(settlement pattern)

[①] 张光直:《商代文明》,毛小雨译,北京工艺美术出版社 1999 年版,第 112—127 页。

定义为"人们的文化活动和社会机构在地面上分布的方式。这种方式包含了文化、社会和生态三种系统，并提供了它们之间相互关系的记录"。劳斯指出，文明和城市化是不同的进程，文明是指一群人活动的发展，因而是文化的；而城市化是指一种机构的发展，因而是社会的。对于从聚落形态来分辨文明的迹象，他提出了一个两分的标准，这就是"维生人群"和"专业人群"的分化。对于非文明社会，聚落内居住的是单一的维生人群。当聚落形态显示专业人群的分化，出现维生人群和专业人群相互依存的共生状态时，应该显示出文明进程的开始[1]。

特里格（B. G. Trigger）将聚落考古定义为"运用考古材料来研究社会关系"。他提出，聚落形态有两种主要的研究方法：一种是生态学方法，将聚落形态看作技术和环境相互作用的产物，主要研究聚落形态如何反映了一个社会对其所处环境的适应；另一种是社会学方法，将聚落形态看作史前文化的社会、政治和宗教结构的反映[2]。

聚落考古在中国虽然起步较晚，但是发展迅速，并在殷墟研究中也有所体现。近年来，通过对殷墟保护区周围的勘探，其范围有所扩大，东西约6.5公里，南北约5.5公里，总面积达到36平方公里。2004年配合基建项目，在大司空村东南发掘出家族宗庙一类的建筑群基址，南北四排、三进院落，西侧有两进跨院，有较为完善的排水系统。其中一座中心建筑基址见有用穿孔田螺和蜗牛组成的雁、凤、夔龙图案和散落的成组陶器。2003—2004年对殷墟西区孝民屯遗址进行

---

[1] I. Rouse, "Settlement pattern in archaeology," in P. J. Ucko, R. Tringham, and G. W. Dimbleby(eds.), *Man, Settlement and Urbanism*, Cambridge, London: Duckworth, 1972, pp. 95-107.

[2] Trigger. B. G., "Settlement archaeology—its goals and promise," *American Antiquity*, 1967, 32(2), pp. 149-159.

的大规模发掘，出土了大量墓葬、半地穴式房屋遗迹和铸铜遗存。这些半地穴式房基有单间到5间不等，但是以单间和两间为多，里面出土了灶塘和日用陶器，表明这里是一处平民的居住点，使用时间多为殷墟二期。铸铜遗址出土大量陶范、范土坑、存范坑，并找到了大型铜器的浇铸现场[1]。

一项出色的区域聚落形态研究是1993年中美洹河流域考古队对以殷墟为中心、总面积达800平方公里区域进行的调查和地质钻探，以了解殷墟遗址及外围地区的遗址聚落形态、地貌环境和遗址形成过程。调查发现，仰韶时期聚落较为稀疏，仅有7处，主要分布在洹河上游东段和下游西段，到其晚期，遗址数量增加到12处。龙山时期聚落数量大增，并向西扩展，数量增加到28处，并有3处明显大于其他同期遗址，显示了两级聚落形态的等级结构。早商除下七垣遗址外，未见有大型聚落中心。中商阶段区域洹河边出现了一处面积达15万平方米的大型聚落——花园庄遗址，出土有铜器窖藏和夯土建筑基址，但是延续时间很短。晚商殷墟时期花园庄遗址消失，洹河下游居民点密集，小屯成为一处大型政治中心，并在洹河流域不见有介于小屯和小型村落之间的中等规模的聚落中心，表现为两级聚落形态的等级结构[2]。

从该项聚落调查来看，洹河流域与小屯周围的二级聚落形态似乎显示等级结构较为简单，这可能仅反映了洹河流域的局部情况。考虑到殷墟建筑和墓葬规模以及奢侈品丰富程度所反映的巨大资源和劳力投入，该中心不是周边这些小村落居民所能维持的，而是需要更广地域范围

---

[1] 岳洪彬、何毓灵：《新世纪殷墟考古的新进展》，《中国文物报》2004年10月15日。
[2] 中美洹河考古队：《洹河流域区域考古调查初步报告》，《考古》1998年第10期。

内税赋、劳役和进贡的供养。美国考古学家罗伯特·亚当斯（R. McC. Adams）在对美索不达米亚南部平原都市化进程的研究中也发现，都市中心对直接毗邻地区的次级中心如镇的扩大有直接的抑制作用[①]。殷墟作为国家政体的聚落等级结构，如从更大范围来考察，应该可以获得更加深入的认识。

（三）甲骨学

与中国学者比较侧重于从甲骨文字面上来了解殷墟王室贵族的日常活动不同，西方学者较为注重其中人类学信息的解读。除张光直和一些日本学者外，美国加州大学伯克利分校的吉德炜（D. N. Keightley）是比较有代表性的一位。他从甲骨卜辞来了解晚商的主权、宗教与血缘、结盟与战争以及贸易与进贡，试图解决有关晚商文明起源于何时、何地及其表征等问题。吉德炜根据卜辞中商王发布命令和与下属之间的关系判定，商王是许多事件的决策者，掌握着发起和取消某项行动的主权，执行命令的人有的是他的官员，有的是相邻部族的首领。从商王行使主权的方式来看，他基本上采用的是一种面对面的方式，经常利用巡狩的机会来控制各地民众并解决内外矛盾。由于甲骨文中没有特定地域单位的概念，因此晚商看来还没有明确定义的疆域，国家政体被看作是国王个人权威所及，而非指他具体控制的土地面积。并且这种地理范围也很不确定，常常会因商王本人威望的增减以及周边部族的顺从或反叛而发

[①] R. McC. Adams, "Patterns of urbanization in early southern Mesopotamia," in *Man, Settlement and Urbanism*, pp. 735-750.

生变动。根据当时的一些称谓，吉德炜推断"侯"应该是服从商王调遣的部族，和"侯"一起出现的地名应该在商的控制范围以内。但他认为"伯"是一个比较模糊的头衔，它常常是"方"的首领，而"方"一般是指非商族群。甲骨文中很少见到商王向"方"的首领发号施令。但是当"伯"受商王调遣时，该"方"族群应该和商是盟友关系。甲骨文中提到"方"的族群有55个，商应该是这些部族中最为强大的一个。这些方国和商属于不同的政体，它们处于商的控制区域以外，或者以飞地形式生活在商控制的区域以内。这些被称为"方"的族属中，还有22个到西周仍在青铜器铭文中出现，表明这些方国在周灭商以后仍然独立存在[①]。

吉德炜认为，晚商国家以一种与异族或政体联盟的方式运转。在商王的眼里，国家的疆域以他巡视的范围而定，因此他需要持续不断地到各地展示他的旗帜，发表命令，不断占卜、祈祷和祭祀，与自己的臣民及其他族群保持超自然的联系。根据甲骨文上记录的500余处地名以及它们地理上的分布，他认为晚商的势力范围大致上东到今山东南部与西部，北抵河北南部，西达山西中南部以及陕西中西部地区，南至安徽中北部和苏北地区。

此外，他还指出，晚商国家的运转建立在宗教、政体和血缘紧密结合的基础之上。商王通过占卜、决策、牺牲和祈祷等祭祀活动，以祖先神灵愿望的名义使政治权力集中化和合法化。祖先崇拜隐喻国家的组织机制，表现为一种以血缘为中心而非官僚体制的管理机制，血缘世

---

① D. N. Keightley, "The Shang state as seen in the oracle—bone inscriptions," *Early China*, 1979-1980 (5), pp. 25-34.

系是政治和宗教权威的来源。正是商王献祭和祭祀所获得的祖先神灵的庇佑,才保证了农业的丰收和与敌对部族竞争的胜利,参与这些祭祀活动的贵族和族群都被看作是商王统治的受益者。如果一个部族首领并不属于王室世系,但是他参与商王室的祭祀活动,就可以被认为是晚商政体的一份子。当然,这一推断尚需要进一步的考证。甲骨文中还有像"入""来"和"取"这些记录进贡和强索贡品的记载,表明了商王室与周边部族的贸易和交换关系。

为此,吉德炜觉得,晚商的国家形态至多是早期国家的霸权。朝代世系以一种原始官僚世袭方式通过不时迁都来进行管理,在其管辖范围之外则是无数相互攻伐的大小酋邦和部族。他还从卜辞内容和形式的变化,比如从卜梦、病、丰收、敌人入侵等日常生活方面转为较为简洁、常常是乐观的预言和验证,使用裂纹征兆减少,占卜者人名消失,字体缩小等现象,认为商王的占卜程序日趋正规、着重关注与政治和祭祀相关的日程安排,表明国家合法权力的确立和国王更为稳定和正式的权威[1]。

在 2000 年出版的《祖先的景观:晚商中国的时间、空间和社群》一书中,吉德炜指出,晚商国家的性质像是一种早期王朝国家的特点,主要集中在商王个人和他的直接支持者身上。国家政体可以被看作是个人权力和血缘联盟相结合的形式,下属的部落和群体首领以多种形式和变化无常的血缘关系、宗教信仰和各自利益与商王维系在一起,在商王直接控制下发挥着领导功能。领土主权基本上是相对的,商王的权威随

---

[1] D. N. Keightley, "The late Shang culture: when, where and what," in D. N. Keightley ed., *The Origin of Chinese Civilization*, Berkeley: University of California Press, 1983, pp. 523-564.

着向周边距离的延伸而递减,并逐渐变成结盟的形式。虽然存在一个中央政府,但是也存在无数外围的次级行政中心,中央政府仅对它们实施有限的控制。这些外围的首领不时会反叛和威胁中央政府,所以商王需要经常进行巡视其领土以显示其主宰的作用,用巡狩、安抚、作战、调解、举行祭祀仪式,以及与盟友谈判来使他的地位合法化。

晚商的血缘关系大体上是作为晚商土地和历法的一种文化创造。在商的国家政体内,商王处于其社群的顶端,而这一社群中的等级、政治和血缘关系是密不可分的,王位采取世袭模式。从甲骨文的记载中可知,与王室权力相关的祭祀对于建立国家认同至关重要。商朝是父系社会,通过男性世系继承。占卜在商王的政治和宗教权威上具有战略性的地位,因为商王并不依靠本人进行统治,少数占卜显示,商王向一些较晚的祖先献祭,而这些较晚的祖先会向更早的祖先献祭。这样通过层层的献祭,最后献祭的对象集中到"帝"——最高的神身上。商王通过一系列的汇报与祖先保持接触,生人与死者共同生活,通过祭祀进行沟通,就像商王的盟友和官员向他汇报一样。祖先或神灵会按照其后代的言行作直接或间接的回应,在他们高兴时就加以保佑,而在不悦时就施予惩罚。将死去的贵族陪葬以大量的青铜器和礼器,可能是便于死者向更早的祖先祈祷,就像生人为新亡和旧亡的祖先祈祷一样,祖先崇拜扩大了社群的规模,死去的祖先仍是世系中强有力的成员,并对现世的后辈施予影响。

商朝贵族也是自然神祇的崇拜者。由于他们总是对各种灾难存在恐惧和敬畏,因此这些自然神祇显得有些不可琢磨且十分危险。一旦商王离开京畿或祭祀地后,并不处于祖先神灵的庇护之下,他们会感到危险、易受攻击和很不自在。这一推断可以从一个事实得到验证,那就是

安阳小屯考古研究的回顾与反思
——纪念殷墟发掘八十周年

商王在外巡视时从不向祖先占卜,并特别关心自身的安全。

商王直接控制的地区被称为"土",并按方位将其疆域称为"四土"。商将非其疆域内的土地称为"方",或指非商的敌对社群。"方"的非商性质可以由一个事实表明,即商王从不占卜"方"的收成。这些被视为"方"的社群可能位于商的疆域外,甚至可能位于商的疆域之内。所以,在"土"的范围内也存在"方"的社群。因此,商王经常要在战争上投入大量气力以对付这些群体[①]。

该书根据考古学、人类学、语言学、社会学、植物学、动物学、气象学、天文学等新成果,对晚商的社会历史作了紧凑而令人信服的研究,内容涉及气候、农业、时间、空间、社群结构与关系以及宇宙观和遗产,被评价为超越了以往所有中、英、日文所发表的这方面的著作[②]。

曹兆兰则根据甲骨和金文来研究殷周女性的社会和家庭关系。她认为殷代的贵族女性可以参与朝政、主持祭祀、参与祭礼,并驰骋疆场,其中最显著的代表便是妇好。妇好是武丁的宠妻,甲骨中关于她的卜辞有20多条。她常常征战四方,为王前驱,战功显赫。武丁的另一位妻子妇妌也能率领军队征伐敌国,在卜辞中以主帅的身份出现。根据妇妌负责农业生产的卜辞多于军事方面的内容,曹兆兰认为妇妌可能为商王负责农业生产,与妇好分别负责商王的内外政务[③]。

在美国受训的中国艺术史学者王迎根据墓葬形制,随葬品的比较

---

① D. N. Keightley, *The Ancestral Landscape—Time, Space and Community in Late Shang China* (ca. 1200-1045 B. C.), China Research Monograph 53, Berkley: Institute of East Asian Studies, University of California, 2000, pp. 61-66, 98-107, 113-119.

② 陈星灿:《介绍有关中国古代文明研究的两部新作》,《中国社会科学院古代文明研究中心通讯》2001年总第2期。

③ 曹兆兰:《金文与殷周女性文化》,北京大学出版社2004年版,第11—16页。

以及借助于甲骨文记载来分析商王室等级和贵族妇女的等级地位。她认为，洹河以北的侯家庄西北冈王室墓地等级最高，许多带有 4 条和 2 条墓道的大墓都集中在这里，武丁和他的王后妇妌也埋葬于此。而洹河以南、位于小屯北面和宫殿宗庙区西面的王室墓地在等级上次于侯家庄西北冈墓地，妇好墓就位于此地。妇妌和妇好是武丁的两位王后，妇妌和武丁同葬一个墓地，而妇好则被葬在河对岸，两位夫人的地位明显有别。妇妌应为第一夫人，而妇好居其次。从墓葬形制看，在西北冈大墓中，妇妌的墓只有一条墓道，相对于其他大墓而言规格最低，但是与其他王妃相比却规格最高，比如妇好墓就是一个竖穴墓，没有墓道。从随葬品来看，虽然妇妌墓被盗，但是出土的司母戊方鼎高 1.3 米，重量近一吨，而妇好墓出土的司母辛方鼎，风格和设计与司母戊方鼎非常接近，但是高度和重量显然不如前者。此外，妇妌墓在遭到破坏后仍发现了 7 种雕刻骨器、251 件骨镞和 38 个殉人，而未被盗的妇好墓只有 5 种雕刻骨器、29 枚骨镞和 16 个殉人。妇妌随葬的箭镞竟然比以军功闻名于世的妇好多 8 倍以上，两人等级地位之悬殊可见一斑。妇好墓附近两座没有被盗的 17 和 18 号墓，时代相近，规格形制相仿，但是出土随葬品却无法与妇好墓相比。武丁的嫔妃无数，但是只有正式的后妃死后才能享受王室的祭祀供奉和高规格葬礼的殊荣，而且随葬品的数量和质量都有严格的差别，表现出王室等级的森严。而且，晚商王后和嫔妃的等级地位决定了她们子女的地位，而非母以子贵[①]。美国学者林嘉琳在肯定妇妌地位高于妇好之外，还根据妇好墓出土许多北方草原地带的小型

[①] Wang Ying, "Rank and power among court ladies at Anyang," in K. M. Linduff and Sun Yan eds., *Gender and Chinese Archaeology*, Walnut Creek: Altamira Press, 2004, pp. 95-113.

器物而推断她不是商族的贵族女性,而是可能通过联姻来自商朝统治之外的一个方国的贵族女性。虽然她不是武丁等级最高的配偶,也没有生育男性王储,但是她的婚姻,以及商与她出身的方国的关系,包括她的天赋,使她获得了特殊的身份和地位①。许倬云指出,文献中商代王族为子姓,且文献中从未有商人有同姓内通婚的记载。然而,妇好就其墓葬规格之高,随葬品之丰富和精美,显然是王后一级的人物。若以殷商命名原则,这位人物是子姓,亦即王室可以娶子姓女子为后了②。

上述几位海外学者从考古学、历史学和艺术史角度进行的综合探究令人印象深刻,因为根据甲骨文的大量记载,大家多以为妇好地位高于武丁的其他妻妾,权力和地位最高,并且军功卓著。甲骨文记载也许仅仅表明了武丁对妇好更加宠爱,因为从妇妌的墓葬位置、性质、出土文物的数量和质量,特别是司母戊鼎的规格昭示,妇妌才是权倾一世的第一夫人。而且从妇妌墓出土的武器、将军盔甲来看,她生前也可能统领军队,进行征伐,只不过在卜辞中没有被充分反映罢了。这是一个文献资料可能误导我们观察和思维的极好个案,并启示了一种如何从实物和结合文献来提炼信息和重建史实的科学途径。

曹兆兰对殷代甲骨和金文中的"妇"进行了分类研究,认为这些"妇"有的是商王的妻妾,有的是大臣、诸侯、方伯的妻妾,有的是商王已婚的姐妹③。吉德炜也同意商王室通过联姻结盟的看法,认为甲骨文中有88处冠以"妇"的妇女,不大可能都是商王的妻妾,但应该是

---

① 林嘉琳:《安阳殷墓中的女性》,载林嘉琳、孙岩主编:《性别研究与中国考古学》,科学出版社2006年版,第87—89页。
② 许倬云:《序》,载林嘉琳、孙岩主编:《性别研究与中国考古学》,第8页。
③ 曹兆兰:《金文与殷周女性文化》,第22—31页。

商王室的成员，跟在"妇"后面的地名很可能是该妇女的出生地，而该地很可能是与商结盟的部族。在30个带有"妇"的称谓中，有18个有可以分辨的地名，其中包括二三处提到"妇周"，表明商王室和周的联姻关系。他还推测，这些带有"妇"的称谓不只是异族入嫁商王室的女子，还有可能是商王室下嫁到异族的女儿[①]。

张永山通过对殷墟甲骨卜辞的分析，借鉴西周金文和传世文献，探讨了晚商盛行的军礼：自出征命将开始，在大军出征时要告庙祭祖和天地神祇，然后举行隆重的迁庙主和社神仪式。到达目的地后立即安庙主和立社神，祈求得到祖先和社神的佑助。在行军途中始终将保护庙主和社神的安全作为一项重要的军事任务，班师凯旋同样要举行安庙主和社神的隆重仪式。献俘礼既是为了总结战果，又是向祖先报功的礼仪活动，其中杀俘祭祖是最为重要的一项内容，这些仪式都弥漫着神秘的宗教气息[②]。

从以上这些研究可见，甲骨文的解读结合考古材料可以拓宽我们的视野，超越字面所提供的知识，来透视晚商政体和社会的诸多方面，为全方位重建上古史提供重要的依据。

（四）宗教信仰

宗教信仰在史前时期已经成为人们生活中的重要活动，在酋邦阶段

[①] D. N. Keightley, "The Shang state as seen in the oracle—bone inscriptions," *Early China*, 1979-1980 (5), pp.25-34.
[②] 张永山：《商代军礼初探》，载中国社会科学院考古研究所编：《二十一世纪的中国考古学》，文物出版社2006年版，第468—478页。

已发展出神权的政治体制。到了早期国家，在政治控制手段尚不完善的情况下，以迷信和祖先崇拜为特点的宗教信仰和以彰显王权、厘定尊卑的礼制在晚商国家的意识形态中发挥着重要的作用。

祭祀和宗教这种意识形态随着社会复杂化的进展，至晚商发展到了极致。所谓殷人尚鬼，这一时期的占卜和祭祀极为频繁。祭祀的对象包括自然神和祖先，因此后世有"殷人尊神，率民以事神，先鬼而后礼"（《礼记·表记》）的说法。在祭祀仪式中，常常用动物和人作为献祭，这种宗教祭祀到了晚商明显成为王室和上层贵族最重要的日常活动之一。殷墟许多建筑基址附近都发现有祭祀遗迹，建筑奠基时都埋入献祭的动物和人。而王陵区的祭祀遗迹更为丰富，用以献祭的人牲绝大部分是年龄在15到35岁之间的男性，也有少数女性和儿童。王陵区东部发现的数千座祭祀坑所在应是商王历年进行祭祖和宗教活动的场所，类似的人牲祭祀活动也见于贵族家族的墓地之中。从祭祀遗迹判断，晚商社会最重要的祭祀对象是祖先，还有上帝和代表山、水、日、月的诸神。虽然从甲骨文的一些记载知道这些人牲中可能许多是通过战争而俘获的异族人员，但是根据体质人类学的鉴定，这些人牲和地位较高的墓主之间并没有超出同一种系的范畴，可能更多体现的是社会内部和不同族群成员阶级和地位之间的差别[①]。

张光直指出，商代的祭祀为商王的统治提供了强有力的心理和思想支持，祖先的意愿使商王的政治权力合法化，并能为百姓带来福祉。在管理国家时，占卜是所有其他祭祀活动的基础，并为询问大约20余种

---

① 中国社会科学院考古研究所编著：《中国考古学·夏商卷》，中国社会科学出版社2003年版，第352—359页。

不同的活动服务，主要包括天气，商王的运气，期待的活动如战争、田猎、出游等可能的结果，以及对单独事件如梦境、灾难、生育、疾病、死亡可能的结果进行解释[①]。

朱志荣认为，商代的宗教信仰表现出一种巫觋特点，渗透在日常生活的各个方面，并通过祭祀和占卜等方式展示。这种宗教信仰对艺术的表现影响至巨，商代的宗教与艺术混为一体，宗教本身就是一种艺术思维和艺术活动。商代的各级首领和贵族同时也是宗教领袖，不仅处理日常事务，还要主持祭祀活动。当时的宗教包括上帝崇拜、图腾崇拜、祖先崇拜和自然神崇拜等四种，涉及天神、图腾、人鬼和地祇，是一种一元多神的信仰体系。商代的宗教活动和巫觋文化主要功能是"绝地天通"和"沟通人神"。由于对自然现象和事件因果缺乏认识，人们始终处于无知与畏惧状态，因此常常会将偶发事件看作是因果必然的联系与神的指示和征兆。于是人们采用占卜来预测凶吉，并逐渐发展成商代重要的社会文化现象。商代宗教的另一个特点就是以青铜器为代表的艺术表现，商代青铜器的形制与纹饰是宗教观念的形象体现，折射出当时狞厉、神秘和繁缛的社会宗教生活[②]。

（五）专业手工业

随着社会的复杂化，专业手工业很可能成为由王室和贵族专门控制的生产部门，特别是青铜器生产到晚商已臻完美境界。迄今为止，殷

---

① 张光直：《商代文明》，第185—186页。
② 朱志荣：《商代审美意识研究》，人民出版社2002年版，第22—32页。

墟共发现四五处铸铜作坊遗址,其中薛家庄作坊遗址出土了数千件陶范,铸造觚、爵、簋、盂、鼎、卣、壶、戈、镞、矛和车马等器物。从这些作坊在殷墟宗庙区和都城范围内所处的位置来看,铸铜业应该直接处于王室和朝廷直接的控制和管辖之下,铸铜生产规模庞大、分工明确,其中冶、铸分离,大型熔炉和大型陶范的发现表明当时的工艺已经解决了铸造大型青铜礼器的技术问题。孝民屯是殷墟目前发现最大的一处铸铜遗址,面积达 5 万平方米。其中发现了范土备料坑、陶范制作场所、范块阴干坑、烘范窑、祭祀坑、熔炉器具、铸铜器具等遗迹。殷墟出土的形状复杂的大型青铜礼器都由多块分范拼合而成,分范有垂直分范和水平分范两种。熔炉为内燃式,以木炭为燃料。小型器物用浇包浇铸,而大型器物可能采用四到八个熔炉同时浇铸的办法,并由多人用皮囊鼓风[1]。

在早商和中商阶段,玉器数量和种类不是很多,到了晚商,玉器加工有所发展,但是由于青铜器取代了玉器的象征地位,玉器发展在礼器功能上减弱,主要表现在装饰性和个人身份的象征性上。殷墟宫殿区范围内玉石作坊的发现表明,玉器是在王室控制的专业作坊里生产的。一般认为,当时的玉料主要采自新疆和田,对玉料来源的垄断和控制,应该像对铸铜原料控制一样,对商王朝的政治、经济和军事的决策和运作起着十分重要的作用。

晚商发现了近 60 座车马坑,表明车子这类运输工具的生产和发展达到了成熟的阶段。这些车子不但在战争中发挥重要的作用,并且在日

---

[1] 岳占伟、刘煜:《殷墟铸铜遗址综述》,载中国社会科学院考古研究所夏商周研究室编:《三代考古》(二),科学出版社 2006 年版,第 358—374 页。

常使用和葬俗中成为贵族阶层身份和地位的象征。这表明,制车业也可能成为王室和贵族控制的一个专业部门。

商代的骨器生产也成为高度专业化的行业,用来加工骨、象牙、鹿角等工具和日用器物。殷墟发现有制骨作坊两处,大司空作坊面积约1380平方米,工作间1座,骨料坑12个。制骨原料以牛骨为最多,其他还有猪、羊、狗、鹿骨,并有少量人骨。晚商的骨器中还包括礼乐器、装饰品和艺术品。此外,殷墟还有蚌器加工业、纺织业、漆木器加工,以及可观的酿酒业的存在[①]。这些专职手工业主要为王室和贵族阶层服务,为他们提供各种产品和服务,这些产业的组织、运作和产品的流通构成了商王朝政治经济结构的基础。

(六) 青铜器研究

传统青铜器研究主要被用来断代或分期,但是现在的视野已经拓展到其他领域,并成为西方研究中国艺术史的重要课题。刘一曼对殷墟墓葬青铜武器组合的研究认为,商代晚期墓葬随葬品的组合清楚地显示,墓主生前的地位明确反映在随葬青铜器上。对于当时不同等级的统帅和将领,青铜武器的种类、数量和质地也有明显差异。统帅和高级将领的武器有铜钺、大刀、戈、镞等,其中铜钺和铜大刀是军权的象征。青铜武器的数量也因地位的不同从数十件到数百件不等,而普通士兵一般只有一种兵器如矛或戈。除了军人随葬青铜武器外,一些行政官吏和记事史官墓葬也有青铜武器与礼器共出,或者这些官吏在任职期间也曾领兵

---

① 中国社会科学院考古研究所编著:《中国考古学·夏商卷》,第408—420页。

作战。此外,根据殷墟共出青铜礼器与武器的墓葬存在时代不同,但铭文相同的情况,暗示殷代官职的世袭性。一些大族的族长和首领不同时期都曾出任重要的武官,这与甲骨文的记载相吻合①。

张光直认为,从商代开始,青铜器成为社会各个等级中随贵族不同地位而异的徽章和道具。青铜礼器和武器被国王送到自己领地上去建立他的城邑与政治领域,并作为象征性礼物赐予皇亲国戚。到了地方上,宗族进一步分支时,它们又成为沿着贵族线路传递礼物的一部分②。

段勇根据对商周青铜器纹饰的研究,探讨了两代宗教信仰的特点与差异。他认为,兽面纹应是"帝"的象征,各种夔龙纹配置在兽面纹两侧,可能代表了各方崇龙部落从属于"帝"的象征。商周两代青铜器动物纹饰判然有别,商代青铜器特点表现为神秘、恐怖、威严、繁缛、凝重,而周代的青铜器纹饰则较为世俗、活泼和富丽。商代的祭祀周期往往长达一年,祭祀的神和祖先达上百位之多,显示了"殷人尊神,率民以事神,先鬼而后礼"(《礼记·表记》)的宗教特点。而周代对神的膜拜已经淡化,孔子所谓的"未能事人,焉能事鬼"(《论语·先进》)以及"敬鬼神而远之"(《论语·雍也》)的民生思想逐渐占据上风。由此可见,商人的宗教气氛更浓厚、更虔诚,而周人的宗教色彩较淡薄、较理性。因此,商人的宗教可以称为"巫",而周人的信仰可以称为"礼"③。

岳洪彬从殷墟青铜器的纹饰特点探讨了礼器的方向性问题。他认为,青铜器上的多组主题纹饰中有一组或二组的纹饰是正面纹饰,能够

---

① 刘一曼:《论安阳殷墟墓葬青铜武器的组合》,《考古》2002年第3期。
② 张光直:《"国之大事,在祀与戎"》,载《青铜挥麈》,上海文艺出版社2000年版,第11页。
③ 段勇:《商周青铜器幻想动物纹研究》,上海古籍出版社2003年版,第160、166—167页。

提供使用过程、摆放方式、铭文和铸造意图方面的信息[①]。岳洪彬还对殷墟的青铜礼器进行了系统研究,在过去分类、分期、器物组合、区域文化关系和金属成分研究的基础上,扩展到纹饰、祭祀和礼仪功能、地位、财富和等级象征等方面,并关注到"财富与地位差"的现象。他认为,以殷墟为中心的晚商青铜礼器代表了当时最高的青铜文明,对周边区域的社会文化产生了强烈的影响,使得这些周边社会文化逐步认同中原地区以青铜礼器为标志的商代社会制度、权威和观念,对华夏民族的形成与融合起到了重要的作用[②]。

英国学者罗森指出,许多器物使人感到殷墟青铜器的母题及其象征性完全不是商人创造的,许多动物纹饰几乎都是南方的东西,是和周边地区短暂接触后的产物。成组青铜器上的纹饰及其复杂性是用来吸引注意力的,这些青铜器属于不同的个人,与不同的等级相对应,具备不同的礼仪功能。不同的社会地位也决定了器物的不同尺寸,如果妇好墓出土的青铜器同时陈列在宗庙里的时候,它们占有的巨大空间及外观会显示出不朽的特征。青铜器的器型和纹饰被用来满足拥有者对等级和所属关系的要求,它们不只是一种特别思想模式和信仰体系的产物,还是提供给一个复杂社会使用的复杂工艺的产物[③]。

(七) 国家特点

李济根据一些学者的研究成果指出,殷王室世系采取兄终弟及的

[①] 岳洪彬:《殷墟青铜器纹饰的方向性研究》,《考古》2002年第4期。
[②] 岳洪彬:《殷墟青铜礼器研究》,中国社会科学出版社2006年版,第428—433页。
[③] 罗森:《晚商青铜器设计的意义与目的》,载《中国古代的艺术与文化》,孙心菲等译,北京大学出版社2002年版,第92—117页。

继承制度,最小的兄弟则将王位传给儿子。一直到周代,才确立了长子继承制①。张光直推测,王室血统被划分为十个礼仪单位,分别以十干为名,王从各个单位中挑选,依其干名先后在其死后给他以谥号,并定期为他们举行祭祀仪式。王室世系以男性继承,并通过礼仪上得到认可的配偶把血统变得更具凝聚力。王室血统的家系中常有复杂的姻缘关系,常常是族内通婚。王位在不同的单位之间转换,从来不在同一单位内继续,为一种昭穆制,王室内十号宗族分为两组,轮流执政,或称为"轮流继承制"。除了王室血统和商王外,还有妇(王室的配偶)、子(王子)和官员们,他们当中许多人被授权建立城邑,开垦耕地。商王有足够的军队,并由商王本人、他们的配偶,王子和一般首领指挥。甲骨文中充满了关于征伐的记载,投入的人数从3000到13000不等,有时一次可以俘获3万俘虏,这些俘虏大量被用作祭祀的牺牲,祭祀为商王的统治提供强有力的心理和思想支持。殷商统治以商王直接控制下的众多邑的网络体系为特点,商王直接控制的京畿地区叫"内服",较远的领地则称为"外服"。游猎是商王一项重要的政治活动,其踪迹遍布商王的疆域,但是从甲骨上记载的地名来看,主要集中在豫西泌阳一带②。

与中国学者倾向于从考古发现的城址来和文献中记载的某个城市相对应不同,西方学者则试图从这些城址的规模、功能和分布来探讨中国早期国家究竟是"城市国家"(city-state)还是"地域国家"(territorial state)。城市国家是规模相对较小的政体,每个国家由一个城市核心与周边农业卫星村落构成。地域国家则由国王统治着一片范围较大的区

---

① 李济:《安阳》,苏秀菊、聂玉海译,杨锡璋校,中国社会科学出版社1990年版,第164页。
② 张光直:《商代文明》,第159—165、177页。

域，形成与聚落形态相对应的省地级多层管辖中心。

梅塞尔斯（C. K. Meisels）根据马克思的亚细亚或农村—城市生产模式探讨了中国早期国家的特点，认为华北黄土区的环境比较单一，当时政体的管辖和祭祀中心被一大批在相同土地上以相同方式从事生产的村落所包围，这种单一性经济基础形成的是一种分散和纵向的社会结构，缺乏那种生态和资源多样环境里形成的社会经济在横向上互补的有机结合。因此，中国早期国家的都城基本上是贵族世系之所在，当世系成为整个国家的凝聚机制，各城镇乡村也就这样组织起来了①。因此在梅塞尔斯看来，中国早期国家缺乏地域国家的那种凝聚机制。

索撒尔（A. Southall）也用马克思的亚细亚生产模式来分析中国早期国家，指出这一模式的核心是一系列总体上自治的地方共同体以一种礼仪和神祇的名义形成一种松散的联系，并认为这种生产方式一般产生"散中心"（decentralized）的社会结构或分散型国家。他认为，中国的早期国家应该是城市国家，近年来考古发现的许多城址很可能是不同城市国家的中心。当这种散中心的政治体制不断发展，随着生产力和人口的不断增长，就会发展出世俗权力的君主。夏商的发展就是这样一种轨迹，它们的城址基本上是礼仪中心，代表了一种"宇宙—巫觋"的象征系统，表现为宫殿、宗庙、祭坛沿中轴线分布的格局②。

耶茨（R. D. S. Yates）也认为中国的夏商比较符合城市国家的概念，那就是存在一个明显可辨的、由城墙和围壕环绕的中心，采取一种由周

---

① C. K. Maisels, "Models of social evolution: trajectories from Neolithic to the state," *Man*, 1987(22), pp. 331-359.
② A. Southall, "Urban theory and the Chinese city," in G. Guldin and A. Southall eds., *Urban Archaeology in China*, Leiden: Brill, 1993, pp. 19-41.

边农村维持的自给自足经济,与同一地区其他城市国家拥有相同的语言文化传统,但享有政治和主权的独立。他认为中国城市国家起源于二里头和郑州商城时期,它们是王权和祭祀中心,是统一宇宙观的象征,并成为后来延续千百年的中国政体模式①。

但是特里格倾向于将商看作是一个地域国家,并同意邹衡的观点,认为商王同时拥有好几个不同的首都。商朝统治者可能采取的是一种流动的生活方式,经常迁都,在游历途中实施朝政、祭奠各方神圣、狩猎宴饮,并帮助地方官员镇压反叛或抵抗外族的入侵。与张光直认为三代经常迁都是出于追求政治资本的对铜、锡矿的控制不同,特里格认为这是地域国家十分典型的统治方式,因为当时技术的落后使得信息传递和交通十分不便,难以在一个中心对广大的区域实施管理。此外,因为在其管辖的地域内比较稳定,一些都城不筑城墙。地域国家的统治者经常将农民迁到人口比较少的地区,因此农业并不表现为强化的生产方式②。

(八) 社会性质

郭沫若根据马克思主义社会进化理论将商和西周定为奴隶社会后,奴隶社会的性质问题备受争议。比如王礼锡认为,在中国古代,奴隶从未在生产上占过支配地位。奴隶社会这个阶段不但在中国找不出,即使在欧洲,也不是各国都经历过这个阶段,所以我们不必机械地在中国寻

---

① R. D. S. Yates,"The city state in ancient China," in H. Debrah and T. Charlton eds., *The Archaeology of City States Cross—Cultural Approaches*, Washington DC: Smithsonian Institution Press, 1997, pp. 83, 88.

② B. G. Trigger,"Shang political organization: a comparative approach," *Journal of East Asian Archaeology*, 1999(1), pp. 43-62.

找奴隶社会这个阶段①。胡厚宣也曾提出，殷代有奴隶，但是不能因此而将殷代看作是奴隶社会②。冯汉骥对胡厚宣表示支持，认为他的观点"自为卓识，可一洗将中国社会比附西洋社会发展的通病"③。但后来受意识形态至上的影响，不同意见难成主流。

"文化大革命"以后，中国古代无奴隶社会说再次被提了出来。1979年，黄现璠首先发表了《我国民族历史没有奴隶社会》的论文④，接着张广志也于1980年发表了《略论奴隶制的历史地位》一文⑤。到1982年以后，越来越多的人倾向于奴隶社会并非人类历史发展必经阶段的看法，殷商并非奴隶社会几成历史学界的共识。西方学者也有类似看法。美国学者特雷斯特曼（J. M. Treistman）指出，殷墟王陵大量用青壮年男子殉葬，常被作为商代属于奴隶社会的证据。但是，葬俗不能成为经济基础的证据。没有明显证据表明商是一个在经济和农业上以奴隶制生产方式为基础的社会⑥。吉德炜也指出，在商周文字中没有"奴隶"和"自由民"的词汇和人口买卖的记录，因此商代社会不像是具有奴隶制的特点。把商代大墓殉葬的人牲看作是奴隶也难以令人信服，因为没有证据表明这些人在殉葬前被作为奴隶劳力使用，殉人更多地反映了当时的政治关系和宗教信仰，表明这些墓主希望延续生前的生活，维持这些作为殉人的亲戚、侍女、卫士、奴仆和囚徒死

---

① 王礼锡：《中国社会形态发展中之谜的时代》，《读书杂志》1932年第7、8期。
② 胡厚宣：《殷非奴隶社会论》，载《甲骨学商史》，齐鲁大学国学研究所1944年版，第8页。
③ 冯汉骥：《自商书盘庚篇看殷商社会的演变》，《文史杂志》1945年第5、6期。
④ 黄现璠：《我国民族历史没有奴隶社会》，《广西师范学院学报》1979年第2、3期。
⑤ 张广志：《略论奴隶制的历史地位》，《青海师范学院学报》1980年第1、2期。
⑥ J. M. Treistman, *The Prehistory of China: An Archaeological Explanation*, New York: The Natural History Press, 1972, pp.112-113.

后继续为他服务的关系①。

特里格在比较早期文明中普遍存在的人祭人殉现象时指出，人祭常常用来献给上帝和神灵，感谢它们超自然的力量给世界带来的万物轮回和人间福祉。美索不达米亚人认为，所有人都是上帝的奴仆，他们的一切劳动都是为上帝服务的。殷商的祭品都是献给自然神灵和祖先亡灵，这些神灵根据献祭的程度来维持它们的力量，强大的神灵一般需要比其他神灵更奢华的献祭，殷墟祭祀方式除了人牲以外还包括食物、美酒和动物。在大部分情况下，人牲应该是地位地下的囚徒、俘虏或异族成员，比如殷商的人牲常常是外族俘虏。但是就这些早期文明来看并不存在奴隶制②。

其实，奴隶和奴隶社会是两个概念，存在奴隶和奴隶制不一定就是奴隶社会。比如，古罗马和贩卖黑奴的近代美国存在奴隶制，但没有人将它们定性为奴隶社会。20世纪的社会人类学也不认为早期文明存在奴隶就是奴隶社会。受苏联五阶段社会进化模式的影响，中国学者习惯于用奴隶制、封建制、资本主义和社会主义等几个马克思主义概念来讨论社会发展及其性质，并对中国早期国家简单定性。这使我们看到今天的社会思潮如何左右着对古代社会的认识。学者生活和工作的社会环境，不但会影响他们所探讨的问题，还会使他们得出先入为主的答案。因此，学者们在了解过去的时候，不仅受到研究材料和研究手段的限制，还会受到社会意识和自身思维方式的制约。

---

① D. N. Keightley, "The Shang: The China's first historical dynasty," in M. Loewe and E. L. Shaughnessy eds., *The Cambridge History of Ancient China: from the Origin of Civilization to 221 BC*, Cambridge: Cambridge University Press, 1999, pp. 285-286.

② B. G. Trigger, *Understanding Early Civilization*, Cambridge: Cambridge University Press, 2003, pp. 484-485.

(九) 阐释

在从理论和社会发展动力上来探讨中华文明与早期国家形成方面,张光直做出了很大的贡献,他提出的许多独特见解都受到了国内外学界的重视。比如他认为,夏商的都城分布与铜锡矿分布吻合,表明三代迁都与追逐矿源有密切的关系。夏商周三代的关系不只是前仆后继的承续关系,而且是有所重叠的列国关系。三代的更替只不过是它们之间势力强弱的沉浮而已。张光直认为中华文明的基础是财富,而中国早期文明生产工具和技术并不发达,说明财富的积累和集中是依赖劳力的强化投入,而动用这种劳力只能依靠政治和宗教的手段来做到。张光直用美国学者塞维斯的游群、部落、酋邦和国家的新进化论模式来阐释中国文明和国家的发展进程,他还引用弗兰纳利阐述的概念,将地域关系取代血缘关系和合法武力看作是国家出现的必要条件,并认为这些特点出现在夏商时期。但是,夏商时期虽有合法武力的出现,但未见地域关系取代血缘关系[①]。

受张光直将三代迁都归因于对铜锡矿追求的观点启发,刘莉和陈星灿根据对一些重要政治经济资源的分布以及交通运输的分析,来探讨早期国家的统治者为了控制和获得这些资源而促成的区域社会的融合。为了控制这些资源,夏商的统治者逐渐建立起水陆交通运输网络,并通过对资源地的政治和军事控制来保证资源供应的畅通,从而逐渐将这些地区纳入自己的版图。他们认为青铜器是权力斗争的手段,并把三代都城

---

① 张光直:《中国青铜时代》,生活·读书·新知三联书店1999年版,第61、89—97页。

的位置和相互征伐看作是对战略资源的控制①。

刘莉还用国家和酋邦理论和聚落形态方法对中原地区早期国家的形成进行了探讨,提出了一种动力阐释,认为中国的早期国家不是从复杂酋邦,而是从对抗的简单型酋邦发展而成②。二里头时期的贵族阶层为了控制标志着地位和权力的青铜器的生产,逐步建立起核心区和周边区两个相互依存的网络系统,以保证信息的流通以及原料供应和产品分配。这种"网络系统"用祖先崇拜为特点的信仰体系从意识形态上确立其核心统治地位,而这种用青铜器作为象征的祭祀宴享仪式被周边的社群所采纳,这一过程又反过来促成了考古学上所见的二里头时期的共同文化传统扩散和形成。刘莉认为,传统上所谓的"夏代"在它的初期并非是一种国家层次的社会结构,早期国家的形态要到二里头二期才得以明确显示。鉴于国家形成于对立政体的相互竞争和冲突之中,二里头的国家也应该诞生于众多酋邦的包围和对抗之中③。从这个意义上来分析殷商的源流,它在酋邦和早期国家阶段应该一直是和夏处于对抗状态的一个政体,最后在竞争和冲突之中取而代之。

在一篇去世后发表的文章里,张光直对中华文明起源的动力作了更明确的表述,认为文明是一个社会在物质和精神上的一种质的表现,其关键在于财富的积累、集中和炫示。根据考古证据,他认为从仰韶至三代,中国文明起源的动力并不是伴随着生产工具和技术的进步以及水利

---

① Liu Li and Chen Xingcan, *State Formation in Early China*, London: Duckworth, 2003, pp. 36-39, 147-148.

② Liu Li, "Settlement patterns, chiefdom variability, and the development of early states in Nonh China," *Journal of Anthropological Archaeology*, 1996, 15, pp. 237-288.

③ Liu Li, *The Chinese Neolithic: Trajectories to Early States*, Cambridge: Cambridge University Press, 2004, pp. 223-236.

和灌溉的作用,而表现为阶级分化、战争、防御工事、宫殿建筑、殉人与人牲等政治和权力的强化。因此,中国文明起源的动力是政治与财富的结合①。

有学者对此持不同意见,如李宏伟撰文指出,张光直对生产工具的错误认识是文明起源理论的重大失误,违背了马克思主义生产力在社会发展中起重要作用的论述。她依据江西省新干县大洋洲乡商代大墓出土的 475 件青铜器中有 70 多件农具的事实,认为商代青铜农具应该从生产力上发挥着重要的社会推动作用②。该批评的偏颇之处在于,用商时期一个墓葬中发现的孤例来涵盖整个商代农具和农耕技术的普遍特点,并以此作为对商代生产力水平定性的依据,显然有以偏概全之嫌,何况当时江西新干是否处在中原商王朝的势力范围以内还是有问题的。白云翔指出,虽然中国青铜时代始于公元前 21 世纪前后,但早于公元前 16 世纪的青铜农具在中原地区尚未发现。商代和西周的青铜农具无论种类还是数量都十分稀少,对当时农耕活动的促进相当有限③。笔者对新干大洋洲出土的一些青铜农具的实物观察发现,不少农具铸有与礼器相似的纹饰,而且保留着明显的铸模痕迹,刃缘和器物表面缺乏因使用所致的磨蚀和抛光痕迹。因此,这批所谓的农具和其他共出的青铜器一样,很可能也是一类象征性器物,而非实用的耕耘器具,就像许多铜钺并非真正的战斗武器,而是地位和权力的象征一样。从许多早期文明的发展特点来看,剩余产品和财富的积累主要还是依靠强化劳力的投入;青铜由于其原料的相对缺乏,主要还是被贵族阶层用来生产奢侈品,不可能大量

---

① 张光直:《论"中国文明的起源"》,《文物》2004 年第 1 期。
② 李宏伟:《张光直对中华文明起源研究的得与失》,《河北学刊》2003 年第 5 期。
③ 白云翔:《殷代西周是否大量使用青铜农具的考古学观察》,《农业考古》1985 年第 1 期。

用来制作农具并普及到社会底层的平民。只是到了铁器使用之时,才能真正使金属工具普及到生产农具层面,起到了全面推动生产力的作用。所以生产力不完全以农具和技术来体现,人才是生产力最重要的因素。

特里格指出,出于分析概念不同,有些学者认为殷商是大型王国甚至帝国,控制着广泛的区域,经常讨伐周边的小国并强索贡品。而有些学者认为殷商只不过是一个酋邦,缺乏强有力的武力和统治机制,只能依赖统治者的个人魅力、宗教制裁和赏赐来维持权力,维持社会组织机制的原则是血缘关系而非等级或阶级关系。他还指出,现在学界采用的多种术语如商文明、商时期、商民族、商代、商国和商文化是范畴不同的概念,它们之间不能互换。商代国家也要比考古学定义的商文化和商文明范围小得多。研究商代国家好比盲人摸象,有些分析十分有用,但有时却相互矛盾,对其政府形态的了解要比其他文明更少。但总的来看,商代政治发展层次与古埃及和美索不达米亚早王朝时期的发展阶段相仿[①]。

三、古史重建的思考

从上面对殷墟研究的回顾可见,传统途径和多学科综合探索的差异十分明显。传统途径一般关注史籍中的问题,以充实和考证史实为己任;多学科的综合则以探索殷商整个社会状况为目的,出土甲骨学的

---

① B. G. Trigger, "Shang political organization: a comparative approach," *Journal of East Asian Archaeology*, 1999(1), pp. 43-62.

研究也不再局限于其字面内容，而是从这些内容来分析透视当时社会的方方面面。并且，考古材料信息的充分提取再结合文字记载，可以从更深更广的背景来重建殷商时期的生态环境、经济生业、聚落形态、城址特点、人口规模、民族关系、社会结构、地位等级、专业手工业、意识形态、宗教祭祀等诸多方面细节，而社会人类学的社会进化理论则为探讨社会演变的动力和过程提供科学的阐释。从本文介绍可见，这些人类学导向的探究大部分是由海外学者或在西方工作和受训的中国学者尝试的，国内学者的系统和全面介入还比较有限。

对于如何重建上古史，自"古史辨"讨论以来一直争论不断。不少国内学者至今仍信奉王国维的"二重证据法"，认为考古发现分为两种，一种是有字的，一种是没有字的。有字的一类负载的信息更丰富。他们还认为，与历史结合是中国考古学的鲜明特色，这与西方考古研究与艺术史、人类学和社会科学研究相结合的特点极不相同。他们还对中国考古学过分依附历史学，只有打破这一点才能吸收新东西的批评意见持否定态度[1]。有学者仍然坚持，考古学是和文献学连在一起的，发掘出来的东西要用文献材料来说明才有价值，二里头文化要用文献中的"夏文化"来说明才有意义[2]。在这些学者看来，只要将地下出土材料用地上文献加以考订，就可以充分复原或重建上古史了。

正是这种对文字的过分偏信和依赖，使得这些学者对疑古思潮感到不快，因为它动摇了他们赖以重建上古史的根基。不可否认，文献对于考古研究来说具有比物质遗存更为重要的价值，因为它们可以直接提供

---

[1] 李学勤、郭志坤：《中国古史寻证》，上海科技教育出版社 2002 年版，第 55、57 页。
[2] 张京华：《20 世纪疑古思潮回顾学术研讨会综述》，《中国文化研究》1999 年春之卷（总第 23 期）。

历史信息，不必像考古分析只能用间接方法来推断。但是，不加审视地利用文献也会招致批评。这种以文献为导向的研究在三代研究中尤为突出，许多学者在夏商研究中以一种深信不疑的态度，将考古发现与文献记载相对应。但实践表明，这些学者所信奉的方法并没有给中国的古史重建带来光明，而是陷入了巨大的麻烦之中。

这种将考古发现和文献简单比附的例子在我们的研究中比比皆是：二里头文化被等同于夏文化，于是二里头遗址被认为是"夏墟"，二里头文化与先前龙山文化之间的文化中断现象被对应于"后羿代夏"的历史事件；登封王城岗遗址被认为是文献中提及的"禹都阳城"；偃师商城发现后，一些学者根据古本《竹书纪年》中汤商"始屋夏社"和《汉书·地理志》"尸乡，殷汤所都"的记载，将其看作是汤都西亳。然而郑州商城的发现又引发了一场旷日持久的孰为"亳都"之争，结果有人提出"两京制"来调和。小双桥遗址被比附为"隞都"，安阳花园庄遗址则被认为是"河亶甲居相"的"相"，甚至有人以《尚书》、《国语》、古本《竹书纪年》等文献中提到的"桀奔南巢""夏桀无道……避居北野"等为线索，以江淮地区薛家岗、寿县斗鸡台和北方夏家店等遗址中出现的零星二里头特色器物为依据，认为江淮和晋、冀、内蒙古两地出现二里头文化因素的时候应该就是夏商分界。

事实上，新发现的考古遗址如果没有共出的文字证据，主观地将考古遗址与文献中地名对号入座完全是死无对证的猜测。目前研究就凸显了顾此失彼、自相矛盾和盲目跟风的弊病。这种简单比附、急功近利的做法不可能为古史重建带来任何有意义的贡献，只会造成更大的混乱。

早在 20 世纪 30 年代，李济就批评了"惟有文字才有历史价值"的偏见，指出现代考古学的一切发掘就是求一个整体的知识，不是找零零碎碎的宝贝。他认为，一切无文字而可断定与甲骨文同时之物，均有特别的研究价值，许多文字所不能解决的问题，就土中情形便可察觉。他还强调了问题意识对考古研究的重要性："有题目才有问题，有问题才选择方法，由方法应用可再得新问题，周而复始，若环无端，以至全体问题解决为止。"[①] 遗憾的是，李济这种问题意识和追求整体知识，以及超脱文字来进行独立研究的科学理念，在新中国成立后的大陆考古实践中即便不能说基本缺失，也是十分薄弱的。

台湾学者王汎森在论及中国近代新旧史料观时，也批评了文献为导向的古史重建。他将中国学者对文字资料的"迷恋"看作是清儒的治学方法，这种史料观认为只有记载在经书上的文献知识才是知识的源泉，将其他文献和实物看作经学之附庸。这些研究对象也许以后有独立的地位，甚至"婢作夫人"，仍然都是经学的"婢女"。王汎森认为，在这种范例指导下，所重的是如何在有限的文字中考证和判断，而不是去开发文字以外的新史料。这种研究即使下了极大的工夫，积累了极深厚的功力，许多问题还是无法得其确解。他还指出了王国维二重证据法的局限性，高度评价了傅斯年和李济的贡献，认为史语所的方法与意趣已超出了这个范围，是中国古史界的一个重大突破[②]，可见，对于那些至今仍坚持文献学导向、倡导用"二重证据法"来重建上古史的学者来说，其旨趣和眼界还不及20世纪初的傅斯年和李济，遑论21世纪的国际水准了。

---

① 李济：《现代考古学与殷墟发掘》，《安阳发掘报告》1930年第2期，第405—406、410页。
② 王汎森：《什么可以成为历史证据——近代中国新旧史料观点的冲突》，《中国近代思想与学术的系谱》，河北教育出版社2001年版，第346—347、350页。

安阳小屯考古研究的回顾与反思
——纪念殷墟发掘八十周年

三代考古研究中对文献导向的执着所暴露出来的问题,也已引起了一些中青年学者的反思,比如水涛写道:

> 中国考古学始终是把自己的主要使命定位在历史学科的范围之内,早年有所谓的证经补史说,现在有重建古史说。这种对于历史的使命感,或者说认同感,使考古学家自觉或不自觉地把考古发现同历史记载或民间传说结合在一起,因而具有了在西方学者看来难以理解的所谓历史情结和考据倾向。特别是在夏商阶段的考古学研究中,这种历史情结表现得非常强烈,也因此引出了一些难以克服的问题和缺陷。现在,一些学者在倡导走出疑古时代,在大胆地肯定诸如《山海经》这样一些颇具传说性质的先秦文献的可靠性。即便真的如此,也不能否认,中国古代文献中关于三代社会情况的记载,资料非常贫乏,完全不能适应考古学研究日益深化的需要。以商代都城为例,传统文献大多记载"商人屡迁,前八后五",自王国维以后,历代学者对此都有非常精辟的考证。而实际考古发现却表明,商代自成汤以来的都城,有可能不限于五个地点。关于郑亳与西亳的争论,似乎焦点是在确认各自的合法性。……同样,关于夏代建国的问题,如果过分强调它的特殊性,也不合乎实际的考古发现所揭示的普遍现象。我们自己可能存在着中国传统观念里所谓正统与非正统的认识论缺陷,即重华夏而轻夷狄。……从这一点来说,西方学者所批评的历史情结问题的确有其针对性。不管有些学者在感情上是否能够接受这种批评,都必须清醒认识到,如果我们仍然按照这样一种传统研究方法去探讨三代考古的基本问题,还是

不可能真正走出疑古,也将会陷入更多的争论之中。①

二里头遗址发掘的主要负责人许宏也认为,考古材料与文献资料的整合,实际上已成为困惑三代考古的一个敏感问题。把文献学的研究重点作为考古学的研究重点,在考古资料尚不充分的情况下,简单比附文献记载,将文献地名与考古发现对号入座,使这类论题处于一种聚讼纷纭、难以深入的境地②。

美国学者罗泰指出,中国传统学者很早就注意到器物铭文能够用来纠正传世文献中的错误,但是他们大部分的工作偏重于纯粹的考证。其实,对古代文献进行严密的语言学和古文字学分析就能对它们的可靠性提供重要线索,但是这些方面的主要贡献却是西方学者做出的。由于受文献记载的左右,我们对黄河流域早期朝代国家的认识已造成了一种扭曲的图像,夏代的重要性可能因为它在史籍中的幸存而被过分地强调了。如果独立于史料之外来进行研究,田野考古可能为之提供一种真正的新见解。中国的考古报告充斥了种种努力,常常是不大可信地将考古发现与历史事件、人物和族群硬拉到一起。他同意夏鼐的观点,即应视考古资料为一种不同的"文献",它们并不一定非要验证史料,而是要用一种新的途径来获取它们。罗泰认为,如果我们能够摒弃成见,考古发现的新材料可以超越传统文献的局限,启示我们古史重建的新问题,创造古史研究的新境界。比如根据人骨材料进行人口、年龄、性别、病理和聚落人口结构的分析,约略推断古代居民的健康状况、劳动习惯和

---

① 水涛:《近十年来的夏商周考古学》,载李文儒主编:《中国十年百大考古新发现》,文物出版社 2002 年版,第 286—287 页。
② 许宏:《早期城址研究中的几个问题》,《中国文物报》2002 年 6 月 14 日。

饮食文化。聚落考古的动植物资料可以复原原始社会的生存资源和生态环境，而这些信息的重要程度，绝不亚于文献记载的王公贵族和朝代更替。中国考古学应该从狭隘的编年史模式中解放出来，努力去寻找那些只有考古学家才能提供的证据，并使各种学科相互交叉。如果能够做到这一点，类似世界上流行的但适合于中国国情的方法就会在研究中出现。到那时，考古学便不再是为历史学提供材料的附庸，而是真正成为历史新知识的源泉①。

许倬云也呼吁，考古资料和文献可以互补，中国考古学资料丰富，其中可以开拓的空间绰绰有余。我们不必囿于目前常见的课题，可以在许多未经耕耘的园地尝试前所未见的阐释②。当代历史学、考古学、艺术史等多元方法的采用，完全可以超越文字记载来独立提炼信息，开辟我国科学重建上古史的康庄大道。

四、小结

在已经进入 21 世纪的今天，我们应该对殷墟研究和考古学如何进行古史重建做一番思考：文献学导向的考古学研究究竟是摆在我们面前的一条康庄大道，还是越走越窄的死胡同？当 20 世纪初年，文献学正是因为饱受疑古思潮的质疑以及在研究上古史方面的无奈，才从西学东渐的考古学那里得到了帮助，重获了生机。但是，在当今世界考古学已

---

① 洛沙·冯·福尔肯霍森（罗泰）：《论中国考古学的编史倾向》，《文物季刊》1995 年第 2 期。
② 许倬云：《序》，载林嘉琳、孙岩主编：《性别研究与中国考古学》，第 8 页。

经发展成一个全方位的研究领域时，中国一些资深学者竟然仍试图将考古学捆绑在文献学身上，继续充当提供地下之材的工具。

夏鼐先生指出，中国文明的起源问题，就像别的古老文明起源问题一样，应该由考古学研究来解决。因为这一阶段正在文字萌芽和初创的时代，纵使有文字记载，也不一定能够保留下来，所以只好主要依靠考古学的实物资料来佐证[①]。苏秉琦先生也说，中国史在世界史中的地位与现在的研究很不相称。中国历史传统就是天下国。在这方面，历史学家有责任，考古学家也要意识到自己的责任。他提出了中国考古学与世界考古学接轨、古与今接轨的口号，呼吁在社会发展和学科发展的形势下，中国考古学需要面向世界、面向未来，这就是"世界的中国考古学"的提出[②]。

因此，21世纪的中国古史重建不能再囿于"二重证据法"的范畴，不可能期望这项任务单凭两者草率兼容就能胜任，也绝不可能以文献学的价值取向为依从。我们应该放眼世界，学习国外学者如何重建他们的历史，看看他们如何研究中国的上古史，了解这门学科的发展现状。正如英国考古学家伦福儒和巴恩所言，考古学的历史是新观念、新方法和新发现的历史，现代考古学根植于19世纪对三个核心概念的接受，即人类的古老性、达尔文进化论和三期论。"二战"后学科发展的步伐加快，20世纪下半叶的新考古学转而探究事件发生的原因，试图解释演变的过程，而不是了解过去具体发生了什么。同时，田野考古也从时空

[①] 夏鼐：《中国文明的起源》，载《考古学论文集》（下），河北教育出版社2001年版，第661页。
[②] 苏秉琦：《中国文明起源新探》，生活·读书·新知三联书店1999年版，第170、182页。

研究上开辟了一个真正世界性的考古学①。由此可见，世界考古学发展和学术定位一开始就从未将文献研究置于核心地位，而是努力发展各种理论方法来独立提炼信息，复原已逝的过去。现今所谓中国考古学的鲜明特色，无非是传统国学自大而又狭隘的心理表现而已。在创建"世界的中国考古学"的过程中，我们首先需要破除"天下国"的心态，了解和吸收世界学科的最新进展。如果我们能够借鉴国际上相关领域内的成功经验，从新的视野来探究中华文明发展进程中的各种动力因素和具体表现，必将有助于我们从世界标准来探究中华文明的发展过程，重建属于21世纪的中国上古史。

【附记】在本文的写作过程中，韩进同学帮助收集和整理了部分资料，谨表谢忱！

（原载《文史哲》2008年第3期）

---

① 科林·伦福儒、保罗·巴恩：《考古学——理论、方法与实践》，文物出版社2004年版，第47页。

魏晋南北朝史研究中的史料批判研究

孙正军

史料批判研究①又称"史料论式的研究",或"历史书写的研究",是近年来在魏晋南北朝史青年研究者中比较盛行的一种研究范式。刊登于《中国中古史研究:中国中古史青年学者联谊会会刊》第一卷上,由数位日本年轻学者合撰的《日本魏晋南北朝研究的新动向》,其中阿部幸信执笔的"东汉史"部分,安部聪一郎执笔的"三国两晋"部分,以及佐川英治执笔的"五胡北朝"部分,均单列一节,专门叙述史料批判研究的现状②。刊于同书第三卷的《大陆学界中国中古史研究的新进展(2007—2010)》和《近四年(2007—2010)日本东汉、魏晋南北朝史研究的动向》二文,亦有相当篇幅介绍最新进展③。2013 年 3 月在上

---

① 按:"史料批判"一词,常被用来形容兰克史学的史料处理方式(Quellenkritik,或译作"史料考证"),即要求对史料考订辨析,去伪存真,确保史料的真实可靠,与本文所说史料批判研究不同。
② 《中国中古史研究》编委会编:《中国中古史研究:中国中古史青年学者联谊会会刊》第一卷,中华书局 2011 年版,第 4、8—9、15—17 页。
③ 《中国中古史研究》编委会编:《中国中古史研究:中国中古史青年学者联谊会会刊》第三卷,中华书局 2013 年版,第 222、273、274 页。

海复旦大学举行了一个小型学术工作坊,主题为"建构与生成:汉唐间的历史书写诸层面",实际讨论的也是对中古历史文献的史料批判研究。由此可见,史料批判研究正受到学界越来越多的关注。

什么是史料批判研究?简言之,史料批判研究是一种史料处理方式。如所周知,在正式研究之前,对相关史料进行精心考辨,可以说是历史学界由来已久的传统,如梁启超即把史料处理分别为"正误"和"辨伪"[①]。更为系统的归纳见于杜维运《史学方法论》。杜氏把对史料的处理称为"史料的考证",分史料外部考证和史料内部考证,其中外部考证包括:辨伪书,史料产生时代的考证,史料产生地点的考证,史料著作人的考证,史料原形的考证;内部考证包括:记载人信用的确定,记载人能力的确定,记载真实程度的确定[②]。那么,史料批判研究与此前的史料处理方式有什么不同?

按照梁启超和杜维运的归纳,传统史料处理的重点在于确保史料真实可靠,以求真求实为首要目标;而史料批判研究,如安部聪一郎所作定义,是"以特定的史书、文献,特别是正史的整体为对象,探求其构造、性格、执笔意图,并以此为起点试图进行史料的再解释和历史图像的再构筑"[③]。亦即与传统史料处理方式相比,史料批判研究并不满足于确保史料真实可靠,而是在此基础上继续追问:史料是怎样形成的?史家为什么要这样书写?史料的性质又是什么?即如安部定义所见,探求历史文献的"构造、性格、执笔意图"才是史料批判研究的重点所在。换言之,对于史料批判研究而

---

① 梁启超:《中国历史研究法》第5章《史料之搜集与鉴别》,上海古籍出版社1998年版,第77—107页。
② 杜维运:《史学方法论》第10章《史料的考证》,三民书局1986年版,第153—167页。
③ 安部聪一郎:《日本魏晋南北朝史研究的新动向》,载《中国中古史研究》编委会编:《中国中古史研究:中国中古史青年学者联谊会会刊》第一卷,第8页。

言,史料真伪并不重要,重要的是史料为什么会呈现现在的样式。

毋庸赘言,史料批判研究的兴起,首先得益于传统史料处理方式的进一步发展。在对史料进行无微不至的内、外考证后,探讨史料的形成过程似乎也就是顺理成章的事情。其次,后现代史学对史料批判研究的兴起应也起到了推波助澜的作用。一般认为,后现代史学对传统历史学的冲击主要有两个方面:一是对传统历史认识论和历史编撰学的挑战,二是在后现代史学思潮影响下历史研究兴趣的转移[1]。所谓历史研究兴趣的转移即是指研究者把目光转向日常生活、底层人物、突发事件、妇女、性行为、精神疾病等微观和细节,也就是一些学者所说的新社会史,这一点与本文主旨无关,暂且不论;而对传统历史认识论和历史编撰学的挑战,指的就是否认历史的真实性、客观性,视史料为文本,把史学等同于文学,强调史家或其他因素对历史编撰的影响。这与史料批判研究以探求史料"构造、性格和执笔意图"为目标无疑是吻合的。

需要说明的是,对于史料"构造、性格和执笔意图"的重视并非史料批判研究新创,如刘知幾对史书曲笔的认识,即与此颇有相通之处[2],而20世纪前半期以顾颉刚为旗帜的"古史辨派"对古史文献的怀疑精神,更是多有契合。此外,现代学者对中古宗教文献中圣僧高道形象建构的分析,也与史料批判研究殊途同归[3]。不过,作为一种主要以正史为

---

[1] 仲伟民:《后现代史学:姗姗来迟的不速之客》,《光明日报》2005年1月27日。
[2] 刘知幾撰,浦起龙通释:《史通通释》卷七《曲笔》,上海古籍出版社2009年版,第182—185页。
[3] 中文学界近来的代表作有:陆扬:《解读〈鸠摩罗什传〉:兼谈中古中国早期的佛教文化与史学》,载刘东主编:《中国学术》第二十三辑,商务印书馆2006年版;陆扬:《中国佛教文学中祖师形象的演变——以道安、慧能和孙悟空为中心》,《文史》2009年第四辑;魏斌:《安世高的江南行迹——早期神僧事迹的叙事与传承》,《武汉大学学报》2012年第4期;等等。陈怀宇《动物与中古政治宗教秩序》(上海古籍出版社2012年版)亦有部分章节涉及于此。

解析对象的研究范式，史料批判研究无疑是近二十年内才兴起的。以下以时代为序，回顾魏晋南北朝史研究中的史料批判研究。此外与东汉相关的许多史料均成书于魏晋南北朝时期，且由于东汉系魏晋南北朝时期的入口，因此这里我们也将对东汉文献的史料批判研究放在一起评述。

一、东汉史料批判研究

东汉史料批判研究的代表人物是安部聪一郎。安部是日本魏晋南北朝史研究年轻一代的翘楚，长于东汉时代的史料分析和政治史研究，在走马楼吴简研究上也颇有建树。

安部聪一郎对东汉史料进行史料批判始于 2000 年，是年 6 月，安部发表了他在该领域的第一篇文章《後漢時代関係史料の再検討——先行研究の検討を中心に》(《史料批判研究》第 4 号，2000 年）。正如题目所显示的那样，本文是在前人研究基础上对东汉史料的一次系统整理。文中，针对以往学者试图通过比较诸家《后汉书》《后汉纪》来复原东汉历史的倾向，安部提出诸家《后汉书》《后汉纪》编撰之际，可能已经融入了撰者的政治立场和价值观，特别是魏晋南北朝时期对东汉历史的理解也会被无意识地混入其中；而保留下各种已经散佚的诸家《后汉书》的类书、注释书，其编纂也包含撰述者的思想、价值观在内。安部因此认为，任何试图以诸家《后汉书》《后汉纪》复原东汉历史的尝试都是不明智的。这篇文章奠定了安部对东汉史料理解的基本观点，即成书于魏晋以下的各种《后汉书》《后汉纪》，并不能看成是东汉历史的如实记录，而是渗透了魏晋以下对东汉历史的认识，其中既包括编撰者的思想、价值观，也包括整个时代的东汉历史观。《後漢時代関係史料の再検討》是对东汉史料进行总体论述的一篇宏文，而正如安部在文中所说，上述观点还需要更多以勘校诸家《后汉书》为基础的个案研究为支撑，为此他选择了袁宏《后汉纪·明帝纪》永平三年（60）所记刘平、赵孝事迹作为考察对象。在《袁宏『後漢紀』·范曄『後漢書』史料の成立過程について—劉平·趙孝の記事を中心に》（《史料批判研究》第5号，2000年）一文中，安部比较《东观汉记》和诸家《后汉书》《后汉纪》用词（如"义士"）及记事的差异，发现袁宏《后汉纪》和范晔《后汉书》对于"义"尤为强调，指出这是受到史家个人意识的影响，同时也可能融入了逐渐累积的魏晋以下对东汉历史的理解。这样，通过这篇个案研究，安部具体论证了史家个人意识及魏晋时代的东汉历史观对诸家《后汉书》《后汉纪》书写的影响。两篇文章，一从宏观整体，一从具体个案，充分阐释了安部对东汉史料的基本认识。

接下来，安部通过从史料批判角度对川胜义雄六朝贵族制论的质疑和挑战进一步强化了上述认识。如所周知，川胜是"六朝贵族制论"的主将，著有《六朝贵族制社会研究》[①]等。川胜关于六朝贵族制有诸多论述，除了学界较为熟悉的"豪族共同体"外，还有一个重要观点就是他把魏晋以下的贵族溯源至东汉末年党锢事件中的清流士大夫，提出清流士大夫是一个政治上具有共同儒家国家观念、社会上具有共同儒家道德感情，相互间联系密切的统一体。作为清流士大夫舆论圈的"乡论"有三个层次，一是县、乡层面的第一次乡论，二是郡层面的第二次乡论，

[①] 川胜义雄：《六朝贵族制社会研究》（初刊于1982年），徐谷芃、李济沧译，上海古籍出版社2007年版。

三是全国层面的第三次乡论,由此在空间上呈现"乡论环节的重层构造",而魏晋贵族就来自全国规模的第三次乡论名士。

川胜观点提出后,影响很大,学界也有不少争议①。相对于其他学者试图从正面予以检证的努力不同,安部独辟蹊径,转而从史料形成的角度考察东汉末年清流士大夫的生存实态。在《党錮の「名士」再考——貴族制成立過程の再検討のために》②一文中,安部通过梳理包括范晔《后汉书》在内的诸史料所记表现全国层面名士的"三君""八俊"等名号发现,这些名号是在三国末年、西晋时期才逐渐出现,东汉时期尚不存在,因此东汉末年并没有所谓全国规模的"天下名士",当时名士圈仅存在于郡、县层面,川胜所谓空间性重层结构(县乡—郡—全国),是历时性累积的结果。通过这些分析,安部得出了与前文一致的结论,即作为川胜立论基础的范晔《后汉书》的记载并非东汉历史实态,而是受到了魏晋以下东汉时代观的影响。

循此,安部又以东汉末年名士郭泰形象的演变为例,质疑川胜所言。在川胜的论述中,郭泰原为清议首领,是太学生"浮华交际"的象征性人物,后转为逸民式人物,由此论述逸民式人士是清流势力的延伸。而安部梳理范晔《后汉书》之前各种郭泰传记发现,郭泰形象在不同时期的传记中有一个不断变化、丰富的过程,其中一条关键线索就是郭泰作为隐逸者和人物评论家两种形象的此消彼长:隐逸者的形象渐趋淡化,而人物评论家的形象则日益放大,及至范晔《后汉书》,郭泰遂

---

① 关于此,参看安部聪一郎《清流・濁流と「名士」——貴族制成立過程の研究をめぐつと》(《中国史学》第十四卷,2004年)一文中的回顾。
② 安部聪一郎:《党錮の「名士」再考——貴族制成立過程の再検討のために》,《史学雑誌》第111编第10号,2002年。

以人物评论家代表的形象出现，郭泰形象这一变化反映了东汉以后士大夫对郭泰评价的变化。因此在安部看来，川胜所谓郭泰形象的两面乃是历史性呈现的结果，并非汉末郭泰的实际情形[①]。

同样出于对六朝贵族制论的反思，安部还从史料批判角度考察了与贵族制形成密切相关的隐逸、逸民人士。他发现，隐逸思想在汉晋时期有一个变化过程，汉碑所呈现的东汉时代的"隐逸"，意味着致力学术、教化"童蒙"，而从西晋开始，出现认可出仕的新的隐逸观，"隐逸"的政治性逐渐凸显，为以儒家礼教为中核的王法体制所包容；而以范晔《后汉书》为基础建立的对东汉隐逸的理解，实际受到了晋代以后隐逸观的影响。这里，安部通过对汉魏以下隐逸观念的考察，再次确认了前述意见[②]。

通过以上梳理，我们可以大致了解安部聪一郎史料批判研究的特点：即在充分掌握、细密甄别各种文本异同的基础上，探讨文本成立时期的社会文化观念及撰者个人意识对历史书写的影响。如下文所见，这一方法也是目前史料批判研究的常用方法之一。

毋庸赘言，作为史料批判研究的常用方法，通过勘校文本考察史料形成的研究取径已被证明行之有效，但不可否认，循此方法展开的研究也有其天然不足，尤其是在史料缺乏的早期古史领域。如在安部的研究中，被用来与范晔《后汉书》对校的诸家《后汉书》《后汉纪》多已散佚，仅在一些类书或注释书中略有存留，这些保留下来的断片文字固属吉光片羽，但究竟能在多大程度上代表史书整体，恐怕尚存疑问。此

---

① 安部聪一郎：《『後漢書』郭太列伝の構成過程—人物批評家としての郭泰像の成立》，《金沢大学文学部論集 史学・考古学・地理学篇》第 28 号，2008 年。
② 安部聪一郎：《隠逸・逸民的人士と魏晋期の国家》，《歴史学研究》第 846 号，2008 年。

外，类书、注释书引文时的种种疏略、讹误，能否保证现存文字即史书原文，而后出史书所见内容之差异，究竟是史家有意处理还是沿袭旧史，这些也是有疑问的①。

不过尽管如此，安部的上述考察对当下东汉史研究无疑仍有启发意义，这种启发不仅在于促使研究者重新思考一些学界成说，更重要的是提示研究者对呈现东汉历史的各种文献保持充分警惕，留意文本形成过程中的社会文化观念及史家个人意识可能产生的影响。而这一提示显然不应局限于东汉史一隅，对于其他历史时期的史料，也应保持同样的警惕之心。

东汉文献的史料批判研究，除了安部聪一郎外，还有一些学者也涉足其间。其中值得注意的是阿部幸信和徐冲对司马彪《续汉志》的解读，以及佐藤达郎对《汉官解诂》《汉官仪》等官制著述的分析。阿部瞩目于《续汉志》中的《舆服志》，其讨论有以下两篇文章：《後漢車制考—読『続漢書』輿服志劄記・その一》(《史艸》第47号，2006年)，《後漢服制考—読『続漢書』輿服志劄記・その二》(《日本女子大学纪要・文学部》第56号，2007年)。在这两篇"札记"式的文章中，阿部将关注焦点从此前着重讨论的舆服仪制中的特殊构成——印绶扩展至舆服全体，探讨车、服制度与位阶序列之关系。阿部发现，《舆服志》关于车服制度的记载存在一些缺漏、重复甚至矛盾之处，推测其并非是对单一制度统一、体系性的记载，而是混杂了不同时期的制度，并指出《舆服志》将绶制作为礼制而非官制记载的观念与《汉书》《东观汉记》

---

① 具体来说，如安部认为东汉时期不存在全国性的名士序列，有学者对此即持保留态度。参见津田资久：《漢魏交替期における『皇覽』の編纂》注38，《東方学》第一〇八辑，2004年；牟发松：《范晔〈后汉书〉对党锢成因的认识与书写——党锢事件成因新探》，《华东师范大学学报》2012年第6期。

所见汉人认识不同,而与西晋《泰始令》暗合。如前所述,安部聪一郎认为诸家《后汉书》《后汉纪》编撰之际,可能融入了魏晋南北朝时期对东汉历史的理解,其论述集中在传记部分,而阿部则提示我们,志书记载同样存在这种倾向。

与阿部将论述重点置于《舆服志》不同,徐冲对《续汉志》的解读则集中于《百官志》。在《〈续汉书·百官志〉与汉晋间的官制撰述——以"郡太守"条的辨证为中心》[①]一文中,徐冲首先拆解《百官志》的文字结构,指出《百官志》系由"正文"和"注文"两部分构成,其中"正文"叙述职官及官属名称、员额、秩级,"注文"叙述职掌与沿革。以此为基础,徐冲尝试在汉晋官制撰述的谱系之中对《百官志》进行定位,提出《百官志》的撰述方式系对东汉后期以来崇重《周礼》的官制撰述新动向的继承和发展,其背后则是士人群体在儒学意识形态的作用下再造、重塑新型皇帝权力结构的历史进程。近年来,学者越来越不满足于将史乘志书视为单纯的典章仪制的记载,而主张志书亦附着强烈的意识形态性格。如中村圭尔提出,汉末到六朝时期出现的百官志,并不纯粹是对现实官制的叙述,而是具有强调王朝秩序整体的更高意图[②]。徐冲的上述研究,无疑可视为在其延长线上,对《续汉书·百官志》所附意识形态所进行的更为具体、细节的探究。

如果说徐冲关注的是正史中官制的叙述,佐藤达郎瞩目的则是诸如《汉官解诂》《汉官仪》等非正史的东汉官制记录文本。在《胡广『漢官

---

① 徐冲:《〈续汉书·百官志〉与汉晋间的官制撰述——以"郡太守"条的辨证为中心》,《中华文史论丛》2013 年第 4 期。
② 中村圭尔:《六朝官僚制的叙述》(2009 年初版),付晨晨译,载《魏晋南北朝隋唐史资料》第二十六辑,2010 年。

解詁』の編纂—その経緯と構想》①一文中，佐藤考察了东汉时代四种官制著述的成书过程，指出撰述主旨有如下变化，即从王隆《汉官篇》美化汉制，到刘珍《汉家礼仪》、张衡《周官解说》比附《周礼》称扬汉制，再到胡广《汉官解诂》以汉制为主体，客观载录制度沿革，其背景是古文学术的兴起与史学的独立。承此，在《応劭「漢官儀」の編纂》②一文中，佐藤接着考察应劭《汉官仪》的性质和编纂背景，指出应劭"博搜多载"的撰述宗旨使得《汉官仪》成为汉代制度的百科全书，这既是对东汉以来学术潮流的继承，同时又是向六朝学术潮流发展的准备。

不难看出，与前述安部等人一样，佐藤也特别关注文献形成时代社会文化思潮对文献旨趣的影响。所不同的是，在安部等人的研究中，后代历史观对东汉历史书写的影响尤为强调，相比而言，佐藤更注重东汉自身社会文化思潮对文献撰述的影响。佐藤这种重视当代社会文化背景的倾向还体现在他对其他文本的分析上，如在一篇关于汉代官箴的考察中，佐藤也强调彼时社会文化背景对官箴论述的影响③。

二、三国史料批判研究

三国文献的史料批判，用力最多、成就最大的无疑当属津田资久。津田长期以来一直致力于曹魏政治史研究，而史料批判即是其最主要的

---

① 佐藤达郎：《胡広『漢官解詁』の編纂——その経緯と構想》，《史林》第86卷第4号，2003年。
② 佐藤达郎：《応劭「漢官儀」の編纂》，《関西学院史学》第33号，2006年。
③ 佐藤达郎：《漢代の古官箴論考編》，《大阪樟蔭女子大学学芸学部論集》第42号，2005年。

切入点。

　　津田关于三国文献的考察始于《『魏略』の基礎的研究》①，如篇题所见，这是一篇针对曹魏鱼豢所撰《魏略》的基础性研究，对于《魏略》体例、史源及成书年代均提出不少新见。随后在《陳寿伝の研究》②一文中，津田又以《晋书·陈寿传》为考察对象，指出其中存在纪年错误和史料改窜等问题，并尝试依据《华阳国志》等重新构筑陈寿事迹。不过，这两篇分析基本仍属于传统史料处理的范畴，对于史料批判研究所强调的对历史文献"构造、性格和执笔意图"的探求，二文并未过多涉及。此外，《王肅「論秘書表」の基礎的研究》③勘校佚文，尝试恢复王肃任职秘书监期间所上《论秘书表》，《「郭休碑」初探》④采择良拓，在复原碑文基础上梳理郭休仕宦履历，同样也是这种传统史料处理方式的研究。不过，在最早一篇《『魏略』の基礎的研究》中，津田已经注意到《晋书》关于司马懿仕宦之初的记述可能混入后世的改动⑤。此后，这种注重探求文献构造、性格和执笔意图的史料处理方式逐渐成为津田研究的重心。大致而言，津田的史料批判研究同样是以质疑、挑战魏晋政治史的传统理解图式展开的，其论述对象有二：一是曹丕、曹植"后嗣之争"引发的曹魏压制宗王现象，二是魏晋交替进程中的曹、马之争。这两种图式在陈寿《三国志》中已有呈现，后经众多学者论证而影

---

① 津田资久：《『魏略』の基礎的研究》，《史朋》第31号，1998年。
② 津田资久：《陳寿伝の研究》，《北大史学》第41号，2001年。
③ 津田资久：《王肅「論秘書表」の基礎的研究》，《国士馆大学文学部人文学会纪要》第38号，2007年。
④ 津田资久：《「郭休碑」初探》，《国士舘東洋史学》第3号，2008年。
⑤ 津田资久：《『魏略』の基礎的研究》注31，《史朋》第31号，1998年。

响巨大, 几成定论①。

津田对曹魏压制宗王现象的质疑, 肇端于《『魏志』の帝室衰亡叙述に見える陳寿の政治意識》②一文。在这篇旨在考察陈寿关于曹魏衰亡的叙述中所隐含的创作意图的文章中, 津田指出, 《三国志》所记曹丕、曹植"后嗣之争", 是陈寿操纵史料、有意夸张歪曲的结果, 其动机是为了强调曹魏衰亡与压抑宗王、册立妾为皇后、重用外戚相关, 背景则是《魏志》撰述之际齐王攸的归藩、胡贵嫔的存在以及外戚杨氏干政等政治问题。沿此, 在《曹魏至親諸王考—『魏志』陳思王植伝の再檢討を中心として》③一文中, 津田再次将目光对准"怀才不遇"的曹植, 他通过复原曹植在汉魏交替之际的遭遇, 指出《三国志》所呈现的曹植"不遇"形象与史有违。津田发现, 与东汉诸王相比, 曹魏宗室诸王地位并未发生明显变化, 都处于一种象征性的"藩屏"地位, 甚至从诸王犯大罪事实上不被问罪来看, 他们毋宁说是受到礼遇的。由此津田提出, 《三国志》曹植的"悲剧"形象, 以及宗室诸王被"冷遇"的历史图式, 是陈寿一手建构出来的, 这是《三国志》撰述之际, 西晋武帝晚年朝野之间要求齐王攸辅政、反对晋武帝令其归藩的舆论环境塑造的结果。另一方面, 当时社会上流行的贾逵、王肃所提倡的利用宗室至亲辅政的《周礼》国家观, 也直接影响了《曹植传》的书写。随后的《〈三

---

① 关于其研究状况, 参看津田资久在《曹魏至親諸王考—『魏志』陳思王植伝の再檢討を中心として》(《史朋》第 38 号, 2005 年)和《符瑞「張掖郡玄石図」の出現と司馬懿の政治的立場》(《九州大学東洋史論集》第 35 号, 2007 年)二文中的总结。
② 津田资久:《『魏志』の帝室衰亡叙述に見える陳寿の政治意識》,《東洋学報》第八十四卷第 4 号, 2003 年。
③ 津田资久:《曹魏至親諸王考—『魏志』陳思王植伝の再檢討を中心として》,《史朋》第 38 号, 2005 年。

国志·曹植传〉再考》①,津田再次确认了上述意见,且怀疑曹魏对至亲诸王的"压迫",是司马氏抬头以后的政策。

这样,津田通过揭橥《三国志》与《魏略》《曹植集》等文献的差异,指出前者所呈现的曹魏压制宗王的历史图式是陈寿基于晋初政治刻意塑造的结果。这一发现对传统之于曹魏宗室政治的理解无疑是一个巨大冲击。尽管上述论述不乏推测成分,但研究所具有的启发意义,却是无可否认的。

津田对曹、马之争对立图式的质疑则是通过考察几通碑刻展开的。在《曹真殘碑考释》②一文中,津田注意到曹魏明帝时立于雍州、旨在颂扬曹真功绩的《曹真碑》有其时出镇雍州的司马懿的积极参与,且碑文以曹魏為虞舜之后,与明帝、高堂隆等一系列礼制改革相应,显示出司马懿与明帝关系密切。由此津田指出,司马懿的本质与其说是反对曹魏之世家大族的代表,毋宁说是积极靠拢皇权的侧近之臣。随后在《符瑞「張掖郡玄石图」の出現と司馬懿の政治的立場》③一文中,津田又从司马懿对曹魏青龙三年(235)张掖郡玄石图的关与再次论证了上述意见。津田首先从玄石图出现的系谱确认张掖郡玄石图的目的是要使策立齐王芳太子一事正当化,而操作此事的除明帝深所倚赖的高堂隆外,彼时出镇长安、任当分陕的司马懿也奔走其间,由此指出司马懿并非作为世家大族代表反对曹氏,相反却是明帝"近臣",与曹魏帝室结成私人性的亲近关系,司马氏势力的抬升亦由此而起。此外,在前揭《「郭休

---

① 津田资久:《〈三国志·曹植传〉再考》,载《中国中古史研究》编委会编:《中国中古史研究:中国中古史青年学者联谊会会刊》第一卷,第71—79页。
② 津田资久:《曹真殘碑考释》,《国士馆东洋史学》创刊号,2006年。
③ 津田资久:《符瑞「張掖郡玄石图」の出現と司馬懿の政治的立場》,《九州大学東洋史論集》第35号,2007年。

碑」初探》文末，津田也以司马懿"私属"郭休之德政碑认可司马懿、曹爽双头辅政体制，且一言未及肃清曹爽派之功绩，提出同样质疑。由此可见，对于前贤试图从曹、马之争解释司马氏崛起的视点，津田旗帜鲜明地站在了反对者的立场上。在他看来，司马氏之崛起并非是在与曹氏对抗过程中成长起来的，相反却是源自司马懿侧身皇帝近臣，向皇权靠拢，从而攫取大权；其本人不是世家大族代表，世家大族内部也非统一阵线。要之，对于学界通行的以党派集团之争解释魏晋革命，津田是持否定态度的①。

不难看出，虽然同样以质疑、挑战传统理解上的历史图式为矢的，津田与前述安部聪一郎之间还是有着明显差异：如果说安部较重视史料成立时期社会文化观念对历史书写的渗透，津田则更重视现实政治形势对历史书写的影响。在津田看来，文献成书时期的王朝政治环境，以及史家基于此而产生的政治意识，均直接影响和塑造历史文献的书写；具体到三国文献，显然，魏晋交替所带来的王朝革命，被津田视为影响三国史传书写最为重要的原因②。如下文所见，这种对现实政治形势的重视，也是史料批判研究的常用方法之一。

当然，犹如多数史料批判研究一样，津田的论述也存在一些难以确凿之处，所论未必尽皆允当。譬如对于《曹植传》与《曹植集》《魏略》

---

① 近年来，国内学界也出现反思从政治集团诠释政治进程的声音，如仇鹿鸣：《陈寅恪范式及其挑战——以魏晋之际的政治史研究为中心》，载《中国中古史研究》编委会编：《中国中古史研究：中国中古史青年学者联谊会会刊》第二卷，中华书局2011年版，第199—220页；《魏晋之际的政治权力与家庭网络·绪论》，上海古籍出版社2012年版，第8—11页；《魏晋易代之际的石苞——兼论政治集团分析范式的有效性》，《史林》2012年第3期。
② 津田亦曾考察汉魏交替对文献书写的影响，见其《漢魏交替期における『皇覽』の編纂》，《東方学》第108辑，2004年。

等的差异，津田一面倒地采纳后者，不免有偏听之嫌；而对司马懿政治行为的分析，似乎也忽视了政治人物表现的复杂性。不过，津田这一颠覆性的研究，对于我们认识《三国志》的书写，无疑具有启发意义；此外对几成定论的魏晋革命论，也促使我们重新思考。

津田之外，另一位主要以三国文献作为考察对象的学者是满田刚，对于《三国志》以及作为其基础的王沈《魏书》、韦昭《吴书》等，满田都有细致梳理。不过，与津田侧重从史料批判角度处理三国史料不同，满田对三国史料的考察仍多属于传统史料处理范畴。当然，在一些文章中，满田也流露出对史料性格、构造和执笔意图的关注。如在《韋昭『吳書』について》[1]一文中，满田指出韦昭《吴书》成书于诸葛恪执政时期，其纂修基于宣扬孙吴正统性以及孙吴统一全国的历史观。又如在《諸葛亮歿後の「集団指導体制」と蒋琬政権》[2]和《蜀漢・蒋琬政権の北伐計画について》[3]两篇讨论后诸葛亮时代蜀汉政治史的文章中，满田分析了陈寿的"蜀汉国史观"，指出陈寿眼中，蒋琬政权与诸葛亮政权性质相似，蒋琬是诸葛亮正统继承人，与之相对，费祎和姜维政权则指向另外的方向。此外在《劉表政権について—漢魏交替期の荊州と交州》[4]一文中，满田注意到《三国志》及裴松之注引诸书对刘表多负面评价，认为这是史臣为曹魏张目、有意为之的结果，未必与史实相符。

不难看出，与津田以质疑、挑战基于传统理解而构建的历史图式

---

[1] 满田刚：《韋昭『吳書』について》，《創価大学人文論集》第 16 号，2004 年。
[2] 满田刚：《諸葛亮歿後の「集団指導体制」と蒋琬政権》，《創価大学人文論集》第 17 号，2005 年。
[3] 满田刚：《蜀漢・蒋琬政権の北伐計画について》，《創価大学人文論集》第 18 号，2006 年。
[4] 满田刚：《劉表政権について—漢魏交替期の荊州と交州》，《創価大学人文論集》第 20 号，2008 年。

为矢的、积极主动地展开史料批判研究不同,在满田的研究中,传统史料处理方式仍占主流,史料批判仅是辅助手段,地位要弱化得多。因此满田的论文结构,主体部分一般仍是传统意义的考察,史料批判多数只是作为点缀在文末出现。或许正是基于此,就研究所体现的"刺激"而言,满田的研究不能不说是略有欠缺的。

三、两晋南朝史料批判研究

两晋南朝史领域,注重从史籍纂修者以及成书时的政治、社会状况把握历史并非晚近才有的现象。至少在越智重明的研究中,已显示出对此方法的重视[①],安田二郎对六朝政治史的一系列考察,同样流露出这一倾向。如初刊于1985年的《南朝貴族制社会の変革と道徳・論理》[②],即整理分析了沈约、裴子野、萧子显等对袁粲、褚渊褒贬背后的特定历史观;而《東晋の母后臨朝と謝安政権》[③]和《西晋武帝好色考》[④]二文也涉及从文本形成过程解析历史图像:前者指出东晋中期以后世人对谢安评价较高,故《宋书·五行志》一反常规,不书旱灾与褚太后临朝、谢安执政之关系,试图隐瞒谢安执政属于外戚政治这一"不光彩"

---

① 安部聪一郎:《日本魏晋南北朝史研究的新动向·三国西晋史研究的新动向》,《中国中古史研究》编委会编:《中国中古史研究:中国中古史青年学者联谊会会刊》第一卷,第8页。
② 安田二郎:《南朝貴族制社会の変革と道徳・論理》,后收入氏著《六朝政治史の研究》,京都大学学术出版会2003年版,第635—680页。
③ 安田二郎:《東晋の母后臨朝と謝安政権》,1991年初版,后收入氏著《六朝政治史の研究》,第230—231页。
④ 安田二郎:《西晋武帝好色考》,1998年初版,后收入氏著《六朝政治史の研究》,第127—144页。

的事实；后者提示晋武帝的好色形象是《晋书》着力塑造的结果，其中融入了唐太宗结合自身对晋武帝处理太子举措的认识，故《晋书》带有鲜明的"唐太宗时期现代史"的特征。此外，较近如小池直子对晋初政治史的探讨，也融入了这一研究理念。在《賈南風婚姻》[①]一文中，小池针对《晋书》中被塑造为"恶女"形象的贾南风，指出《晋书》编撰者实际是把晋朝短祚归咎于以贾后为首的奸佞集团，并为此搜集组织了大量记载贾后恶劣形象的史料。在小池看来，《晋书》对西晋灭亡的总结与唐太宗将西晋短祚归咎于策立司马衷为太子的历史认识并不一致，而是有其沿自此前记载的独立的一面。这与前揭安田二郎的观点无疑恰好相对。

受此影响，以特定历史文献为考察对象的史料批判研究在两晋南朝史领域也如火如荼。首先是《晋书》。清水凯夫以陶潜、陆机及王羲之传的书写为例，指出其中多包含有意图的修改[②]。铃木桂则对《晋书》的纪年方式予以特别关注。在《五胡十六国時代に関する諸史料の紀年矛盾とその成因—唐修『晋書』載記を中心として》[③]一文中，铃木指出《晋书》关于五胡十六国的纪年有许多矛盾之处，分析其原因是源自各朝称元法的不同，而这关涉《晋书》修撰者对十六国历史正统观的认识。随后的《唐修『晋書』にみえる唐初の正統観—五胡十六国の稱

---

① 小池直子：《賈南風婚姻》，《名古屋大学東洋史研究報告》第27号，2003年。
② 清水凯夫：《唐修「晋書」の性質について（上）—陶潜傳と陸機傳を中心として》，《学林》第23号，1995年；《唐修『晋書』の性質について（下）—王羲之傳を中心として》，《学林》第24号，1996年。
③ 铃木桂：《五胡十六国時代に関する諸史料の紀年矛盾とその成因—唐修『晋書』載記を中心として》，《史料批判研究》第4号，2000年。

元法の検討から》①，铃木分析各朝称元法，指出唐修《晋书》不拘泥胡汉之别，以前凉、西凉、南凉居于十六国历史正统的位置，反映出初唐君臣试图削弱南朝一系贵族门阀，建立新的胡汉融和政权秩序的政治意图。近年来，包含正统观在内的初唐历史观是学界瞩目的焦点，吕博、刘浦江分别从各自视角对此问题进行了深入探讨②，而正如铃木桂之于《晋书》，以及下文将要提及的会田大辅对唐初成立的北周相关史料分析所见，考察史籍形成过程以及史家书写原因的史料批判研究，可以进一步丰富和细化学界对初唐历史观的认识③。

关于《晋书》，此外值得一提的是美国学者迈克尔·罗杰斯（Michael C. Rogers）对《晋书·苻坚载记》的解构。在为《苻坚载记：正史的一个案例》④所写的长篇序言中，罗杰斯指出《苻坚载记》"叙述的并非前秦的真实历史，而是运用了神话、想象与虚构的手法，折射了唐太宗时期的历史与隋炀帝时期的历史；进而否定淝水之战为真实的历史，把它看成是初唐史家们用事实与想象而编成的一个虚构的故事"，"其用意在于反对唐太宗征讨高句丽的战争"⑤。

要之，当前对《晋书》的史料批判研究，多强调唐初君臣对晋史书

---

① 铃木桂：《唐修『晋書』にみえる唐初の正統観—五胡十六国の稱元法の検討から》，《史料批判研究》第 5 号，2000 年。
② 吕博：《唐代德运之争与正统问题——以"二王三恪"为线索》，《中国史研究》2012 年第 4 期；刘浦江：《南北朝的历史遗产与隋唐时代的正统论》，《文史》2013 年第 2 辑。
③ 何德章曾尝试探讨李延寿之正统观对《南》《北》史春秋笔法的影响，见氏撰《〈南〉〈北〉史之正统观》，《史学史研究》1990 年第 4 期。
④ Michael C. Rogers trans., *The Chronicle of Fu Chien: A Case of Exemplar History*, Berkeley and Los Angeles: University of California Press, 1968.
⑤ 孙卫国：《淝水之战：初唐史家们的虚构？——对迈克尔·罗杰斯用后现代方法解构中国官修正史个案的解构》，《河北学刊》2004 年第 1 期。不过对于上述分析，孙氏并不赞同。

写的影响,大到王朝政权的历史定位,小到政治事件的叙述和人物形象的塑造,都被认为可能融入了唐初君臣的特定历史观在内。当然,如小池《賈南風婚姻》一文所显示的那样,《晋书》中也有与唐初君臣历史观不一致的地方。这反映出《晋书》书写复杂的一面。

《晋书》以下的南朝诸史,从史料批判角度得到较多讨论的是《宋书》。关于《宋书》,首先应当揭举的是川合安基于批判、反思六朝贵族制论所做的分析。自 20 世纪 80 年代以来,川合一直致力于六朝贵族制论的反思与整理研究,除去政治史、制度史等视角的诸多探讨外,史料批判也是剖析视角之一①。在《『宋書』と劉宋政治史》②一文中,川合指出,对于刘宋后期动荡不安的政治情势,《宋书》撰者沈约将之归结为皇帝、恩幸寒人与贵族的对立,因此在《宋书》中极力强调两者之间的对立图式,但这事实上与史不符。可以看到,在这篇文章中,川合试图通过对贵族制社会在《宋书》中被书写、创造过程的探讨,达到解消贵族制论的目的③。

川合之外,另一位对《宋书》进行集中分析的是稀代麻也子。与前述多为历史学研究者不同,稀代为文学史研究出身,其 2003 年完成的博士论文《『宋書』のなかの沈約—生きるということ》④,如篇题所见,

---

① 孙正军:《六朝时代的储官与皇权·绪论》,清华大学博士后研究报告,2012 年,第 8—10 页。
② 川合安:《『宋書』と劉宋政治史》,《東洋史研究》第 61 卷第 2 号,2002 年。
③ 除了对《宋书》所呈现的历史图式进行史料批判分析外,同样出于批判贵族制论,川合还检讨了作为内藤贵族制论重要依据的柳芳《氏族论》,通过与南朝文献对比,指出《氏族论》说法并无依据。《柳芳「氏族論」と「六朝貴族制」学説》,川合安代表《「六朝貴族制」の学説史の研究》,平成 17 年度—19 年度科学研究费补助金基盘研究 C 研究成果报告书,2008 年。
④ 稀代麻也子:《『宋書』のなかの沈約—生きるということ》,汲古书院 2004 年版。

本意是要超越以往文学史研究单纯从文学作品看沈约的研究取径，试图从《宋书》的编纂态度、传记的存在形式、构成、叙述顺序等探讨沈约的生存状态及思想轨迹，因此其中包含不少历史学的考察，尤其是第二部分《人物像の構築》，分析《宋书》塑造的人物身上所附沈约之投影，与史料批判研究注重探求历史文献的"构造、性格、执笔意图"不谋而合。在《「智昏」の罪—劉義康事件の構造と「叛逆者」范曄の形象》一节中，稀代分析了《宋书》为塑造范晔"利令智昏"的人物形象而对史料所做的精心安排，包括丑化轶事的加入、异常的叙述顺序等，均被认为是沈约有意操作以强化范晔其人的负面性。随后《「不仁」に対する感受性—王微伝と袁淑伝》，稀代通过对《宋书》中王微、袁淑描写不同的分析，再次论证了沈约对史事记载的操作，并以沈约对"文史"之重视强调《宋书》之文学性。承此，《蔡興宗像の構築—袁粲像との比較を通して》对比《蔡兴宗传》与《袁粲传》，提出前者中的蔡兴宗像带有沈约理想形象的投影，因此《宋书》与其说是"史实的记述"，毋宁说是"文学"。由此可见，在稀代看来，沈约是以文学的方式书写历史，因此她把史籍《宋书》当作文学作品来解读，从文学研究的视角出发，探讨《宋书》中所渗透的沈约意识。尽管由于稀代是从文学视角考察《宋书》，史学论证方面不免有所欠缺，但较之以往多从沈约的文学作品或史论、序等切入，稀代从《宋书》史传探讨沈约的思想认识，无疑大大扩展了研究范围。而对《宋书》历史学的考察来说，稀代从文学视角的解读，也为审视《宋书》提供了别样的视野。

《宋书》以下诸史，历来讨论不多，值得一提的是榎本めゆち比较《梁书》与《南史》异同所做的分析。其中《梁书》分析见于《姚察・姚思廉の『梁書』編纂について—臨川王宏伝を中心として》①一文，榎本考察了姚察、姚思廉父子何以在《梁书·临川王宏传》中对临川王宏"美书恶讳"，推测这是由于寒人出身的姚氏借助与临川王家的关系，从而得以跻身士人，而正是这种恩义、情谊关系，使得姚氏父子在记载以临川王为代表的梁宗室时，不吝溢美之词。

与《梁书》相反，成于北方史家之手的《南史》则对萧梁宗室诟病较多。在《『南史』の説話的要素について—梁諸王伝をてがかりとして》②一文中，榎本注意到《南史》收录了许多《梁书》所没有的、旨在批判梁代诸王的逸事记载，认为这是由于《南史》作者李延寿将萧梁灭亡归咎于梁武帝宽纵导致的诸王违反道德的行为，而这些逸事源自北齐系士人对萧梁历史的认识。随后在《再び『南史』の説語の要素について—萧順之の死に関する記事を手がかりとして》③一文中，榎本再次论证了《南史》记述中刻意放大齐皇室矛盾，并贬低萧顺之、萧衍父子，指出这同样出自北齐系士人的南朝历史观。

不难看出，榎本主要是从《梁书》与《南史》的对比中展开论述，如前所述，这正是史料批判研究的常用方法之一。毋庸赘言，这样的研究还有许多工作可做，且不仅限于《梁书》。正如川合安在1989年的史学"回顾与展望"中评述《『南史』の説話的要素について—梁諸王伝をてがかりとして》时所说，如果把《南史》与《宋书》《南齐书》及

---

① 榎本あゆち：《姚察·姚思廉の『梁書』編纂について—臨川王宏伝を中心として》，《名古屋大学東洋史研究報告》第12号，1987年。
② 榎本あゆち：《『南史』の説話の要素について—梁諸王伝をてがかりとして》，《東洋学報》第70巻第3、4号，1989年。
③ 榎本あゆち：《再び『南史』の説話的要素について—萧順之の死に関する記事を手がかりとして》，《六朝学術学会報》第8号，2007年。

《陈书》放在一起比较，也将很有意义①。

　　以上是学界对两晋南朝正史所做的史料批判研究情况，而除了正史，这一时期其他一些历史文献也得到不少探讨。譬如安田二郎对《建康实录》的考察就让人印象深刻。《建康实录》是唐人许嵩在肃宗时期撰成的一部记载六朝史事的著述，因六朝皆都建康，故以为名。一般认为，《建康实录》体例不纯，错误较多②，因此长期以来没有得到学者重视，研究无多③。安田二郎青眼独加，在《許嵩と『建康実録』》④一文中，尝试恢复许嵩撰述《建康实录》时的政治背景及特殊用意。安田首先判断现存《建康实录》为一部草稿，循此出发，分三个问题展开对许嵩编纂意图和背景的考察。第一，《建康实录序》云"南朝六代四十帝三百二十一年"，计算存在矛盾，推测许嵩系刻意以递减数字六、四、三、二、一概括六朝历史；第二，《建康实录》记载政治、军事过于简单，甚至时有缺漏，记载灾异却巨细无遗，认为这反映了许嵩强烈的"定命论"和"王气论"；第三，针对《建康实录》何以记载傀儡政权后梁，指出这是因为许嵩要证实"王气"有一个西迁过程，即从建康到江陵，再到长安，最后到达肃宗即位所在的灵武，借此宣扬肃宗灵武政

---

① 《史学雑誌》第 99 编第 5 号，1990 年。事实上，榎本あゆち在《再び『南史』の説話の要素について—蕭順之の死に関する記事を手がかりとして》一文中，已将《南史》与《南齐书》进行比较。

② 张忱石：《建康实录·点校说明》，中华书局 1986 年版，第 25—28 页。

③ 较重要的研究，除张忱石《点校说明》外，另有张勋燎：《〈建康实录〉及其成书年代问题》，初刊于 1990 年，收入氏著《中国历史考古学论文集》，科学出版社 2013 年版，第 707—721 页；谢秉洪：《〈建康实录〉作者与成书时代新论》，《南京师范大学学报》2004 年第 5 期；吴金华：《〈建康实录〉十二题》（上、下），《南京晓庄学院学报》2006 年第 3、5 期等。

④ 安田二郎：《許嵩と『建康実録』》，《六朝学術学会報》第 7 号，2006 年。

权的正统性。这样，在检讨完上述三个问题后，安田回到文章起点，即《建康实录》为何只以草稿留世。安田认为，《建康实录》的撰述初衷是要宣扬肃宗灵武政权的正统性，然而此后不到两月，唐军光复长安、洛阳，肃宗政权也随之迁往长安，故许嵩试图以王气西移宣扬肃宗灵武政权合理性的努力失去了基础，或许正因如此，《建康实录》才未被修改，而仅以草稿形式留世。

安田是日本魏晋南北朝史研究者中较早关注史籍编撰意图的一位，其对贵族心性的一系列考察即注重从史料性格出发[①]。而《許嵩と『建康实録』》一文则将这一研究特点发挥到极致，立论大胆，想象丰富。尽管从历史学实证一面来说，文中不少论证尚待证实，但该文对探讨包括《建康实录》在内的众多史籍提供了诸多启示，却是不容否认的。

四、北朝史料批判研究

北朝文献的史料批判研究，首先值得一提的是佐川英治的《東魏北齊革命と『魏書』の編纂》[②]一文。佐川对《魏书》编撰的关注并不始于此，在此之前，佐川对北魏均田制的考察已涉及对《魏书》记载进行史料批判，指出《魏书》是基于北齐政权立场书写的[③]。本文在此基础上，进一步思考《魏书》撰述的背景和意图。文章首先瞩目于《魏书》成书

[①] 安部聪一郎：《日本魏晋南北朝史研究的新动向·三国两晋史研究的新动向》，第8页。
[②] 佐川英治：《東魏北齊革命と『魏書』の編纂》，《東洋史研究》第64卷第1号，2005年。
[③] 佐川英治：《三長·均田両制の成立過程—『魏書』の批判的検討をつうじて》，《東方学》第97辑，1999年；《『魏書』の均田制叙述をめぐる一考察》，《大阪市立大学東洋史論叢》第11号，2000年。

的政治环境，指出《魏书》是在代人、汉人历史观对立的背景下，基于山东士族立场撰述而成；进而通过梳理作为国史的"魏史"之编撰经纬，探讨对立历史观的由来，强调孝文帝时代李彪修史的划时代意义；最后则以魏齐革命具有继承孝文帝汉化政策色彩为背景，尝试解释《魏书》之"秽史"问题。要之，佐川认为《魏书》是在孝文帝汉化政策延长线上编纂的，目的是要将孝文帝汉化政策的历史性正当化，其写作背景则是魏齐禅让革命和汉人贵族对"监修国史"的掌握。这样，通过对《魏书》成书背景的考察，《魏书》编纂意图得到了清晰揭示，而包括"秽史"在内的诸多问题亦得到合理解释，这较之以前单纯纠缠于《魏书》是否为"秽史"的讨论[1]，无疑有了很大推进[2]。

循着佐川的思路，胡鸿对《魏书·官氏志》之于北魏前期官制的书写进行了考察。在《北魏初期的爵本位社会及其历史书写——以〈魏书·官氏志〉为中心》[3]一文中，胡鸿认为《官氏志》所记华夏式的天赐官品制度为"攀附的华夏官僚制"，与实际制度不符；《魏书》如此书写，乃是孝文帝以后史臣不断剪裁、润饰和攀附的结果，其目的则是试图通过建构北魏前期历史的华夏化以宣示正统。

除了制度书写，北魏前期历史人物的建构同样存在着这种华夏化倾向。如内田昌功《北燕馮氏の出自と『燕志』『魏書』》[4]指出，《魏书》

---

[1] 关于《魏书》是否"秽史"的讨论，参看杨必新：《〈魏书〉"秽史"问题研究》，华中科技大学硕士学位论文，2009年。
[2] 需要说明，尾崎康于此前已对《魏书》成书时的汉人、代人对立背景有所揭示，见氏撰《魏书成立期の政局》，《史学》第34卷第3、4号，1962年。
[3] 胡鸿：《北魏初期的爵本位社会及其历史书写——以〈魏书·官氏志〉为中心》，《历史研究》2012年第4期。
[4] 内田昌功：《北燕馮氏の自出と『燕志』『魏書』》，《古代文化》第57编第8号，2005年。

将出自鲜卑一系或东北诸族的北燕冯氏描述成汉人,系因继承了依据冯太后旨意编纂的《燕志》将冯氏汉人化的结果。

这样,通过佐川等人对《魏书》编撰意图和背景的考察,《魏书》书写的华夏化倾向已颇为清晰①。固然,对于何人、何时推动了北魏国史书写的华夏化,学者之间尚存分歧,不同书写恐怕也各有背景,但《魏书》书写这一现象的揭示,犹如在《魏书》"秽史"与否的讨论外打开了另一扇解读之门,为理解《魏书》成书乃至辨析史事都提供了新的视角。

《魏书》外,"八柱国"是北朝史料批判研究的另一中心议题。如所周知,八柱国是北周隋唐时期的权力中枢,亦即陈寅恪所谓关陇集团的核心,其构成如《周书》卷十六所见,依次为宇文泰、李虎、元欣、李弼、独孤信、赵贵、于谨、侯莫陈崇。对于八柱国的存在及顺序,历来少有怀疑,而前岛佳孝和山下将司则在与其他文献的对读过程中发现了疑问。在《西魏・八柱国の序列について―唐初編纂奉勅撰正史に於ける唐皇祖の記述様態の一事例》②一文中,前岛注意到传世文献记载八柱国顺序并不一致,如《通典》和《文献通考》将李虎降至元欣之下,《资治通鉴》更是将李虎序于李弼之后;而除李虎外,诸书记载其他七人顺序则都一致。按:李虎就任柱国大将军时,头衔为太尉、大都督、尚书左仆射、陇右行台、少师,似乎地位尊崇,不过前岛怀疑其中

---

① 关于《魏书》,还有园田俊介《北魏・東西魏時代における鮮卑拓跋氏(元氏)の祖先伝説とその形成》(《史滴》第 27 号,2005 年),熊谷滋三《『魏書』と『北史』の爾朱栄伝について》(《史滴》第 27 号,2005 年),聂溦萌《从国史到〈魏书〉:列传编纂的时代变迁》(《中华文史论丛》2014 年第 1 期)等,兹不赘述。
② 前岛佳孝:《西魏・八柱国の序列について―唐初編纂奉勅撰正史に於ける唐皇祖の記述様態の一事例》,《史学雑誌》第 108 編第 8 号,1999 年。

太尉、尚书左仆射、陇右行台三职系据李世民经历伪造,从仅余的"少师"头衔判断,李虎地位或当在于谨之下,在侯莫陈崇之上,《周书》因李虎为李唐先祖,故将其拔高到仅次于宇文泰的位置。而在文末,前岛还意识到,大统十六年(550)后八柱国之外的其他柱国大将军也曾被列于八柱国之列,八柱国及其后裔也未长期占据军事领导层,因此所谓"八柱国"一词,还需要重新检讨[①]。

循着前岛的思路,山下将司进一步对"八柱国"一词的产生进行了思考。在《唐初における『貞観氏族志』の編纂と「八柱国家」の誕生》[②]一文中,山下首先通过检索传世文献和出土文献确认:(一)"八柱国"一词仅限于唐代以降,尤其是贞观以降的文献;(二)文献中所见"八柱国"有时并非指《周书》中的"八柱国家",由此提出疑问,所谓"八柱国"及《周书》所记"八柱国家"这样的门阀观念,在唐代之前是否真的存在?山下通过对《周书》文本的分析指出,"八柱国"以及仅次于"八柱国"的"十二大将军",其人选均为初唐史家有意选择,所谓"八柱国""十二大将军",不过是贞观六年(632)编纂《贞观氏族志》,为提高李唐皇室权威而由初唐史家建构出来的一个概念。随后在《隋・唐初期の独孤氏と八柱国問題再考—開皇二十年「独孤羅墓誌」を手がかりとして》[③]一文中,山下认为《隋书・独孤罗传》精心粉

[①] 前岛佳孝另有《李虎の事跡とその史料》(《人文研紀要》第61号,2007年)一文,再次确认文献中李虎相关记载多附有唐王朝意识在内。

[②] 山下将司:《唐初における『貞観氏族志』の編纂て「八柱国家」の誕生》,《史学雑誌》第111編第2号,2002年。

[③] 山下将司:《隋・唐初期の独孤氏と八柱国問題再考—開皇二十年「独孤羅墓誌」を手がかりとして》,《早稲田大学教育学部学術研究(地理学・歷史学・社会科学編)》第51号,2003年。

饰业已衰落的独孤氏，同样应置于建构"八柱国十二大将军"概念的背景下予以考虑。可以看到，与前岛佳孝仅是质疑唐初史乘对李虎地位的刻意拔高不同，山下将司则将质疑扩展至整个"八柱国十二大将军"的存在。如果这一意见成立，这对陈寅恪以来以此为基础建构的北周隋唐权力中枢演变轨迹乃至府兵制等，无疑都是巨大的冲击。

与安部聪一郎解构川胜义雄乡论的重层构造模式，津田资久解构《三国志》曹丕、曹植之争及曹马之争等一样，前岛佳孝和山下将司对"八柱国"的解构同样也是对旧有经典历史理解模式的质疑。尽管考虑到史料的存在状况，上述质疑未必允作定论，但这一发现至少提醒研究者对相关史料应持有必要的警惕之心，近来如平田阳一郎对府兵制的讨论中，即注意到《周书》《北史》记载之不可信[①]。

北朝史料批判研究另一引人注目的讨论是会田大辅对北周相关史料的解读[②]。会田主要聚焦于《周书》对若干历史人物的形象塑造，考察其虚实及撰述意图。在《蕭詧の「遣使称藩」に関する一考察─『周書』に描かれた蕭詧像をめぐつて》[③]一文中，会田发现《周书》描写萧詧"遣使称藩"有刻意模糊的倾向，推测其目的乃是强调萧詧行为的悲剧性和正当性；《周书》如此书写，除可能有出自后梁的史臣岑文本的参与外，唐初重臣萧瑀之孙萧瑀的存在也是重要因素。在随后的《北周

---

① 平田阳一郎：《西魏・北周の二十四軍と「府兵制」》，《東洋史研究》第70卷第2号，2011年。
② 除此之外，会田大辅对《隋书》编撰亦有考察。《「宇文述墓誌」と『隋書』宇文述伝─墓誌と正史の宇文述像をめぐつて》，《駿台史学》第137号，2009年。
③ 会田大辅：《蕭詧の「遣使称藩」に関する一考察─『周書』に描かれた蕭詧像をめぐつて》，《文化継承学論集》第3号，2006年。

宇文護執政期再考—宇文護幕僚の人的構成を中心に》①一文中，会田将焦点对准权臣宇文护，指出《周书》对宇文护的否定性描述与同时期其他文献并不一致，进而通过分析宇文护幕府的幕僚构成，确认其执政时政界并非如以往所认为的那样为"亲宇文护派"和"亲周帝派"的对立，宇文护用人并不偏颇专权，执政多有贡献，《周书》负面描述与其实际形象不符②。除了对《周书》中单个历史人物形象予以辨析外，近年来会田还对北周皇帝及执政者的整体形象进行了考察。在《令狐德棻等撰『周書』における北周像の形成》③一文中，会田比对《周书》与成书于隋及唐初的《周齐兴亡论》《帝王略论》发现，只有《周书》把北周灭亡的远因归于宇文泰"乖于德教"，且《周书》对宇文护批判最严，对周武帝评价最高。基于此，会田推测《周书》如此书写有着特定的政治意图，如彰显北周是为了树立王朝权威，否定宇文泰是为了宣扬周隋革命正统，贬低宇文护是为了抬高周武帝等。

这样，会田通过精心比对《周书》描述与在此前后成书的其他文献的记载，确认《周书》对北周若干重要历史人物的形象塑造多有不实，其背后则隐含特定的政治意图。如前所述，这一方法是史料批判研究的常用方法之一，前揭安部聪一郎对东汉史料的批判及前岛佳孝、山下将司对"八柱国"的反思均是如此。而这一方法的前提是对正史外相关文

---

① 会田大辅：《北周宇文護執政期再考—宇文護幕僚の人的構成を中心に》，《集刊東洋学》第98号，2007年。中译《北周宇文护执政期再考——以宇文护幕僚人事组成为中心》，林静薇译，《早期中国史研究》2012年第1期。

② 在此之前，会田大辅已经注意到《周书》对宇文护的描述可能有失偏颇。《北周「叱羅協墓誌」に関する一考察—宇文護時代再考の手がかりとして》，《文学研究論集》第23号，2005年。

③ 会田大辅：《令狐德棻等撰『周書』における北周像の形成》，"建构与生成：汉唐间的历史书写诸层面"学术会议论文，复旦大学，2013年3月。

献的搜集、辨析，为此会田对成书于《周书》前后的多部文献进行了考察，奠定了坚实的分析基础①。不过另一方面，如果说正史撰述有着特定的撰述意图，那么其他文献是否即无类似倾向？这恐怕是运用这一方法进行研究需特别留意的。

五、史籍整体的史料批判研究

所谓史籍整体的史料批判研究，即是指不以某一特定史籍为考察对象，而是以某类史籍，乃至史籍全部作为考察对象。这较之前引安部定义，无疑进一步扩展了研究范围。

魏晋南北朝史籍整体的史料批判研究，首先想举出的是永田拓治之于"先贤传"或"耆旧传"的研究。"先贤传"或"耆旧传"是汉魏六朝时期大量涌现的一种史籍类型，也称郡国书，属"杂传"之一种，逯耀东、胡宝国等已对包括"先贤传""耆旧传"在内的诸杂传之兴衰演变做了很好的梳理，认为其与人物品评之风密切相关②，永田拓治在此基础上进一步追问编纂的背景和意图。

在《「先賢伝」「耆旧伝」の歴史的性格—漢晋時期の人物と地域

---

① 会田大辅：《『紫明抄』所引『帝王略論』について》，《国語と国文学》第87编第3号，2010年；《日本における『帝王略論』の受容について—金沢文庫本を中心に》，《アジア遊学》第140号，2011年；《『類要』中の『通歴』逸文について》，《汲古》第63号，2013年等。
② 逯耀东：《魏晋杂传与中正品状的关系》，《中国学人》1970年第2期；胡宝国：《杂传与人物品评》，氏著《汉唐间史学的发展》，商务印书馆2003年版，第132—158页。

の叙述と社会》①一文中，永田发现不同时期"先贤传""耆旧传"有着不同的编纂意图：东汉三国时期，其目的是想通过彰显先勋功臣和传达先贤事迹来恢复社会秩序；而在西晋，主要目的变成与其他地区竞争优劣；及至东晋，"先贤传""耆旧传"则被认为是对抗北来人士、宣扬南方士族的宣言书。随后《「状」と「先賢伝」「耆旧伝」の編纂——「郡国書」から「海内書」へ》②一文，永田着重讨论了"先贤传""耆旧传"编纂之于地方统治的意义，指出东汉时期，先人事迹被视为联系乡里社会风俗教化的重要纽带，编纂"耆旧传"有助于地方长吏推行教化；而魏文帝选定"二十四贤"，明帝编纂《海内先贤传》，则是要树立理想人物形象，以达到全国统一重新构筑乡里社会之目的。承此，《上计制度与"耆旧传"、"先贤传"的编纂》③一文也指出，"耆旧传""先贤传"并不只是乡里意识的反映，亦受到王朝政治意图的影响，王朝出于稳定地方统治的需要，选定、表彰"先贤"，优待"先贤"子孙，这一政策导向对"耆旧传""先贤传"的编纂起到了推波助澜的作用。

另一方面，"先贤传""耆旧传"对于乡里社会乃至家族个体之意义也是永田考察的重点。前文《「先賢伝」「耆旧伝」の歴史的性格》对此已有揭示，而在《『汝南先賢傳』の編纂について》④一文中，永田强调在社会重视先贤子孙的风潮下，编撰"先贤传"对于家族具有特

---

① 永田拓治：《「先賢伝」「耆旧伝」の歴史的性格——漢晋時期の人物と地域の叙述と社会》，《中国——社会和文化》第 21 号，2006 年。
② 水田拓治：《「状」と「先賢伝」「耆旧伝」の編纂——「郡国書」から「海内書」へ》，《東洋学報》第 91 卷第 3 号，2009 年。
③ 永田拓治：《上计制度与"耆旧传"、"先贤传"的编纂》，《武汉大学学报》2012 年第 4 期。
④ 永田拓治：《『汝南先賢傳』の編纂について》，《立命館文学》第 619 号，2010 年。

定意义。这一观点在此后对同属杂传的"家传"的考察中也再次得到确认①。

要之,永田主要从"王朝"(中央政府、地方长吏)和"社会"(乡里社会、家族个体)两个方面对汉晋时期"先贤传""耆旧传"的编纂进行了考察。在永田看来,不同时期、不同范围("郡国"或"海内"),甚至不同名称("耆旧"或"先贤")的"先贤传""耆旧传",都有各自不同的撰述背景和意图,这也直接影响了该类文献的书写。而随着撰述意图逐渐被揭示,以往多被看作一个整体的"先贤传""耆旧传",其演变细节益发清晰,而汉晋不同时期时代特征某些侧面,亦由此得以更为具体的呈现。

其次需要举出的是徐冲之于皇帝权力秩序影响下的历史书写的研究。与永田一样,徐冲关注的也是中古时代某一类史籍——国史,他称之为纪传体王朝史。这一研究集中体现在其专著《中古时代的历史书写与皇帝权力起源》内,其所讨论的核心问题,正如"前言"中所说,"是中古时代每一个王朝的皇帝权力起源过程,与其纪传体王朝史的'历史书写'之间,究竟构成了怎样的关系"②。为此,徐冲选取了中古时代纪传体王朝史中四种典型的结构性存在作为考察对象,分别是"起元""开国群雄传""'外戚传'与'皇后传'"和"隐逸列传",探讨其变动、转换与皇帝权力之关系。

在"起元"部分,徐冲考察了起元转化与皇帝权力起源"正当性"

---

① 永田拓治:《漢晋期における「家伝」の流行と先賢》,《東洋学報》第94卷第3号;《『荀氏家伝』の編纂》,《歷史研究》第50号,2013年。
② 徐冲:《中古时代的历史书写与皇帝权力起源》,上海古籍出版社2012年版,"前言"第1页。

之关系。所谓"起元",是指国史书写中从何时开始采用本朝纪年方式纪年。徐冲发现,魏晋以降,以刘宋时期徐爰撰修国史为转折,此前国史书写采取"禅让后起源",即在前代王朝纪年下书写本朝"创业之主",而此后则变为"禅让前起元",即自本朝开国之君创业伊始即使用本朝纪年,认为这一变化反映了时人对皇帝权力起源认识的变化,"创业之主"取代"前朝功臣",成为皇帝权力起源的起点。要之,在徐冲看来,国史书写在"起元"的使用上具有明确的政治意图,"起元"显示出时人对皇帝权力来源正当性落脚点的认识,"禅让后起元"表明时人认为开国之君的"前朝功臣"身份是其权力合法性的来源,而"禅让前起元"则表明时人认为开国之君的"创业之主"身份已保证了其权力的合法性。

和"起元"一样,"开国群雄传"也被认为是显示皇帝权力起源正当性的意识形态装置之一。所谓"开国群雄传",是指纪传体王朝史中以前代王朝的末世群雄为书写对象的一组列传。徐冲发现,中古纪传体王朝史中,"开国群雄传"出现了与"起元"转换一致的变化:三国至南朝前期,"开国群雄传"结构性地存在于纪传体王朝史中,而在南北朝后期至唐朝前期,则结构性地缺失。由此徐冲视"开国群雄传"和"起元"为一组联动的意识形态装置,共同服务于皇帝权力起源的正当化。

随后的"'外戚传'与'皇后传'"和"隐逸列传",讨论的与其说是皇帝权力起源,毋宁说是皇帝权力结构,即透过列传结构的变化,探讨皇帝权力构成要素的转化。在"'外戚传'与'皇后传'"部分,徐冲认为汉代所书写的纪传体王朝史以"外戚传"的名目编总诸皇后,暗示外戚在汉代皇帝权力结构中具有正当位置;而成书于魏晋南朝时期的纪传体王朝史以"皇后纪／后妃传"的名目编总诸皇后，意味着对汉代具有正当性和制度性的"外戚政治"之否定。"隐逸列传"部分则由朝及野，瞄准了原本在皇帝权力结构之外的隐逸群体，指出汉代成书的纪传体王朝史不设"隐逸列传"，表明"隐逸"并未成为汉代皇帝权力结构之正当组成，而以曹丕禅让前夕旌表包括处士在内的"二十四贤"为转折，魏晋南朝撰述的纪传体王朝史中均设"隐逸列传"，意味着"隐逸"进入并内化于皇帝权力结构。可以看到，上述关于"'外戚传'与'皇后传'"和"隐逸列传"的讨论中，均将变化指向了汉魏革命，而汉魏革命正是作为此书基础的徐冲博士论文《"汉魏革命"再研究：君臣关系与历史书写》论述的主题。要之，在徐冲看来，汉魏时期皇帝权力结构出现了深刻变化，这一变化也反映到纪传体王朝史书写的结构变化上，"皇后纪／后妃传"取代"外戚传"，以及"隐逸列传"进入纪传体王朝史，正是此一结构变化的具体表现。

由此可见，与前述史料批判多关注史籍所记具体内容不同，徐冲更重视史乘文献中的一些结构性的存在，如史传的构成、命名，国史的"起元"方式等，通过比较撰述于不同时期的纪传体王朝史中这类结构性的存在，辅以成书环境的考察，探讨史籍结构背后以皇帝权力为主导的政治背景。由此原本属于史学史的课题进入了政治史领域，不仅扩大了史学史研究的范畴，同时也为政治史考察提供了独特视角。事实上，比较不同时期不同背景下的历史书写，某种程度上也是史籍整体的史料批判研究共享的研究方法，前揭永田拓治对"先贤传""耆旧传"的考察，以及下文将要叙及的笔者对史传模式的思考均是如此。

需要说明的是，近年来徐冲还将他对传世文献的批判性思考引入碑刻文献，尤其注重碑刻中所谓"异刻"所具有的特定内涵。在《从

"异刻"现象看北魏后期墓志的"生产过程"》①一文中,徐冲归纳了八种"异刻"现象:(一)左方留白,(二)志尾挤刻,(三)志题挤刻,(四)志题省刻,(五)志题记历官、志文记赠官,(六)志题记历官、后补刻赠官,(七)谥号空位,(八)谥号补刻,认为墓志生产是包括了丧家、朝议等多种要素共同参与和互动的结果,而"异刻"提供了考察这类参与和互动的线索。循着这样的思路,《北魏元融墓志小札》②《元渊之死与北魏末年政局——以新出元渊墓志为线索》③二文对墓志"异刻"背后的特殊政治内涵进行了具体而微的揭示。

最后,还想提一下笔者近年来对史传书写模式的一点思考。所谓"模式",即是指史传中那些高度类型化、程序化的文本构筑元素,它们或本诸现实,或由史家新造,在史籍中被大量运用,以构建、形塑各式各样的人物形象。

管见所及,学界对"模式"的关注始于德国汉学家福赫伯(Herbert Franke)。早在1950年,福氏就提示关注史传书写中的模式(topos)问题④,此后美国学者杜希德(Denis Twitchett)、傅汉思(Hans H. Frankel)都有续论⑤,日本学者榎本あゆち和安部聪一郎也曾注意到史传书写存在

---

① 徐冲:《从"异刻"现象看北魏后期墓志的"生产过程"》,初刊《复旦学报(社会科学版)》2011年第2期,修改后收入余欣主编:《中古时代的礼仪、宗教与制度》,上海古籍出版社2012年版,第423—447页。
② 徐冲:《北魏元融墓志小札》,《早期中国史研究》2012年第2期。
③ 徐冲:《元渊之死与北魏末年政局——以新出元渊墓志为线索》,《历史研究》2015年第1期。
④ Herbert Franke,"Some Remarks on the Interpretation of Chinese Dynastic Histories," *Oriens* 3 (1950), pp.120-121.
⑤ 杜希德:《中国的传记写作》,张书生译,《史学史研究》1985年第3期;傅汉思:《唐代文人:一部综合传记》,郑海瑶译,载倪豪士编选:《美国学者论唐代文学》,上海古籍出版社1994年版,第10—11页。

一些模式①。不过，对于模式的分析均非上述学者的论述中心，古代史籍中的种种书写模式尚未得到学界充分重视。

2009年8月，笔者在武汉大学举行的第三届"中国中古史青年学者联谊会"上提交了一篇题为《想象的南朝史——以〈隋书〉所记梁代印绶冠服制度的史源问题为线索》的报告，其中指出，现存南朝诸史中保存了大量模式化的记载，这类记载大多是由史家依据某一特定典故模式建构出来的，不能看作真实历史的反映，南朝历史在很多场合是由诸多模式想象、堆砌的"伪历史"。文中并举出若干例子予以论证，包括孝子、良吏及勤学的种种书写模式。现在看来，尽管南朝诸史中确实存在着一些书写模式，但就此论证南朝史为想象堆砌而成，显然过激，模式对历史书写的影响还需借助更为具体的个案式探讨来支撑、充实。为此，笔者以"猛虎渡河"和"飞蝗出境"这两个中古时期最常见的良吏书写模式为例，探讨其对史传编纂及性质的影响。在《中古良吏书写的两种模式》②一文中，笔者首先梳理了两种模式在中古史传中的应用情况，并归纳出若干变体，进而分析其在东汉出现及宋代以降长期延续的背景，文章最后指出，史传大量使用书写模式，一方面使得记载高度类型化、程式化，缺乏个性描述，另一方面也削弱了记述之真实性。

循着同样的思路，笔者进而对《史记》《汉书》《后汉书》中的良吏书写模式进行了整体性的梳理。在《中国古代良吏书写模式的确立——从〈史〉〈汉〉到〈后汉书〉》③一文中，笔者确认《史记》书写

---

① 榎本あゆち：《姚察・姚思廉の『梁書』編纂について—臨川王宏伝を中心として》；安部聡一郎：《袁宏『後漢紀』・范曄『後漢書』史料の成立過程について—劉平・趙孝の記事を中心に》。
② 孙正军：《中古良吏书写的两种模式》，《历史研究》2014年第3期。
③ 孙正军：《中国古代良吏书写模式的确立——从〈史〉〈汉〉到〈后汉书〉》，《中国学术》2017年第38辑，第217—247页。

良吏与后世差异较大，不仅载录对象非地方长吏，叙述政绩也语焉不详；及至《汉书》，则以社会所期待的理想良吏为基准，确立了一整套良吏书写模式；《后汉书》在此基础上，又增加了以灾异祥瑞论为认知背景的德感自然模式。而这套经由《汉书》确立、《后汉书》完善的良吏书写模式，成为后世深所依赖的模板，为历代长期沿用。

由此可见，与徐冲基于列传结构变化探讨皇帝权力起源和结构转换、侧重于政治背景的考察不同，笔者对模式的分析则注重爬梳各种模式出现及应用背后的社会文化背景，亦即透过各种模式，笔者所欲追踪的并非多数史料批判研究所关注的政治时局，而是社会背景和文化氛围，这也是模式分析的目的所在。

六、余论

以上就是管见所及近年来魏晋南北朝史研究中史料批判研究的现状，尽管受视域所限或有遗漏，但总体面貌应无大误。可以看到，相对而言，日本学者在这一领域开拓更早，成果也更为丰富。事实上，中国学者进入史料批判研究，正是部分地得益于日本学者的启迪，如徐冲自承受到安部聪一郎的诸多影响，而笔者对模式的最初关注也来自阅读榎本研究时所获得的启发。

中日学者在史料批判研究领域的诸多交流使得其基本方法亦为两国学人所共享。如上所见，当前史料批判研究主要方法有三：一是比较成书于不同时代的文献对同一或相关记载的异同，由此探讨各时期政治环境、历史观或史家个人意识对历史书写的影响，前揭安部聪一郎、榎本あゆち及会田大辅的研究允为该方法应用的典型；二是分析文献成书背景，探讨政治环境、社会氛围、文化思潮等对历史书写的影响，由于中国古代以正史为代表的史传文献多与政治密切相关，因此从政治环境切入的研究尤多，津田资久、安田二郎、佐川英治等莫不如是；三是不拘泥具体内容，从整体上比较不同时期同一类别的一组文献的性质、结构等，由此探讨文献形成背后的政治或文化氛围，这在永田拓治和徐冲的研究中体现得尤为突出。当然，上述方法也非截然区分、毫不关涉，如前文叙述所显示的那样，很多研究毋宁说是两种甚至三种方法并用的，第一、第三种方法的考察离不开对成书背景的分析，而第二种方法的思考有时也需从比较有着各自背景的文献异同切入。

无论如何，虽然上述三种方法侧重各有差异，但其对史传文献所持批判、质疑的目光却是一致的，这不禁让人想起20世纪前期发生在中日学界的疑古思潮。如所周知，20世纪前期，中日学界曾不约而同地出现了对中国古史文献的质疑，在中国为顾颉刚引导下的"古史辨派"，日本则以白鸟库吉"尧舜禹抹杀论"和内藤湖南"加上原则"为代表[①]。疑古思潮以怀疑的眼光看待古史记载，将古史从经学中解放出来，由此几乎推翻了整个旧古史体系，对于当时的知识界是一个极大震动。尽管在此后半个多世纪的学术发展中，疑古影响渐趋式微，学者甚至提出要

---

① 关于20世纪初叶中日学界对古史记载的质疑及其相互关系，较近的讨论有李孝迁：《日本"尧舜禹抹杀论"之争议对民国古史学界的影响》，《史学史研究》2010年第4期；杨鹏、罗福惠：《古史辨运动与日本疑古史的关联》，《探索与争鸣》2010年第3期；乔治忠、时培磊：《中日两国历史学疑古思潮的比较》，《齐鲁学刊》2011年第4期；赵薇：《"尧舜禹抹杀论"与白鸟库吉的日本东洋史学》，《北方论丛》2013年第1期；陈学然：《中日学术交流与古史辨运动：从章太炎的批判说起》，《中华文史论丛》2012年第3期；李孝迁：《域外汉学与古史辨运动》，《中华文史论丛》2013年第3期。

"走出疑古时代","超越疑古,走出迷茫",但"疑古"对历史文献所持的谨慎态度仍得到多数学者的认可①。在这个意义上,20世纪末出现并正成为一种潮流的史料批判研究,未尝不是对半个世纪前疑古思潮的回应。

当然,这种回应并非只是向疑古运动简单回归,这主要体现在以下两个方面。其一,无论是白鸟库吉的"尧舜禹抹杀论"还是顾颉刚的"古史辨派",其核心都是辨伪,辨伪所要做的,正如顾颉刚自己所说,一是"考书籍的源流",二是"考史事的真伪"②;在另一处,顾氏把辨伪归纳为三方面,"一是伪理,二是伪事,三是伪书"③。由此可见,所谓辨伪,即是要破除作伪,目的在于存真,顾颉刚晚年由疑古转向考信或正缘于此④。而史料批判研究并不满足于辨伪,甚至有时史料的真实与否反被忽略,其所重视的乃是史料是如何形成的,亦即史料的撰述背景、意图及形成过程才是考察重点。这较之单纯地去伪存真,无疑是一个进步。

其二,疑古运动多将矛头对准古史系统,对于汉代以降的历史则较少关注,如周予同即曾批评"疑古派"的缺点之一就是,"他们的研究

---

① 如裘锡圭不止一次提到要继承"古史辨"派的古书辨伪成果,见《中国古典学重建中应该注意的问题》,氏著《中国出土古文献十讲》,复旦大学出版社2004年版,第12—14页。《文史哲》也曾刊发系列研究,重新评估"古史辨"派的学术意义,见张富祥:《"走出疑古"的困惑——从"夏商周断代工程"的失误谈起》,《文史哲》2006年第3期;池田知久、西山尚志:《出土资料研究同样需要"古史辨"派的科学精神——池田知久教授访谈录》,《文史哲》2006年第4期;裘锡圭、曹峰:《"古史辨"派、"二重证据法"及其相关问题——裘锡圭先生访谈录》,《文史哲》2007年第4期等。
② 顾颉刚:《论辨伪工作书》,《古史辨》第一册,上海古籍出版社1982年版,第26页。
③ 顾颉刚:《答编录〈辨伪丛刊〉书》,《古史辨》第一册,第32页。
④ 许冠三:《新史学九十年》卷三《方法学派》第6章"顾颉刚:始于疑终于信",岳麓书社2003年版,第200页。

范围仅及于秦汉以前的古史以及若干部文学著作"①。而史料批判研究则将质疑目光扩展至所有时期的史传文献，由此大大拓展了"用武之地"，研究本身因之也获得了更强的生命力。

事实上，史料批判研究的出现与其说是向疑古运动回归，或曰是对五十年来学术发展的反动，毋宁说是顺应了新的学术思潮。如前所述，后现代史学的文本观念对史料批判研究的兴起即起到了推波助澜的作用。当然，史料批判研究能在魏晋南北朝史领域大行其道还有更为切实的原因，即魏晋南北朝史研究的现状。

现状之一是史料的限制。如所周知，新出魏晋南北朝时期的文献资料并不丰富，除了为数不多的简帛、碑刻偶有出土外，多数研究仍建立在对传统文献的理解和把握之上，这与此前的秦汉史研究和此后的隋唐史研究大不相同。既然仍是以分析传统文献为基础，则研究要想取得突破，就需尽量"榨取"文献的每一点讯息。而史料批判正是"榨取"文献讯息的有效途径之一，借助于史料批判，研究者将目光转向史料形成时的具体语境，从而对史料的构造、性格、执笔意图有更多了解，由此史料的历史讯息才能更为充分真实地呈现出来。

现状之二是旧学说的束缚。魏晋南北朝史研究常被认为是中国古代史研究中水平较高的领域，其标志之一就是有成熟且富有张力的学说所搭建起来的历史诠释框架，无论是内藤湖南的"六朝贵族制论"，还是陈寅恪所建构的魏晋政争、隋唐渊源的权力递变模式，都深深影响着几代学人对该时段历史的理解。毋庸赘言，这些学说有着巨大的学术贡献，但随着

---

① 周予同:《五十年来中国之新史学》，载朱维铮编:《周予同经学史论著选集》（增订本），上海人民出版社1996年版，第547页。

时间的推移，旧学说成为经典的同时也逐渐形成一种束缚，阻止研究者从其他可能的视角观察历史。而如前所述，不少史料批判研究所质疑、挑战的对象正是这些学说所建构的经典历史图式，在此意义上，史料批判无疑有助于我们挣脱旧有学说束缚，从而创造出富有新意的学术成果。

当然无须回避的是，作为一种研究范式，史料批判研究也存在一些不足。

首先，不少史料批判研究推测成分较多，论证不够充分。由于史料批判研究直指撰述意图，涉及史家或与修史相关的皇帝、臣僚的心理层面，不少判断难以从史料获得证实，推测不可避免。推测并非不可，但有高下之分，如何能在现有史料下恰如其分地论证撰述意图对历史书写的影响，这是史料批判研究亟须注意的问题。

其次，"破"有余而"立"不足。前已指出，不少史料批判研究以挑战、质疑传统理解上的历史图式为己任，不过如果要求苛刻一点的话，既然以往的历史理解图式有误，那么通过史料批判，能否建立新的历史图式？可以预见，如果史料批判研究不能改变重心在"破"而"立"义不足的现状，当年疑古思潮所受到的指责恐怕也会再次落到史料批判研究之上[①]。事实上，从事史料批判研究的学者已经注意到这一点，如前引安部聪一郎的定义即明确提出，历史图像的再构筑是史料批判研究的目标之一，只是从研究现状看，建立新图式的努力显然仍有待加强。

第三，史料批判研究对理论上应是真实可信的历史文本持怀疑态度，但这种怀疑有时也会有过度之忧。从古史文献的形成过程看，不

[①] 周予同：《五十年来中国之新史学》，载朱维铮编：《周予同经学史论著选集》（增订本），第547页。

少史传都是以此前各类档案、行状、诏书、表奏为基础，有些则是因袭前史旧文，因此史传上的文字，哪些是经意的记载，哪些是不经意的记载①，或者说哪些是因袭前人，哪些是史家有意识书写，有时恐怕不易分清。这也就意味着，史料批判研究之"疑"，有些时候可能生的不是地方。如何在该疑处生疑，不需疑处不疑，这个界限尽管很难区分，但无疑应是史料批判研究应该努力的方向。

（原载《文史哲》2016 年第 1 期）

---

① 傅斯年著，雷颐点校：《史学方法导论：傅斯年史学文辑》，中国人民大学出版社 2004 年版，第 38—39 页。

在中国发现宗教
——日本关于中国民间信仰结社的研究

孙　江

引言:"中国有中国的尺度"

1923年1月12日和13日,在天津发行的、由橘朴任主笔的日文报纸《京津日日新闻》刊登了署名"朴庵"(橘朴)的题为《与周氏兄弟对话》的文章。文章记述了1月7日星期天下午橘朴和另一日本人拜访位于北平新开路周树人(鲁迅)、周作人兄弟住处的情形,其中有一段橘朴与鲁迅谈论迷信/宗教的文字,这里将其改译为对话体征引如下[①]:

　　橘:看到12月中旬北京报纸刊有道生银行开业的广告,那是不是扶乩?

[①] 朴庵:《周氏兄弟との対話》(上),载山田辰雄等编:《橘朴翻刻と研究——"京津日日新闻"》,庆应义塾大学出版会2005年版,第157—158页。

周：不清楚。说到扶乩银行，很早就有了。前门外西河边有一家叫慈善银行的就是，最滑稽的是那家银行的经理是名为吕纯阳的仙人。

橘：是唐代的吕纯阳吗？他可是仙人中的仙人呀！但是，早在一千年前即已死去的仙人成了民国银行的经理，岂不可笑？

周：的确是很可笑的事情。

橘：一千年前死去的仙人何以能承担责任？

周：恰恰相反。活财神梁士诒终止交通银行的支付业务，将纸币贬值了一半以上。而不老不死的仙人吕纯阳绝不会干这种没有慈悲心的事，所以人们可以安心，这是扶乩信徒的坚定信仰。至于如何到官府登记，那我就不清楚了。对信徒们来说，无论如何要让吕纯阳当经理，否则他们是不会答应的。

橘：迷信无疑很滑稽，但是，在迷信者看来没有比这更认真的事了。此外，在考虑这种在民众中发生并且传播的迷信的起因时，我觉得，不管怎样，应该对迷信者抱以深深的同情为好。何以如此呢？中国民众在数千年来沉积的政治性的、社会性的罪恶的压抑下无处逃避，不正是不安的生活自然地、不可避免地孕育了迷信吗？

周摇头笑道：但是，搞扶乩迷信的多为官吏和有钱人，而穷人是无法加入进去的。

橘：的确如你所说。在穷人的迷信中，我感到有意思的是在理教。在理教以天津为中心，在直隶、山东以及河南都有很多信徒，南方的南京据说也有很大的团体。

周同意道：确实是个讲情有义的宗教。禁酒禁烟，讲究节约，加强团结以防止统治阶级之压迫，崇拜观音菩萨以祈求现世和来世之幸福，就此而言，与迷信一致无二的在理教是满足了无助的中国劳动阶级要求的宗教。

关于这次中国迷信/宗教的谈话，橘朴在其他场合有不同的表述，无疑，谈话后五天形成的上述文字应该是最原始的版本①。这个谈话首先涉及民间信仰的表述问题。何谓迷信？何谓宗教？二人讨论的本是扶乩迷信，鲁迅的谈话中却出现了"宗教"一词，显然鲁迅没有明确区分宗教和迷信界限的意识。宗教即迷信，迷信即宗教，这也是橘朴的看法。

其次为被表述的民间信仰的现在形态问题。仙人吕纯阳的本真性（authenticity）决定其能跨越时空生活在民国时代信众的生活之中；同样为扶乩迷信，还有穷（在理教）富（道院）之分，可见迷信和宗教具有社会属性。

接下来，自然要追问如何看待这些在现实中存在的、被表述为迷信或宗教的民间信仰的问题。虽然，鲁迅和橘朴都没有刻意区分迷信和宗教之不同，但字里行间却尽显出二人意见之歧异：日本人橘朴认为"应该对迷信者抱以深深的同情"，而中国人鲁迅则以旁观者的姿态冷静观察"他者"。实际上，如果审视这次谈话的其他内容（包括二人的一贯言行）则不难发现，二人在对中国、对中国宗教/迷信的认识上存在着根本的差异。鲁迅在橘朴的谈话中毫不掩饰地批判了中国家族制度、中医和中国人缺乏科学精神等，表达了对中国和中国人前途的极度悲观。

---

① 关于这次对话，橘朴在另外两处著述中也提到过。参见橘朴：《通俗道教の経典》（上），《月刊支那研究》第一卷第五号，1924年，第102页；《道教と神話伝説——中国の民間信仰》，改造社1948年版，第30—31页。

相反，日本人橘朴则明确表示："今天西方文明统治了世界，即便在中国，接受新教育的人也不知不觉地受其感化而用西方的尺度来衡量自己国家的事情。但是，我认为这种态度是错误的。中国有中国的尺度。我对他说，对于过去四千年在与西方没有关系的情况下发展起来的文化，不管怎么说，还是应该用中国的尺度来加以评价。"①橘朴这段话比之一个甲子后产生巨大反响的美国学者柯文（Paul Cohen）提出的"在中国发现历史"有着更为深刻的内涵②。

仅就中国民间信仰而言，橘朴提醒论者应该明确站在什么立场讨论被称为迷信/宗教的中国民间信仰。和橘朴有着同样近代知识背景的鲁迅——橘朴称鲁迅是"绝不逊于弟弟的日本通"，为什么在看待同一中国问题时会有截然不同的观点。在讨论中国民间信仰时，论者本身碰到的难题不仅有中西、中日之别，还有近代与传统、科学与迷信之异，论者讨论的文本也存在同样的问题。本文作为考察19世纪以来日本的中国民间信仰之研究，首先关注的是百年来日本人认识中国民间信仰表象背后方法转换之问题，即近代的、日本的、中国的要素如何作用于其关

---

① 朴庵：《周氏兄弟との対話》（上），载山田辰雄等编：《橘朴翻刻と研究——"京津日日新聞"》，第156页。
② 毫无疑问，必须将橘朴的"中国有中国的尺度"放在具体的历史语境和其中国认识的脉络中来理解。我之所以认为这句话深刻乃是因为橘朴有明确地批判欧美中心及其变异日本本位意识的意图。柯文的"Discovering history in China"被直接翻译为"在中国发现历史"（柯文：《在中国发现历史——中国中心观在美国的兴起》，林同奇译，中华书局1989年版），可谓词达而意未尽，在中国学界造成了极大的误读。这种误读在日本也同样存在，日译本书名为《知的帝国主义——东方主义与中国像》（《知の帝国主义——オリエンタリズムと中国像》，佐藤慎一译，平凡社1988年版）。对这句话的理解只能放在作者对美国中国学进行反省的脉络里来，而不能放在中国历史或批判东方主义的语境之中。夏明方在《一部没有"近代"的中国近代史——从"柯文三论"看"中国中心观"的内在逻辑及其困境》（《近代史研究》2007年第1期）一文对柯文的诘难中涉及了这一问题。

于中国民间信仰认识之上之问题。

　　为了解决上述问题，设定所讨论内容之范围是必要的。对于中国人的信仰，法国著名汉学家葛兰言（Marcel Granet）在《中国的宗教》一书里描述了1912年他在北京一所新建监狱里看到的光景：在说教室讲坛上方的墙壁上，悬挂着耶稣、老子、孔子、约翰·霍华德和穆罕默德五位教主的头像。葛兰言认为，中国人对儒释道"三教"信仰的具体内容"毫不关心"，墙壁上五幅肖像所显示的宗教混合主义（syncrétisme）其实并没有实际意义①。葛兰言虽然揭示了中国人信仰的基本特征，但他讨论的所谓中国宗教——儒教、佛教和道教都是文本中的"宗教"，与中国民众的实际生活并无直接的关系，而本文所要讨论的却是以现在进行时态存在的、对民众的日常生活发生实际作用的具有混合主义特征的民间信仰，具体而言，以鲁迅和橘朴谈话中所提到的道院、在理教等信仰结社为中心，检讨日本人何以关注这类民间信仰结社，从这类民间信仰结社到底发现了什么，等等。

　　其实，民间信仰在东亚（日本和中国）之所以成为一个大问题，是与近代民族国家建设密切相关的。西欧在树立近代国家的过程中，以往的宗教（天主教和新教）被排斥于世俗权力之外，近代国家是以实现政教分离为中心而展开的。而在日本和中国，如何在近代国家的框架下安置如此众多的民间信仰和结社，自始就是非常棘手的问题。实际上，今天被广泛使用的"宗教""迷信"之类概念都是从棘手的问题丛中产生的，因此，在讨论日本人的中国民间信仰研究前，有必要首先梳理作为表述的日本民间信仰之问题。

---

① Marcel Granet, *La Religion des Chinois*, Paris: Presses Universitaires de France, 1951, p. 157.

一、作为表述的日本民间信仰

近代日本语境中的民间信仰含义暧昧，既可指占卜、禁忌、巫术等现象，也可指新兴宗教团体，而"俗信""迷信"往往是其同义语。

战后日本著名学者堀一郎在《民间信仰》一书中认为，"民间信仰本身含有非常多样的现象，不单是左右横向面广，上下之间也有很多内容。上接历史上的既有宗教教义，下与教团组织结构关系密切，很难将民间信仰和既有宗教切割开来。但是，在民间信仰这一名称下，也存在一些人们可以理解的基本观念，如果将其剥离出来，就多少可以理解这个词语所具有的内涵"[①]，"民间信仰的中心特征在于与自然宗教有着直接的，或者残留性、习惯性、连续性的性格"[②]。亦即，堀一郎认为民间信仰与既有宗教不无关系，是自然宗教的残留物[③]。

对此，稍后出版的另一位著名学者樱井德太郎的《民间信仰》一书则指出，界定宗教是一件十分困难的事情，一般而言，所谓宗教是先出现可称之为教祖的人物，存在教祖所倡导的教义教理；接着出现结集于教义教理下的布道者及其布道活动；进而出现信奉教义教理的被组织起来的信徒教团。比较而言，界定民间信仰更为困难，因为民间信仰里没有如宗教一样倡导教义的特定的教祖，它是从村落、城镇地方社会过着平淡生活的民众中产生出来的，因此民间信仰产生于地域社会的共同体，而与宗教的超时间、超空间相比，民间信仰充满了泥土味的地方要

---

① 堀一郎：《民间信仰》，岩波书店1970年版，第8页。
② 堀一郎：《民间信仰》，第12页。
③ 也可参阅堀一郎：《民间信仰史の諸問題》，未来社1971年版，第36—51页。

素。在日本民间社会流行的观音法会、地藏法会、庚申法会等信仰团体虽然与既有宗教里的信仰相似,但并非同一物①。他认为,民间信仰的主要特征有四:第一,重叠性。从结构上看,其核心是原始的民族信仰和产灵信仰、祖灵信仰,其周边是从佛教、儒教、道教、基督教等外来宗教派生出来的俗信仰,由此形成了重叠的圆形构造。第二,重视现世利益的性格。民间信仰带有很显著的"福神"特点,即使人生充满不幸,"恶灵"和"魔神"跳梁跋扈,人们坚信能够转祸为福。第三,流行性。大多数民间信仰都沉淀于人们宗教生活的底层,但也有浮出社会表层、流行一时的,特别是将不幸而死的人祭祀为神(如抚慰管原道真的"北野天神"即是)。第四,习俗化。大多数民间信仰会变成民间习俗而沉淀于民众生活的底层②。与堀一郎的看法相异,樱井强调民间信仰与宗教之不同,归纳了若干民间信仰的基本特征,除去第一点带有明显构文化本质主义和近代民族国家色彩外,其他三点均具有普遍性,也见诸世界各地其他民间信仰之中。

以上二位学者的看法代表了战后日本学界对民间信仰的认识,影响至今③。战后日本实现了宗教、结社自由,一改以往将许多民间信仰视为"迷信""俗信"的偏见,出现了反省"迷信扑灭运动"之声音④,因此,战后日本学界的认识并不能反映战前日本人的看法。其实,即使是在战

---

① 樱井德太郎:《民间信仰》,土高书房1989年版,第10—12页。
② 樱井德太郎:《民间信仰》,第38—41页。
③ 20世纪90年代,在日本民俗学界开始出现反省堀一郎等关于民间信仰属于"自然宗教"范畴、为日本人固有之信仰以及将民间信仰与精英或组织宗教对立起来认识的方法的声音。参见华园聪麿:《欧米における"popular religion"の研究动向》,载冈田重精:《日本宗教への视角》,东方出版1994年版,第441页。
④ 迷信调查协议会编:《生活习惯と迷信》,1955年12月。

前，日本人的认识亦非匀质的、没有断裂的。要理解从明治末年（清末）以来到"二战"结束期间的日本对中国民间信仰的看法，还需要梳理战前，特别是明治、大正时期日本人是如何认识自身的民间信仰之问题，因为对他者的认识往往就是自身认识的投影。

明治以来，在围绕何谓民间信仰的讨论中，宗教、迷信和类似宗教是三个重要概念，这三个被赋予一定内涵的概念分别从不同角度界反映了何谓民间信仰之问题。细究起来，三者互相关联，都是19世纪中叶以后的产物。

"宗教"一词最早出现在六朝以降的佛教典籍里，意为"宗旨""教派"。19世纪末，"宗教"又作为religion的翻译语经由日语而进入近代汉语。近代日本语中的"宗教"一词出现在明治元年和二年（1868—1869）对美国和德国的外交文书中，指称基督教，与汉籍佛典中的"宗教"——"宗旨""宗派"意思大体一致①。大约在19世纪80年代以后，宗教才作为一个独立的整词在日语中固定下来，这正与清末黄遵宪等在日本接触"宗教"的时期相吻合②。日本语境化的宗教概念所涉及的问题十分繁杂，这里无法深入讨论，不过，无论从何种角度议论，有两个核心问题是绕不开的：一个是近代日语中的宗教概念如何从他称概念转变为自称概念之问题，另一个是宗教概念自身的内在差异化之问题。

虽然，"宗教"几经周折成为日语中的惯用语，其含义却一直不很

---

① 日本关于宗教概念的研究很多，早期的研究可参阅相原一郎介：《訳語"宗教"の成立》，《宗教学紀要》5，1938年。
② 关于近代中国语境中宗教概念的考察，参阅陈熙远：《"宗教"——一个中国近代文化史上的关键词》，《新史学》2002年第4期。

确定。作为 religion 的翻译语的宗教指基督教，只有少数政府官员和知识人知道 religion 和宗教之关系恰如《日米修好通商条约》中之"礼拜神佛"语[①]。稍后，佛教也被纳入作为近代语的宗教这一语言装置里。但是，纵观19世纪后半叶的言论界，围绕基督教出现了严重的意见分歧：是将基督教国教化，还是抵制基督教？是将基督教看作西方文明的象征，还是仅视为一种特别的信仰？这些意见分歧限制了宗教内涵的扩展，不但后来被称为民众宗教、民俗宗教的信仰团体不包含在"宗教"里，即使神社、神道等亦常常不在"宗教"范畴之内[②]。

这种情景的出现与宗教概念的差异化互为因果。明治初年，在实现近代国家转型过程中，如何在近代秩序中安置"社寺"（神社与寺庙）成为明治日本面临的国家与宗教关系的另一个大问题。在经历了激烈的"神佛分离""排佛毁释""恢复神祇官"等运动后，绝大部分"社寺"失去"公费"支援而不得不"独立自营"，唯有神宫系统和招魂社系统的神社因其"慰灵"行为而与普通神社性质别异，被定位为国家祭祀[③]。但不甘于这种境遇的神道界通过"神祇官兴复运动""神社局独立"等强调神道是"非宗教"的"国家祭祀"而不断寻求国家的资助，从而在"作为宗教的神道"和"非宗教"之话语的紧张中产生了近代神道教派，形成了一般所说的被国家公认的神道教派[④]。

撇开人们对日本宗教概念内涵理解的些微不同，当宗教话语装置里仅仅安置了基督教与佛教，甚而还有神宫与神道十三教派后，宗教之

---

① 矶前顺一：《近代日本の宗教言説とその系譜》，岩波书店2003年版，第34页。
② 山口辉臣：《明治国家と宗教》，东京大学出版会1999年版，第330页。
③ 羽贺祥二：《明治維新と宗教》，筑摩书房1994年版，第404页。
④ 桂岛宣弘：《教派神道の成立——"宗教"というう眼差しの成立と金光教》，《江戸の思想》7，ぺりかん社1997年版。

外的信仰及其团体又该如何处置呢？1897年，东京帝国大学教授、宗教学权威姉崎正治在《哲学杂志》上撰文认为，所谓"民间信仰"是指外在于"组织宗教"的信仰和惯习，分为民间崇拜和民间故事。继而，他根据泛灵论的学说，认为民间信仰具体有三个形态：文化落后地方常见的古代自然崇拜的遗留，基于人格统一产生的天然崇拜，以及由组织性宗教的变化、曲解和混淆而来的民间信仰①。可见，这位致力于建立日本宗教学的学者对民间信仰的评价是非常低的。的确，在提倡"文明开化"的明治时代，民间信仰大多被斥为迷信，意欲以"哲学"融会东西的井上圆了从明治到大正不遗余力地调查各地民间信仰，把对民间信仰中的"怪力乱神"的研究称为"妖怪学"，出版了《妖怪学讲义》《妖怪学杂志》《妖怪丛书》等，其中《妖怪学讲义》影响最大，部分内容还被蔡元培翻译成中文②。《妖怪学讲义》是认识明治日本对于被视为"迷信"的民间信仰态度的重要文本，初版分为六册于1894—1895年出版。正如书名所显示的，作者试图以"妖怪学"来创建一门跨越自然科学和人文学科的学问，以便究明妖怪生成的原理："诸学问之应用尚不彻底，愚民仍彷徨于迷离，呻吟于苦中者众矣哉。余固以为今日之文明为有形之器械进步，未及于无形之精神发达。若能于此愚民之心地架诸学之铁路，点知识之电灯，则明治伟业始可曰成也。"③他以科学主义的观点把妖怪分为"物怪""心怪""理怪"，意欲一一破解。关于迷信与宗教之关系，他写道："盖世间宗教徒多为迷信、妄想所制，由此而

---

① 姉崎正治：《中奥の民間信仰》，堀一郎：《民間信仰》，第29—30页。
② 井上圆了妖怪学著述的中译本至少有四种，其中以蔡元培所译《妖怪学讲义录总论》（商务印书馆1906年版）最为著名。
③ 井上圆了：《妖怪学講義》，《井上円了選集》第16卷，东洋大学1999年版，第19—20页。

来之弊害不可为不多也","现今之宗教,即便无吾所举之弊害,然尚未见行真正宗教者"①。对于宗教在迷信上的作用则批判道:"世间之迷信,有偶然发生与系于联想者二种,如强化之,则与宗教混一。要之,此类迷信皆因人之迷于吉凶,惑于死生之道而起。若明吉凶之理,究死生之道,则迷信立去,人心趋安也。此乃真正宗教之目的,亦即真正教育之目的也。"②

井上的看法反映了明治政府所推进的近代化政策的指向。1905年,井上编写了一本影响很大的名为《迷信解》的小册子,他声称这本书是"根据对修身教科书所列举的迷信事项进行详细解释,为了让更多的人了解"③。在明治政府颁布的"国定修身教科书"里都列有"不要误入迷信""避开迷信"的内容,以具体事例告诫学生何谓迷信,如何破除迷信等④。生活在明治时代的日本人都必须接受小学乃至中学义务教育,学校修身教科书是如何界定迷信的呢?一部"寻常小学修身书"里写道:"迷信因地方不同而种类杂多,如四国地方的犬神、出云地方的人狐、信浓地方的妖狐等是最典型的例子",教科书告诫学生以下迷信是不存在的:(一)狐狸等动物骗人或狐狸附于人体;(二)不存在天狗;(三)没有恶魔作祟;(四)不要信奇怪的加持和祈祷;(五)符咒神水不可信;(六)卜筮、神签、相面、家相、鬼门、方位、九星、墨色等都不可信;(七)没有什么吉日、凶日;(八)其他与此相类似的都不可信。而在高等小学教科书里,"世上有种种迷信,幽灵、天狗、骗人的狐狸

---

① 井上圆了:《妖怪学講義》,《井上円了選集》第16卷,第73—74页。
② 《井上円了選集》第18卷,第233页。
③ 井上圆了:《迷信解》,国书刊行会1987年版,第7—11页。
④ 关于明治时代教科书中破除迷信的叙述,可参见海后宗臣编:《日本教科书大系·近代编》第3卷"修身(三)",讲谈社1962年版。

以及附入人体的狐狸等均不可信,此外奇怪的加持祈祷、卜筮神签等亦不足靠"。对于人们信仰的妖怪现象,可以利用科学知识将其排斥。迷信话语一直是明治以后大正和昭和前期笼罩于民间信仰的符咒,出现了许多关于迷信的著作,各种著作普遍认为迷信是人之非理性的产物,通过科学知识的普及可以克服[1]。

但是,明治末年以后,日本出现了从民俗学角度挖掘各种民间信仰和习俗的趋向,从而催生了日本民俗学的诞生。明确要和井上的"妖怪学"对抗的是柳田国男,他广泛收集日本各地的各种妖怪传说和地区分布,认为妖怪信仰是人对于神信仰衰退的产物[2]。与井上截然不同的是,柳田没有将妖怪视为独立的学问来进行研究,而是将其视为民俗学的一个有机组成部分。柳田自觉地将自己的学问与民族学相区别,在他看来,民族学是在先进与落后的近代语境中由先进的文明国对落后的非文明国所进行的研究,而他所倡导的民俗学(他自称为"民间传承"或"乡土")则是本国的庶民(原文作"常民")对自身历史的自我认识。因此,同样研究妖怪,柳田的研究含有打破近代／国家权力对历史解释垄断的意味[3],井上的研究则是近代／国家权力在历史解释上的传声筒。

从围绕民间信仰的分歧可见,日本知识界对民间信仰存在截然不同的看法:一方面视民间信仰为反科学、反近代的"迷信",另一方面则将其作为历史传承的遗留,具有日本历史和文化"本真性"的民俗学

---

[1] 这个时期的代表性著作甚多,日野九思《迷信の解剖》(第一书房1938年初版,1986年再版)后出,胪列了此前中村峡、冲野岩三郎、富士游等人的著作。
[2] 柳田国男:《妖怪谈义》,《定本柳田国男集》第4卷,筑摩书房1968年版。
[3] 参见柳田国男:《国史与民俗学》(1935年),《定本柳田国男集》第24卷。

的研究对象。这样截然对立的关于民间信仰的看法同时共存于"日本近代"这一知识空间中,不会不投影于受其浸淫的日本人关于中国民间信仰的认识上。事实上,后文所要探讨的内容即是这两种看法的投影及其重影。

在简单概观了围绕民间信仰的宗教和迷信概念后,接下来要问的是,在宗教话语与迷信话语之间是否存在中间性的民间信仰话语呢?即有时可能被视为宗教,有时又可能被视为迷信,或者兼而有之之问题。答案是肯定的。战后这类民间信仰团体其历史形态(从幕府末期到近代)被称为"民众宗教",与历史形态在谱系上和性格上相关联的现在形态被称为"新兴宗教"①,而在战前日本,多数情况下被称为"类似宗教",这是一个被当今许多研究民众宗教、新宗教学者忘记的概念。1873年,明治政府颁布了禁止降神附体、灵媒等律令,从法律上对民间信仰团体的发展加以限制。在此,明治政府不是以暧昧模糊的宗教装置来规范民间信仰,而是从文明开化和反迷信的角度试图规范民间信仰。及至大正年间,开始从宗教角度审视民间信仰团体。1919年3月,大正帝国政府宗教局在发布的通牒发宗第十一号命令中第一次出现了"类似宗教"一语,内容如下②:

> 现在,在行政意义上的宗教指神道、佛教和基督教三教,一如前述,其中自称神佛道者仅指被公认之教宗派。因此,神、佛、基三教以外之宗教及属于神、佛、基系统而未被公认者在行政上称为

---

① 村上重良:《近代民衆宗教史の研究》,法藏馆1972年版,第5页。
② 池田昭:《大本史料集成》之三《事件篇》,三一书房1985年版,第236页。

类似宗教，以其他方法区别对待。

可见，对于国家权力来说，"宗教"之外存在的众多的"类似宗教"既是一种未被公认的客观存在，亦是一种公权力和民间社会之间张力关系作用下的话语性存在。比较而言，前者并不重要，重要的是后者，即国家权力何时、怎样认定了"类似宗教"并对其加以掣肘之问题。日本近代两次对大本教的弹压便证明了这一点。因此，在笔者看来，在讨论近代国家（日本与中国）和民间信仰关系时，问题的中心不在宗教和迷信，而在于未被国家权力公认的民间信仰团体——"类似宗教"话语及其类似的其他话语。

二、作为表述的中国民间信仰

明治以来日本形成的宗教／非宗教话语对于日本人关于中国民间宗教／信仰的认识有着怎样的影响呢？以下，本文以战前日本关于中国民间信仰的田野调查为中心，在日本近代历史——殖民扩张的编年序列里概观日本人是如何观察中国民间宗教／信仰之问题。

（一）"秘密结社"与"民间信仰"——明治时期

19世纪70年代以后，随着明治日本近代国家的形成，日本步欧美列强之后尘将中国作为其扩展帝国势力的目标。为了了解中国的情况，帝国政府内的陆军省、海军省和外务省竞相派遣"调查员"到中国进行实地考察，收集情报。在"调查员"发回日本国内的报告里有不少内容涉及会党和民间宗教结社。对于这些民间结社，报告除了沿用清朝官方文书里的"会匪""会党"和"教匪""教党"等称呼外，还不分名目类别将它们统称为"秘密结社"。可以说，明治日本关于中国民间宗教/信仰的认识乃是始于对秘密结社的认识[①]。

对秘密结社进行考察且留下比较详细文字的是宗方小太郎、平山周等，他们一身而二任，一方面参与清末排满知识人的"革命"活动，另一方面还兼做日本外务省的"调查员"。宗方在作于1907年的《"支那"的秘密结社》一文里，提及哥老会、白莲教、连庄会、盐枭、安清道友会等多种秘密结社，认为哥老会"其宗旨在反清复明，打倒清朝，恢复明室"[②]。白莲教虽然不是该文叙述的重点，但宗方将白莲教放在与其他"秘密结社"同一序列里加以观察，在他看来，民间信仰的结合体——白莲教也具有政治反叛的传统和性质。

平山周在中国秘密结社研究史上占有重要位置。1911年11月1日出版的《日本及日本人》杂志刊载了一篇题为《"支那"的革命党及秘密结社》的没有作者姓名的长文，次年这篇长文以平山周之名被翻译成汉语，以《中国秘密社会史》的书名由商务印书馆出版。该书影响甚大，时至今日仍是研究中国秘密结社历史的必读之作。《"支那"的革命党及秘密结社》正文加附录共108页，其中第1、2、3章涉及白莲教、秘密结社起源和天地会的篇幅有48页，正如田海（Barend J. ter

---

① 参阅拙稿《话语之旅——对中国叙述中秘密结社话语的考察》，《中国学术》第十八辑，商务印书馆2004年版。
② 宗方小太郎：《支那に於ける秘密结社》，载神谷正男编：《宗方小太郎文书——近代秘录》（上），报告第214号（1907年9月28日），原书房1975年版，第187页。

Haar)所指出的,这部分内容在体例上,特别是在关于三合会的叙述上参考和翻译了史丹顿(William Stanton)的英文原著①。史丹顿所著《三合会或天地会》出版于1900年,作者宣称"秘密政治结社存在于许多国家,但世界上没有一个地方如中国那样广泛滋生并产生如此坏的影响"②。他把三合会同历史上的白莲教、八卦教等叛乱相勾连,从汉代赤眉之乱一直叙述到晚清时期太平天国运动和三合会的起事,甚而认为海外的秘密结社组织虽然失去了以往的政治目标,却仍常常给所在地带来严重的危害。这一观点为平山周所沿袭。此外,平山强调白莲教和天地会两种结社都是以"反清复明"为宗旨的结社③。从该书的内容看,前半部系秘密结社/宗教叛乱史,后半部为反清革命党之历史,这种叛乱—革命框架下的秘密结社叙述影响了后来关于中国秘密结社的叙述。自然,包含在秘密结社这一话语装置里的"民间宗教/信仰"团体也被赋予了反叛的色彩。

在日本外务省外交史料馆里还保存了其他"调查员"收集的资料,

---

① 荷兰学者田海最早指出该问题。他批评平山周《中国秘密社会史》是"一部(糟糕的)剽窃翻译之作(a [badly] plagiarized version)"(Barend J. ter Haar, "Ritual and Mythology of the Chinese Triads: Creating an Identity," *Sinica Leidencia*, Vol. 43, Leiden: Brill, 1998, p. 28)。"平山的书是对威廉·斯丹顿(William Stanton)关于香港三合会的翻译剽窃","具有讽刺意味的是,平山的翻译在1919年又被徐珂(《清稗类钞》——引者注)剽窃了"(Ibid, p. 36)。另参阅"The Gathering of Brothers and Elders(KO–LAO–HUI), A New View," in Leonard Bluss and Harriet T. Zurndorfer eds., *Conflict and Acommodation in Early Modern East Asia: Essays in Honour of Erik Zürcher*, Leiden: E. J. Brill, 1993. pp. 259-283)。田海的这两个论点非常重要,笔者也注意到平山周《中国秘密社会史》的文本来源问题,但是得出的结论与田海不尽相同,对此已另文专述。
② William Stanton, *The Triad Society or Heaven and Earth Association*, Hong Kong: KELLY & Walsh, LTD., 1900, p. 1.
③ 平山周:《支那革命党及秘密結社》,原载《日本及日本人》第569号,1911年11月1日;长陵书林1980年再版,第49页。

其中最为详细的是名为山口升的委托（"嘱托"）调查员送呈外务省的若干资料。山口升的资料作于1910年5月至10月，他把哥老会、洪江会、大刀会、小刀会、白莲教、黄天教、马贼、土匪统称为秘密结社。在题为《关于秘密结社的传说及仪式等》的报告里①，他根据会簿叙说了天地会的传说与仪式，还谈到哥老会、江南革命协会等，这说明他对光复会的革命活动有所了解。山口在题为《清国情势及秘密结社》的报告中重复了前一个报告里的内容，但叙述比较详细。在序文里，他指出："三合会、哥老会等大秘密结社现在业已烟消云散，不仅昔日的影响力不再，下层民众中仅有一部分人承认其势力。这些结社改变了旧有的名称，失去了主义，绝大多数聚集无赖游手好闲之徒，进行赌博抢劫窃盗活动，耽于酒色。……哥老会中，虽有标榜革命者，但人数极少，与孙逸仙一派是否有瓜葛，实在值得怀疑，大部分成员都是迷信的或无赖之徒的小结合。"② 何以秘密结社如此之多呢？他举出了若干原因，其中之一为由于有"宗教上的迷信，各种秘密结社在兴起时，一般总有不少结社利用宗教迷信，诱惑愚民，风靡一时，其中最具代表的例子是洪秀全在发动太平天国时，自称信奉上帝教，刊行《直言宝话》（原文如此。——引者注）等书籍吸引人，最后酿成长达二十年、蔓延十六行省的大乱"。"就三合会、哥老会等起源来看，如果了解了其传说故事，可以知道均源自宗教，而且，其会中的仪式习惯皆与宗教有关，实际上，用以维系结社、吸引民心的唯一利器就是迷信。其中在直隶、山东、河南等华北地区，起因于此等宗教性教义迷信的秘密结社不在少数。例

---

① 山口升：《清国秘密結社ニ関スル伝說及儀式等》（明治四十三年十月），各国内政関係雑纂・支那の部・革命党関係（亡命者を含む），明治四十四年（1911）五月至十月。
② 山口升：《清国情勢及秘密結社》，各国内政関係雑纂・支那の部・革命党関係（亡命者を含む），明治四十四年（1911）五月至十月。

如，河南有回教，蔓延于华北一带的白莲教、红灯会及义和拳匪皆以宗教上之迷信为基础而兴起。近来，天津地方之在礼会以'正心修身'四大文字为教义，不吸烟、不饮酒，严守戒律，与其他秘密结社旨趣稍异，然无疑亦为一种秘密结社。其他如东三省的黄天教，河南的臬荻教、在圆教、弥陀会，安徽的插香会、神拳会，四川的教党、大胃顶会等，都应该直接从宗教上寻找其由以产生的原因。"①

山口的调查报告与平山周的看法基本一致，两个文本究竟是在怎样的背景下被制作出来的？有学者认为平山抄袭了山口的报告，而笔者的看法则恰恰相反，该问题因与本文主题无关，这里不加讨论。从上述三个调查报告看，在 20 世纪初的明治末期，日本关于中国民间宗教/信仰的认识主要是通过对秘密结社的观察得出的，由于秘密结社被置于"反叛-革命"的叙述装置中，自然作为民间宗教结合体的白莲教等就具有了反叛之传统。这种认识反映了与反清排满革命党过从甚密的日本人对秘密结社的主观期待。正如反叛、迷信这类语词所显示的，在这些日本人看来，民间宗教/信仰具有反近代的"迷信"色彩。这种认识固然得之于对中国民间信仰实际之观察，与明治日本对于民间信仰之近代诠释——迷信话语不无关系。

（二）"邪教"与"新宗教"——大正时期

大正初期，日本人关于中国民间宗教信仰的知识主要来自新闻、

---

① 山口升：《清国ニ於ケル秘密結社》，各国内政関係雑纂・支那の部・革命党関係（亡命者を含む），明治四十四年（1911）五月至十月。

报刊和传闻,因而日文的再复述的可信性很大程度上受制于中文原来的叙述。

1914年6月6日,日本人经营的中文报纸《盛京时报》刊载了题为《东三省之邪教世界》的文章,两天后该文的日文抄译即被日本驻沈阳总领事作为外交文件呈递给外务省。译文复述了原文述及的东北"邪教"黄天教:黄天教主要活动在长春铁岭一带,以"恢复清室"为目的;在理教虽然人数还不多,而且表面十分平静,但其内幕实际上充满"奇幻",有"种种怪诞形迹",有可能与"匪党"联手;白莲教主要活动在营口、盖平、海城等地,在各处"蛊惑民众";大乘教总机关设在哈尔滨俄国租界秦家岗,推演天定之理,预言"某某皇帝"将出,无知愚民趋之若鹜。但是,大乘教不许剪辫者入教,据说大乘教为黄天教的别动队,旨在恢复清帝室——大乘即为"大清可乘之机";黄羊教初起于本溪湖,势力迅速膨胀;红灯教活动于西丰县等地,蛊惑愚民,恐与乱党互相勾结①。且不说这种将民间宗教结社称为"邪教"的叙述(包括中文叙述)本身所含有的对民间宗教信仰的成见,该文称其预谋"恢复清室"、与乱党勾结到底具有多大的可信性,值得怀疑。实际上,在很多情形下,北京政府或省地方政府往往会以这类言辞作为弹压秘密结社、宗教结社的借口。

在日本人对民国初年关于"邪教"作乱的转述中,有一件可以明确断定出自政治造谣。1913年长江下游江苏、安徽等地盛传九龙会作乱,检验第二历史档案馆的陆军部档案和当时的《时报》《申报》等报章,从政府到媒体,要么称九龙山为"会匪",要么称其为"邪教",真伪

---

① 在奉天领事落合谦太郎之致外务大臣男爵加藤高明殿(大正三年六月八日),《東三省ノ邪教世界》,《支那政党及结社状况调查一件》。

难辨①。当时，日本驻南京领事船津辰一郎发回国内的报告，沿袭了袁世凯北京政府和媒体的说法，称九龙山为"匪类"，旨在"灭洋兴汉"②。而事实上，九龙山是"二次革命"前后反袁世凯革命党的一个秘密组织③。袁世凯政府在镇压了政治敌手后给敌手冠以各种污名，而媒体不查，以讹传讹，日本外交官也跟着将错就错。

日本关于中国民间宗教信仰的真正具有实际意义的调查开始于一位名叫林出贤次郎的外交官。1923年9月1日，日本发生了震惊世界的关东大地震。11月，中国红卍字会总会派会员侯延爽等携米两千石、五千美金赴日本慰问灾情。促成此事的是日本驻南京领事林出贤次郎。林出何以特别关注红卍字会？原来，身为外交官的林出和日本民间一个受到大正政府弹压和迫害的"类似宗教"团体大本教有故。大本教本来是一个敌视近代文明、崇尚复古守旧的神道教派——不被公认的"类似宗教"，出口王仁三郎出任教主后，宗旨一变而为激进的改变现世的神道系信仰组织，出口也因此以"不敬"罪被逮捕系狱。林出在向外务大臣介绍红卍字会、履行公务之余，又夹带着做了一件私事，即将红卍字会一行介绍给总部设在京都绫部的大本教教团。林出发现中国的红卍字会与大本教在宗教信仰（宗教大同）和宗教做法（"扶乩"和"镇魂归神法"）上有很多相似之处，试图借红卍字会帮助大本教脱困④。于是，

---

① 拙稿《"九龍山"秘密結社についての一考察》，《中国研究月報》1994年3月号（总第553号）。
② 《九龍山（秘密結社）ニ関スル件》（在南京領事船津辰一郎，大正二年二月二十日）；《九龍山（秘密結社）首謀者処分ニ関スル件》（在南京領事船津辰一郎，大正二年二月二十五日），日本外務省外交資料館所蔵《支那政党及結社状況調査》。
③ 《李楚江为革命牺牲发还遗产》，《江苏省政府公报》第41号，1928年7月9日。
④ 拙稿《宗教結社、権力と植民地支配——"満洲国"における宗教結社の統合》，《日本研究》（国際日本文化研究センター紀要）第2集，2002年2月。

他不厌其烦地亲自到设在南京的道院总部,撮合二者联手①。林出称呼红卍字会为"新宗教"反映了大本教的立场,但这种认识在日本人关于中国民间宗教／信仰的调查中非常少见,出现在外交文件上则至为罕见。这种介于宗教和邪教之间的"新宗教"称呼很快被其他称呼——"类似宗教"所代替并在日文中普遍使用起来。

大正时期在日本近代历史上被称为"大正民主",指在政治、经济和社会等各方面都出现了自由和民主的新气象。就日本关于中国民间信仰而言,也呈现出多样性的色彩。与前述"邪教""新宗教"并列,还存在其他多方面的切入视角。一个是以往存在的"秘密结社"视角。在20世纪20年代日本出版的大量关于中国"秘密结社"的书籍中,有一些涉及民间信仰及其结社,最有代表性的大概是长野朗的《中国社会组织》。该书认为中国秘密结社"形态并不单纯","其色彩有宗教性的,有政治性的,有匪徒性的,还有带有工会特点的"②,这些组织可以区分为两个类别,第一,白莲教、红枪会之类的宗教结社。长野朗从这些结社与既有的政治体制关系的角度,将其历史分为"援助朝廷时代""反抗朝廷时代""排外时代""自卫团体时代"。第二,三合会、哥老会、青红帮等"匪徒性的秘密结社"。这些结社"或有政治意图,然非其本面目;间为野心家利用,然其本旨为劫富济贫"③。长野的论说浮光掠影,不足以反映包括青帮在内的"秘密结社"的实情,基本上是在重复以往关于秘密结社中民间信仰／宗教的论述。

20世纪20年代的大正时期日本"支那学""东洋学"迅速发展,

---

① 南京道院袁善净致红卍字总会函(1923年9月10日),中国第二历史档案馆藏。
② 长野朗:《支那の社会組織》,行地社出版部1926年版,第53页。
③ 长野朗:《支那の社会組織》,第161—162、183页。

有关中国历史、文化、思想的论著被大量生产,但是这些研究基本上都是关于文本中国的研究,关于现在进行时的中国研究停留在游记类层面,整个中国研究缺乏具有现实感的田野调查基础。无论在思想上还是在实践上都堪称例外的是橘朴。橘朴在 1924 年即批评日本的中国研究,尖锐地指出:"日本人一般没有反省地自以为是高居于中国的先进者。"①

(三)"类似宗教"与"乙种宗教"——昭和前期

前文提到,1919 年日本官方文书中第一次正式出现了"类似宗教"一语。不久,该词开始流行并被用于指称日本及其殖民地朝鲜的民间信仰团体。在殖民地朝鲜,朝鲜总督府特别关注"类似宗教"的"政治影响",要求"类似宗教"要么解散,要么变为高级宗教而获得认可②。日本官方文书使用"类似宗教"称呼中国秘密结社、信仰结社的一个最为明显的年代是 1930 年。其时,针对华北地区广泛发生的红枪会运动,日本外务省以同年山东省博山县发生的黄纱会事件为契机,命令驻中国各地领事馆调查和报告各地的"宗教类似结社"的行动③。从各领事馆发回的报告看,被纳入"类似宗教"装置里的民间结社有红枪会、大刀会、黄沙会、神兵等农民武装结社,有青红帮、致公堂等秘密帮会结社,还有在理教、道德社、红卍字会等宗教结社等,"类似宗教"可以

---

① 橘朴:《中国を識るの途》,《中国研究》(橘朴著作集第一卷),劲草书房 1966 年版,第 6 页。
② 青野正明:《朝鮮農村の民族宗教 —— 植民地期の天道教・金剛大道の事例を中心に》,社会评论社 2001 年版,第 122—155 页。
③ 外務省より在支各公館長宛:《宗教類似結社ノ行動ニ関スル件》,昭和五年(1930)九月十八、十九日。

说就是秘密结社的同义语。

在1930年的调查中,以关于东北("满洲")红卍字会的报告最为详细。1935年12月,日本国内发生了因弹压大本教而引发的对非公认宗教——"类似宗教"的大弹压,不久这一弹压潮也波及伪满洲国。1936年11月出版的《省政汇览》(奉天省)认为宗教对于伪满政治整合作用极大,但宗教杂乱、派系复杂,"沉迷于迷信邪教者甚多"[①]。1937年4月,治安部发文:"鉴于以往结社团体乱立簇生而对其进行整顿,使之纳入警察监视圈内,以9个结社(即道德会、红卍字会、大同佛教会、博济慈善会、五台山向善普化佛教会、理善劝戒烟酒会、孔学会、佛教龙华义赈会、回教会)为基础实行许可制,以此来指导取缔(民间宗教结社)。"[②] 不被认可的"类似宗教"皆属于取缔范围。

与此同时,具体管辖"类似宗教结社"的民生部也开始就各宗教教派性质、信仰等展开调查。1938年9月颁布《暂行寺庙及布教者取缔规则》,规定寺庙、教会、布教所等所有宗教设施必须接受民生大臣的许可[③]。1939年10月,民政部《关于暂行寺庙及布教者取缔规则实施上之手续》模仿清朝发给佛教、道教僧侣的"度牒",给所有传教者发放"身份证明书"[④]。1940年以后,治安部对公认之外的"类似宗教结社"采取了取缔方针,这些结社情况如下:第一类有普济佛教会、白阳(羊)教、红阳(羊)教、黄阳(羊)教等,遍布全"满洲",它有浓厚

[①] 《省政彙覽》第八辑"奉天省篇",1936年11月。
[②] 伪满洲国治安部:《满洲国警察史》,内部出版,第565页。
[③] 《暂行寺廟及布教者取締規則》(民生部,1938年9月24日),《满洲国治安関係法規集成》,第319—321页。
[④] 《暂行寺廟及布教者取締規則実施上ノ手続ニ関スル件》(民生部,1939年10月26日),《满洲国治安関保法規集成》,第322页。

的佛教、道教色彩。此外，在新京（长春）、奉天等东北各地有 19 种邪教。第二类是红枪会等武装结社。世人所知的具有武力色彩的红枪会主要潜伏于"北满"、东边道、热河地方，其他如红沙会、黄沙会、花笼会潜伏于热河，其中一部分迷信坚定者于"九一八事变"后曾针对日、满军警的"讨伐"进行过抵抗[1]。第三类是青帮（在家里）之类的秘密结社。青帮遍布全东北，被认为值得特别留意[2]。

从维系治安、强化教化的角度，伪满对民间信仰结社采取了压抑方针。在日本统治东北期间，出版了大量关于宗教、类似宗教和民间信仰的书籍，从中可知日本对于"类似宗教"的认识和对策还存在很多不确定的部分：有时把被称为"类似宗教"的青帮、红卍字会与一般宗教不加区别地统称为"宗教"，有时青帮被称为"秘密结社"，红卍字会则被称为"教化团体"，甚而有时将这两者都贬为"邪教"。1940 年出版的《"满洲"宗教志》的目录中共列 10 种为 10 章，而民间信仰与道教列为一章，而将"秘密结社"与"类似宗教团体"列为两章，都被作为宗教性团体来看待[3]。

在伪满洲国建立之初，发生的一件误把青帮作宗教的个案也反映了殖民统治者在认识上的混乱[4]。1933 年 7 月关东军组织青帮代表团访问日本，访问期间有一个插曲，即于 7 月 4 日和 5 日在东京芝区增上寺举

---

[1] 《暫行寺廟及布教者取締規則実施上ノ手続ニ関スル件》（民生部，1939 年 10 月 26 日），《满洲国治安関係法規集成》，第 322 页。
[2] 《暫行寺廟及布教者取締規則実施上ノ手続ニ関スル件》（民生部，1939 年 10 月 26 日），《满洲国治安関係法規集成》，第 322 页。
[3] 铁道总局弘报课编：《満洲宗教誌》（社员会丛书第 41 卷），满铁社员会 1940 年版。
[4] 孙江：《增上寺的香堂——1933 年东北青帮代表团访问日本》，《南京大学学报》2007 年第 3 期。

行了两场研究会。研究会的参加者中有白鸟库吉（东洋史）、姉崎正治（宗教学）、加藤玄智（日本神道）、常盘大定（中国佛教）、小柳司气太（中国思想）等日本一流学者。在观摩青帮代表演示其仪式后，日方与会者和青帮代表以问答形式展开研讨，最后，神道学家加藤玄智发表了自己的看法："家理教乃一自力宗教，别异于在理教之他力宗教，寻根究底，（家理教）盖源于禅宗自力教也。"① 加藤的看法能否代表所有与会学者的意见无从得知，但这无疑是比较一致的意见。

1937年7月"卢沟桥事变"发生后，日军很快占领了华北广大地区，1938年12月日军在北京设立兴亚院。不久，兴亚院华北联络部主导了对华北地区的民间信仰结社的调查，其中关于北京、天津、青岛以及京汉铁路沿线市、县的秘密结社、宗教结社的调查比较详细，调查结果发表在1941年至1942年兴亚院编纂的《调查月报》与《情报》杂志上②。1941年12月太平洋战争爆发后，日军加强了对各种民间团体的管理，在统治的地区进行不同程度的调查。1942年傀儡政权华北政务委员总署对所辖之河北、山东、山西、天津特别市等各市、县进行了调查，作"华北乙种宗教团体调查表"。所谓"乙种宗教团体"，是指以

---

① 加藤玄智：《家裡教の宗教的判断》，载利部一郎：《"满洲国家"理教》，泰山房1933年版，第57页。
② 《華北京漢沿線各市県に於ける社会団体、政治団体及其他分化団体竝に宗教調査》，《調查月報》第二卷第二号，1941年12月，第238—333页。《山東省魯西各県事情》（下），《調查月報》第二卷第四号，1941年4月。《北京、天津思想団体調查》（上）（中）（下），《調查月報》第二卷第四号，1941年4月；第二卷第五号，1941年5月；第二卷第六号，1941年6月。《支那に於ける秘密結社》，《調查月報》第三卷第二号，1942年2月。《青島に於け支那側宗教活動状況調查》，《調查月報》第三卷第四号，1942年4月，《山東に於ける宗教結社の現勢》，《情報》第十二号，1940年2月。《青島に於ける青帮》，《情報》第十九号，1940年6月。《青帮の過去と現在》，《情報》第二十九号，1940年11月。

民间信仰为基础结成的各种宗教性团体。据指导进行这项调查的日本驻北京大使馆武官武田熙称，当时日本将中国的宗教和信仰分为三类：第一类是"既成宗教"，指佛教、道教、回教和基督教等；第二类是"类似宗教"，既包括传统的民间结社（白莲教、罗教、在理教等），也指新兴宗教结社（万国道德会、红卍字会、一贯道等），所谓"乙种宗教"就是这些"类似宗教"；第三类是"土俗信仰"或曰"街头信仰"，其特点是自然崇拜和举行降神附体[①]。华北政务委员会的分类显然由此而来。在甲种宗教里有佛教、道教、喇嘛教、回教、天主教、东正教、基督教，乙种宗教里有红卍字会、先天道会、一贯道等，丙种宗教则指土地庙、娘娘庙、关帝庙之类信仰。与伪满统治时期一样，伪华北政务委员会对与日语"类似宗教"相对应的"乙种宗教"属于何种宗教系统、有无向地方当局登记表现出极大的关心，既要防范这类宗教结社成为反日势力，又想将其纳入日军华北统治秩序之中。

结　语

从以上勾勒的日本对中国所进行的关于宗教信仰的调查可知，殖民统治者试图将权力渗透到基层社会。那么，在这一背景下的调查是否产生了具有学术价值的结果呢？答案是肯定的。具体而言有以下两点：

第一，关于新宗教的研究。对于民国初年大量出现的各种名目的

---

① 武田熙：《支那宗教の実態及びその対策》，载皇典讲究所华北总署厅：《惟神道》第二卷第二册，1943年。

新宗教结社,当时的中国学者大都以"迷信""邪教"而嗤之以鼻,更莫说进行实证研究了。在日本,虽然也有蔑视国家公认宗教之外民间信仰的倾向——"类似宗教"的称呼本身就是一个带有歧视色彩的称呼,但是出于殖民统治的需要,日本人注意观察和研究新宗教,认为"新宗教的勃兴与国家的变动密不可分"。1940年兴亚院出版的一部关于道院、救世新教、万国道德会和道德学社等"新宗教"介绍中指出,从鸦片战争到辛亥革命的政局变化致使中国"国体由君主变为民主,政体变为共和",从此出现了两个思潮:一个是在摆脱了清朝压抑的汉民族得以复兴佛教、道教乃至儒教,另一个是在20世纪20年代出现的非宗教运动。此外,还有一个重要的思潮是试图整合宗教间的不同的"超教派的新宗教"运动。"当然,撇开是不是严格的学理上的宗教之争,必须承认新形态的宗教勃兴这一事实。从道德的角度看,新宗教运动是一个划时代的运动,它通过建造一个巨大的藩篱,认为应该慰藉饱受乱离之苦的人心,试图将人们引入其中",因此该运动的核心与其说要拯救自身,不如说要进行社会救济[①]。

第二,关于民间信仰的田野调查。日本和中国一样流行多神信仰,但是,与日本的"神佛混淆"相比,中国民间信仰涵括了更为复杂的要素。一本关于东北的民俗著作中写道:"在诸种宗教中,道教在民众中影响最大,是该国民众信仰的中心。但是,就目下的信仰状态看,混入了以道佛儒为主的各种要素,这是因为民众基于现实的实利迷信的特性而赋予之的,如此一来,各种宗教都变成了'混合宗教'。和日

[①] 兴亚院政务部:《支那に於ける新興宗教》("兴亚资料政治编"第九号),昭和十五年(1940)四月,第1—4页。

本的神佛混淆相比更加混杂，呈现出非常非同一般的奇观。不管是哪种情形，混合宗教祈愿的中心是生财、丰收、繁荣、求子、安产、疾病、瘟疫及其他灾害或天灾救济。"① 这个认识近于本文开始引用的葛兰言关于中国宗教"混合主义"的看法，同时带有以日本为参照系的由贴近中国民间社会而来的独特观察。正因为能够贴近中国社会，所以在战争时期留下了丰富的关于中国民间宗教信仰的调查，这些构成了战后日本中国道教和宗教结社研究的基础。这里且以兴亚院华中联络部的调查为个案概观之。

1942年兴亚院出版了藤本智董、小野兵卫主持的调查《华中民间信仰之实情》一书②，其各章内容如下：第一章"出生及幼时"；第二章"红事、订婚与结婚"；第三章"白事、死与葬仪"；第四章"为死者的祈愿、护符"；第五章"关于死者的种种迷信"；第六章"占卜、易与缘起"；第七章"迷信活动"；第八章"宗教祭礼与习惯"；第九章"拥有魔力的动物与植物"。该书调查的是江苏和安徽两省部分地区。在序言中，调查者认为，中国民间信仰缺乏教理，由于民众大多没有文化知识，只能盲从于指导者，因此同样一个仪式，依地方不同，解释、应用和效果均不同③。接着又认为："支那人一般认为人有两个灵魂。第一，至上者是神或魂，来自宇宙的上天及太阳，相信人死后魂飞升上天，作为神明来生活。近代的儒者则主张魂随人死而消灭，而佛教徒相信人死后转生为人或动物，道教徒则认为灵魂转移到星辰的世界。第二，堪称

---

① 满洲事情案内所编：《满洲国の习俗》，第27页。
② 兴亚院华中联络部（担当者藤本智董、小野兵卫）：《中支における民间信仰の实情》，华中调查资料第406号，1942年6月。
③ 兴亚院华中联络部：《中支における民间信仰の实情》，第2页。

物质性灵魂的是鬼，灵作用于活在魄中的人，鬼来自地下即阴间，随着人死而归于地，与肉体留在墓内，成为死者的幽灵。""因此，'支那'的通俗宗教是迷信的混合物，依地方不同，即使有些差异，根本的样子是相同的。因此，他们自称三教为一，每个人都依个人爱好，信仰他们的鬼神。""（本书）收录了现在'支那'被崇拜、奉祀的诸神、灵鬼、英雄等祭祀日。"在笔者看来，该调查最有价值的是关于民众的实际宗教活动之介绍，特别是涉及民间宗教结社的内容。如在第七章第12节介绍佛教"吃素"习惯后，紧接着在第13节专门介绍"吃素教"；第24节介绍了《太阳经》，指出在"吃素教"（Vegetarian Sects）中很多信徒崇拜《太阳经》。信徒们每天早起拜日，诵读祈祷文。祈祷文已被印刷出来，在市内的书店可以以低廉的价格买到。《太阳经》中有"太阳三月十九生，家家念佛点红灯"句①，由此可知吃素教的《太阳经》不同于明末民间教门中有关经典，它凝聚了对明朝皇帝崇祯的历史记忆/忘却②。

  这里之所以不厌其烦地介绍该调查，旨在说明其中所提到的民间信仰/宗教的生存状态大多鲜为人知，它们弥补了人们关于华中地区民间信仰和宗教认识的空白。另一方面，笔者更想提问的是，何以以刀枪为后盾的日本人会在中国发现如此活生生的民间信仰？其前辈欧美传教士最早涉足中国民间，他们的笔端下的中国民间又是怎样一种存在呢③？二者有何区别？"道教的发现"是笔者试图切入该问题的一个视角。这里且搁笔不论。

---

① 兴亚院华中联络部：《中支における民間信仰の實情》，第123—125页。
② 参阅拙稿《太阳的记忆——关于太阳三月十九日诞生的知识考古学》，载黄东兰主编：《身体·心性·权力》，浙江人民出版社2005年版。
③ 拙稿《作为他者的"洋教"——关于基督教与晚清社会关系的再解释》（载黄爱平、黄兴涛主编：《西学与清代文化》，中华书局2008年版）对该问题略有涉及。

对上文叙述现作两点总结。

第一，他者认识与自我认识之关系问题。在本文第一节，笔者试图通过对明治以来日本关于民间信仰话语的爬梳，来确认近代日本关于中国民间信仰（特别是信仰结社）认识的知识背景问题。从中可以看到，宗教、迷信和类似宗教等话语的流行和交错反映了日本近代国家和民间信仰关系之不确定。这种自我认识投影到日本关于中国的他者认识之上，表现为无论是对中国民间信仰的观察，还是对中国社会实际展开的殖民统治，都缺乏内在的一贯性和整合性，由此应验了出席青帮访日代表团在增上寺研讨会的神道学家加藤玄智的担心：日本内地存在的宗教/非宗教未解决之问题有可能被带到"满洲国"①。需要强调的是，这种从日本到中国的投影并不是简单的"复制"，会因人、因时、因地而出现叠影和交错，各种关于中国民间信仰的称呼——邪教、秘密结社、迷信、宗教、新宗教、类似宗教等可谓其表征。

第二，东洋学/支那学的非匀质性问题。他者认识既然是自我认识的投影与叠影，那么，建诸其上的东洋学/支那学必然也带有自我认识本身所具有的非匀质性的特征。事实上，就民间信仰而言，在"东洋学"或"支那学"之外一直存在着一个绵延不断的非主流的研究传统，即通过"道教"（通俗道教）这一言语装置表现出来的民间信仰研究。道教研究既来自如橘朴对"东洋学"或"支那学"之批判，也来自日本社会正在成长的"民俗学"方法的运用。唯其如此，日本人才有可能接近中国社会存在的"活着的"生活宗教②。

---

① 加藤玄智：《家裡教の宗教的判断》，载利部一郎：《"满洲国家"理教》。
② 泽田瑞穗在《中国の民間信仰》（工作社 1982 年版）一书的"后记"中回忆了所受柳田国男，尤其是折口信夫民俗学之影响，特别提及在北京亲自聆听后者讲演之情形，见该书第551—552页。

在中国发现宗教
——日本关于中国民间信仰结社的研究

本文是笔者准备撰写的论文的前半部分草稿,很多资料有待今后补充。承接上文作为表述的日本和中国民间信仰,在论文余下的章节里要讨论的问题有:

一曰宗教话语的交错问题。笔者将通过考察平山周、水野晓梅、藤井草宣、末光高义、小竹一郎、酒井忠夫等人的著述,具体分析从明治末年到"二战"结束时日本的中国民间信仰话语中的宗教／非宗教之问题。

一曰道教的发现。主要追寻源自幸田露伴、小柳司气太,经橘朴、吉冈义丰至战后日本关于中国道教——"通俗道教""民众道教"研究的轨迹。在笔者看来,这一研究是百年来日本中国学中最闪亮的部分,远远超过中国本土和欧美的同类研究的水平,迄今尚未引起学界的重视。

一曰革命的与后革命的宗教结社研究。战后日本关于中国宗教／非宗教研究被置于"叛乱—革命"的叙述模式之下,这是一种近代主义的历史叙述,在某种意义上偏离了"历史现场"。如果笔者以往用日文发表的论著能算作日本中国学中的"另类"的话,在我试图寻求的后革命叙述的"历史现场"上赫然呈现出橘朴等所"发现"的"民俗道教"。

橘朴在谈到民俗道教如何深入中国人心时引用了他的合作者中野江汉《道教诸神》载录作者在山东和一位天主教徒的对话,翻译如下[①]:

中野:每个礼拜你都不缺席跑到天主堂礼拜,你是信徒?
教徒:是啊!俺是真正的天主徒。
中野:是天主徒为啥在家里还拜道教的神玉皇?

---

① 橘朴:《道教概论》,《中国研究》,第45页。

教徒：天主徒咋不能拜玉皇？

　　中野：基督教的天主和道教的玉皇不是不一样吗？

　　教徒：瞎掰！没有的事！天主就是玉皇，一样的。

　　中野：天主堂的神甫是这么说的？

　　教徒：当然啦。神甫就这样说。就是神甫没有说，原来就定好了。管宇宙的神只有一个，不可能有两个。宇宙的主宰天主教叫天主，道教叫玉皇，不同的宗派，叫法不同。

橘朴通过这个小插曲想要说明的是，即使传教士能将中国人规劝为天主的信徒，也无法动摇其内心中坚定的道教信仰，民众把圣母玛丽亚当作道教的女神，把天主视为玉皇。在橘朴看来，世界上没有一个民族如中国人一般有强烈的宗教情怀，因为在中国人的心中和生活实践里端坐着道教诸神，这与本文开头引用的葛兰言关于中国"宗教混合主义"的评价大相径庭。

（原载《文史哲》2010 年第 4 期）

牛郎织女研究批评

施爱东

学界对牛郎织女这一口头传统的归类比较复杂。几乎所有的民间文学教科书都把它列为中国的"四大传说"之一，也有学者使用广义的"故事"概念来指称，但是，大多数的目录索引却把相关研究成果归在"神话学"领域，而风俗研究则把它视为"岁时民俗"或"时间民俗"中的社区仪式或群体记忆。基于研究对象的复杂性，许多论文只好用"神话传说""神话故事""传说故事"这样一些互相矛盾的定性词来指称有关牛郎织女的口头传统。本文不拟武断地将其划入任何一种体裁或形式，只以"牛郎织女"作为这一口头传统的通称。

国外的牛郎织女研究开展得比较早。1886 年，法国人高延（J. J. M. De Groot）就在他的 *Les Fêtes Annuellement Célébrées à Emoui* 一书中对牛郎织女与七夕风俗展开过讨论[1]。1917 年，长井金风《天风姤原义

---

[1] 参见出石诚彦：《牵牛织女说话の考察》注 33，日本早稻田大学文学部：《文学思想研究》第八卷，1928 年 1 月。后收入氏著《支那神话传说の研究》，中央公论社 1943 年版，第 111—138 页。*Les Fêtes Annuellement Célébrées à Emoui* 一书可在 http://classiques.uqac.ca / 全文阅读。

(牵牛织女由来)》①对牛郎织女进行了专题研究。国内的牛郎织女研究起步略晚,较早的有钟敬文1925年的《陆安传说·牛郎和织女》②、1928年的《七夕风俗考略》③等,延至2008年,笔者检索到的相关论文120余篇(不含七夕风俗类专题),其中1955年范宁的《牛郎织女故事的演变》④是文献资料梳理较为完备的一篇,而王孝廉始发于1974年的《牵牛织女的传说》⑤及洪淑苓完成于1987年的硕士学位论文《牛郎织女研究》⑥则是集大成的研究专著。自此以降,多年不见高水平的研究成果。牛郎织女研究中表现出来的种种流弊,也折射出国内人文科学研究中普遍存在的许多问题。

一、牛郎织女的起源与流变研究

20世纪20年代以降,继顾颉刚层累造史观的提出,"演变""演化""演进"几乎成为知识考古话题中最热门的学术用语。起源与流变问题是20世纪牛郎织女研究中关注最多、历时最长的一项。

---

① 长井金风:《天风姤原义》,载京都文学会编:《艺文》第8年第4号,日本鸡声堂书店1917年4月出版,第21—25页。
② 静闻:《北京大学研究所国学门周刊》1925年第10期,第18—20页。
③ 钟敬文:《七夕风俗考略》,《国立第一中山大学语言历史研究所周刊》第11、12期合刊,1928年1月16日,第252—266页。
④ 范宁:《牛郎织女故事的演变》,载《文学遗产增刊》第一辑,作家出版社1955年版,第421—433页。
⑤ 王孝廉:《牵牛织女的传说》,《幼狮月刊》(台北)1974年第1期;又收入氏著《中国的神话与传说》,台湾联经出版事业公司1977年版,第165—225页。
⑥ 洪淑苓:《牛郎织女研究》,台湾学生书局1988年版。

1929年，茅盾《中国神话研究ABC》把牛郎织女传说界定为"现所存最完整而且有趣味的星神话"，此书在简单的文献梳理之后，得出结论说："可见牵牛与织女的故事是渐渐演化成的"，并且断定"在汉初此故事已经完备了"①。茅盾的主要观点与日本学者出石诚彦发表于1928年的《牵牛织女说话の考察》②基本一致。这一论断似乎从一开始就成为定论，尽管许多学者在此基础上进行了精细化作业，在断代问题上也与茅盾略有出入，但主要观点并未偏离这一论断。

茅盾在该书中罗列了许多涉及牵牛与织女的材料："（一）《诗经·小雅·谷风之什·大东》；（二）古诗十九首里的《迢迢牵牛星》；（三）曹子建的《九咏》；（四）梁吴均的《续齐谐记》；（五）《风俗记》和《荆楚岁时记》；（六）《李后主诗》《艺文类聚》所载古歌、宋张邦基《墨庄漫录》、周密《癸辛杂识》、白居易《六帖》等。"③这些材料几乎全都成为后辈学者们反复引证的主要论据，甚至他对"织女又名黄姑"的论述，都被后辈学者反复征用，但是，绝大多数学者都未在文中提及"茅盾"二字。

其中被后人引证次数最多的是茅盾注明出自《荆楚岁时记》中的一段：

> 天河之东有织女，天帝之子也；年年织杼劳役，织成云锦天衣。天帝怜其独处，许嫁河西牵牛郎。嫁后遂废织。天帝怒，责令归河东，使一年一度相会。

---

① 茅盾：《茅盾说神话》，上海古籍出版社1999年版，第83—84页。
② 出石诚彦：《牵牛织女说话の考察》，载《支那神话传说の研究》，第111—138页。
③ 赵景深：《民间文学丛谈》，湖南人民出版社1982年版，第57页。

有趣的是，钟敬文早在发表于1928年1月的《七夕风俗考略》[①]中即已引述这个故事，注明出自《齐谐记》，并且指出："某辞书，于七夕织女两条，都援引这故事，文字与此略同，而以为出自《荆楚岁时记》，我手头所有汉魏丛书本的《荆楚岁时记》，实无此段记载，未知其引用自何书。"

如果说钟敬文的这篇文章一般人很难见到，罗永麟始发于1958年的《试论〈牛郎织女〉》[②]就很容易找到。罗永麟说："近人玄珠的《中国神话研究ABC》、范宁的《牛郎织女故事的演变》以及初中《文学》第一册《教学参考书》都注明引自《荆楚岁时记》。但查该书《汉魏丛书》《宝颜堂秘笈》和《四部备要》各版本，均无此段文字，是传抄之误，或别有所本（逸文），尚待考证。"

孙续恩认为这段文字乃出自《佩文韵府》，并且认为"《佩文韵府》所引当是佚文"[③]。且不论《佩文韵府》乃清代类书，核书不精、错讹杂出、删改亦多，难以为学术引证所据；就算可据引证，范宁所引《荆楚岁时记》"佚文"最后一句为"责令归河东，唯每年七月七日夜，渡河一会"，与茅盾所引不合，明显多出了"七月七日"的时间节点。但这并不妨碍后来的学者继续将这段文字作为考察牛郎织女的重要材料，而且全都绕开茅盾，绕开《齐谐记》，绕开《佩文韵府》，言之凿凿注明

[①] 钟敬文：《七夕风俗考略》，《国立第一中山大学语言历史研究所周刊》第11、12期合刊，1928年1月16日，第253页。

[②] 罗永麟：《试论〈牛郎织女〉》，载《民间文学集刊》第二册，上海文化出版社1957年版。此文曾收入罗永麟《论中国四大民间故事》（中国民间文艺出版社1986年版）等个人文集，以及《名家谈牛郎织女》（文化艺术出版社2006年版）等其他一些民间文学类论文集。

[③] 孙续恩：《关于"牛郎织女"神话故事的几个问题》，《武汉大学学报》1985年第3期。

出自《荆楚岁时记》。

1979年汤池的短文《西汉石雕牵牛织女辨》①试图通过文献与实物的相互印证，说明现存于陕西长安县境内的"石爷""石婆"雕像就是文献记载中的牵牛织女像。可是，两尊石像不仅雕刻风格不大一致，石质和风化程度也明显不同，甚至对于谁是石爷谁是石婆，学者们也没有统一的看法，要论证两尊石像就是汉代的牛郎织女，恐怕还有些难度。

从班固的《西都赋》、张衡的《西京赋》、潘岳的《西征赋》，以及成书于公元6世纪之前的《三辅黄图》可知，牵牛形象大约在班固时已经人格化，并有石像立于昆明池畔。但是，汤池仅仅依据《汉书·武帝纪》中一句"元狩三年……发谪吏穿昆明池"，加上后世文献中提到昆明池畔有牵牛织女像，就断定此像为元狩三年所立。也就是说，汤池已经预设了昆明池的周边设施在元狩三年到班固之间的近200年间没有任何增置，如此才能证明班固所见，即为武帝所建。尽管汤池的结论是否可靠还有待进一步商榷，但并不妨碍这篇文章成为20世纪80年代以来牛郎织女研究中引证率最高的论文。

值得注意的是，文献记载的石像是否留存至今，是否就是现存于长安县的两尊石雕，实在无关乎我们对于牛郎织女的起源研究。从文物考古的角度看，汤池的论文自有其意义，但从牛郎织女的故事发生学上看，汤池的论文丝毫无补于既有文献。石像立于何时与石像是否留存，两者没有任何逻辑关系。多数学者不能认识到这一点，对于论据的分辨能力不足，眉毛胡子一把抓，拿着鸡毛当令箭。

---

① 汤池：《西汉石雕牵牛织女辨》，《文物》1979年第2期。

1985年孙续恩《关于"牛郎织女"神话故事的几个问题》[①]主要回答了三个问题：（一）牛郎织女故事是怎样产生的？作者认为"是人与身外世界的自然力量和社会力量矛盾斗争的结果，是与原始宗教观念有密切关系的"。（二）为什么选定七月七日为相会佳期？作者认为"七月七日是个吉庆日子、欢乐日子，适宜于相会的缘故"。（三）为什么选定乌鹊填河？作者认为"乌鹊即喜鹊。它在古人乃至今人的心目中，是一种极笃于爱情、具有很好的建筑技能而又能给人带来吉祥的鸟"，由于南人北人对乌鹊的看法不同，因此有了关于乌鹊好坏的不同异文。

前一个答案是个放之四海而皆准的空洞答案；后两个答案则像是围绕箭头画标靶，先预设了"七月七日"和"乌鹊搭桥"是因吉祥而设，然后围绕这两件事物找理由。这样的答案显然不具备排他性，比如我们可以问："正月十五（或者其他任意一个宜嫁娶的日子）也是个吉庆日子、欢乐日子，也适宜于相会，为什么相会佳期没有安排在正月十五呢？"又或者："天鹅也是一种象征爱情和吉祥的鸟，飞得极高极远，为什么没有选定天鹅来填河呢？"而作者的逻辑根本无法应对这样的质疑。

杨旭辉的《牛女故事中鹊桥、蜘蛛意象探析》[②]就孙续恩的第三个问题进行了更细密的发挥，杨文认为使鹊为桥是因为"鹊本身具有高超的建筑本领"，它的巢又大又好，有象征家庭的意义，鹊在古代还被视作相思之鸟，后来，"鹊和鹊巢成了家庭的保护神，人们也就自然会赋予它整合家庭的功能"。

---

① 孙续恩：《关于"牛郎织女"神话故事的几个问题》，《武汉大学学报》1985年第3期。
② 杨旭辉：《牛女故事中鹊桥、蜘蛛意象探析》，《镇江师专学报》1995年第2期。

但是，宣炳善的《牛郎织女传说的鹊桥母题与乌鸦信仰的南北融合》①提出了截然相反的看法。他认为乌鹊并不专指喜鹊，而是乌鸦与喜鹊的合称，"在宋代以前的北方，乌鸦的神圣地位是任何鸟类所不能匹敌的。汉代介入牛郎织女传说的鸟，是乌鸦，而不是喜鹊"。

宣炳善由乌鸦、喜鹊在南北方地位与功能的差异，推测牛郎织女是由北向南传播的："因为北方人在宋代以前一直是讨厌喜鹊，喜欢乌鸦的，而南方人却是喜欢喜鹊而讨厌乌鸦的，当通过移民的途径，南北文化混合的时候，乌鸦和喜鹊也就混合在一起变成一起搭桥了，统称为'乌鹊桥'，这当然是历史的将错就错的小细节，而后来就变成了'鹊桥'。"作者关于牛郎织女"北南传播"的路线图对我们很有启发，但要借助由"乌鹊桥"到"鹊桥"的变化来描绘这条路线图，证据尚嫌不足。如果说"乌"代表北，"鹊"代表南，那么，从一开始，"乌鹊"（北南）就是一起出现的，并没有一个纯粹的"乌"（北）的时期。除非宣炳善能够向我们提供一批早于"乌鹊桥"出现的、纯粹叫作"乌桥"的文本，否则，就不能强把"鹊"的时期排在"乌"之后。

2006年王帝的《牛郎织女神话传说及其演变》②在许多方面沿袭了孙续恩的思路，认为牛郎织女在汉代定型"有它产生的社会现实原因"：首先是当时的社会背景所决定的，其次是融入了人民最普通的生活愿望。作者由此生发说，大量的"后世文学作品"甚至如《红楼梦》《金陵十二钗》的女性形象都受到织女形象的深深影响。不过，作者没能为

---

① 宣炳善：《牛郎织女传说的鹊桥母题与乌鸦信仰的南北融合》，载《"全国首届牛郎织女传说学术研讨会"论文提要》，中国民俗学会、山东大学民俗学研究所、沂源县人民政府编印，2007年8月13—16日。
② 王帝：《牛郎织女神话传说及其演变》，《贵州文史丛刊》2006年第1期。

自己的这一论断提供任何直接的证据。在述及牛的作用时，作者只是说"从男耕女织这一生活生产方式可知，他们所处的自然经济时代劳动人民对牛的依赖与崇拜。正是出于这种原因，牛被赋予了神的意义，也就具有了神性与神力"。而对鹊桥的由来，作者主要从瑞鸟崇拜的角度来谈。对于"佳期相会缘何选定为七月初七"，则通过罗列几则有关七月七日的风俗材料，得出结论说："七月七日在汉魏晋时代已形成习俗，而且均是欢乐吉祥的日子。"这些问题和观点，许多都是孙续恩在21年前《关于"牛郎织女"神话故事的几个问题》中已经谈及的，但作者在文中却只字未提及孙续恩的贡献。

在牛郎织女的源流研究中，大量的论文只是简单重复前人已经做过的工作，如刘晓红《牛郎织女神话传说的演变》[①]，从材料到观点，基本上都是前人早已述及的，此文只是作一简单复述，甚至全文"参考文献"只标注王孝廉《中国的神话世界》。

姚宝瑄发表于1985年的《"牛郎织女"传说源于昆仑神话考》，材料丰富，用力颇深，可惜作者思想过于单纯，居然把不同时代、不同源地的书面文献与口头传说视为同质时空中的系统文件。作者预设了这些文献的"系统关系"，从中精心挑选了一些略略相关的叙述进行互证，以"织女"为中心构筑了一个错综复杂的、令人眼花缭乱的上古神话谱系。对于那些没有文献依据的命题，作者往往略去论证直接作出断语，如"天帝即黄帝，蓬莱仙人将黄帝请来作为中央天帝，后在民间演变为玉皇大帝"[②]，简单一句话，就把玉皇大帝定为黄帝了，总体上不免给人

---

① 刘晓红：《牛郎织女神话传说的演变》，《徐州教育学院学报》2003年第4期。
② 姚宝瑄：《"牛郎织女"传说源于昆仑神话考》，《民间文学论坛》1985年第4期。

以刻舟求剑之感。

1990年,赵逵夫在《论牛郎织女故事的产生与主题》①一文中提出:"牵牛、织女的最早命名,是指某一民族的祖先,或传说中有所发明造作的人。我认为这两个星座名,同商先公王亥及秦民族的祖先女脩有关。"作者以大量篇幅梳理了有关王亥与女脩的各种文献,唯独没有拿出证据来说明王亥与女脩如何变成了牵牛与织女,最后只以一句"当牵牛、织女作为星名被越来越普遍地接受,它们本来的含义,它们最早所具有的纪念意义,便越来越淡漠",直接把王亥、女脩与牵牛、织女对应起来。

十六年后,作者在《汉水、天汉、天水——论织女传说的形成》②一文中抛弃了牵牛"王亥说",认为"牵牛的原型来自周先民中发明了牛耕的杰出人物叔均"。而作者的论据只是"叔均发明牛耕,见于《山海经·大荒西经》《大荒北经》《海内经》"。这和作者上一篇论文仅仅依据"《世本·作篇》说:'胲作服牛。'胲即王亥,是见之于甲骨文的殷先公。'服牛'即可以驾耕服用的牛"立论一样,把"偶然联想"当成了"必然联系"。2007年,赵逵夫似乎又放弃了"叔均说",认为"秦人东迁以后同周文化交融,这就造成了产生有关牛郎织女传说的社会与文化基础"③。

先秦及汉代文献中与牛郎织女直接相关的材料极少,但若不考虑直接关系,可供联想或阐发的材料又极多。于是,每变换一个联想的角

---

① 赵逵夫:《论牛郎织女故事的产生与主题》,《西北师范大学学报》1990年第4期。
② 赵逵夫:《汉水、天汉、天水——论织女传说的形成》,《天水师范学院学报》2006年第6期。
③ 赵逵夫:《陇东、陕西的牛文化、乞巧风俗与"牛女"传说》,中山大学《文化遗产》创刊号,2007年11月。

度,都能找出一批可供阐发的资料,得出不同的结论。

蒋明智《"牛郎织女"传说新探》①从"西周时期的哲学思想、民俗风情、经济状况、婚姻形态和文学表现"等多个方面进行阐发,力证在西周时期就已经具备了让牛郎织女结合的各种必备条件,由此推断"西周时期,就流传着织女与牛郎结为夫妻的传说"。尽管作者对上述各方面都进行了非常精细的论证,但必须指出,一千种"可能性"论证也无法代替一种"必然性"论证,具备了生长的土壤并不一定意味着某棵树的存在。除非作者能找到新的更直接的出土材料,否则这一观点很难站稳脚跟。

侯佩锋《"牛郎织女"神话与汉代婚姻》②认为,"牛郎织女神话在汉代的世俗演化,使这一神话传说从人物形象到故事情节再到情感内涵,都体现为一种向汉代民间世俗生活的演变。"全文比较简略,其核心论述也不够严密,比如作者借《岁时广记》卷二六引《荆楚岁时记》"尝见道书云:牵牛娶织女,取天帝二万钱下礼,久而不还,被驱在营室",以说明"汉代嫁娶奢靡的社会风俗和择偶的种种要求在牛郎织女故事中都有所反映"。

牛郎织女研究中,引证《荆楚岁时记》的论文极多,但绝大多数学者都没有注意到《荆楚岁时记》有多种版本,更没有注意到《荆楚岁时记》载录的岁时故事均为隋初杜公瞻所注,而非宗懔原著。侯佩锋试图用隋初的牛女故事与汉代的婚姻习俗进行互证,这就颇有些关公战秦琼的味道。再退一步,即便隋初风俗与汉代风俗完全相同,"久而不

---

① 蒋明智:《"牛郎织女"传说新探》,中山大学《文化遗产》创刊号,2007年11月。
② 侯佩锋:《"牛郎织女"神话与汉代婚姻》,《寻根》2005年第1期。

还"也未必是"久而不能还",也许是"久而不愿还"或者"久而拒不还"呢?因而也就难以用来说明"牛郎织女形象更成为汉代普通人寄托情感、消解痛苦的对象,从而使这一传说故事从真正意义上归属人民"。

二、牛郎织女的主题分析

主题分析是20世纪50年代以来最常用的作家文学研究范式,移用在口头传统的研究中,也产生了大量的成果,但是,这一类成果基本乏善可陈。

赵景深曾经指出:"牛郎织女神话是劳动人民创造出来的。农民终年受地主压迫,娶不到妻子,只好在幻想中求得满足,于是就产生了《牛郎》《董永》《田螺姑娘》这一类的神话。"[1]

田富军《牛郎织女故事与"仙女下嫁穷汉"原型新探》[2]试图借助弗莱的"神话—原型批评理论"来解释赵景深所指出的这一类文学现象:"中国古代文学中有这样一类作品,它总是热衷于描写神仙鬼狐无条件地嫁给穷苦的农民、商人、知识分子之事。追根溯源,我们发现它们是由牛郎织女神话演进来的一个原型:仙女下嫁穷汉原型。它的最本质的特征是想象和幻想。"但始终没有提供任何证据说明"仙女下嫁穷汉原型"如何"由牛郎织女神话演进"。作者借用了"原型"概念,却未能透彻地理解"原型",非要给"仙女下嫁穷汉原型"寻找一个特定

---

[1] 赵景深:《民间文学丛谈》,第59页。
[2] 田富军:《牛郎织女故事与"仙女下嫁穷汉"原型新探》,《零陵学院学报》1998年第2期。又见于《濮阳教育学院学报》2001年第2期。

的神话源头，于是生硬地把牛郎织女拉来凑数，武断地认为"仙女下嫁穷汉原型，就是由早期牛女神话朝着理想化的方向使内容程式化而来"。这种以"相似性"作为推源依据的思路显然存在问题，道理很明显：甲用脚走路，乙也用脚走路，难道只是因为甲乙行为相似，加上甲的年纪比乙大，就能说明是甲教会了乙用脚走路吗？

胡安莲《牛郎织女神话传说的流变及其文化意义》[①]在重述了牛郎织女故事流变之后，就所谓的"文化意蕴"进行了阐释："这种婚姻是'不平等'的，织女出生于拥有神界和人间最高权力的家庭，为金枝玉叶，而牛郎则是一个一无所有的穷小子，所以门不当，户不对，且事先并未征得王母、玉帝的同意，最后终被拆散。但二人最后终于可在七月七见面，反映出人间青年男女为争取自由、幸福的爱情不屈不挠的斗争精神，为这个神话传说本身抹上了一道亮光。"

稍有口头传统常识的学者都应知道，牛郎织女有无数异文，如果研究者掌握的异文数量和类型不够充足，强以个别文本作为分析对象，而又不能结合这一文本的具体语境，其分析往往以偏概全，或者无的放矢。我们只需更换几个文本，就可以得出与胡安莲所得完全相反的结论。比如王雅清的《论〈牛郎织女〉故事主题的演变》[②]，分析对象是"中原地区牛郎织女故事异文"，作者总结该异文有如下几个特点：（一）牛郎娶妻完全是神的安排，牛郎事先并不知道自己将要和谁成亲；（二）牛郎盗得仙衣，织女是迫于无奈才与牛郎结合；（三）神牛教导牛郎把仙衣藏好，千万不能让织女知道，否则织女随时会飞走；（四）牛郎织

---

① 胡安莲：《牛郎织女神话传说的流变及其文化意义》，《许昌师专学报》2001年第1期。
② 王雅清：《论〈牛郎织女〉故事主题的演变》，《玉溪师范学院学报》1994年第5期。

女已经生有一男一女，织女仍然向牛郎索要仙衣，牛郎不给，两人吵翻了，牛郎这才把仙衣交出，织女穿上仙衣飞去；（五）牛郎骑牛皮快追上织女时，织女拔下头上金簪，划了两道天河阻止牛郎；（六）牛郎用牛索掷向织女，织女也用织布梭掷牛郎，两人大打出手。

　　作者据此得出结论："在牛郎织女故事产生的较为原始时期，即这个故事的原始形态中，主题不是反封建的而是反映了在农耕文明时代，人们的婚姻爱情及生活都必须服从于神的意志及魔法的力量，它反映了我国早期农业经济出现前后的生产关系及人们的原始宗教崇拜，这正是牛郎织女故事的最初主题。"作者的论据、论点基本来自张振犁的《中原古典神话流变论考》①，而文章的结论不过是讲出了张振犁不敢明说的话。可是，分析对象既然是"在中原地区采集到的《牵牛憨二》和《牛郎织女》等神话"，这明明就是活生生的现时代采集的口头文学作品，为什么偏偏要代表"原始时期"和"原始形态"，而不是代表现代社会呢？这不正是古人所谓的缘木求鱼吗？

　　屈育德通过分析江苏泗阳和苏州一带流传的异文，指出牛郎织女中确有"夫妻反目，关系破裂"②的故事类型。其中泗阳的一则异文甚至揭示织女之所以变心，是因为看到牛郎婚后累得又黑又瘦，认为配不上自己，因而主动向天帝提出要回天宫，当牛郎追赶上来时，她便拔下头上银钗，划了一道银河。洪淑苓也曾归纳了一种"夫妻反目式"故事类型，按河北束鹿的一则异文，牛郎到了天宫之后，"因不惯天宫生活，所以常和织女吵架"③，两人大打出手，互掷牛弓和织布梭，这才引发了

---

① 张振犁：《中原古典神话流变论考》，上海文艺出版社1991年版，第169—174页。
② 屈育德：《神话·传说·民俗》，中国文联出版公司1988年版，第288页。
③ 洪淑苓：《牛郎织女研究》，第160页。

王母娘娘划天河。可见,牛郎织女夫妻反目也是现当代常见的故事类型,其婚姻悲剧未必是天帝或王母这些"剥削阶级"造成的,牛郎织女也未必要有什么"鲜明的反封建色彩"。

赵卫东、王朝杰[①]认为:"对于牛郎织女传说的研究,仅从史家观点和幻化形式入手,是偏颇和形而上学的,并使之失去了反封建意义。其'鸟鹊添河'(按:作者文中反复出现的'鸟鹊添河'疑为'乌鹊填河'之误)幻化形式乃是一定历史阶段审美主体审美意象外化的一种特殊形式。在审美角度阐释牛、女爱情故事及外在形式,具有更为直接和普遍的意义,并能感性地揭示其反封建主题。"而此文立论的依据,是基于如下观念:"作为剥削阶级压迫下的劳动人民的情感,必将渗透着鲜明的反封建色彩。因此以情感为线索以审美意象的外化形式作为手段,以广大群众的审美意识为出发点,来重新探讨该传说的主题意义和形式,便成了通向研究深化的有效方法和途径。"

主题分析是作家文学研究中的常见范式,但在民间文学的研究中,这一研究范式就显得极为落伍。口头传统人物简单、情节单纯、爱憎分明的叙事特征,使得口头传统的主题分析往往流于单调的、二元对立的阶级分析。

我们知道,口头传统是一种带有随机性的个性化讲述,每一个讲述者的每一次讲述,都是一次创造性的发挥,都生产了一个独立的文本(异文)。正如我们前面分析到的,不同异文之间的主题思想甚至可能完全相反。倾向佛教的讲述人可以借《白蛇传》把道士描摹得如"终南山道士"般狼狈不堪,倾向道教的讲述人可以借《白蛇传》把和尚描写成

---

① 赵卫东、王朝杰:《牛郎织女传说与审美意象的外化》,《洛阳工学院学报》2002年第3期。

如"法海禅师"般心狠手辣。

口头传统没有固定文本,也没有固定的讲述者,更不存在固定的讲述语境,不同身份、不同目的的讲述者人人都有资格用自己的方式讲述同一个故事,因而要为一个不断变幻的口头传统归纳出一个稳定的主题思想就无异于盲人摸象。比如,大多数学者在对牛郎织女的主题分析中"认为王母娘娘破坏了牛郎织女幸福的生活,她是牛郎织女爱情婚姻悲剧的罪魁祸首,是面目狰狞的卫道士",可是,据山东大学民俗研究所的调查,山东沂源一带的民众"普遍持相反的态度,他们并没有因王母娘娘划天河分隔牛郎织女而怨恨王母"[①],沂源的王母娘娘更像一个为女儿幸福着想的慈爱母亲,她不仅没有气势汹汹,反而表现得温情脉脉。所以说,如果主题分析不能结合具体讲述者的具体身份和具体语境,只怕难免会流于粗浅。

三、牛郎织女的类型与比较研究

比较总是基于类别(当然,出于不同的比较目的,"类"的内涵和外延是可伸缩的),因此,类型研究是比较研究的重要基础。只有基于某一共同的标准,具有同类特征的文本才具有可比的价值,否则恐怕只能得出一些毫无意义的结论。

目前学界普遍把牛郎织女划入"天鹅处女型故事",这一工作起始

---

① 任双霞、卢翱等:《山东省沂源县燕崖乡牛郎官庄民俗调查报告》,山东大学民俗学研究所、山东省沂源县文化局印制,2006年12月,第161页。

于钟敬文 1933 年发表的《中国的天鹅处女型故事——献给西村真次和顾颉刚先生》①。漆凌云曾在天鹅处女型故事的专项研究中将钟敬文的分类进行了细化，把牛郎织女归入到"得妻类天鹅处女型故事"的"沐浴系列"。作者共搜集了 45 则此类异文，认为"该型式是个典型的复合型故事，融入了我国自先秦以来流传的牛郎织女传说、毛衣女故事、两兄弟故事的形态结构，有的还把英雄和神女故事、藐视鬼屋里妖怪的勇士等故事复合进来"②。

但是，由于许多学者对类型研究缺乏深知，因而也就无法理解钟敬文的工作，很少有人能够站在巨人的肩膀上继续攀升，多数都是重起炉灶，盲目进行"比较"。有关牛郎织女的比较研究主要有两类：一是牛郎织女与本土其他作品的比较研究，二是牛郎织女与其他国家相近文本的比较研究。

1984 年谭学纯《天河恨，长城泪——〈牛郎织女〉〈孟姜女〉比较赏析》③着重从六个方面比较了《牛郎织女》和《孟姜女》：（一）比较故事主人公性格，认为前者是追求型，而后者是反抗型的；（二）比较两者的思想意义，认为前者表现了人民群众对美好生活的向往，而后者表现了对封建暴政的抗争；（三）比较故事结构，认为前者是牛郎与织女两条线分合交错发展，后者基本上是一条线单向延伸；（四）比较

---

① 钟敬文：《中国的天鹅处女型故事——献给西村真次和顾颉刚两先生》，《民众教育季刊》（杭州）第三卷第 1 号，1933 年 1 月。又收入《钟敬文文集·民间文艺学卷》，安徽教育出版社 2002 年版。
② 漆凌云：《中国天鹅处女型故事研究》，北京师范大学博士学位论文，2005 年 9 月，第 35 页。
③ 谭学纯：《天河恨，长城泪——〈牛郎织女〉〈孟姜女〉比较赏析》，《江苏大学学报》1984 年第 3 期。

现实与超现实的关系，认为前者主要是超现实的幻想，后者主要是现实的叙述；（五）比较美感，认为前者画面清新瑰丽，后者画面沉郁悲壮；（六）比较源流，认为前者源于诗，后者源于史。

20世纪80年代的比较研究，基本上缺乏"可比性"的学理思考，既不考虑比较的目的，也不考虑比较的基础。类似的单项作品与作品之间的比较，往往会陷入对个别偶然的差异性的关注，这是大多数"比较文学"很难避免的误区。

1999年李立的《从牛女神话、董女传说到天女故事——试论汉代牛神话的变异式发展》①通过历时比较，认为"牛女神话在汉代发展、演变过程中，以其为母体，呈现了数个阶段的变异式"，牛郎织女分别变身为董永与天女的传说、弦超知琼传说（《搜神记》）、毛衣女传说（《玄中记》《搜神记》），"每一次变异式发展，牛女神话作为母基因也便随之减少。每一次变异式发展，又无疑使一个与母体既有联系，又有区别的新的变体获得了生命"。如果仅从李立所列的样本来讨论，这种归纳也颇有道理，但如果认真读过了钟敬文的《中国的天鹅处女型故事——献给西村真次和顾颉刚先生》，我们也许会意识到，李立所列举的只不过是大量人神恋"类型故事"中的几则具体个案而已，这一类型的故事在世界范围内不胜枚举。作者取用的样本数量不足，其结论的可靠性当然也得大打折扣。另外，即使样本数量充足，我们也不能把同类故事在时间上的先后关系简单地理解成一种"母子"传承关系。

邱福庆《中国爱情文学中的牛郎织女模式》②通过比较《孔雀东南

---

① 李立：《从牛女神话、董女传说到天女故事——试论汉代牛神话的变异式发展》，《孝感师专学报》1999年第5期。
② 邱福庆：《中国爱情文学中的牛郎织女模式》，《龙岩师专学报》1999年第4期。

飞》和《牛郎织女》,认为"这两个故事的结构模式是完全相同的:两情相悦—棒打鸳鸯—无奈相离—以另一种生命形态相聚。应该说,前三个环节是人间情爱情景的实象铺叙,而后一环节则很典型地表现出了中国民族特有的情态方式"。作者归纳的"结构模式"具有很高的普遍性,可惜作者未能更细致地在"共同模式"与"具体结构"的比较中对这一模式进行深入挖掘,反而对此展开了"探原分析"。作者的探原分析主要借助了自己对社会、人生与文学的理解,对几个环节进行了文化学的简单阐释,作者试图通过这些阐释说明"《牛郎织女》的故事在汉末形成,是现实生活与原始思维模式相结合的产物。这个故事沉淀着三个重要因素:(一)天命意识,(二)圆形回归模式,(三)男女社会地位成内在美质的倾斜性。《牛郎织女》所形成的这一模式对中国的爱情文学发生了重大影响,一直延续到《红楼梦》"。

作者不了解结构分析与探原分析是互不相容的两种研究范式,强把两者捏在一起,不仅割裂了上下文之间的内在逻辑关系,而且两者都难以深入,这是作者最大的失策。至于文末武断地认为牛郎织女影响或者延续到《红楼梦》,则更是典型的画蛇添足。

毛雨先在《试论牛郎织女神话》[①]中提出,我国存在着民间版和文人版这两种不同的牛郎织女神话,民间版更古老,影响也更大。通过对两种版本的比较,作者得出了社会地位、婚姻性质、悲剧原因、思想倾向四种不同。作者所谓的民间版,主要源自袁珂《神话传说辞典》,而所谓的文人版,则主要源自殷芸《小说》。那么,同是署名文人的著作,作者凭什么认为袁珂代表了民间,殷芸却代表了文人呢?作者并没有予

---

① 毛雨先:《试论牛郎织女神话》,《江西教育学院学报》2004年第5期。

以论述。这种划分既没有事实依据，也没有理论依据。事实上，我们从郭俊红、郭贵荣撰写的《山东省沂源县牛郎织女传说文本及传承人调查报告》[①]中很清楚地看到，毛雨先所谓的"民间版"和"文人版"水乳交融地共存于沂源民众的口头传统之中。

陈兰娟《从牛郎和织女到丘比特（Cupid）和普赛克（Psyche）》[②]认为，东西方两个神话"牛郎和织女"以及"丘比特和普赛克"讲述的是同一种故事模式，凡人与神仙相爱。但是两者结局却是迥然不同：牛郎和织女永远被银河相隔两边，每年只能相会一次，而丘比特和普赛克却在众神的祝福中结婚，过着幸福的生活。"为什么相似的爱情模式会出现截然不同的结局？"对这类问题，比较者通常的作答模式是：从东西方爱情与婚姻观念、东西方家庭结构模式、东西方人神关系或者说等级观念的差异等三两个方面来展开讨论。

四、地方学者的知识考古

进入 21 世纪以来，出于各地申报"非物质文化遗产名录"的需要，许多地方文化工作者充当了地方文化资源的挖掘者和阐释者，他们纷纷撰文，乐于把自己家乡塑造为某一口头传统的发源地。

在 2007 年的"国家非物质文化遗产名录"申报工作中，据说山东

---

① 郭俊红、郭贵荣：《山东省沂源县牛郎织女传说文本及传承人调查报告》，山东大学民俗学研究所、山东省沂源县文化局印，2007 年 6 月。
② 陈兰娟：《从牛郎和织女到丘比特（Cupid）和普赛克（Psyche）》，《太原城市职业技术学院学报》2006 年第 1 期。

沂源、河北邢台、山西和顺、陕西西安、江苏太仓、湖北襄阳、河南南阳等地都曾将牛郎织女列入申报计划。2008年，山东沂源、山西和顺、陕西西安三地"牛郎织女传说"入选国家非物质文化遗产名录。

张振犁是较早对牛郎织女的地方性知识展开研究的。他在1991年出版的《中原古典神话流变论考》中提到，在南阳流传的牛郎织女传说有五个特点：（一）牛郎名叫如意，是南阳城西桑林村人，他之所以得老牛相助，是因为早先救助过伏牛山的老黄牛；（二）织女从天上来到人间，与牛郎成亲时，把天蚕种子带到了人间，还偷来织布机、织布梭，教会了南阳人养蚕、抽丝、织绸缎；（三）织女和这一带老百姓很要好；（四）他们生下的孩子，男的叫金哥，女的叫玉妹；（五）人们想念牛女，每天晚上在茶豆架下向天上望。"这样，这则古老的神话故事由于在南阳生了根，所以才形成南阳一带每年七夕，男女青年都要在茶豆架下讲牛女故事的习俗。"[①]

尽管张振犁是个地方色彩很浓的学者，但他也只能点到为止，说明"这则古老的神话故事""在南阳生了根"，不敢断言南阳就是牛郎织女的发源地。可是，后来的学者就不同了，许多学者竭尽所能要把牛郎织女说成"非我莫属"，试图把自己说成这一文化形态的唯一发源地。

1993年杨洪林《汉水、天汉文化考——兼论〈牛郎织女〉神话故事的源流》[②]明确提出牛郎织女源于汉水流域。作者牢牢紧扣的主要依据只是"牵牛星、织女星与天汉有着密切联系"，而"'汉'字的本义是指汉水"。作者的结论是：炎帝神农氏"这位生于汉水流域随州厉山的农业创始人，逐渐地把农耕文明从汉水流域传播到东方，同时也把牛郎

[①] 张振犁：《中原古典神话流变论考》，第15页。
[②] 杨洪林：《汉水、天汉文化考——兼论〈牛郎织女〉神话故事的源流》，《武当学刊》1993年第4期。

织女这样的民间神话故事一道儿输出过去"。作者不仅想象出一条传播路线,甚至连传播者都为古人设计好了。

持牛郎织女源于汉水流域的,代不乏人。杜汉华等《"牛郎织女""七夕节"源考》[①]认为:"牛郎织女传说故事和七夕节起源于中国,这是没有多大争议的。日本名著《万叶集》中有许多咏牛郎织女的诗篇,日本人传说牛郎织女的故事就发生在日本福冈小钩市,这表现了日本人民对牛郎织女故事的热爱,因而把自己身边生活过的某些环境,自认为和牛郎织女生活的环境十分相像,就当成了牛郎织女故事发生的地方。这种态度,我们中国人也一样。近年来,河北省鹿泉市在当地的抱犊寨开发了牛郎织女景点,江苏太仓也将开发牛郎织女的景点,大抵都是源于同样的原因。"刚刚说完别人,作者一转头就把故事的发源地安到了襄阳和南阳,"牛郎织女传说故事和七夕节的主要发祥地是汉水流域的襄阳、南阳,其母体为'郑交甫会汉水女神'和'穿天节'"。而作者的论据大都是以联想的方式来凑合的,材料与结论之间并没有必然的逻辑关系。

为了强化这一"发现",杜汉华再次撰写《"牛郎织女"流变考》[②],提出"经考证表明牛郎织女传说孕育起源于汉水流域的襄阳、南阳。东汉末年、南北朝、唐宋和明清时期传说在这里不断发展演变并向中原和江南传播"。作者只是蜻蜓点水地以一句"经考证"起头,却始终没有告诉读者是谁、何时、如何考证。作者紧紧抓住的最坚实的论据也只是"汉水之名,最早叫'汉'。天上的银河,就由汉水比附而来"。

银河又名天河、天汉、河汉、云汉、星汉,但到底是天上的银河以

---

① 杜汉华、汪碧涛、余海鹏:《"牛郎织女""七夕节"源考》,《襄樊职业技术学院学报》2004年第5期。
② 杜汉华:《"牛郎织女"流变考》,《中州学刊》2005年第7期。

"汉"为名在先,还是地上的"汉水"得名在先,目前尚无定论。我们知道,早在《诗经》时代,用"汉"指代银河,已经是古代先民的共同知识,成为各地共享的文化传统。如此,任何一个地域的古代先民都有可能利用这一既有的文化传统来建构新的文化传统。至于天上银河还有一个怎样的别名,这个别名又是如何得来,这与发明故事的老百姓是哪里人并无逻辑关联。

任振河《舜居妫汭是"牛郎织女"爱情故事的发源地》[①]认为,织女是山西蒲州姑娘,是舜帝的孙女、王母娘娘的外孙女。织女与牛郎结为夫妻,是人神恋爱与天神斗争大获全胜的美丽动人的爱情故事。此文打破时间界限,贯通天上人间,将神话传说与历史文献糅杂在一起,结合春秋战国的生活场景,加上作者自己的揣测,得出结论,认为"由于西汉统治者标榜孝道,主张以孝治天下,所以,儒家文人刘向等把牛郎织女反天命、争自由的爱情故事,篡改成为明显的带有劝人行孝的董永与田仙的说教,讹传误导人们两千余年之久。并对有悖于三纲、五常等封建伦理道德的牛郎织女爱情故事发源地多所隐蔽、篡改和删削,遂成千古之谜。经考证与研究,其发源地在山西蒲州——舜居妫汭"。

五、结语

从目前的研究资料与研究范式来看,至少在牛郎织女研究领域,传

[①] 任振河:《舜居妫汭是"牛郎织女"爱情故事的发源地》,《太原理工大学学报》2006 年第 3 期。作者将此文略加修改,更名《蒲州是牛郎与织女爱情故事的发源地》,发表于《文史月刊》2006 年第 11 期。

统的历时研究已经走入穷途末路，多年未有高质量的学术论文发表。事实上，即使偶有个别新材料出土，也难以改变牛郎织女的历时研究中资料过少、文本过简的现实。

关于文本过简的问题，赵景深先生曾经指出，《牛郎织女》"与《梁祝》和《白蛇传》不同，它在小说戏曲方面极少影响。我们几乎找不到一种现存的元曲或明清杂剧传奇是写牛郎织女的"①。牛郎织女流传极广，可由于未能在小说戏曲中通行②，因而在文本种类和情节结构方面显得过于单调，可供讨论的余地太少。古人笔记多寥寥数语，述其梗概。如果没有足够数量的同类文本做比较分析，单凭少数几则笔记以及简单的故事梗概，研究工作难免捉襟见肘。

从学术研究的资源储备来看，目前可见的牛郎织女文献资料非常有限，对这些资料的大量重复阐释足以淹没任何零星的创造性意见。资料的匮乏明显不足以支持更深入细致的研究工作，正因如此，实地的田野研究与活形态共时研究就有了别开生面的意义。

2006 年，山东大学民俗学研究所组织一批研究生对沂源牛郎官庄展开了详细的民俗调查，写出了《山东省沂源县燕崖乡牛郎官庄民俗调查报告》。该报告分析了该村 11 则牛郎织女异文，发现即使在同一村庄，村民们对牛郎织女所持的态度、叙事方式与文本构成也大相径庭，具体分歧体现在八个方面：（一）牛郎的身份，（二）织女的身份，（三）牛女相遇恋爱的原因，（四）牛郎没有追上织女的原因，（五）天河形成

---

① 赵景深：《民间文学丛谈》，第 58 页。
② 欧阳飞云《牛郎织女故事之演变》及王孝廉《牵牛织女的传说》都曾提到明末太仪朱名世的《新刻全像牛郎织女传》，但从上述两文辑录的卷名来看，此书可能真如王孝廉所说，"是明末无聊文人的想象创作"，因而没能得以流行。此外还可参阅程有庆：《谈北图所藏明版〈牛郎织女传〉》，《文献》1986 年第 3 期。

的原因,(六)七夕见面与天河雨干涸的原因,(七)当地人对王母娘娘的态度,(八)讲述的文本形式。"人民群众在记忆这些民间口头故事的时候总是习惯记取其中最重要最精华的部分,然后再在这个精华部分的基础上扩充若干个小故事,使这个故事不断发展壮大,逐渐形成一个围绕本地生活习惯、联系本地群众生活的故事群。"①

更有趣的是,"当地的许多老人直接就把牛郎认定是自己的祖先,认为牛郎姓孙,叫孙守义,是本村人。村民的这种将传说中的人物定格为现实生活中某个具体人的做法,使传说故事更富于生活气息和真实感,从中我们可以看出传说就是通过奇情异事反映生活的本质,表达人们的美好愿望的实质"②。如果我们联系到河南鲁山县的调查报告,就会发现这是一个非常有意思的话题:鲁山有一种说法,"牛郎叫孙如意③,就是当地孙庄人,这一带还有牛郎洞和九女潭(九仙女洗澡的地方)等遗迹"④。另外,据一些游客调查,西安市长安区斗门镇也把牛郎叫作孙守义,甚至有一种说法认为"织女名叫玫芝,是玉皇大帝的女儿,排行第七,故又称七仙女"⑤。虽然从这些有限的调查报告中我们还不能匆忙得出什么结论,但起码呈现出了一些新的学术生长点,而这些生长点的出现,离开了具体细致的田野研究是难以想象的。

如果我们能暂时搁置这一文化形态的起源、流变诸问题,直接切入到这一文化形态对于当下民众文化生活的意义,用既有的材料做能做的学问,也不失为一条可行的研究进路,而且可能是目前最好的选择。作

---

① 任双霞、卢翱等:《山东省沂源县燕崖乡牛郎官庄民俗调查报告》,第 159 页。
② 任双霞、卢翱等:《山东省沂源县燕崖乡牛郎官庄民俗调查报告》,第 159 页。
③ 据河南籍学者黄景春教授介绍,河南有一些地区也把牛郎叫作"孙守义。"
④ 张振犁:《中原古典神话流变论考》,第 14 页。
⑤ Huajian:《七夕夜游织女庙》,http://www.59766.com/Blog/UU35798/11064.htm.

为民间文学的从业者,我们也希望西安、鹿泉、太仓、襄阳、南阳、和顺等地都能把目光放在当代,切实挖掘更多的口头传统资料,以利于后人更好地理解这一重要的民族文化形态,展开更深入的研究。

(原载《文史哲》2008年第4期)

史志目录编纂的回顾与前瞻
——编纂《清人著述总目》的启示

杜泽逊

2004年9月《清人著述总目》（以下简称《总目》）开始编纂，这是国家清史纂修工程大型项目，相当于新修《清史》的"艺文志"。2005年12月，笔者曾写过一篇《史志目录编纂的方法及其面临的困惑》[①]。现在，《总目》第一期长编工作已顺利完成，共制条目卡片约124万条，利用海内外各家书目约700种。第二阶段工作，即合并条目阶段，已进行了一年多，对这项目录学工作有了一些新的思考。在这里，笔者结合《清人著述总目》的编纂，对史志目录编纂工作的过去、现在与未来，谈几点看法。

一、史志目录在历史上的编纂方法及其评价

"史志目录"主要指正史中的"艺文志"（或叫"经籍志"）。《二十四

---

① 《图书与情报》2006年第6期。

史》中的"艺文志"有《汉书·艺文志》《隋书·经籍志》《旧唐书·经籍志》《新唐书·艺文志》《宋史·艺文志》《明史·艺文志》,共六种。根据各史志目录的序文,我们大体可以考知,历代史志目录都是根据旧有书目,尤其是旧有国家书目(即"秘书目录")简化而成。

(一)《汉书·艺文志》

《汉书·艺文志》(即《汉志》)班固序明言系就刘歆《七略》"删其要"而成①。班固保留了《七略》中的大小序、类目、书名、篇卷、撰人,删去了各书提要,有些保留了一两句。对于个别增加的书目,则特别注明。如《六艺略》"书"类注:"入刘向《稽疑》一篇。"唐颜师古注云:"此凡言入者,谓《七略》之外,班氏新入之也。其云出者与此同。"②姚名达《中国目录学史·史志篇》说,班固"所入之书仅刘向、扬雄二家之作"③。至于删去的书,如《六艺略》"乐"类"出淮南、刘向等《琴颂》七篇"④,姚名达认为"所出诸家,则原文重复,故省之也"。姚氏又指出:"《汉志》所载,除新加向、雄二家,删省重出之书十余种外,全部皆《七略》之旧目。"⑤正如班固《汉书》对司马迁《史记》的汉代部分大都承用一样,其《艺文志》实际上是承用了刘歆《七略》。

古人这样做,当然有他们的道理,只是我们今天很难再这样"掠人之美"了。从班固《汉书·艺文志》的编撰,我们不能不感叹班氏"成

---

① 《汉书》卷三〇《艺文志》,中华书局1962年版,第1701页。
② 《汉书》卷三〇《艺文志》,第1706页。
③ 姚名达:《中国目录学史》,商务印书馆1957年版,第199页。
④ 《汉书》卷三〇《艺文志》,第1711页。
⑤ 姚名达:《中国目录学史》,第200页。

事之易"。而在学术发达的今天,这种缺乏开拓性的工作是不可能被认可的。

(二)《隋书·经籍志》

《隋书·经籍志》(即《隋志》)的编纂在唐朝初年,所做工作则较班固为多。编纂者借鉴了前人的经验。自序云:"远览马史、班书,近观王、阮志、录,挹其风流体制,削其浮杂鄙俚,离其疏远,合其近密。"同时,隋代旧藏于西京长安的图书得以保存,使《隋志》编纂者有条件参考。自序称:"今考见存,分为四部。"即指此点。《隋志》的编纂者一方面利用旧有目录,据研究主要是梁阮孝绪《七录》、隋《大业正御书目录》,另一方面参考现存藏书,有所去取。自序云:"其旧录所取,文义浅俗、无益教理者,并删去之。其旧录所遗,辞义可采,有所弘益者,咸附入之。"[①]

《隋志》的去取虽然不能尽如人意,但较之班固径取《七略》,其学术贡献就大多了。后世对《汉志》的评价高于《隋志》,那是因为刘歆《七略》的开创意义大于《隋志》,功劳是刘歆的。《汉志》仅仅保存了《七略》的梗概,如果说它有什么开拓性贡献的话,那只能是开了正史中设艺文志的先例。

(三)《旧唐书·经籍志》

五代刘昫等所撰《旧唐书·经籍志》走了几乎与班固《汉志》相

---

① 《隋书》卷三二《经籍志》,中华书局1973年版,第908页。

同的路，完全取用唐代毋煚《古今书录》四十卷，删去其小序及各书提要，缩为一卷。《古今书录》四十卷，是以开元九年元行冲等所撰《群书四部录》二百卷为基础修成的。《群书四部录》则是根据唐代开元时期内府藏书编成的大型解题目录。毋煚鉴于《群书四部录》多有缺误，因而"积思潜心，审正旧疑，详开新制。永徽新集，神龙近书，则释而附也。未详名氏，不知部伍，则论而补也。空张之目，则检获便增；未允之序，则详宜别作。纰缪咸正，混杂必刊。改旧传之失者，三百余条；加新书之目者，六千余卷"①。

毋煚《古今书录》这个基础，对《旧唐书·经籍志》来说，正如《七略》之于《汉书·艺文志》，是比较理想的。只是开元以后唐人新著之书，刘昫等人未作增补，他的学术贡献比班固还要小，也属于成事较易的。他删去《古今书录》的小序，远不如班固保存《七略》小序来得高明，足见其学术识见远在班固之下。

（四）《新唐书·艺文志》

北宋欧阳修、宋祁撰《新唐书》，其《艺文志》是根据开元四部书目录编成的。序中未明言为何家书目，估计是依《古今书录》《旧唐书·经籍志》编成的，不过，增入唐代著述 28469 卷，就有了自身的开拓性贡献。

---

① 《旧唐书》卷四六《经籍志·序》，中华书局 1975 年版，第 1965 页。

(五)《宋史·艺文志》

元人修《宋史》,其《艺文志》(即《宋志》)是根据北宋吕夷简等《三朝国史·艺文志》、王珪等《两朝国史·艺文志》、李焘等《四朝国史·艺文志》、王尧臣等《崇文总目》、倪涛等《秘书总目》、南宋陈骙等《中兴馆阁书目》、张攀等《中兴馆阁续书目》等书"删其重复"修成的。咸淳以后之书旧以为"未及收录"(姚名达语)[①]。笔者检阅《宋志》,"编年类"已增入《度宗时政记》七十八册、《德祐事迹日记》四十五册[②],是亦有所续入,盖未完备而已。可见,《宋志》也自有其学术贡献,远较班固、刘煦为优。

(六)《明史·艺文志》

清初修《明史》,其《艺文志》没有用以往的成法。以往的几部艺文、经籍志都以记载一代藏书之盛为主要目的,因此其内容是兼列古今。到《明史·艺文志》则改为记载一代著述之盛,所以仅著录明人著述。早在唐代,刘知幾就提出了这一主张,他在《史通·书志篇》中认为艺文志应当"唯取当时撰者"[③]。《明史·艺文志》应是接受了刘知幾的主张。客观上,《明史·艺文志》如再通录古今,篇幅会超越前代,《明史·艺文志》难以容纳,所以这种变化应视为一种变通。《明史·艺文志》的前身是黄虞稷的《千顷堂书目》。黄氏是明史馆编修,其《千顷

---

① 姚名达:《中国目录学史》,第210页。
② 《宋史》卷二〇二《艺文志》,中华书局1985年版,第5091页。
③ 浦起龙:《史通通释》,商务印书馆1937年版,第40页。

堂书目》自觉地网罗有明一代著述，同时对《宋史·艺文志》之遗漏，辽、金、元三代之著述，作为附录加以著录。后来王鸿绪裁定《明史稿》，其《艺文志》"第就二百七十年各家著述，稍为厘次，勒成一志。凡卷数莫考、疑信未定者，宁阙而不详云"（序文语）[①]。所谓"士大夫家藏书目"即《千顷堂书目》。姚名达《中国目录学史·史志篇》云："试与黄虞稷《千顷堂书目》相较，则部数卷数减少极多。一一比勘，则其所删削者多为原无卷数者。"[②] 至于黄目所附宋、辽、金、元著述目，亦被削去。

《明史·艺文志》改通录古今为专录一代，这样做，事实上不可能不受《明史》容量有限这一因素的影响。这一变通，为史志目录开出了新路，是不容忽视的历史性贡献。清人补作正史艺文志者甚多，大都以此为定例。

总起来看，从班固《汉书》到清初《明史》，其"艺文志"都是依旧有书目编成的，其史料价值固然较高，编纂的难度却不算大，至少在今天看来，是因袭大于开拓，因人成事的特点是相当明显的。

二、《清史稿·艺文志》编纂的若干考察

（一）清国史艺文志

《清史稿·艺文志》编纂问世以前，清国史馆曾有国史艺文志多种。

[①]《明史》卷九六《艺文志》，中华书局1974年版，第2344页。
[②] 姚名达：《中国目录学史》，第214页。

例如台湾《故宫博物院善本旧籍总目》著录《大清国史未定稿》，清国史馆编，清内府朱丝栏写本，三千四百册。内有《大清国史艺文志》五卷五册，又有《大清国史艺文志》十卷十册。《中国古籍善本书目》（征求意见稿）著录《清史艺文志》不分卷，清王守训、田智枚辑，清光绪间国史馆稿本，北京故宫藏。《北京图书馆普通古籍总目·目录门》著录《[大清国史]艺文志》十八卷，清谭宗浚编，清钞本，四册。又《大清国史艺文志》十八卷，清谭宗浚编，民国间国立北平图书馆钞本，存卷一至卷十圣制及经部、史部，共四册。

（二）缪荃孙拟稿

《清史稿》纂修过程中，曾任清史馆总纂的缪荃孙辑有《拟清史艺文志稿》一册，现藏北京图书馆，见该馆《普通古籍总目·目录门》。不过该目与后来问世的《清史稿·艺文志》没有直接关系。据《艺风堂友朋书札》所收章钰致缪荃孙函第二十四函："《艺文志》底稿如已检出，求赐寄，以作标准。"第二十五函："大著《艺文志》底本如检到，幸赐寄，以为楷模。"知章钰曾向缪荃孙索观此稿。但第三十六函云："晤䌷斋同年，知大稿交馆长后，如约不传布，钰亦不敢冒昧请观。"[①]知缪稿当时并未公开。不过，章钰后来还是获得了该稿，《章氏四当斋藏书目》中著录："《拟国史艺文志稿》一卷，江阴缪荃孙编，手稿本，一册。缪氏荃孙手跋云：挂了招牌，并未办货，可笑（书衣）。"[②]后杨

[①] 以上三函见顾廷龙校订：《艺风堂友朋书札》下册，上海古籍出版社1981年版，第597、600页。
[②] 顾廷龙编：《四当斋书目》，北京图书馆出版社2007年版，第378页。

洪升曾到北京国家图书馆检阅此稿，记述如下："此书手稿本藏国家图书馆，书名系后人代拟。前四叶为墨格纸，半叶十行，行二十字，上鱼尾，左栏外刻有'愚斋钞本'四字，录皇帝御制诗文集和亲王撰著，每条皆注明版本，楷书甚工。后面为墨格纸，半叶十一行，左右双边，上下黑口，版心刻有'唐韵考卷'数字，缪荃孙行书书写，收录各书分类编排，先后为'易''春秋''四书''孝经''乐''舆地''传记总录''目录''金石''儒家''杂纂''杂考''礼''说文''石经'等，下为集部，分'康熙''乾隆''嘉庆''道光朝'。各类有数十条者，有仅著录一条者，也有有条无类者。各条多以双行小字载作者履历，率不题版本。内有朱墨校改，均出缪荃孙手笔。前后凡一百十一条，其当系草创。"杨洪升发现国图此本无《四当斋书目》所称缪氏手跋，认为"或另为一稿本，亦或书衣为人撤换"①。缪氏这部简陋的《艺文志》拟稿看来没有发挥"楷模"作用，其中"各条多以双行小字载作者履历"的体例也没有被后来的《清史稿·艺文志》采纳。

（三）《清史稿·艺文志》之编者

《清史稿·艺文志》的编纂，据金梁《清史稿校刻记》记载："《艺文》为章君钰、吴君士鉴原稿，朱君师辙复辑。"②据朱师辙《清史述闻》卷二《清史稿纪志表撰人详考表》记载，则是"《艺文志》四卷，吴士鉴（长编九本），章钰（分类），朱师辙（改编整理）"③。从有关史料看，

---

① 杨洪升：《缪荃孙研究》，山东大学出版社2007年版，第52页。
② 《清史稿》，上海古籍出版社、上海书店《二十五史》影印关外二次本1986年版，第1页。
③ 章钰等编，武作成等补编：《清史稿艺文志及补编·出版说明》，中华书局1982年版，第1页。

金梁的记载突出章钰的贡献,更符合事实。《艺风堂友朋书札》收吴士鉴致缪荃孙函四十二通,以谈修史事者居多,以二人皆列名总纂故也。其中明确涉及《艺文志》者三条,迻录如下:

第十一函:"到馆以后,如认办《艺文》,则尊著尤当奉为渊薮耳。"

第十五函:"《艺文》当请式之专任。侄有所裒录,即以交之。"

第二十函:"又创立《艺文志长编》,已得二千余种(原注:不过大辂椎轮),将来与章式之同年汇成一起,仍望长者以最著而不经见之书开示若干,俾得免于俭啬。"①

可见吴士鉴先领《艺文志》,并辑成《长编》,收书二千余种,后又委章钰专任其事,并计划"将来与章式之同年汇成一起"。则章钰与吴士鉴又是分头进行,并非章钰以吴士鉴《长编》为基础扩大搜集者。吴士鉴《长编》著录清人著述二千余种,较之缪荃孙《拟清史艺文志稿》著录一百十一种,当是天壤之别,但比后来正式问世的《清史稿·艺文志》著录清人著述九千余种,则又相去甚远。

《艺风堂友朋书札》收章钰致缪荃孙函共四十六通,谈及修史事亦多,而谈《艺文志》者尤多,今迻录如下:

第二十四函:"《艺文志》底稿如已检出,求赐寄,以作标准。"

第二十五函:"大著《艺文志》底本如检到,幸赐寄,奉为楷模。"

第三十一函:"钰月必入馆一二次,《志稿》采辑虽多,所缺尚不可计数。现所最要访求者,莫如诸家通行书帐,如前赐《丁氏目》与《江宁图书馆目》之类,以得知确有传本,则据以入《志》,便可放心。刘、

---

① 以上三函见顾廷龙校订:《艺风堂友朋书札》上册,第450、454、458页。

张二家度必有此种底簿,求丈丈设法借钞,钞润即缴。"①

第三十五函:"钰比曾到馆,所纂《艺文志·经部》已得大概,持稿商闰老,极佩指教。因思近来藏家目收本朝著述者,《八千卷楼》外,即推《盛氏目》,由丈编定,虽未刊行,必有稿本,万祈检借,以备纂辑,能稍成片段,藉免纰漏。"

第三十六函:"十一入京,并检到惠示各钞目,津逮至多。……晤绸斋同年,知大稿交馆长后,如约不传布,钰亦不敢冒昧请观。拟草《艺文志长编》,搜集各官书,不胜望洋之叹。现在只能实作钞胥,不免为通人齿冷。……钞《丁目》,似少史、子部内小门类,不知有完书否?"

第四十一函:"《艺文志》终以见闻寡陋,中有数门更非专家不办,用是尚难请正于同好,不敢不勉,敬佩清诲。"

第四十二函:"钰则志在《艺文》,现拟遍考类别方法,不敢卤莽从事也。"

第四十六函:"常茂徕著作容补入正稿。"②

除以上八函外,另有章钰向缪荃孙借书目事,当亦为《艺文志》编纂之用。如:

第三函:"并徐、吴、陆三种藏目二册,均领悉。"

第四函:"陆其清藏书目一册补缴。"

第十二函:"缘督所藏吴贤著作,如有其目,愿寄示。"③

---

① 顾廷龙校订:《艺风堂友朋书札》下册,第597、599页。
② 顾廷龙校订:《艺风堂友朋书札》下册,第600、602、603、604页。按:常茂徕《读左漫笔》十六卷见《清史稿·艺文志》,第363页,当即据缪荃孙建议由章钰补入者。
③ 顾廷龙校订:《艺风堂友朋书札》下册,第586、591页。

从以上章钰致缪荃孙各函可知,《清史稿·艺文志》编纂工作主要由章钰承担,章氏不仅亲自做长编,而且做分类编排工作。吴士鉴的长编只能认为是章钰编纂《艺文》的一个参考,并不起主体作用。吴士鉴自己说"《艺文志》当请式之专任",章钰亦称"钰则志在《艺文》",知当时分工本甚分明。金梁称《艺文》为章君钰、吴君士鉴原稿",置章钰于吴士鉴之前,基本上符合历史事实。朱师辙称"《艺文志》四卷,吴士鉴(长编九本),章钰(分类)",就与事实完全不符了。依朱师辙的记述,章钰辛辛苦苦编纂长编的贡献就被一笔抹杀了。朱氏为知情人,这样歪曲事实,是难以理解的。

至于朱师辙的"复辑"或"改编整理",中华书局排印本《清史稿艺文志及补编·出版说明》中已作了充分介绍。朱氏调整了体例上的某些不合理,审正了某些书的归类不当,订正了某些错误,删除了某些重复,增补了某些漏缺,使《艺文志》质量有了一定程度的提高。但他"对初稿的整理,确切地说,只限于修修补补,没有做大的修改"[①]。中华书局的这一介绍和评价是较为客观的。所以,当1927年《清史稿》排印出版,关内本随之出现《艺文志》单行本时,史学界把主要功劳归之于朱师辙,是不恰当的。近年出版的《北京图书馆普通古籍总目》第一卷《目录门》著录《清史稿艺文志》四卷为"朱师辙等编"[②],也是欠妥的。中华书局本题"章钰等编",则较为合乎史实。

《清史稿》创编于民国三年甲寅,付刊于民国十六年丁卯,印行于民国十七年戊辰,前后历时十五年。《艺文志》的编纂所费时日当与全

---

① 章钰等编,武作成等补编:《清史稿艺文志及补编》,第3页。
② 《北京图书馆普通古籍总目》第一卷《目录门》,书目文献出版社1990年版,第29页。

稿同。其取材，据关内本朱师辙所撰序文："清儒著述，《总目》所载，捋采靡遗。《存目》稍芜，斠录从慎。乾隆以前，漏者补之。嘉庆以后，缺者续之。"[①] 就是说，《四库》著录的清人著述全部收入，《存目》的则有所选择。乾隆以后新出各书，予以续补。《四库总目》为第一来源。《四库》以外的，如章钰致缪荃孙函所述，"现在最要访求者，莫如诸家通行书帐"，即"近来藏家目收本朝著述者"。章钰明确提到的有丁氏《八千卷楼书目》、《江宁图书馆目》、盛宣怀《愚斋图书馆藏书目》，以及张钧衡、刘承幹二家藏书目。清代藏书目录多以善本为著录重点，普通古籍书目较少，像《八千卷楼书目》这样的著录清人著述数量较大的普通古籍书目并不太多，至于《江宁图书馆目》，主体仍来自八千卷楼。所以《八千卷楼书目》是《清史稿·艺文志》的又一重大来源。当然，其他书目也被采用，而且《八千卷楼书目》著录各书也并非一一入录，而是有所选择。应当说，章钰编纂《清史稿·艺文志》的手段与前人基本相同，但由于清人著述量大，当时著录清人著述的书目还不够多，因而网罗诸家著述的难度也就增大。章钰说："拟草《艺文志长编》，搜集各官书，不胜望洋之叹。现在只能实作钞胥，不免为通人齿冷。"又说："《艺文志》终以见闻寡陋，中有数门更非专家不办，用是尚难请正于同好。"这些言论，反映了当时搜集资料的难度较大。《清史稿·艺文志》在当时条件下，有选择地著录了清人著述9633种，其贡献是值得充分肯定的。

---

① 章钰等编，武作成等补编：《清史稿艺文志及补编》，第3页。

三、《清史稿·艺文志》的拾遗补阙

《清史稿·艺文志》问世后，范希曾等即发表批评文章，中华书局本附录有四篇，可以参阅。批评的内容之一，是当收而漏收。由于当时条件限制，这也是正常的。更何况，当时对于已经掌握的信息，也是有所选择，并非有见必收。那些被淘汰的著述，也或有他人认为有价值的。十余年前学术界曾就《四库存目》之书的价值展开过讨论，结果是《四库全书存目丛书》把传世的《存目》之书尽量都印出来了，那之后学术界即不再争论《存目》之书有无价值，而是大量使用这一大批文献搞起文史研究来，不再计较那是乾隆间纪昀等人删汰的"次等货"。同样，被章钰、吴士鉴、朱师辙等人淘汰的清人著述，今人也未必认为真的不重要。所以，是他们漏收，还是被他们淘汰的，后人未必还能分得明白。久之，《清史稿·艺文志》未收的清人著述，基本上被视为"漏收"。于是拾遗补阙就成为必然。范希曾即有重编《清经籍志》十二卷的计划，惜其年寿不永，壮志未酬。对《清史稿·艺文志》进行增补的主要有以下三家：

（一）《清史稿艺文志补编》

20世纪50年代，中国科学院图书馆的武作成先生以个人之力编成《清史稿艺文志补编》（即《补编》），当时商务印书馆已打成纸型，未得出版，直到1982年才由中华书局与《清史稿·艺文志》合订出版。武氏《补编》共收《清史稿·艺文志》未收之清人著述10438种，除去少量自身重复及与《清史稿·艺文志》重复者,所补数量约略等于《清史稿·艺文志》。这部《补编》按四部分类,但每类之中各书依作者姓氏笔画排列,而没有按目录学传统依作者先后排列,这是一个缺点。《补编》的材料来源,由于武作成未作任何说明,一向不为人知。笔者在长期使用《补编》的过程中,至少发现它有两大来源。一是其主体来源,是当时收藏于中国科学院图书馆的庞大稿本《续修四库全书总目提要》。这部稿本是民国间东方文化事业总委员会北京人文科学研究所组织中国学者撰写的,共达3万多篇,多是《四库总目》之后的著述,也有《四库总目》未收的乾隆以前的著述。武作成因为工作的便利,使用这部尚未问世的大目录,撰作了《清史稿艺文志补编》。是否使用很充分,尚需查对。二是其专门来源,即史部地理类"都会郡县之属"(即地方志之属)主要来自朱士嘉《中国地方志综录》。《补编》与这两大来源之间有特殊联系,某些错误一模一样。这里为省篇幅,不再一一举例。但无论如何,《补编》是武作成的一大贡献。

(二)《重修清史艺文志》

1968年台湾商务印书馆出版彭国栋《重修清史艺文志》(即《重修》),其书以《清史稿·艺文志》为基础,加以增补,共著录清人著述18059种,较《清史稿·艺文志》增出8426种。彭氏未见武作成《补编》,所补尚不及武作成多。彭国栋《重修》所据以增补的材料,笔者在多年使用该目的过程中,感受到其最大的一个来源是《中国丛书综录》(即《丛书综录》)。《丛书综录》是中国大陆五十多年来最重要的联合目录之一,是一部高水平的极为实用的古籍目录。武作成《补编》先于《丛书综录》，固然无法利用《丛书综录》，彭国栋《重修》出版于《丛书综录》1959年问世之后，因而彭氏有机会利用这部大型书目。此外，彭氏还利用了台湾几家公藏古籍目录，尤其是《"中央图书馆"善本书目》，一些独有的稿本、抄本，彭氏也用来补充《清史稿·艺文志》，为武作成《补编》所未收。彭氏的增补之功也是值得充分肯定的。

（三）《清史稿艺文志拾遗》

中华书局出版《清史稿艺文志及补编》后，可能受该书《出版说明》中"《补编》与《艺文志》一样，存在着相同的缺点，有不少应该著录的清人著作失载"[①]这一基本意见的影响或启发，王绍曾先生即着手从事《清史稿艺文志拾遗》（即《拾遗》）的编撰工作。当时与中华书局联系，受到大力支持与鼓励，并由中华书局出面，征求了一些专家意见，同样受到支持。后来又被列入全国高校古籍整理科研规划，予以资助，又列入国务院古籍整理出版"八五"规划。经过编委会十多人近十年的努力，最终于1992年完成并交中华书局，其间排校清样，编制上百万字的索引，所以到2000年才得以出版。《清史稿艺文志拾遗》从搜集文献的方法上看，与章钰等人相近，不过条件大大改善，当时可供采择的公私书目近三百种，其中《中国丛书综录》、《中国古籍善本书目》（征求意见稿）、《贩书偶记》及《续编》、《中医图书联合目录》、《中国地方志联合目录》、《古典戏曲存目汇考》、《北京大学图书馆藏李氏书目》、《复旦大学图书馆古籍简目初稿》、《北京师范大学图书馆中文古

---

① 章钰、武作成等撰：《清史稿艺文志及补编》，第4页。

籍书目》、《晚明史籍考》、《中国通俗小说书目》、《四部总录》(天文、算法、医药、艺术各编)等大型书目，都为《拾遗》提供了较为丰富的清人著述信息。从而使《拾遗》在《清史稿·艺文志》及《补编》之外，又增补清人著述54880种，合《清史稿·艺文志》及《补编》，清人著述著录在册的就达到约75000种。《拾遗》不仅在数量上远远超过《清史稿·艺文志》及《补编》，而且在体例上有所创新，最主要的是每书加注版本和出处，从而大大提高了实用性和可靠度。在史志目录编纂中，《拾遗》在取材丰富、规模浩大和体例完善方面都达到空前的新高度，2002年该书获国家教育部第三届人文社科优秀成果一等奖，这是对该成果的充分肯定。

四、《清人著述总目》的编纂方法和进展情况

国家清史纂修工程项目"清人著述总目"(即《清史艺文志》)是2004年8月13日通知批准立项，8月30日正式签订合同的。

《清人著述总目》旨在著录有清一代人物的著述，存佚兼收，非书籍形式的档案、契约、书札、碑帖、书画等，不收。非汉文著述不收。汉文与非汉文对照的书籍，如满汉合璧本，则收。清人对清以前著作的选、评、注、辑佚，均收。清人重刻清以前书籍，不收。清人翻译的外国人著作，均收。由明入清人物的著作，确知成书于明代的，不收。由清入民国的人物的著作，诗文词集成书于民国十年以前的均加著录，以其创作前后时间一般较长之故，创作时间明确在辛亥以后的诗文词集则不收。其余经、史、子部非诗文词集性质的著作，以及西学部的译作，

则断至民国初年,不做过多延长。

全目分经部、史部、子部、集部、西学部、丛书部六大部,每部分若干类,每类分若干属,属下酌情再分小类,至不能细分为止。每小类之书依作者年代先后排列。地理类、方志类依地域排列,同一地域则依年代先后排列。传记类一般依传主年代先后排列。家谱类依姓氏笔画多少排列。弹词宝卷类则依书名笔画多少排列。辑佚、注释类著作,依原著者年代排列。

每书著录书名、卷数、著者及籍贯、著述方式、版本、馆藏、出处。同书异名或括注于书名后,或括注于版本后。不分卷或无卷数的于版本后括注册数。版本较多的选三四个,以初刻本、足本、稿本、官刻本、晚近整理本为优先,一般坊本、石印本、排印本则从略。每种版本均注馆藏,馆藏不止一家,则选三四家大馆。每种版本均注出处,出处较多的,选择权威出处。采自地方文献书目,无版本及收藏者的,暂缺,仅注其出处。诗文词集逐年增刻的,以足本立目,前出各本卷数较少的,仅于该条附注之,不另立目。方志、族谱,虽书名相同,每增修一次即视为一种新书,虽以旧版增刻,亦别立一目。

范希曾说:"历代艺文经籍志,俱选目而非全目。俗陋劣下之书众矣,焉可尽载?"[①]《明史·艺文志》《清史稿·艺文志》皆以著录一代著述为范围,但都有所选择,前文已述及。那么,《清人著述总目》要不要选择呢?我们决定不予选择,只要是清朝人的著述,不论其形式,也不论其水平高下,有知必收。换句话说,将来凡是确知为清代著述,而不见于《清人著述总目》的,即可视为漏收。我们不敢借口"选目"而

---

① 章钰等编,武作成等补编:《清史稿艺文志及补编》附《范希曾评清史稿艺文志》,第321页。

史志目录编纂的回顾与前瞻
—— 编纂《清人著述总目》的启示

舍弃任何一部著述，也不欲借口"选目"而为漏收辩护。

《清人著述总目》的材料来源，是诸家书目。首先是大型的，以著录现存古籍为目标的，如《中国古籍善本书目》《中国丛书综录》《中国地方志联合目录》《中医图书联合目录》《中国家谱综合目录》《东北地区古籍线装书联合目录》《内蒙古自治区线装古籍联合目录》《北京图书馆古籍善本书目》《北京图书馆普通古籍总目》《四川省图书馆馆藏古籍目录》《复旦大学图书馆古籍简目初稿》《北京师范大学图书馆中文古籍书目》以及中国香港、中国台湾馆藏书目和日本、韩国、美国等馆藏书目。年代稍早的藏书目也予收录，如《江苏省立国学图书馆图书总目》《北京人文科学研究所藏书目录》《八千卷楼书目》《书髓楼藏书目》《苌楚斋书目》等。经眼书目，如《贩书偶记》《贩书偶记续编》《贩书经眼录》等，与藏书目同等对待。大型提要目录如《四库全书总目》《续修四库全书总目提要》，亦在此列。再就是知见书目，如《清人别集总目》《清人诗文集总目提要》《清史稿·艺文志》《清史稿艺文志补编》《清史稿艺文志拾遗》皆是。专科目录也是重要来源，如《古典戏曲存目汇考》《中国分省医籍考》《晚明史籍考》《历代妇女著作考》《红楼梦书录》等。另一个大宗来源是地方文献目录，如《江苏艺文志》《皖人书录》《安徽省馆藏皖人书目》《山东通志·艺文志》《山东文献书目》《广东文献综录》《湖北艺文志及补遗》《中州文献总录》《历代中州名人存书版本录》《两浙著述考》《云南书目》《贵州古籍文献提要目录》《山西文献总目提要》《温州经籍志》等。总计各类书目约为 700 余种。有些书目重复，如各地方馆藏方志目、中医书目，就不再重复使用，否则还要更多。

除书本目录外，我们还使用了部分图书馆的卡片目录，主要有天津图书馆、浙江图书馆、清华大学图书馆、中山大学图书馆、山东省图书馆、山东大学图书馆、河南省图书馆（经部）。已经上网的书目，我们选择北图、北大、科图、上图四家，排除其中的丛书本、中医书、方志以及商务印书馆、中华书局等晚清民国间出版企业所出书，下载了一批条目。

我们的工作程序是：

第一步，长编。我们确定《编纂〈清人著述总目〉参考书目》共两稿，并确定简称。制订《清人著述总目抄制卡片细则》（即《细则》）二十五条，并附样条若干。拟定《清人著述总目分类表》。然后约请专业工作人员、硕士生、博士生分头抄制条目卡片。除了通用的《细则》逐条逐人讲解外，还要把每一部书目研究一番，针对该书目的特点另拟"注意事项"，一般十几条，并做出样条。从2004年9月开工，到2006年3月初，大体结束了抄制卡片条目工作，先后约请人员160余位，抄制条目共124万条。

第二步，合并条目。从2006年6月初进入合并条目阶段。首先制定《清人著述总目合并条目细则》二十六条，对各种情况下如何处理作了细致规定，参加合并条目的成员约15人，都是古典文献学专业硕士生、博士生、博士后。

第三步，分类编排。把合并后的条目按经、史、子、集、西学、丛书六部分类，类下分属，属下再分小类，依规定的排序方法编成分类目录。第三步的困难有三方面：第一是分类困难。我们抄制卡片时，已根据原书分类，结合我们的《分类表》，做了初步分类。但有些书目不分类，如《皖人书录》《安徽省馆藏皖人书目》《大清畿辅书征》《中州文献总录》《广西省述作目录》等，必须重新分类。其中大量未见传本的书，分类免不了循名失实。还有些书目用新分类法，如《南京大学图书馆中文旧籍分类目录初稿》《山西省图书馆普通线装书目录》等，还要转换到旧分类系统。即使传统四部分类法，具体到某一种书，归类也不尽一致，需要比较斟酌。第二是排序困难。一般小类依作者年代排列，但有不少作者生卒年不详，生活年代无考，只能排在该类最后。但是这样的条目过多，就令人不甘心，还要设法补查，翻检地方志，要花费很多时间。至于地理类书按地域排，有些地理类杂志之属要重新查考属于何省何地何县。有些传记类书籍还要确认谱主姓名及年代。别集类数万种书，作者年代不明的计有一万余种，排起来难度极大。第三是再次合并重片的困难。在第二阶段合并条目中，有些书的作者有出入，因而按拼音就分到两处，甚至三处，合并时也就不能一次完成任务。到分类时，重片可能又汇到一起，有了第二次合并的机会。这时因作者分歧，需要查考，以确定是非，也要费时费力。所以分类排序这一步，要比预计的困难，时间上也会延长一些。

第四步，定稿。分类排定后，要统稿定稿。面对这样一部从未有过的庞大书目，要统稿定稿，也需要较长的时间，要成立一个小组，精干高效的，用四个月左右做完统稿定稿的工作。当然还必须同时考虑录入和校对，总共需要半年时间。

第五步，编制索引。初步计划编制《书名索引》《人名索引》。假使收书 16 万种，每书平均出 3 条索引，那也要有 48 万个条目。所以索引工作也极为繁难。当然最好的检索是四角号码，再加拼音、笔画字头索引。

五、《清人著述总目》考订举隅

在整个编纂工作中,合并条目是最艰苦的阶段,工作量巨大,专业性较强,每天都会遇到许多歧异,必须作必要的考订。现分别各项举例说明。

(一) 书名

《郑堂读书记》:《古金录》四卷,无锡万子昭撰,写本。入子部谱录类[①]。

按:《郑堂》云系乾隆己亥游汴得古币。检《贩书偶记》《中国古籍善本书目》《东北地区古籍线装书联合目录》均有《吉金录》四卷,万炜光撰。考炜光字子昭,无锡人。则此条书名"古金"乃"吉金"之误。作者亦误字为名。又分类似当入"史部·金石类·钱币"之属。

(二) 卷数

古籍卷数歧异甚多,其中诗文集因增刻而前后悬殊更为常见。如熊文举《雪堂集选》,钱谦益选,有七卷本,顺治十一年甲午刻,见《贩书偶记》《清代禁书知见录》。有十一卷本,顺治十一年刻,天津图书馆藏。有十四卷本,顺治十二年刻,江西省图书馆、中国科学院图书馆、

---

① 周中孚:《郑堂读书记》卷五〇,中华书局1993年版,第249页。

台湾"中央图书馆"、日本尊经阁藏。有十六卷本，顺治十二年刻，江西省图书馆藏。《中国古籍善本书目》以十四卷立目，《四库禁毁书辑刊》据十一卷本影印。实则自七卷本至十六卷本，为递增刻本，自以十六卷为较完足。今以十六卷本立目。其余各本附注及之，不另立目。

（三）朝代

《清人著述总目》自以清人著述为断限。唯各家书目或有非清人著述而误为清人者，须加查考，予以剔除。如《中国历代人物年谱考录》著录《项襄毅公年谱补记》，云"嘉兴（清）项承芳"撰[①]，所据为《浙江通志·艺文志》。考《中国古籍善本书目》著录《项襄毅公年谱》五卷、《实纪》四卷、《遗稿》五卷，明项德桢辑，明万历二十四年刻本。所附《项襄毅公实纪续补》四卷，明项承芳辑。则项承芳为明人，不宜入录。至于《山西省图书馆普通线装书目录》误《六朝事迹编类》作者宋人张敦颐为清人，《香港所藏古籍书目》误《为政忠告》（即《三事忠告》）作者元人张养浩为清人，则一望可知，不更讨论。

（四）籍贯

有一人籍贯而有六说者，如《河防刍议》，作者崔维雅，本河北保定府新安县人，顺治举人，官至广西布政使。《皖人书录》《安徽省馆藏皖人书目》均误作歙县人（歙县旧为新安郡）。乾隆《湖南通志》则误

---

① 谢巍：《中国历代人物年谱考录》，中华书局1992年版，第259页。

为河南新安人。《历代中州名人存书版本录》亦称河南新安人。《贩书偶记续编》称"古燕崔维雅",则系河北一带之古称。《清史稿》卷二七九《崔维雅传》又称"直隶大名人",则系崔氏官大名府浚县教谕,因迁居于该地之故(见《碑传集》卷四〇《大理寺卿崔维雅传》)。《中国地方志提要》于崔维雅所修《仪封县志》一条又云维雅"安新人",则以保定府新安县道光间撤销,并入安州,民国间安州又改安新县之故。以上六说,自以直隶保定府新安县为准,其余五说或为错误,或为别称,或为不确切,皆不可取①。

有一人籍贯而有七说者,如《古愚老人消夏录》十七种,作者汪汲,因自号"海阳竹林人",人们就"海阳"二字对汪汲籍贯进行推测,于是产生山东海阳说、河北海阳说(均见《续四库提要》)、广东海阳说(见张寅彭《新订清人诗学书目》)、安徽休宁说(见《皖人书录》,因休宁三国时吴国称海阳县)、安徽婺源说(见《安徽省馆藏皖人书目》)。汪汲的实际籍贯是江苏清河,事迹见咸丰《清河县志》,《中国分省医籍考》根据地方志作出了准确著录。清河在民国间改名淮阴县,所以《贩书偶记》又标汪汲为淮阴人,虽不能说错,但也是不合乎历史的。所以汪汲的籍贯应确定为清河县②。

(五)作者

一书而作者歧异者甚多,须考辨而定为一尊。

---

① 参见崔晓新:《〈河防刍议〉作者崔维雅里籍考辨》,《文献》2008 年第 4 期。
② 参见王爱亭:《〈古愚老人消夏录〉著者汪汲里籍考辨》,《新世纪图书馆》2009 年第 1 期。

《西谛书目》著录《宛雅》初二三编四十卷,清张汝霖、施念曾辑。考《皖人书录》,《宛雅初编》,明梅鼎祚辑;《二编》,清施闰章、蔡蓁田辑;《三编》,清张汝霖、施念曾辑。《西谛书目》以《初编》《二编》均归功于《三编》的编者张汝霖、施念曾,未确。

又有沿讹踵谬,错上加错者。《南开大学图书馆馆藏线装书目录》集部别集分册著录"《莲洋诗钞》不分卷,(清)周雯撰、乾隆三十二年刻本",其中"周雯"显系"吴雯"之误。《清人别集总目》第1442页、《清人诗文集总目提要》第609页均沿其误,又均误书名为《游洋诗钞》。《清人诗文集总目提要》又因而与钱塘周雯字雨文者混为一谈。一错再错,遂致不可究诘。

作者项还有经常碰到的难题,那就是同姓名人物的区分。有七人同名者,如李培:(1)嘉兴人,著《讲学》二卷,见《四库存目》;(2)曲阜人,著《自省堂文集》,乾隆六年举人,见《孔子故里著述考》;(3)嘉兴人,著《朱子不废古训说》,见《杭州蒋氏凡将草堂藏书目录》;(4)桐城人,著《烬余集古文》,见《皖人书录》;(5)禹城人,著《睡余轩诗稿》,道光十七年拔贡,见《山东通志·艺文志》;(6)吴江人,著《知非叙略》《寻乐斋稿》,见《江苏艺文志·苏州卷》;(7)蠡县人,著《灰画集》。又有张澐,同名者五人,分别为掖县人、歙县人、丹徒人、长沙人、东越人,各有著述。我们分别在作者之前冠以籍贯,就自然区分开了,这也是加注籍贯的用途之一。

(六)版本

我们对一部书的各种版本,要合并,就要确认是一个版本,还是两个版本。各家书目，对同一版本，往往有不同的表述。丛书本和丛书的零种，应作为一个版本，而表达往往不同。同一版本的不同印本，有时会因增加序言，改刻封面堂号，造成同一版本的不同印本，表达为两个版本。这都造成同一版本并列，俨然为两个甚至多个版本。

例如吴雯，《吴征君莲洋诗钞》不分卷（四册），乾隆止轩刻本，在《清人别集总目》中被歧分为三个本子。吴雯《莲洋集》二十卷，乾隆张体乾荆圃草堂刻本，在《清人别集总目》中被歧分为两个本子。吴雯《莲洋集》十二卷《补遗》一卷，乾隆刘组曾梦鹤草堂刻本，在《清人别集总目》中被歧分为七个本子。原因就是同一版本各家表述不同，合并时未做细致分析。《中国历代人物年谱考录》也存在这种现象。对于综括各家书目而形成的知见书目，这是一个大困难。我们对这类情况进行了认真查考分析，力求一种版本仅出现一次，不重复再现，以免导致读者误一种版本为多种版本。

有些版本表述不够准确，我们要加以改正。如《中国丛书综录》著录《贷园丛书初编》，周永年辑，版本项为"清乾隆五十四年历城周氏竹西书屋据益都李文藻刊版重编印本"。按：此书确系李文藻刊版，周永年借版编印。问题出在内封面的"竹西书屋藏板"。《丛书综录》的编者认为竹西书屋为周永年堂号，实际上是李文藻堂号。周永年为了不埋没李文藻的刊刻之功，才这样设计封面。那么正确的表述应为："清乾隆五十四年历城周氏据益都李文藻竹西书屋刊版重编印本"。版本表达得不准确，缺少某些应有的信息（如年份、刊刻人、刊刻地、刊刻堂号等），是十分常见的，取长补短订讹补缺，可以使版本表述更准确、更完备。

（七）馆藏

馆藏错误较少，但必须注意图书的递藏源流，方不致误注馆藏。前面说过的八千卷楼丁氏与国学图书馆为先后递藏关系，新中国成立后即改为南京图书馆。还有民国间的东方文化事业总委员会北京人文科学研究所，新中国成立后改为中国科学院图书馆。这中间，在抗日战争胜利后，北京人文科学研究所划归原中央研究院历史语言研究所，一部分稀见善本，调入史语所，藏于今天的台北"中研院"史语所傅斯年图书馆。《续修四库提要》是北京人文科学研究所主修的，《清史稿艺文志补编》又主要依赖《续修四库提要》，这样，同一部书同一个版本，可能分别见于《北京人文所目》《续修四库提要》《清史稿艺文志补编》《史语所善本书目》或者《中科院善本书目》《中国古籍善本书目》。其间的渊源关系如果弄清楚，那么馆藏就不至于重复罗列，导致读者误一个本子为几个本子，误一部书为几部书。

（八）分类

分类问题，至为复杂。我们对传统的四库分类法往往不满意，但是编纂大型知见书目，最好不要对旧分类框架做大的调整。因为调整框架不是太难，但牵一发而动全身，对具体一部书的归类如何调整，就会带来大麻烦。假如我们不作大调整，而更多地沿用旧框架，那么，当有些书归类难办时，就可以考虑它在原来的书目中归哪一类，没有特殊理由，沿用即可。我们虽然在经、史、子、集、丛之外又另立"西学部"，但基本框架沿用四库体系，参考权威的《中国丛书综录》《中国古籍善本书目》，稍做分合。所以我们更多地是面临具体一部书应归哪类的困难。

例如《清人诗文集总目提要》收有《一幅集》《一幅集续编》，显然认为是别集，但《中国古籍善本书目》却在经部著录了，可见并非别集。这是分类的错误。

再如《月窗合草》这部书，《历代妇女著作考》凡两见。一在"王静纨"名下，一在"张在贞"名下。《江苏艺文志·苏州卷》"王静纨"名下收有《月窗合草》，"王在贞"名下收有《月窗合稿》，应是一部书。根据《历代妇女著作考》介绍，王静纨字文琳，为王惠常女，张汝上妻，与（张）溥次女在贞唱和，又引《翠楼集》：张在贞与姊文琳唱和，有《月窗合草》。那么可以判断，《月窗合草》（或名《月窗合稿》）是王静纨、张在贞二人诗作合集，故称"合草"。应入集部总集类，不应入别集类，更不能在二人名下分别出现。《历代妇女著作考》《江苏艺文志》都是以作者为纲编成的书目，因此才出现这样的错误。

六、史志目录编纂工作前瞻

《清人著述总目》作为新修《清史·艺文志》的替代品，估计将著录清人著述16万种。正文部分平均每条约60个字，那么16万条共计960万字。索引48万条，每条约5个字，则有360万字。正文加索引总计1320万字。整部新修《清史》拟为3000万字，而《艺文志》的篇幅是新修《清史》的44%，艺文志独立成书，乃势所必然。

有人说清朝是封建社会最后一个王朝，《清史》要与"二十四史"配套。其实，不管有没有皇帝，中国历史总是延续不断的。封建社会皇帝是世袭的，现代社会国家元首是选举的，但作为国家管理机构的最高长官这一点，则是一致的。过去是帝王年号纪年，现在是公元纪年，但一年接一年这种本质也没有变化。历史像一条长河，绵延不绝，史书也是一样，无论社会形态怎么变，都要修下去。过去以改朝换代为修史的阶段，今后也许采取另外的划段方法，比如一个世纪修一次。无论怎么修，记载该历史阶段著述的艺文志都不可缺少。无论我们对该阶段的文化学术成就描述得如何深刻，线索如何清楚，主次如何分明，都无法取代分门别类开个书目这种体裁的优越性。封建社会史书中有"文苑传""儒林传"，却还要另设"艺文志"，就是这个道理。

在新修《清史》的九十二卷中，增设了"学术志""诗文小说志""戏曲书画志""西学志"，这些志怎么写法？过去没有过，笔者也不了解。但笔者在翻阅《清史编纂体裁体例讨论集》时，发现有的专家的意见是用"学术志""文学志"代替"艺文志"。如来新夏先生《关于编纂新清史的体裁体例问题》说："如艺文志必须有，但清人著述作品数量过大"，"其解决办法是：一、将原艺文志分立为学术志与文学志，分别著录学术著作和诗文小说等创作"①。赫治清先生《关于新修清史体裁和框架设计的建议》对"艺文志"与"学术志""文艺志"的关系则另有解释，他说："鉴于《清史稿》艺文志主要记载经史子集书目，而非严格意义上的学术志、文艺志，可根据艺文志和王绍曾先生的研究成果进行筛选，取其精华，在表这一部分增设清代主要著述表。"当然这还是"选"的主张。他在谈学术志时说："着重写清代学术发展变

---

① 国家清史编纂委员会体裁体例工作小组编：《清史编纂体裁体例讨论集》，中国人民大学出版社2004年版，第480页。

迁，它与政治、经济、文化、社会生活的关系、学术思潮、流派。不能将其变成儒林小传及著述目录汇编。"从赫氏强调"不能"来看，学术志与儒林传、艺文志的经、史、子三部，就有了区分上的困难。对文艺志，赫氏主张："分别介绍诗词、戏曲、小说、书法、绘画、雕刻、版画、园林、建筑及其他民间艺术成就，各个流派风格，文艺理论，它们对清代政治、经济、社会生活各方面的影响。依《清史稿》艺文志内容可制清代主要著述表，但不纳入本志。"[①]这里又一次提到与艺文志的关系，其意向是：文艺志也要与主要著述表配合，否则不足以全面展示文艺方面的成就。从来新夏、赫治清先生的意见中，我们可以明确感受到"学术志""文艺志"（又划分为"诗文小说志""戏曲书画志"）与"艺文志"的密切关系。从戴逸先生2003年7月3日在龙泉山庄会议上的讲话，把学术志、文艺志、戏剧志和艺文志相提并论来看，他是主张学术志、文艺志、戏剧志为专题史，抓主流，对主要流派进行概述和分析评价[②]。这与分类罗列书目的艺文志就是典型的互补关系，而不是可以相互替代的了。就是说，今后修史可以设学术志、文艺志（或诗文小说志、戏曲书画志），但是不能代替艺文志。

从《汉书·艺文志》到《宋史·艺文志》，都是著录一代藏书之盛的书目，到《明史·艺文志》一变而为记载一代著述之盛的书目，《清史稿·艺文志》因之，到21世纪新修《清史·艺文志》（即《清人著述总目》）再变而为独立于正史之外的断代著述总目。今后正史还要修下去，艺文志仍不可阙，而独立于正史之外、与正史相辅而行的断代著述

---

① 国家清史编纂委员会体裁体例工作小组编：《清史编纂体裁体例讨论集》，第430页。
② 国家清史编纂委员会体裁体例工作小组编：《清史编纂体裁体例讨论集》，第80页。

总目,将是艺文志的方向。其性质仍然是史志目录。

过去的史志目录,因为著录范围明确,都不加注版本,存在于正史之中,所以自成一系,与公私藏书目录、专科目录、特种目录有着明显的区别。《清人著述总目》由于加注版本、馆藏,又独立存在,因而与藏书目录的界限有些模糊。我想,今后的史志目录仍然独具特色,这可从以下七个方面来理解。

(1)史志目录与正史相辅而行,为记载一个历史阶段著述之盛的断代著作目录,这与其他类型的书目性质是不同的。

(2)史志目录强调"史"的特质,那就是凡在该历史阶段产生的著述,无论存、佚,都在著录之列。它注重的是"历史存在",包括"曾经存在"和"仍然存在"两个部分,这也是史志目录的特点。

(3)史志目录虽也加注版本,但与版本目录有所不同。版本目录例如《中国古籍善本目》《藏园群书经眼录》,重视的是版本,因此,一部书因为版本不同,可以重复立目,宋版《史记》和元版《史记》单独立目,不同的宋版《史记》也要单独立目。同一版本的《史记》,有没有批校、题跋,也要加以区别,分别立目。史志目录则是品种目录,一部书无论有多少版本,只立一个条目,其主体是书,版本只是书的附庸。

(4)史志目录与馆藏书目及联合目录不同,馆藏目录以一馆藏书为范围,联合目录以多馆藏书为范围。它们既要注重同一书不同版本的分别立目,又要注重各种版本的全面著录。联合目录则又要罗列所有收藏单位,力求一无遗漏。史志目录则在品种目录的特有体制下,对现存版本择要著录,馆藏也只能择要加注。有些中医验方,版本一百多个,馆藏更多,作为史志目录就不必要逐一著录全部版本和馆藏,而是择要加注。

（5）史志目录与举要目录不同。举要目录的代表是张之洞《书目答问》。在2003年讨论新修清史体裁体例的过程中，包括戴逸先生在内的大部分专家都主张"艺文志"只能选取要籍，那就成了举要目录了。举要目录不是不重要，但要反映一代著述之盛，就不能胜任了，所以讨论的结果是编纂一部网罗有清一代著述的总目录，即《清人著述总目》，作为艺文志的替代品。

王世华先生《关于清史编纂体裁的意见》中关于艺文志的主张在众多专家中独树一帜："艺文志反映一代著述情况，内容非常重要。对研究者来说，绝非可有可无。有清一代，地域辽阔，人口众多，时间又长，著述之丰，可以想见。我以为从长远观点看应尽量求全。虽然部头较大，但反映了全貌，完全值得。"[①] 王世华先生完全从学术自身的要求出发，而不受篇幅等技术因素约束的观点，是值得充分肯定的。

（6）史志目录与提要目录不同。当我们开始编《清人著述总目》时，有的先生问："有没有提要？"笔者答曰："没有。"撰写提要，像《四库全书总目》《续修四库全书总目提要》，都有很高的学术价值，这个不必讨论。问题是史志目录著录数量较大，撰写提要必然要兴师动众，旷日持久，是短期内难以做到的。再者，有些书重要性相对较小，撰写提要的必要性不大。第三个原因是许多书已找不到了，也无法撰提要。笔者认为，提要式目录不宜与修史并举，而应单独组织立项，由主持者邀请各方面的专家，拟定书目，分头撰写，再约请有关专家分头统稿，也是一项伟大的事业，只是与史志目录性质不同。

（7）史志目录应当加注作者籍贯，附注字、号、科第、生活年代。

---

① 国家清史编纂委员会体裁体例工作小组编：《清史编纂体裁体例讨论集》，第831页。

过去的史志目录都没这么办，我们这次编纂《清人著述总目》尽可能地为每一位作者加上了籍贯。这对地方文献搜集整理与研究工作一定有很大帮助，同时也有利于区分大量同姓名的人。在一位作者第一次出现时，附注其字、号、科第、生活年代，与籍贯配合，可见作者梗概，也为进一步从方志中查找人物事迹提供了线索。同样，字、号、科第、生活年代，对区分同姓名的人有参考价值。今后的史志目录理应注重作者籍贯、字、号、科第、生活年代问题，这也是对正史立传人数有限这一问题的有益补充。这一体例如果得以延续，也就成为史志目录的一个特点。

（原载《文史哲》2008年第4期）

陈寅恪的西学

桑 兵

陈寅恪向来被誉为学贯中西的大家,其西学的水准似乎不成问题。另一方面,陈寅恪治学主要在中国文史及东方学领域,不大论及所谓西学,而且极少称引西说,似乎又不在后人眼中的近代输入新知者之列。近年有学人提出陈的西学未必好,只是并无论证,亦未树立准则,似有故标高的之嫌。不过,陈寅恪很少专门谈论或称引西学,一般指为学贯中西,大概也是泛泛而论,并无确切标准和真凭实据。在同样被誉为学贯中西的近代中国学人当中,西学程度更加可议者不在少数,有的则所谓西学程度略好,中学却很成问题。此事牵扯到对待域外思想学问的态度,为近代以来国人普遍遭遇的一大难题。有鉴于此,陈寅恪的西学究竟如何,有必要提出来讨论,而且应该设法加以论证。

一、学问难以贯通中西

所谓"西学",如同西方一样,本来没有一成不变的固定指向。中国历史上的西方，最早联系的大概是西王母所在的昆仑，然后是佛教的西方极乐世界，最后才是泰西即欧美。所谓大小西洋，便是以中国为中心的方位判断。即使指泰西，也不过是中国人的看法，在被指为西方的人自己看来，并不存在统一实有的西方。所以有欧洲学人认为，西方只存在于东方人的观念世界。正如欧洲人心目中的东方，在吾等东方人看来很少共同性一样。虽然人类学者列维-斯特劳斯和文化形态学者如斯宾格勒等人在面向东方或非西方之际，心目中也有一个统一的西方。与此相应，所谓西学的内涵外延，其实相当模糊。西人之学，因时因地因人而异，欧洲各国，大陆与英伦三岛已不一致，大陆内部也是千差万别。如"科学"一词的意涵，英国与德国即很不相同。各自的联系与区别，不知渊源流变的外人很难理解把握。当年杨成志留学法国，对于社会学、人类学不同分支之间的激烈争辩便感到莫名所以，觉得似无必要。实则诸如此类的派分科别，渊源于历史文化等实事的联系，不能说毫无人为意气的成分，毕竟蕴含了相当深奥的学理讲究。日本明治时西化也有德、法、英不同流派之争，成功或成为主导的一方非但未必深刻，而且往往简化，以易于流行。国人所接受的西学系统，主要经过日本和美国的再条理，两国都是发达国家的后进，都曾经不同程度地兼收并蓄，也同样面临渊源各异、脉络不同的条理，因而其分科系统，均不得不抹去难以理解的缠绕纠结。清楚条理的结果，看似整齐易懂，便于掌握，实则难免流于混淆肤浅。这样的道理，长时期游学多国著名高等学府的陈寅恪领悟较深，因此他极少称引西学，批评者大概以为西学是内涵外延明确的客观实在，所以提出对西学掌握的高下之分。如果西学其实只存在于东方人的心目之中，好坏优劣的标准就变得模糊而难以捉摸。以今日的时势，西学作为方便名词固无不可，甚至是非用不可；认真计较起来,却是越理越乱的。

既然西学并不实在或是内涵外延含糊不清,学贯中西便是绝无可能之事。或谓近代名家辈出,原因在于那一代人古今中外纵横兼通。此说为后人的看法,而且多少出于自愧不如的反衬,并非当日的实事。按照章太炎等人的看法,历代名家,通人最难得,达到如此化境者不过数人而已。中国人一生研治本国学问,尚且不能说通,试问有一西人能通汗漫无边的西学否?近代学人承袭清代学术梳理历代学问的余荫(当然也不免受其偏蔽的负面影响),兼受西洋学术新风的熏染,名家辈出,但也并非如今人所说,大师成群结队,个个学贯中西。能够沟通古今,且不受分科的局限,已经难能可贵,要想兼通中外,只能相对而言。章太炎、梁启超、刘师培、王国维、陈垣等人的西学,多由读译书或东学转手而来,钱穆的西学更被讥讽为看《东方杂志》而来的杂志之学。所以后来章太炎、王国维、刘师培等人绝口不谈西学,梁启超和钱穆则继续谈而并不见其所长,反而自曝其短。西学稍好的严复和辜鸿铭,中学功底太差,后来虽然恶补,终难登堂入室。而且其西学也只是较当时一般国人的理解有所深入而已,距离"通"还相去甚远。胡适的输入新知在学衡派看来粗浅谬误,其中学在章太炎眼中则是游谈无根。这样指陈并非有意贬低前贤,只是说明兼通中外实为虽不能至、心向往之的极高境界。除了明治、大正时期日本少数自负的"支那学"者,以了解中国的水准远在国人了解外国之上的东西各国人士而言,试问有谁敢自诩贯通中学?何况中国一统,西洋分立,难易相去何止道里计。

钱穆在遭了占据主流者的白眼之后,仍不得不讲西学,在个人而言固然未能免俗,就整个社会风尚而论,则表明时势变迁,体用关系本末倒置,称引西学已成证明自我价值不得不然的时髦。像章太炎、刘师培、王国维那样不再侈谈格义之西学，已经不大可能。1929年傅斯年声称此时修史非留学生不可①，抗战期间胡适不满于《思想与时代》杂志的态度，特意指出编辑人员当中"张其昀与钱穆二君均为从未出国门的苦学者"②。其实除此二人外，该刊的重要成员如冯友兰、贺麟、张荫麟等，均曾留学欧美，所学与胡适相近，水准甚至还在胡适之上。在渐居主流者挟洋自重的取向之下，不留学大有不能"预流"之势，可见中西学乾坤颠倒至于此极，则未曾留学者所承受的压力可想而知。

与时流有别，陈寅恪在民国学人中，是为数极少的敢于不言必称西学之人。他几乎从不以西学为著述主题，而且很少标榜西学理论、概念和方法。这一方面固然由于近代中国以游学时间之长，所到外国学府之多，所学语言门类之广而论，很少有人能出其右，因而无人能够质疑其西学水准，也就不必证明自己的西学水准。换成他人，即使像章太炎、刘师培、王国维等过来人的幡然醒悟，也难免被视为守旧落伍。另一方面，一旦发生诸如此类的误会，陈寅恪便会立即做出强烈反应，以显示其对于西学的认识远在一般国人甚至专门学人之上。1932年，因为出该年度清华大学入学考试国文试题的对对子等事，引发不小的风波，招致各种非议，甚至被斥为"国学之蠹"③。本来陈寅恪极不愿为此类事牵扯精力，卷入是非，留学期间就因"吾国人情势隔阂，其自命新学通人，所见适得其反"，表示回到国中将"不论政，不谈学，盖明眼人一切皆以自悉，不须我之述说。若半通不通，而又矜心作气者，不足与

---

① 傅斯年致陈寅恪（1929年9月9日），中央研究院历史语言研究所《公文档》。
② 曹伯言整理：《胡适日记全编》(7)，安徽教育出版社2001年版，第540页。
③ 陈旭旦：《国蠹》，《国学论衡》1933年第1期。

言，不能与辩，徒自增烦恼耳"[①]。尽管不想惹祸上身，可是对于找上门来的麻烦，却绝不回避，更毫不客气。

陈寅恪不愿谈西学，主要是因为国内所谓新学通人大都半通不通，与自己所见正相反对。而这些混杂中西学两面半桶水的新锐，虽一知半解，却往往自以为是，好自炫其新说。在陈寅恪看来，清季民国时期，借西学变中国，包括学术文化上用西洋系统条理本国材料，大半为19世纪后半期的格义之学。至于世界学术的前趋，"今日言之，徒遭流俗之讥笑。然彼等既昧于世界学术之现状，复不识汉族语文之特性，挟其十九世纪下半世纪'格义'之学，以相非难，正可譬诸白发盈颠之上阳宫女，自矜其天宝末年之时世装束，而不知天地间别有元和新样者在"[②]。在致傅斯年信中又说："总之，今日之议论我者，皆痴人说梦、不学无术之徒，未曾梦见世界上有藏缅系比较文法学，及印欧系文法不能适用于中国语言者，因彼等不知有此种语言统系存在，及西洋文法亦有遗传习惯不合于论理，非中国文法之所应取法者也。"[③] 其批评的双锋直指两面：一是过时，二是附会。

近代好鼓吹过时的西学者，典型之一便是梁启超。清季以来，梁启超由东学转手引进西学，影响巨大，可是所及大都已是陈言（当然部分也变为常识）。陈寅恪游学期间，欧洲经历了第一次世界大战血与火的惨烈，学术风尚大幅度转变，科学主义从万能的神坛跌落，战前

[①] 吴宓著，吴学昭整理注释：《吴宓日记》第二册，生活·读书·新知三联书店1998年版，第66页。
[②] 陈寅恪：《与刘叔雅论国文试题书》，载陈美延编：《陈寅恪集·金明馆丛稿二编》，生活·读书·新知三联书店2001年版，第256页。
[③] 陈寅恪：《致傅斯年》二十一，载陈美延编：《陈寅恪集·书信集》，生活·读书·新知三联书店2001年版，第42—43页。

对西方社会发展前景的乐观情绪一落千丈,转而信仰东方主义。受此影响,梁启超的思想也出现转向。不过,陈寅恪所谓过时,显然并非这样表面的趋时标准所能衡量。在学衡一派学人眼中,即使以输入新知为己任的胡适,所讲西学也是表浅浮泛之谈。相比于白璧德的新人文主义,追求教育普及的杜威的思想学术显得表浅。所以吴宓等人认为引进西学,应从希腊罗马时代,至少要从文艺复兴时期讲起,才能知所本源。虽然陈寅恪主张学术应当预流,可是所预绝非趋时也容易过时的时流。民国时期,留学一改清季风气,由地近费省的东游转而远渡重洋。而有切身体验的陈寅恪,深知欧洲学问的博大精深远非美东可比,曾经表示对哈佛的印象只有中国餐馆的龙虾,言下之意该校的学问并不足道。甚至指派送留美官费生与袁世凯北洋练兵一样,为祸害中国最大的二事之一[①]。

尽管留美学生逐渐占了数量人脉的优势,求学问者去欧洲,求学位者去美国,当时已是有口皆碑。留美出身的佼佼者胡适,即不断被人质疑学问的根底。1926年胡适访学欧洲时,有几位英、德学者曾当面讥嘲美国,尤其不赞成美国的哲学,其实并未读过美国的哲学著作。胡适由此而生的感想是:"我感谢我的好运气,第一不曾进过教会学校。第二我先到美国而不曾到英国与欧洲。如果不是这两件好运气,我的思想决不能有现在这样彻底。"[②] 之所以彻底,很大程度是因为简单。以新旧论是非,是胡适对付不少国人的利器。可是这样的辩辞对于留学者未必有效。国人学习西学,往往对其变动不居而动静较大的边缘部分较为敏

---

① 浦江清:《清华园日记·西行日记》,生活·读书·新知三联书店1999年版,第4页。
② 《胡适日记》手稿本,1926年11月29日,台湾远流出版事业股份有限公司1990年版。

感，易生共鸣，胡适的学生傅斯年出国前也一度向往趋新的西学，到欧洲尤其是英国留学后，从剑桥、牛津与伦敦大学的比较中领悟到，讲学问与求致用不同，专求致用学术不能发展，专讲学问思想才能彻底。牛津、剑桥以守旧著名，"但此两校最富于吸收最新学术之结果之能力"，"而且那里是专讲学问的，伦敦是专求致用的。剑桥学生思想彻底者很多，伦敦何尝有此？极旧之下每有极新"。而这时北大的风气仍是议论而非讲学，"就是说，大学供给舆论者颇多，而供给学术者颇少"，长此以往，很难成为一流大学[①]。胡适与傅斯年都言及思想彻底的话题，而看法截然相反，两人对于什么是思想彻底以及彻底的思想影响社会的哪些层面，大异其趣。胡适所谓彻底，用傅斯年的标准，恐怕刚好是浅薄的表现，虽然或许与时下某些争取成为世界一流大学的取向不谋而合。

趋时者的西学不仅容易过时，而且因为缺乏深度，大都格义附会，似是而非。诚然，陈寅恪具体所指并非一般好讲西学者，而是胡适之流的新文化派。胡适用来"通"旧籍的《马氏文通》，在陈寅恪的眼中就不通之至。1932年，陈寅恪因清华大学入学考试国文科出题引起争议事致函系主任刘文典，申辩说明之余，即对《马氏文通》痛加批驳，指为"非驴非马，穿凿附会之混沌怪物"。他说："从事比较语言之学，必具一历史观念，而具有历史观念者，必不能认贼作父，自乱其宗统也。往日法人取吾国语文约略摹仿印欧系语之规律，编为汉文典，以便欧人习读。马眉叔效之，遂有文通之作，于是中国号称始有文法。夫印欧系语文之规律，未尝不问有可供中国之文法作参考及采用者。如梵语文典中，语根之说是也。今于印欧系之语言中，将其规则之属于世界语言公

[①] 《傅斯年君致蔡校长函》，《北京大学日刊》第715号，1920年10月13日。

律者,除去不论。其他属于某种语言之特性者,若亦同视为天经地义,金科玉律,按条逐句,一一施诸不同系之汉文,有不合者,即指为不通。呜呼!文通,文通,何其不通如是耶?"① 这段话的矛头看似指向马建忠,板子却打在胡适等人的身上,对于后者的国语文法以及用西文文法解中国旧籍,无异于釜底抽薪。只是胡适之的办法简便易行,至今仍被无知者奉为治学的康庄大道。

或许有意避免流俗,陈寅恪极少称引西学。他认为中国自戊戌以后五十年来的政治似有退化之嫌,"是以论学论治,迥异时流,而迫于时势,噤不得发"。虽然他自称"少喜临川新法之新,而老同涑水迂叟之迂"②,可是在吴宓看来,陈寅恪始终坚持中学为体,西学为用。1961年,与陈寅恪分别多年的吴宓老友重逢,在日记中记到:历经世事变幻,"然寅恪兄之思想及主张,毫未改变,即仍遵守昔年'中学为体,西学为用'之说(中国文化本位论)"③。所谓中国文化本位,具体而言,即陈寅恪1927年《王观堂先生挽词并序》中所言:"吾中国文化之定义,具于《白虎通》三纲六纪之说。"④ 陈寅恪重视纲常名教,源于他对民族文化史的深刻认识。他认为:"二千年来华夏民族所受儒家学说之影响,最深最巨者,实在制度法律公私生活之方面。"⑤ 进而申论:"夫纲纪本理想抽象之物,然不能不有所依托,以为具体表现之用:其所依

---

① 陈寅恪:《与刘叔雅论国文试题书》,载陈美延编:《陈寅恪集·金明馆丛稿二编》,第251—252页。
② 陈寅恪:《读吴其昌撰〈梁启超传〉书后》,载陈美延编:《陈寅恪集·寒柳堂集》,生活·读书·新知三联书店2001年版,第168页。
③ 吴学昭:《吴宓与陈寅恪》,清华大学出版社1996年版,第143页。
④ 陈美延编:《陈寅恪集·诗集》,第12—13页。
⑤ 陈寅恪:《冯友兰〈中国哲学史〉下册审查报告》,载陈美延编:《陈寅恪集·金明馆丛稿二编》,第283页。

托以表现者,实为有形之社会制度,而经济制度尤其最要者。故所依托者不变易,则依托者亦得因以保存。"道光(1821—1850)以后,"社会经济之制度,以外族之侵迫,致剧疾之变迁;纲纪之说,无所凭依,不待外来学说之掊击,而已销沉沦丧于不知觉之间;虽有人焉,强聒而力持,亦终归于不可救疗之局。盖今日之赤县神州值数千年未有之巨劫奇变;劫尽变穷,则此文化精神所凝聚之人,安得不与之共命而同尽"①。

这样的说法,很容易被理解为陈寅恪自己的夫子自道,而引发文化遗民之说。实则纲常系于社会伦理关系,并非一家一姓之兴亡,此为理解把握中国社会的重要关节。不过,陈寅恪坚持以中国文化为本位,其"中体西用"文化观的经典表述,仍是《冯友兰〈中国哲学史〉下册审查报告》所说:"其真能于思想上自成系统,有所创获者,必须一方面吸收输入外来之学说,一方面不忘本来民族之地位。此二种相反而适相成之态度,乃道教之真精神,新儒家之旧途径,而二千年吾民族与他民族思想接触史之所昭示者也。"② 这与晚清名臣张之洞的中体西用说精神虽无二致,内涵却有所分别。

陈寅恪之所以很少称引西学,更重要的还是缘于他对中西古今学术的基本判断以及相关的理智情感的复杂纠结。早在留美期间,他就曾对吴宓详细阐述中西学术的优劣短长:

中国之哲学、美术,远不如希腊,不特科学为逊泰西也。但中国古人,素擅长政治及实践伦理学,与罗马人最相似。其言道德,

---

① 陈美延编:《陈寅恪集·诗集》,第12—13页。
② 陈寅恪:《冯友兰〈中国哲学史〉下册审查报告》,载陈美延编:《陈寅恪集·金明馆丛稿二编》,第284—285页。

惟重实用，不究虚理。其长处短处均在此。长处即修齐治平之旨；短处即实事之利害得失，观察过明，而乏精深远大之思。故昔则士子群习八股，以得功名富贵；而学德之士，终属极少数。今则凡留学生，皆学工程、实业，其希慕富贵，不肯用力学问之意则一。而不知实业以科学为根本。不揣其本，而治其末，充其极，只成下等之工匠。境遇学理，略有变迁，则其技不复能用。所谓最实用者，乃适成为最不实用。至若天理人事之学，精深博奥者，亘万古，横九垓，而不变。凡时凡地，均可用之。而救国经世，尤必以精神之学问（谓形而上之学）为根基。乃吾国留学生不知研究，且鄙弃之。不自伤其愚陋，皆由偏重实业积习未改之故。此后若中国之实业发达，生计优裕，财源浚辟，则中国人经商营业之长技，可得其用。而中国人，当可为世界之富商。然若冀中国人以学问、美术等之造诣胜人，则决难必也。夫国家如个人然。苟其性专重实事，则处世一切必周备，而研究人群中关系之学必发达。故中国孔、孟之教，悉人事之学。而佛教则未能大行于中国。尤有说者，专趋实用者，则乏远虑，利己营私，而难以团结，谋长久之公益。即人事一方，亦有不足。今人误谓中国过重虚理，专谋以功利机械之事输入，而不图精神之救药，势必至人欲横流，道义沦丧。即求其输诚爱国，且不能得。……中国家族伦理之道德制度，发达最早。周公之典章制度，实中国上古文明之精华。至若周秦诸子，实无足称。老、庄思想尚高，然比之西国之哲学士，则浅陋之至。余如管、商等之政学，尚足研究。外则不见有充实精粹之学说。汉、晋以还，佛教输入……佛教于性理之学 Metaphysics 独有深造，足救中国之缺失，而为常人所欢迎。……自得佛教之裨助，而中国之学问，立时增长元气，别开生面。故宋、元之学问文艺均大盛，而以朱子集其大成。朱子之在中国，犹西洋中世之 Thomas Aquinas，其功至不可没。而今人以宋、元为衰世，学术文章，卑劣不足道者，则实大误也。①

据此，依照常理，陈寅恪理应大力提倡输入引进西学，或是大量称引西学，而实情似相反对。究其原因，除了不与时趋同流，以及以中国文化为本位外，还在于他所看重的西学，与流俗有别。留学期间，对于盛行一时的学说，如马克思和弗洛伊德的著作，陈寅恪曾特意学习过，以为食色性也，中国古已有之，言下之意，不足为奇。后来陈寅恪还明确表示不能以马克思为研究历史的指导。此说令有意回护之人也感到难以辩解。实则陈寅恪未必轻视马克思的学说，而是认为研究中国历史文化，不能附会套用欧洲新说，应该立足本国，用西学的本源大道于无形（详见第四节）。即使谋求救国，也不能仅仅致用于一时，而要从学术文化的根本着手。这样的根本，又并非钱穆所批评的清季以来的革新派史学，从现实宣传的角度，企图根本解决所有问题，往往偏于一端②。近代以来的挟洋自重者，于西学不过各取所需，若能全面关照把握，或许不至于信口开河以自欺欺人。

二、中国的东方学首席

陈寅恪既然很少言说和称引西学，即使作为方便名词，要想判断

---

① 吴宓著，吴学昭整理：《吴宓日记》第 2 册，1919 年 12 月 14 日，第 102—103 页。
② 钱穆：《国史大纲·引论》，商务印书馆 1991 年版，第 5—6 页。

其西学的高下，也未免难于着手。对此，首先还是要着落于陈寅恪的本行，即文史之学方面。1928年傅斯年等人创立中央研究院历史语言研究所时，针对当时汉学研究的中心在巴黎和京都，中国的历史语言之学久已落于人后，提出"要科学的东方学之正统在中国"的口号。所谓科学的东方学，看似以研究中国为主，其实不然。傅斯年不赞成国学的概念，以为扩充材料和工具，势必弄到不国不故；主张搜集材料不局限于中国的范围，强调以"东方学"代替"国学"，"并不是名词的争执，实在是精神的差异的表显"。科学的东方学并不是中国固有的学问，而是西学的组成部分。无论研究的范围重心还是方法取径，都是西洋学人的拿手好戏。"假如中国学是汉学，为此学者是汉学家，则西洋人治这些匈奴以来的问题岂不是虏学，治这学者岂不是虏学家吗？然而，也许汉学之发达有些地方正借重虏学呢！"①

西人之东方学等于"虏学"的意思，稍早之前胡适也曾说过。1927年，胡适从欧洲回国，因国内政局变动而滞留日本，在京都乐友会馆召开的"支那"学会演讲，顺应京都学派尤其是狩野直喜的主张，说不能只研究"虏学"，即周边民族，必须研究中国本部，幸而京都有这方面的优秀学者，自己十分佩服，希望在场的学生多向狩野等人请教②。由此看来，"虏学"有二义：其一，与西学相似，东方学是西人研究其心目中的东方的学问，是西学的重要组成部分，而东方并不实有此种统一的学问。中国、日本、印度、中亚的学术文化分别甚大。其二，与中国相关的东方学研究的重心在于四裔，如西域、南海以及满蒙回藏鲜等。从

---

① 欧阳哲生编：《傅斯年全集》第三卷，湖南教育出版社2003年版，第6—12页。
② 吉川幸次郎：《胡适》，《吉川幸次郎全集》第十六卷，筑摩书房1974年版，第431—433页。

时间上看，目前所见资料显示胡适使用"虏学"的概念早于傅斯年，然而胡适有此认识，应是访欧时与傅斯年多次长谈的结果，而且傅斯年影响胡适的可能性较大。至于傅斯年的看法，当与陈寅恪有关。后者所学，正是西人东方学的长技，而且实际水准已经进入先进行列。傅斯年留欧前后，学术观念和取向出现明显变化，而变化的成因，除了直接接触欧洲学术，陈寅恪的影响应在重要之列。傅斯年与陈寅恪在德国期间多次详谈，使得傅斯年的学术观念在若干重要方面较出国前大异其趣（另文详论）。虽然迄今为止尚未见到陈寅恪直接使用"虏学"的证据，此一说法很可能来自陈，至少也是在傅、陈二人论学之际所激发出来一种笑谈。

如果此说虽不中亦不远，陈寅恪应是对自己治学取向的自嘲。在20世纪二三十年代的中国，陈寅恪可以说是所有学人中最有条件和能力依照欧洲东方学之正统治"虏学"的有数之人。陈寅恪回国后，在清华研究院国学所担任的指导学科是"佛经译本比较研究""东方语言学""西人之东方学"，而普通演讲课为"西人之东方学之目录学""梵文"。1926年担任北京大学研究所国学门导师，在该门提出的研究题目四项，由本科三年级以上学生选修，四题为：（一）长庆唐蕃会盟碑藏文之研究（吐蕃古文），（二）鸠摩罗什之研究（龟兹古语），（三）中国古代天文星历诸问题之研究，（四）搜集满洲文学史材料[①]。从课程科目所设标题可见，陈寅恪清楚地掌握所谓东方学乃西人的学问。毋庸讳言，陈寅恪所掌握的多种古今中外语言文字以及比较语言学的研究方法，在禹域的确为不二人选，可是在这方面学术传统深厚的欧洲，就未

---

① 《研究所国学门通告》，《北京大学日刊》第2000号，1926年12月8日。

必算得上出类拔萃。所以陈寅恪并不是跟着西人之东方学的轨则亦步亦趋，而是扬长避短，在中西之间寻求主攻方向，所选择的历史、佛教以及蒙古满洲回文书，既能发挥其汉文典籍熟悉的优势，又能利用西人东方学的长处，而为中外学人力所不及①。同样注意到上述问题的日本学人，虽然致力于相关研究，直到20世纪三四十年代，在陈寅恪看来，仍然水准有限②。

正因为有了像陈寅恪这样精于西人东方学的高手，算不上擅长东方学的傅斯年才敢于喊出"要科学的东方学之正统在中国"的口号。中研院史语所1928年10月成立于广州，陈寅恪即被聘请为研究员，其所属历史语言研究所第一组的研究标准是，以商周遗物、甲骨、金石、陶瓦等，为研究上古史对象；以敦煌材料及其他中亚近年出现的材料，为研究中古史对象；以内阁大库档案，为研究近代史对象。第一项分别由傅斯年、丁山、容庚、徐中舒负责，第二项由陈垣负责，而陈寅恪负责整理明清两代内阁大库档案材料，政治、军事、典制搜集，并考定蒙古源流，及校勘梵番汉经论③。则此时陈寅恪的研究仍然偏重依靠异族域外语言的民族文化关系一面。

不过，要科学的东方学之正统在中国，固然是傅斯年的向往奢望，

---

① 参见陈寅恪：《与妹书》，载陈美延编：《陈寅恪集·金明馆丛稿二编》，第355—356页。
② 1937年2月31日陈寅恪复函陈述，谈论契丹辽史研究，内称："白鸟之著作，盖日人当时受西洋东方学影响必然之结果，其所依据之原料、解释，已依时代学术进步发生问题，且日人于此数种语言尚无专门威权者，不过随西人之后，稍采中国材料以补之而已。公今日著论，白鸟说若误，可稍辩言及，不必多费力也。"《致陈述》三，陈美延编：《陈寅恪集·书信集》，第183页。
③ 蔡元培：《中央研究院过去工作之回顾与今后努力之标准》，载高平叔编：《蔡元培全集》第五卷，中华书局1988年版，第371页；《三十五年来中国之新文化》，载高平叔编：《蔡元培全集》第六卷，第85页。

更是他排斥一般国学家的托词。在与东西两洋学术争胜方面，傅斯年的实际做法与公开宣言之间存在明显反差。他不像陈垣等人希望将汉学的中心争回到中国，因为他知道国际汉学属于东方学系统，所以内心深处对于中国人研治纯粹中国问题的"全汉"情有独钟，可是宣传上要顺应甚至凭借清季尤其是"五四"以来西风压倒东风的时势，竖起中国的"科学的东方学之正统"的大旗，并掌控最终的话语权，使得那些不知何谓"科学的东方学之正统"的学人望而却步或是知难而退。1934年，傅斯年在承认西洋人治中外关系史等"半汉"的问题上有"大重要性"的同时，觉得"全汉"的问题更大更多，"更是建造中国史学知识之骨架"，批评"西洋人作中国考古学，犹之乎他们作中国史学之一般，总是多注重在外缘的关系，每忽略于内层的纲领"[①]。这实际上等于说西人的东方学对于研究中国问题还是等而下之。

傅斯年关于半汉与全汉的分别及取舍，早在他大张旗鼓地高调打出"要科学的东方学之正统在中国"的旗号之际，就已经形成并且暗中操作。1929年，傅斯年即提议陈寅恪领军研究"比较纯粹中国学问"的"新宋史"，以免治魏晋隋唐蒙元"非与洋人拖泥带水不可"。是年9月，傅斯年回复陈寅恪的来函，专门商议修宋史之事。此事似由傅斯年提议，而得到陈寅恪的响应，傅斯年因而表示：

> 此事兄有如许兴趣，至可喜也。此事进行，有两路：一、专此为聘一人，二、由兄领之。……如吾兄领之而组织一队，有四处

---

① 傅斯年：《〈城子崖〉序》，载岳玉玺、李泉、马亮宽编选：《傅斯年选集》，天津人民出版社1996年版，第293—294页。

寻书者，有埋头看书者，有剪刀□者……则五六年后，已可成一长篇之材料有余矣。此时无论研究一个什么样的小问题，只要稍散漫，便须遍观各书，何如举而一齐看之乎？弟意，此一工作，当有不少之副产物，如全宋文（□诗词）、全宋笔记、全宋艺文志（或即为新宋史之一部）等，实一快事！目下有三、四百元一月，便可动手。若后来有钱、有人，更可速进。如研究所地老天荒，仍可自己回家继续也。且此时弄此题，实为事半功倍，盖唐代史题每杂些外国东西，此时研究，非与洋人拖泥带水不可；而明、清史料又浩如烟海。宋代史固是一个比较纯粹中国学问，而材料又已淘汰得不甚多矣。此可于十年之内成大功效，五年之内成小功效，三年之内有文章出来者也。①

照此看来，傅斯年在以宣言的形式断绝那些并不了解"东方学正统"的国学家趋时的念头并将他们统统打入另册后，其与欧洲东方学角胜的取径，并非如顾颉刚所揣测，是"欲步法国汉学之后尘"②，一旦成功地对国学家"标新"，他对西人的东方学也要"立异"了。而立异的本钱，仍然是"比较纯粹"的"中国学问"。所以，"要科学的东方学之正统在中国"的所谓"正统"，还是华洋有别，而非将中心从欧洲夺回中国的空间地理位置转移而已。对于国人，强调要科学的东方学之正统即其西学的一面，对于西人，却是主张不与洋人拖泥带水的具有内层纲领性的"全汉"。

傅斯年等人研治新宋史的计划，发端甚早。在此之前，国内只有刘

---

① 傅斯年致陈寅恪（1929年9月9日），中央研究院历史语言研究所《公文档》。
② 顾潮编著：《顾颉刚年谱》，中国社会科学出版社1993年版，第152页。

咸炘、蒙文通等个别学人议论过重修宋史之事①。虽然刘咸炘1926年写过《宋史学论》等文，专论宋代史学，但是并未认真考虑过重修宋史以及如何付诸实施。如果照傅斯年与陈寅恪所议办理，以中央研究院历史语言研究所得天独厚的条件，以及陈寅恪超卓不凡的见识功力，所获必多，不敢说独步天下，能与之抗衡甚至得为同道者也是屈指可数。即使刘咸炘等同时实施相同计划，照傅斯年的观念，因为并非留学生出身，仍在"无能为役"之列。

然而不无蹊跷的是，此事似乎并无下文，至少不见具体实行的蛛丝马迹。据1930年度《中央研究院过去工作之回顾与今后努力之标准》，研究员陈寅恪的研究工作为："整理明清两代内阁大库档案史料，政治、军事、典制收集，并考定蒙古源流，及校勘梵番汉经论。"②该文件原载《中央周报》第83、84期合刊，为新年增刊，于1930年1月1日出版，其制定应在1929年下半年。考虑到傅斯年与陈寅恪通信讨论着手研治新宋史的时间，则很有可能是制定该项文件时需要确定陈的研究计划。陈寅恪虽然对修宋史表示"如许兴趣"，最终并未同意作为其近期研究工作的重点。

陈寅恪何以搁置此事，未见直接证据。根据相关史事，可能性甚多，另文详论，与西人的东方学相关者，如对于偏重依靠异族域外语言的民族文化关系的研究仍然不忍舍弃，尤其是佛教以及夹杂些外国东西的唐史研究。更为重要的是，宋史是否比较纯粹的中国学问，可以不

---

① 黄曙辉编校：《刘咸炘学术论集·史学编》（下），广西师范大学出版社2007年版，第591—592页。
② 蔡元培：《中央研究院过去工作之回顾与今后努力之标准》，载高平叔编：《蔡元培全集》第五卷，第371—372页。

与外国人拖泥带水,陈、傅二人存在罕有的严重分歧。陈寅恪认为,唐宋诸儒是先受到佛教道教性理之说的影响,再上探先秦两汉的儒学,以外书比附内典,变儒家为禅学,构建新儒学,然后避名居实,取珠还椟,并据以辟佛。傅斯年适相反对,认为唐宋诸儒是受汉儒之性情二元说的影响,鉴于时代风气人伦道丧,先从古儒学中认出心学一派,形成理学,以抵御佛教,因而与禅无关,于儒有本。为此,两人著文暗中争执十余年,最终依然各执己见①。理念相差甚远,当时傅斯年或许一无所知,陈寅恪却心知肚明,自然不愿自找麻烦。

一直到20世纪40年代,陈寅恪仍然稳坐中国的东方学祭酒的位置,没有人能够挑战他的权威地位。可是,形势比人强,陈寅恪所讲西人之东方学,在欧洲本来就是极小众研治的绝学,因为必须掌握多种古今语言,经过比较语言学和比较文献学的长期训练,又要各种文献的大量积累,当时中国很少有人能够承接延续,清华大学国学院的高才生如姜亮夫等也不能理解。陈寅恪在清华研究院所讲西人之东方学之目录学和梵文(1928年度改讲梵文文法和唯识二十论校读),前者"先就佛经一部讲起,又拟得便兼述西人治希腊、拉丁文之方法途径,以为中国人治古学之比较参证"②。学生的普遍感觉是听不懂。姜亮夫回忆道:"陈寅恪先生广博深邃的学问使我一辈子也摸探不着他的底。……听寅恪先生上课,我不由自愧外国文学得太差。他引的印度文、巴利文及许许多多奇怪的字,我都不懂,就是英文、法文,我的根底也差。所以听寅恪先生的课,我感到非常苦恼。"陈的梵文课以《金刚经》为教材,用十几种语言比较

---

① 详见桑兵:《求其古与求其是:傅斯年〈性命古训辨证〉的方法启示》,《中国文化》第29期,2009年春季号。
② 《教授来校》,《清华周刊》第359期,1925年11月13日。

分析中文本翻译的正误。学生们问题成堆，但要发问，几乎每个字都要问。否则包括课后借助参考书，最多也只能听懂三成①。蓝文征也说："陈先生演讲，同学显得程度很不够。他所会业已死了的文字，拉丁文不必讲，如梵文、巴利文、满文、蒙文、藏文、突厥文、西夏文及中波斯文非常之多，至于英法德俄日希腊诸国文更不用说，甚至连匈牙利的马札尔文也懂。上课时，我们常常听不懂，他一写，哦！才知道那是德文，那是俄文，那是梵文，但要问其音，叩其义，方始完全了解。"②

清华国学院研究生的程度较一般大学本科为高，而当时国内顶尖的北京大学和清华大学两校学生，对于陈寅恪所讲东方学更加力不从心。1928年春，北京大学请其兼任"佛经翻译文学"课程，秋季改授"蒙古源流研究"，前者"因为同学中没有一个学过梵文的，最后只能得到一点求法翻经的常识，深一层了解没有人达到"。后者因部分学生对元史有所准备，勉强能够应付③。清华国学院结束后，陈寅恪改到清华大学的文史两系任教，所讲课程较研究院时期降低难度，学生仍然不能适应。1934年，该校文学院代院长蒋廷黻总结历史系近三年概况时说："国史高级课程中，以陈寅恪教授所担任者最重要。三年以前，陈教授在本系所授课程多向极专门者，如蒙古史料、唐代西北石刻等，因学生程度不足，颇难引进。"④学问本来就存在可信与可爱的不可兼得，越是

---

① 姜亮夫：《忆清华国学研究院》，载王元化主编：《学术集林》第一卷，远东出版社1994年版，第237—239页。
② 陈哲三：《陈寅恪先生轶事及其著作》，《传记文学》1970年第3期。
③ 劳干：《忆陈寅恪先生》，《传记文学》1970年第3期。
④ 刘桂生、欧阳军喜：《陈寅恪先生编年事辑补》，载王永兴编：《纪念陈寅恪先生百年诞辰学术论文集》，江西教育出版社1994年版，第436页。其在中文系所开课程为佛经翻译文学、敦煌小说选读、世说新语研究、唐诗校释等。

高深玄奥,越是曲高和寡,难以即时验证。如果不能超越时流,坚守良知,以一般青年为主体的大学反而最容易成为欺世盗名者横行无忌的场所,遑论并非故意地误人子弟。这也是大学稍有不慎即变为学术江湖的重要成因。

学生无力承受,还不足以让陈寅恪放弃心仪的西人之东方学,全力转向其他领域。可是后来逐渐发生材料不足的困难,终于令其无法继续坚持。尽管陈寅恪游学期间大量购书,以备归国研究,回国前后又想方设法鼓动各部门机构购置相关图书资料,由于基础太差,又是不急之务,一时间难以充分改善。到20世纪30年代后期,材料方面已经感到捉襟见肘的陈寅恪还想勉为其难地奋力一搏,不料抗日战争爆发,辗转迁徙,颠沛流离,巧妇难为无米之炊。1942年,陈寅恪为朱延丰《突厥通考》作序,公开声称"寅恪平生治学,不甘逐队随人,而为牛后。年来自审所知,实限于禹域以内,故仅守老氏损之又损之义,捐弃故技。凡塞表殊族之史事,不复敢上下议论于其间"[①]。同年年底为陈述《辽史补注》作序,又表明因"频岁衰病,于塞外之史,殊族之文,久不敢有所论述"[②]。并且将所有相关西人东方学的书籍卖给北大,最终放弃在此领域与国际学术界角逐比肩[③]。尽管陈寅恪屡屡自称其"平生述作皆出于不得[已]"[④],令人难以捉摸,此番转向的确出于情非得已。既然未必心甘情愿,所以后来陈寅恪一直关注西人之东方学的研究动向,战后对于学界新锐季羡林的研究能够突进到国际学术前沿大加赞赏。后

---

① 陈寅恪:《朱延丰突厥通考序》,《陈寅恪史学论文选集》,上海古籍出版社1992年版,第513页。
② 陈寅恪:《陈述〈辽史补注〉序》,载陈美延编:《陈寅恪集·金明馆丛稿二编》,第265页。
③ 此事多以为出于生计艰难,实则对于学人而言,安身立命处更为重要。
④ 陈寅恪:《致陈述》十九,载陈美延编:《陈寅恪集·书信集》,第197页。

来有人指季所治实为"虏学",而非国学,并非妄言。而季老自己卸下"国学大师"的桂冠,也算是正本清源之举。

三、国人中的西学较优

西人之东方学虽然是西学的组成部分,如果仅仅以此为准来衡量陈寅恪的西学,不无取巧之嫌。其实,即使在西学的正统方面,以国人为范围比较,陈寅恪的西学当在出类拔萃之列。此处之较,不仅指与当时一般的中国人比,而且是与专门的学问家比,甚至是与以输入新知为职志,号称通西学者比较。或者指陈寅恪未必通西学,如果以为西人有西学,并以西人为范围整体而言固然,可是要说陈寅恪是近代中国学人当中西学最好的有数之人,亦非过誉。对此可从几方面略加申论。

清季以来,对于西学了解较深者,首先当属留学生。所谓读西书不如留西学,确有几分道理。读西书尤其是翻译书,隔了不止一层,很难领会到位。当然,留学又有东西洋之别,留学东洋而求西学,也是转手负贩的二手货。留学西洋还有欧美之分,前者重在求学问,后者着眼于求学位。进而言之,无论东西洋还是欧美,受时势的影响,近代留学生当中从事社会政治活动以及如各种留洋外史小说所描述的混迹江湖者不在少数,肯用心读书的为数不多。正是在后一部分留学生当中,陈寅恪的中西学问俱佳可谓有口皆碑。陈寅恪在东西两洋各国的各大名校浸淫多年,当为中国有史以来留学时间最长,读过的学校最多之人,知道求学问到欧洲,求学位到美国的道理。所学习的范围虽有重点,亦相当广泛,而且他不求学位,但求学问,专心读书。与之交往甚笃的吴宓称:

"陈君中西学问皆甚渊博,又识力精到,议论透彻,宓佩服至极。"所以如此,天分高之外,在于读书多,尤其读西书多。"哈佛中国学生,读书最多者,当推陈君寅恪,及其表弟俞君大维。两君读书多,而购书亦多。到此不及半载,而新购之书籍,已充橱盈笥,得数百卷。陈君及梅君,皆屡劝宓购书。回国之后,西文书籍,杳乎难得,非自购不可。而此时不零星随机购置,则将来恐亦无力及此。"其时陈寅恪不仅谈西学,而且"谈印度哲理文化,与中土及希腊之关系"①。吴宓后来说:"始宓于民国八年在哈佛大学得识陈寅恪,当时即惊其博学而服其卓识。驰书国内友人,谓'合中西新旧各种学问而统论之,吾必以寅恪为全中国最博学之人'。"②

吴宓读书治学教书,均以外国文学尤其是比较文化为主,其西学较一般中国人为优。不过,尽管他后来成为部聘教授,其中西学识与陈寅恪相比,还是差距较大。而自视甚高且读书亦多的傅斯年对刚到德国留学的北大同学毛子水说:"在柏林有两位中国留学生是我国最有希望的读书种子,一是陈寅恪,一是俞大维。"③另一位北大毕业派遣留德的姚从吾(士鳌)于1924年3月12日致函母校,介绍在柏林的中国留学生,如罗家伦、陈枢,及俞大维、傅斯年等,称后二人"博通中西,识迈群流",对陈寅恪尤为推崇,指其"能畅读英法德文,并通希伯来、拉丁、土耳其、西夏、蒙古、西藏、满洲等十余种文字,近专攻毗邻中国各民族之语言,尤致力于西藏文。印度古经典,中土未全译或未译者,西藏文多已译出。印度经典散亡,西洋学者治印度学者,多依据中

---

① 吴学昭整理:《吴宓日记》第二册,第28、55、90页。
② 《吴宓诗集·空轩诗话》,转引自吴学昭:《吴宓与陈寅恪》,第79页。
③ 毛子水:《记陈寅恪先生》,《传记文学》1970年第2期。

国人之记载,实在重要部分,多存西藏文书中,就中关涉文学美术者亦甚多。陈君欲依据西人最近编著之西藏文书目录,从事翻译,此实学术界之伟业。陈先生志趣纯洁,强识多闻,他日之成就当不可限量也。又陈先生博学多识,于援庵先生所著之《元也里可温考》《摩尼教入中国考》《火祆教考》,张亮丞先生新译之《马可孛罗游记》均有极中肯之批评"①。同年7月,顾颉刚在信中列举现今国学五派的趋势,其中第二派为东方古言语学及史学,"研究亚洲汉族以外的各民族的文化,他们在甘肃、新疆、中央亚细亚等处发掘,有巨大的发见。法人伯希和、英人斯坦因,中国罗福成、张星烺、陈寅恪、陈垣等都是这一派的代表"②。

陈寅恪不仅通过书本了解西学,还实地考察留学各国的社会实情,增加切身体验,以便加深对于西方社会的理解认识。1919年吴宓与之相识于哈佛,"聆其谈述,则寅恪不但学问渊博,且深悉中西政治、社会之内幕"③。如偶及婚姻之事,陈为其细述所见欧洲社会实在情形,竟能将贵族王公、中人之家和下等工人的情况分别详述,指出"西洋男女,其婚姻之不能自由,有过于吾国人"。进而申论:"盖天下本无'自由婚姻'之一物,而吾国竟以此为风气,宜其流弊若此也。即如宪法也,民政也,悉当作如是观。捕风捉影,互相欺蒙利用而已。"④ 这与"五四"以来东西文化的笼统类比,不啻天壤之别。陈寅恪对西方婚姻制度及男女色欲之事的认识,绝非纸上谈兵,为了具体了解,在巴黎时还曾实地考察。详究比较之下,认为:"吾国旧日之制,男女各得

---

① 《北京大学日刊》第 1465 号,1924 年 5 月 9 日。
② 顾潮编著:《顾颉刚年谱》,第 97 页。
③ 吴宓著,吴学昭整理:《吴宓自编年谱》,生活·读书·新知三联书店 1995 年版,第 188 页。
④ 吴学昭整理:《吴宓日记》第二册,第 121 页。

及时配偶,实属最善之道。父母为儿女择偶綦殷,固是爱子之心,抑亦千百年经验所得。本乎学理,而重事实。故吾国风俗实较西洋为纯正。"① 1923 至 1924 年留学欧洲期间,陈寅恪与积极组织政党活动的曾琦等人交往,"高谈天下国家之余,常常提出国家将来致治中之政治、教育、民生等问题:大纲细节,如民主如何使其适合中国国情现状,教育须从普遍征兵制来训练乡愚大众,民生须尽量开发边地与建设新工业等"②。后来他指责"戊戌"以降五十年中国的政治退化,依据之一即是以国会为象征的所谓恶质民主政治③。

陈寅恪口头上常常将中西社会文化做平行比较,因其对于中外各国社会文化的历史演变及现实状况有系统了解和深入体察,所见往往与时人大异。前引留美期间陈寅恪向吴宓阐述其对中西思想文化异同流变的一整套看法,便与东西文化论战各派的观点均大相径庭。而号称通西学的人士乍听之下,大都愕然诧异,认真思考,加以验证,转而心悦诚服。胡适一派有英国通之称的陈源,1922 年在柏林第一次听到陈寅恪的妙论,"说平常人把欧亚做东西民族性的分界,是一种很大的错误。欧洲人的注重精神方面,与印度比较的相近些,只有中国人是顶注重物质,最讲究实际的民族"。当时觉得是"闻所未闻的奇论,可是近几年的观察,都可以证实他的议论,不得不叫人惊叹他的见解的透澈了"④。

正是由于陈寅恪对于西学和西方的认识相当精辟,超越流俗和

---

① 吴学昭整理:《吴宓日记》第二册,第 120 页。
② 李璜:《忆陈寅恪登恪昆仲》,载钱文忠主编:《陈寅恪印象》,学林出版社 1997 年版,第 6 页;曾琦:《旅欧日记》,载曾慕韩先生遗著编辑委员会编:《曾慕韩先生遗著》,中国青年党中央执行委员会 1954 年版,第 407—418 页。
③ 陈美延编:《陈寅恪集·寒柳堂集》,第 149—150 页。
④ 西滢:《闲话》,《现代评论》第三卷第 65 期,1926 年 3 月 6 日。

常人,甚至远在以输入新知为己任的趋新人士之上,尽管见解大异其趣,还是受到后者的推重。1930年底,中华教育文化基金会董事会成立编译委员会,由胡适担任委员长,张准任副委员长。该委员会分为甲乙两组,甲组文史,乙组科学。甲组委员有丁文江、赵元任、陈寅恪、傅斯年、陈源、闻一多、梁实秋,皆一时之选[①]。主持其事的胡适提出历史和名著的拟译名单。关于历史,胡适所开书单为:(一)希腊用 Grote(格罗特)。(二)罗马用 Moumsen(莫姆森)与 Gibbon(吉本)。(三)中世纪拟用 D. C. Munse(穆斯)。(四)文艺复兴与宗教改革拟用 E. M. Hulme, "The Renaissance, the Protestant Revolution & the Catholic Reformation"(《文艺复兴、新教革命和天主教改革》)。(五)近代欧洲拟用 A. W. C. Abbott, "The Expansion of Europe"(艾博特《欧洲的扩张》[1415—1789])及 B. H. E. Bowrne, "The Revolutionary Period"(鲍恩《革命时代》[1763—1815])。(六)英格兰拟用 I. R. Green(格林)或 E. Wingfield—Stratiord, "The History of Brirish Civilization"(温菲尔德—斯特拉福德《不列颠文明史》)。(七)法国拟从李思纯说,用 Albert Malet, "Nowvelle Historie de France"(阿尔伯特·马莱《法国新史》[924])。(八)美国拟用 Beard, "Rise of American Civilization"(比尔德《美利坚文明的兴起》)。讨论时陈寅恪认为:"前四人悬格过高,余人则降格到教科书了。"胡适的答复是:"此亦是不得已之计,中世与近代尚未有公认之名著,故拟先用此种较大较佳之教科书作引子,将来续收名著。比如廿四史中虽有《史记》《汉书》,也不妨收入一些低二三流之作也。孟真

[①] 曹伯言整理:《胡适日记全编》(5),安徽教育出版社2001年版,第759页;胡颂平编著:《胡适之先生年谱长编初稿》,台湾联经出版事业公司1984年版,第950页。

则主张译 *Cambridge Medieval History*（《剑桥中世纪史》），此意我也不反对。"[①] 揣摩当时情形，显然陈寅恪所言切中要害，胡适的辩词有些牵强，傅斯年的意见表面折中，实际是既支持陈，又使胡适有台阶可下。此中所反映出来的，恰是各人对西方不同时期史学整体把握的差异。

陈寅恪的研究虽以文史为主，其对于西学的认识，并不限于史学一隅。1931年清华大学成立20周年纪念之际，陈寅恪提出，"今世治学以世界为范围，重在知彼，绝非闭户造车之比"，并将"吾国大学之职责，在求本国学术之独立"，作为"实系吾民族精神上生死一大事"的公案，"与清华及全国学术有关诸君试一参究"，以国际学术为参照，全面表达了对于"吾国学术之现状及清华之职责"的看法。他认为，求本国学术独立为大学的职责所在，考察全国学术现状，则自然科学领域，中国学人能够将近年新发明之学理，新出版之图籍，知其概要，举其名目，已经不易，只有地质、生物、气象等学科，因为地域材料的关系，还有所贡献。西洋文学哲学艺术历史等，能够输入传达，不失其真，即为难能可贵，遑论创获。至于社会科学领域，则本国政治、社会、财政、经济状况，非乞灵于外人的调查统计，几无以为研求讨论之资。教育学与政治相通，多数教育学者处于"仕而优则学，学而优则仕"的状态。即使中国史学文学思想艺术，实际上也不能独立，能够对大量发现的中国古代近代史料进行具有统系与不涉附会的整理，还有待努力，而全国大学很少有人能够胜任讲授本国通史或一代专史。至于日本研究中国历史的著作，国人只能望其项背。国史正统已失，国语国文亦漫无准则。并且痛斥垄断新材料以为奇货可居、秘不示人、待价而沽的私人藏家为"中

---

① 曹伯言整理：《胡适日记全编》(5)，第822—823页。

国学术独立之罪人"[①]。此意与哈佛时期对吴宓所谈"而中国人,当可为世界之富商。然若冀中国人以学问、美术等之造诣胜人,则决难必也"的意思相参照,可见陈寅恪的旨意在于中国必须脱胎换骨,深究关于天理人事的精神学问,才能以学问美术胜人,获得独立,且贡献于世界。而要达到这一目的,治学必须具有世界眼光和关怀,闭门造车与格义附会,都是缘木求鱼。八十年后重温陈寅恪的论断,很难说局面已经发生了根本变化,在某些方面甚至还有每况愈下之势。

四、取珠还椟

陈寅恪的此番表态,看似与输入新知的新文化派旨趣一脉相通,仔细考察,还是大有分别。关键在于既要以世界为范围,又能具有统系而不涉附会。然当时的中国学人,往往偏于一端。对于上述现象,陈寅恪关于文化史研究的批评,颇具代表性:

> 以往研究文化史有二失:(一)旧派失之滞。旧派作"中国文化史"……不过抄抄而已,其缺点是只有死材料而没有解释,读后不能使为了解人民精神生活与社会制度的关系。(二)新派失之诬。新派是留学生,所谓"以科学方法整理国故"者。新派书有解释,看上去似很条理,然甚危险。他们以外国的社会科学理论解释中国的材料。此种理论,不过是假设的理论。而其所以成立的原因,是

[①] 陈美延编:《陈寅恪集·金明馆丛稿二编》,第361—363页。

由研究西洋历史、政治、社会的材料，归纳而得的结论。结论如果正确，对于我们的材料，也有适用之处。因为人类活动本有其共同之处，所以"以科学方法整理国故"是很有可能性的。不过也有时不适用，因中国的材料有时在其范围之外。所以讲大概似乎对，讲到精细处则不够准确，而讲历史重在准确，功夫所至，不嫌琐细。①

可见陈寅恪的基本取向，仍然是他在《冯友兰〈中国哲学史〉下册审查报告》中所说的"相反相成"，即一方面吸收输入外来学说，一方面不忘本来民族地位。这种由二千年中外民族思想接触史所昭示的道教之真精神，新儒家之旧途径，是真能于思想上自成系统，有所创获的必由之路。对此陈寅恪的直接论述相当简约概括，而通过其学术实践的身体力行，以及对于相关史事的发覆讨论，可以揣摩领会。

陈寅恪治学，比较研究是相当重要的方法取径，这不仅因为史学必须通过比较不同的材料以近真并得其头绪，本来就是天然的比较研究，而且缘于用异族域外语言研究民族文化关系的西人东方学之正统，主要凭借比较语言学、比较文献学、比较宗教学的理念方法。陈寅恪的比较研究，遵循欧洲的正轨，立足本国的史事，至关重要的概念之一便是格义，他曾在多篇论文中屡次详细论述。而陈寅恪对于格义的理解应用，明显体现出相反相成的态度，有助于领悟其对待西学的态度做法。

就外在的形式而言，陈寅恪从比较研究正轨的角度，对望文生义的"格义"之法大加挞伐，其《与刘叔雅论国文试题书》，不仅依据比较语言学的轨则痛批《马氏文通》，指为"何其不通如是耶"，还对流行

---

① 卞僧慧纂：《陈寅恪先生年谱长编（初稿）》，中华书局 2010 年版，第 146 页。

一时的附会中外学说的格义式比较提出批评,并深究其历史根源和现实表现:

> 西晋之世,僧徒有竺法雅者,取内典外书以相拟配,名曰"格义"("格义"之义详见拙著《支愍度学说考》),实为赤县神州附会中西学说之初祖。即以今日中国文学系之中外文学比较一类之课程言,亦只能就白乐天等在中国及日本之文学上,或佛教故事在印度及中国文学上之影响及演变等问题,互相比较研究,方符合比较研究之真谛。盖此种比较研究方法,必须具有历史演变及系统异同之观念。否则古今中外,人天龙鬼,无一不可取以相与比较。荷马可比屈原,孔子可比歌德,穿凿附会,怪诞百出,莫可追诘,更无所谓研究之可言矣。①

"格义"的缘起,详见陈寅恪的《支愍度学说考》:"盖晋世清谈之士,多喜以内典与外书互相比附。僧徒之间复有一种具体之方法,名曰'格义'。'格义'之名,虽罕见载记,然曾盛行一时,影响于当日之思想者甚深。"与"格义"同时出现,形似而实异的还有"合本","'合本'与'格义'二者皆六朝初年僧徒研究经典之方法。自其形式言之,其所重俱在文句之比较拟配,颇有近似之处,实则性质迥异"。"夫'格义'之比较,乃以内典与外书相配拟。'合本'之比较,乃以同本异译之经典相参校。其所用之方法似同,而其结果迥异。故一则成为附会中

---

① 陈寅恪:《与刘叔雅论国文试题书》,载陈美延编:《陈寅恪集·金明馆丛稿二编》,第252页。

西之学说,如心无义即其一例,后世所有融通儒释之理论,皆其支流演变之余也。一则与今日语言学者之比较研究法暗合,如明代员珂之《楞伽经会译》者,可称独得'合本'之遗意,大藏此方撰述中罕觏之作也"。① 就比较研究而言,陈寅恪无疑旗帜鲜明地倡导合本而排斥格义。

不过,转换角度,陈寅恪并非全然否定格义的积极意义。作为"我民族与他民族二种不同思想初次之混合品"的流别,他对唐宋诸儒援儒入释的理学评价极高,"尝谓自北宋以后援儒入释之理学,皆'格义'之流也。佛藏之此方撰述中有所谓融通一类者,亦莫非'格义'之流也。即华严宗如圭峰大师宗密之疏盂兰盆经,以阐扬行孝之义,作原人论而兼采儒道二家之说,恐又'格义'之变相也"②。对于这一类的格义,陈寅恪给予充分的了解同情和高度肯定,他认为韩愈"自述其道统传授渊源固由孟子卒章所启发,亦从新禅宗所自称者摹袭得来也"。韩愈扫除章句繁琐之学,直指人伦,目的是调适佛教与儒学的关系,"盖天竺佛教传入中国时,而吾国文化史已达甚高之程度,故必须改造,以蕲适合吾民族、政治、社会传统之特性,六朝僧徒'格义'之学(详见拙著《支愍度学说考》),即是此种努力之表现,儒家书中具有系统易被利用者,则为《小戴记》之《中庸》,梁武帝已作尝试矣(《隋书》叁贰《经籍志·经部》有梁武帝撰《中庸讲疏》一卷,又《私记制旨中庸义》五卷)。然《中庸》一篇虽可利用,以沟通儒释心性抽象之差异,而于政治社会具体上华夏、天竺两种学说之冲突,尚不能求得一调和贯彻,自成体系之论点。退之首先发见《小戴记》中《大学》一篇,阐明

---

① 陈寅恪:《支愍度学说考》,载陈美延编:《陈寅恪集·金明馆丛稿初编》,第166、181、185页。
② 陈寅恪:《支愍度学说考》,载陈美延编:《陈寅恪集·金明馆丛稿初编》,第173页。

其说，抽象之心性与具体之政治社会组织可以融会无碍，即尽量谈心说性，兼能济世安民，虽相反而实相成，天竺为体，华夏为用，退之于此以奠定后来宋代新儒学之基础"①。

接续韩愈事业的宋代新儒家，在陈寅恪看来，"皆深通佛教者。既喜其义理之高明详尽，足以救中国之缺失，而又忧其用夷变夏也。乃求得两全之法，避其名而居其实，取其珠而还其椟。采佛理之精粹，以之注解四书五经，名为阐明古学，实则吸收异教，声言尊孔辟佛，实则佛之义理，已浸渍濡染，与儒教之宗传，合而为一。此先儒爱国济世之苦心，至可尊敬而曲谅之者也"②。陈寅恪对韩愈、朱熹推崇备至，将朱熹之于中国，比作 Thomas Aquinas 之于西洋中世纪，居功至伟。正是由于先贤面对中外文化的缠绕，都有取珠还椟、避名居实的苦心孤诣，既充分输入吸收外来学说，又不忘本来民族地位，外体中用，才使得民族文化一脉相承，生生不息。

以此为准则，形式上外在的格义，取西洋观念解释古代思想，或用中国学问比附西洋，不仅附会中外学说，不能得外来学说义理之高明，无助于理解领悟古人的思想，反而陷入愈有条理系统，去事实真相愈远的尴尬，而且不无用夷变夏，流于西洋学问的附庸，以致数典忘祖之嫌。而善用格义之学，借鉴西洋学说，重新解读古人思想，既不违于古，又可利于今，求珠还椟，面向未来，或可继宋代之后，进一步丰富提升中华民族的思维能力，再创思想学术的新高。

要想达成两方面的相反相成，应当领悟把握 1931 年清华大学 20 周

---

① 陈美延编：《陈寅恪集·金明馆丛稿初编》，第 319—322 页。
② 吴宓著，吴学昭整理：《吴宓日记》第二册，第 102 页。

年纪念时陈寅恪所提出的准则,即"具有统系与不涉傅会"①。既有系统解释,以免失之于滞,又不格义附会,以防失之于诬。所谓系统解释,并非生吞活剥地套用外国的观念方法,或是将中国的材料削足适履地塞进外国的框架,而是运用欧洲现代治学良法于研究的过程,发现中国观念史事的内在联系与特征,而且在表述方面尽力符合本意本事。历史研究无疑都是后人看前事,用后来观念观照解释前事,无可奈何,难以避免。但要防止先入为主的成见,尽量约束主观,以免强古人以就我,这不仅因为后人所处时代、环境及其所得知识,与历史人物迥异,而且由于这些知识经过历来学人的不断变换强化,很难分清后来认识与历史本事的分界究竟何在。

近代以来,中西新旧,乾坤颠倒,体用关系,用夷变夏,已成大势所趋。陈寅恪称冯著《中国哲学史》下册"取西洋哲学观念,以阐明紫阳之学",虽许以"宜其成系统而多新解",实则对于用域外系统条理本国材料,始终有所保留。1933 年 4 月,浦江清曾对朱自清谈及:"今日治中国学问皆用外国模型,此事无所谓优劣。惟如讲中国文学史,必须用中国间架,不然则古人苦心俱抹杀矣。即如比兴一端,无论合乎真实与否,其影响实大,许多诗人之作,皆着眼政治,此以西方间架论之,即当抹杀矣。"② 这多少反映了陈寅恪的看法,只是无所谓优劣,其实还是有所分别。即使不得已而借鉴域外间架,也有相对适当与否的分别。1937 年陈寅恪与吴宓谈及:"熊十力之新唯识派,乃以 Bergson(亨利·柏格森)之创化论解佛学。欧阳竟无先生之唯识学,则以印度

---

① 陈寅恪:《吾国学术之现状及清华之职责》,载陈美延编:《陈寅恪集·金明馆丛稿二编》,第 361 页。
② 朱乔森编:《朱自清全集·日记编》第九卷,江苏教育出版社 1997 年版,第 213 页。

之烦琐哲学解佛学，如欧洲中世耶教之有 Scholasticism（经院哲学），似觉劳而少功，然比之熊君所说尤为正途确解也。"① 陈寅恪痛批《马氏文通》以印欧语系的文法施诸汉藏语系的中国语文，而主张用同系语文比较研究得一定的通则规律，道理亦在于此②。

近代学人，若不能打破断代学科的分界，通贯古今中外各个层面，而欲求推陈出新，常用办法，便是借鉴西洋等域外观念，观察中国固有事物，而得其新解。早在1919年，胡适出版其《中国哲学史大纲》，就已经宣称："我所用的比较参证的材料，便是西洋的哲学。……故本书的主张，但以为我们若想贯通整理中国哲学史的史料，不可不借用别系的哲学，作一种解释演述的工具。"蔡元培为之作序，更加断言："我们要编成系统，古人的著作没有可依傍的，不能不依傍西洋人的哲学史。所以非研究过西洋哲学史的人不能构成适当的形式。"③ 这样的做法，后来被视为树立了中国近代学术的典范，也引起不小的非议。1928年，张荫麟曾撰文评冯友兰《儒家对于婚丧祭礼之理论》，指出："以现代自觉的统系比附古代断片的思想，此乃近今治中国思想史者之通病。此种比附，实预断一无法证明之大前提，即谓凡古人之思想皆有自觉的统系及一致的组织。然从思想发达之历程观之，此实极晚近之事也。在不与原来之断片思想冲突之范围内，每可构成数多种统系。以统系化之方法治古代思想，适足以愈治而愈棼耳。"④ 这的确点到用后来域外观念系统解释古代固有思想学说事物的要害，而与陈寅恪所说大抵相通。陈寅恪

---

① 吴宓著，吴学昭整理：《吴宓日记》第六册，第152—153页。
② 桑兵：《横看成岭侧成峰——学术视差与胡适的学术地位》，《历史研究》2003年第5期。
③ 欧阳哲生编：《胡适文集》（6），北京大学出版社1998年版，第155、182页。
④ 张荫麟：《评冯友兰〈儒家对于婚丧祭礼之理论〉》，《大公报·文学副刊》1928年7月9日。

在《冯友兰〈中国哲学史〉上册审查报告》讲述对于古人之学说应具了解之同情的意思之后,紧接着说了以下一段话:

> 但此种同情之态度,最易流于穿凿傅会之恶习。因今日所得见之古代材料,或散佚而仅存,或晦涩而难解,非经过解释及排比之程序,绝无哲学史之可言。然若加以连贯综合之搜集及统系条理之整理,则著者有意无意之间,往往依其自身所遭际之时代,所居处之环境,所薰染之学说,以推测解释古人之意志。由此之故,今日之谈中国古代哲学者,大抵即谈其今日自身之哲学者也。所著之中国哲学史者,即其今日自身之哲学史者也,其言论愈有条理统系,则去古人学说之真相愈远。①

时至今日,在与国际接轨对话等时髦导向下,用外国模型治中国学问,愈演愈烈,几乎成为天经地义,理所当然,似乎不如此则不入流。逐渐演变成以负贩为创新,甚至衍生搬弄炫耀连自己也不明所以的名词概念的恶习。尽管风气如此削足适履,以致太阿倒持,熟悉域外中国研究状况的余英时教授还是断言:"我可以负责地说一句:20世纪以来,中国学人有关中国学术的著作,其最有价值的都是最少以西方观念作比附的。……如果治中国史者先有外国框框,则势必不能细心体会中国史籍的'本意',而是把它当报纸一样的翻检,从字面上找自己所需要的东西(你们千万不要误信有些浅人的话,以为'本意'是找不到的,理

---

① 陈美延编:《陈寅恪集·金明馆丛稿二编》,第279—280页。

由在此无法详说)。"① 此言的确是过来人的心得,可以检验一切中国人有关中国学术的著作,也应当作为警示来者的箴言。

要将古今中外熔于一炉,取高明义理而不着痕迹,由事实见解释,重要方法即与格义相对的合本子注。所谓"合本","盖取别本之义同文异者,列入小注中,与大字正文互相配拟。即所谓'以子从母','事类相对'者也","中土佛典译出既多,往往同本而异译,于是有编纂'合本',以资对比者焉"。其具体程序做法,则如敏度法师《合维摩诘经序》所说:"此三贤者(支恭明、法护、叔兰),并博综稽古,研机极玄,殊方异音,兼通关解,先后译传,别为三经同本,人殊出异。或辞句出入,先后不同,或有无离合,多少各异,或方言训古,字乖趣同,或其文胡越,其趣亦乖,或文义混杂,在疑似之间,若此之比,其途非一。若其偏执一经,则失兼通之功。广披其三,则文烦难究,余是以合两令相附。以明所出为本,以兰所出为子,分章断句,使事类相从。令寻之者瞻上视下,读彼按此,足以释乖迂之劳,易则易知矣。若能参考校异,极数通变,则万流同归,百虑一致,庶可以辟大通于未寤,阖同异于均致。若其配不相畴,倘失其类者,俟后明哲君子刊之从正。"在陈寅恪看来,其方法之精审美备,"即今日历史语言学者之佛典比较研究方法,亦何以远过"②。

合本子注法还影响了中国的史学,尤其与宋代长编考异法颇有渊源。合本子注和长编考异法的应用,后来进一步有所扩展。1948年杨树达作《论语疏证》,为陈寅恪所推许,并代为总结道:"先生治经之

---

① 余英时:《论士衡史》,上海文艺出版社1999年版,第459页。
② 陈寅恪:《支愍度学说考》,载陈美延编:《陈寅恪集·金明馆丛稿初编》,第181—185页。

法,殆与宋贤治史之法冥会,而与天竺诂经之法,形似而实不同也。夫圣人之言,必有为而发,若不取事实以证之,则成无的之矢矣。圣言简奥,若不采意旨相同之语以参之,则为不解之谜矣。既广搜群籍,以参证圣言,其言之矛盾疑滞者,若不考订解释,折衷一是,则圣人之言行,终不可明矣。今先生汇集古籍中事实语言之与《论语》有关者,并间下己意,考订是非,解释疑滞,此司马君实、李仁甫长编考异之法,乃自来诂释《论语》者所未有,诚可为治经者辟一新途径,树一新模楷也。"依照陈寅恪指示的三层办法,可得以俱舍宗领悟俱舍学之道,后来聚讼纷纭的内外理路之争亦可化为相辅相成。所谓形似而实不同,主要是指佛藏与儒经分别面向出世与世间,因而合本子注与长编考异,一重神话物语,一重人间事实。若就形式和方法而言,二者可谓异曲同工[①]。而杨树达讲学,在好用西方解释框架的蒋廷黻等人看来,全然不上轨道,没有意思。

　　陈寅恪的时代,除了地道的老辈,治学或多或少地都会受西学的影响。即使像陈垣那样自称土法上马的学者,在傅斯年看来也是留学生,意思就是认为其治学办法符合世界潮流。而钱穆等未出国者,在学术以及社会的压力下,只好附和谈论西学的时流。不过,借用西法乃至以西法为本治学,却有隐显之别。越是大张旗鼓地谈论西学者,对西学的了解未必多而且深,而对西学的认识越是深入堂奥,反而不一定侈谈西学的皮毛,只是善用其精髓。在此层面,中外相通,无需此疆彼界,壁垒森严。相比于陈寅恪之于西学的取珠还椟、大道无形,傅斯年的要科学

---

① 陈寅恪:《杨树达论语疏证序》,载陈美延编:《陈寅恪集·金明馆丛稿二编》,第262—263页。

的东方学之正统在中国,尽管他内心有全汉的追求,对于海外汉学家,除伯希和、高本汉等少数高明外,很少能入其法眼,实际做法也的确与众不同,更多是用作制人的法器,但客观上还是助长了挟洋自重的恶俗,加深了格义附会的流弊。

结　论

总括前述各节,可以得出如下意见和申论:

西学只是东方人的说法,并无内涵外延的标准实事,无从把握。漫无边际的所谓学贯中西其实是不可能的,包括西方人在内,没有人可以贯通包括各种文化、方面的所谓西学。因此,陈寅恪当然不能无所不包地学贯中西,其中学较通,以专业的眼光看,也有限度(如古文字、音韵训诂);其西学除基本知识以及作为外来者由切身体验洞察所得真知灼见外,主要集中于文史之学。可是相对于同时代的国人,陈寅恪的西学可谓出类拔萃,不用说与国学家比较,即使号称通西学者也难出其右。陈寅恪主张治学以世界为范围,实际上多用比较语言、比较文献、比较宗教、比较历史等国际时行方法,而推许王国维的治学方法,其中之一便是将外国观念与本国材料相参证。不过他绝不挟洋自重,很少称引附会西学,宁愿仿宋儒朱熹成例,取珠还椟,以免数典忘祖。而在批评一味趋新者的西学为过时的格义之学时,才显示其对元和新样的了解与把握,已经臻于化境。陈寅恪于举世以欧化为时尚的风气中,敢于特立独行,固然由于学问上早已悟道,同时也得益于长期留学的背景以及留学生当中关于其中西学皆通的口碑,而震慑世人时俗的,还是掌握多种外语和擅长西人之东方学。待到其捐弃故技，不复言塞表殊族之史事，学问谨守禹域以内，西学的痕迹日益隐去，本来一般人认为以西学见长的陈寅恪，逐渐变得似乎与西学无缘。

中外文化的交流影响，源远流长，随时发生。就精神领域的学问集中而论，受域外影响最深的大致有三期，即以唐宋为中心的新儒学之产生及其传衍，明清之际耶稣会士传入泰西新学以及晚清的西学东渐。前两个时期虽然源流不同，实际上已经用夷变夏，形式上还仍然坚持取珠还椟。后一时期则夷夏大防全面崩溃，不仅西体中用，甚至全盘西化。正是针对世人不以舍己从人为耻，反而挟洋自重成风的时尚，陈寅恪凭借二千年中外思想接触史之所昭示，重申中国今后即使能忠实输入北美或东欧的思想，其结局在思想史上既不能居最高地位，而且势将终归于歇绝，主张必须坚守道教之真精神及新儒家之旧途径，一方面吸收输入外来学说，一方面不忘本来民族地位的相反相成态度，才能于思想上自成系统，有所创获。他本人即身体力行。其大声疾呼未必能够即时挽回世运，所提出的法则却有颠扑不破的效应，可以检验所有与此相关的人与事。

不过，唐宋明清诸儒取珠还椟的苦心孤诣，却给后世的研究者留下难以破解的谜题。即以陈寅恪所论新儒学的产生及其传衍，断为先吸收异教精粹，融成新说，再阐明古学，以夷夏之论排斥外来教义，便与傅斯年等人的看法截然不同，唐宋诸儒究竟是先受到佛教、道教性理之说的影响，再上探先秦两汉的儒学，以外书比附内典，构建新儒学，然后据以辟佛，还是相反，鉴于时代风气人伦道丧，先从古儒学中认出心学一派，形成理学，以抵御佛教，两说可谓针锋相对。在多位近代学界高明参与的讨论中，陈寅恪的看法曲折反复，难以信而有征，明显处于少数①。至于明清之际耶稣会士的影响，近年来有学人分门别类地搜集比较不同时期的中外文本，在自然科学各方面，逐渐可以征实，而在精神思想学问方面，由于方以智等人用西说解读经典而故意掩饰，同样陷入认识新儒学发生演化的迷惑，只能言其大概，很难具体实证。历史尤其是学术思想史上，实事未必皆有实证，看似可以征实的往往又是表象假象，扑朔迷离。如何破解此类谜题，考验今日学人的智慧功力。同样，陈寅恪秉承先贤之道，用西学而不着痕迹，较一般皮傅西学、食洋不化者，固然判若云泥，即使与忠实输入新知者相较，也不可同日而语。研究类似问题，应当以实证虚。一味信而有征，则不仅表浅简单，而且未必可信，甚至可能误读错解。唯有用陈寅恪探究中国中古思想发展大事因缘之法，庶几可达虽不中亦不远的境地。如此，也可为破解类似谜题提供案例参证。

（原载《文史哲》2011年第6期）

---

① 桑兵：《求其是与求其古：傅斯年〈性命古训辩证〉的方法启示》，《中国文化》第29期，2009年春季号。

趋新反入旧：傅斯年、史语所与西方史学潮流

陈 峰

作为民国时期国家最高人文学术机构的中央研究院历史语言研究所（以下简称"史语所"），自1928年成立之日起就承担着与国际学术界进行交流对话的使命，以跻身世界学术之林为职志。这种国际化的追求，一方面是为了改造中国固有学术，使之具备现代科学形态；另一方面是与西方学术，尤其是西方汉学争高下——不仅是模仿、融入而已，更带有强烈的赶超意味。

史语所所长傅斯年在不同场合表达过这种意愿。当傅斯年着手筹备史语所之际，就踌躇满志地向胡适介绍说："中央研究院之历史语言研究所……实斯年等实现理想之奋斗，为中国而豪外国，必黾勉匍匐而赴之。现在不吹，我等自信两年之后，必有可观。"[①]他在为院长蔡元培代拟的研究员聘书草稿中说："我国历史语言之学本至发达……当时

[①] 傅斯年：《致胡适》，载中国社会科学院近代史研究所民国史组编：《胡适来往书信选》上册，中华书局1979年版，第476页。

成绩,宜为百余年前欧洲学者所深羡,而引以为病未能者。不幸不能与时俱进,坐看欧人为其学者,扩充材料,扩充工具,成为今日之巨丽。"①1929年,他在致陈垣的信中提及:"斯年留旅欧洲之时,睹异国之典型,惭中土之摇落,并汉地之历史言语材料亦为西方旅行者窃之夺之,而汉学正统有在巴黎之势,是若可忍,孰不可忍。"②傅斯年在谈到法国汉学时曾说:"此日学术之进步,甚赖国际间之合作影响与竞胜,各学皆然,汉学亦未能除外。国人如愿此后文史学之光大,固应存战胜外国人之心,而努力赴之,亦应借镜于西方汉学之特长,此非自贬实自广也。二十年来日本东方学进步,大体为师巴黎学派之故。吾国人似不应取抹杀之态度,自添障碍以落人后。"③他向李盛铎之子李少微求购其珍藏之史料时强调指出:"此日为此学问,欲对欧洲、日本人而有加,瞻吾国前修而不惭,必于材料有所增益,方法有所改革,然后可以后来居上。"④他在《历史语言研究所工作之旨趣》中更是明确宣布:"要科学的东方学之正统在中国!"

傅斯年的同辈友人对其追慕超越西方的意图和作为也深有体会。顾颉刚就说:傅在欧久,甚欲步法国汉学后尘,且与之角胜⑤。李济后来

---

① 王汎森、杜正胜编:《傅斯年文物资料选辑》,傅斯年先生百龄纪念筹备会印行1995年版,第63页。另参见李泉:《傅斯年学术思想评传》,北京图书馆出版社2000年版,第115页。
② 杜正胜:《无中生有的志业——傅斯年的史学革命与史语所的创立》,《古今论衡》创刊号,1998年。
③ 傅斯年:《论伯希和教授》,载欧阳哲生主编:《傅斯年全集》第五卷,湖南教育出版社2003年版,第469页。
④ 转引自杜正胜:《无中生有的志业——傅斯年的史学革命与史语所的创立》,《古今论衡》创刊号,1998年。
⑤ 顾潮编著:《顾颉刚年谱》"1928年4月23日记1973年7月补记",中国社会科学出版社1992年版,第152页。

曾明确阐释《历史语言研究所工作之旨趣》说:"这一段文字说明了廿余年来历史语言研究所工作的动力所在。文中所说的'不满'与'不服气'的情绪,在当时的学术界,已有很长的历史。"① 傅斯年的至交罗家伦评论说:"他的主张是要办成一个有科学性而能在国际间的学术界站得住的研究所,绝对不是一个抱残守缺的机关。"② 傅斯年主持史语所延聘外国学者伯希和、高本汉、安特生等人为通讯研究员,并把"成就若干能使用近代西洋人所使用工具之少年学者"作为最主要的工作目标之一③,更从行动上证实其用心良苦。

不唯傅氏个人如此,当时史语所同人亦有相似的感受和期待。特约研究员陈垣痛心于中国学术在国际上的边缘化,说:"现在中外学者谈汉学,不是说巴黎如何,就是说日本如何,没有提中国的,我们应当把汉学中心夺回中国,夺回北京。"④ 历史组的陈寅恪也感叹道:"东洲邻国以三十年来学术锐进之故,其关于吾国历史之著作,非复国人所能追步。今日国虽幸存,而国史已失其正统,若起先民于地下,其感慨如何?"⑤ 可见,融入国际学术主流并在中国研究方面占据中心地位,是史语所成员的共同企盼。从后来取得的成效来看,史语所同人的努力并没有白费,的确获得了国际学术界的某种认可。1932 年,被誉为东方学泰斗的伯希和,就因为史语所各种出版品之报告书,尤其是李济所

---

① 李济:《傅孟真先生领导的历史语言研究所——几个基本观念及几件重要工作的回顾》,载王为松编:《傅斯年印象》,学林出版社 1997 年版,第 108 页。
② 罗家伦:《元气淋漓的傅孟真》,载王为松编:《傅斯年印象》,第 11 页。
③ 傅斯年:《国立中央研究院历史语言研究所十七年度报告》,《傅斯年全集》第六卷,第 10 页。
④ 郑天挺:《五十自述》,《天津文史资料选辑》第二十八辑,第 8 页。
⑤ 陈寅恪:《吾国学术之现状及清华之责任》,载《金明馆丛稿二编》,上海古籍出版社 1982 年版,第 317 页。

著《安阳殷墟发掘报告》,颇有学术价值,特向法国考古与文学研究院提议,将本年度的"于里安(儒莲)奖金"授予史语所。同年年底,傅斯年向蔡元培汇报史语所工作时说:"此时对外国已颇可自豪焉。"蔡氏则复函勉励说:"'中国学'之中心点已由巴黎而移至北平,想伯希和此时亦已不能不默认矣。"[①] 蔡元培致函傅斯年说,荷兰决定退还庚子款,以其中35%为文化之用,愿以其利息中的53%交给中央研究院。他并解释道:"荷兰人所以注意本院,由于其卢顿之汉学研究院知有史语所成绩之故。"[②] 经过苦心经营,史语所已经为中国学术在国际上赢得了一定地位和声誉。

20世纪历史学已经走完了它的行程,史语所也已经整整跨越了八十个年头。以今日的后见之明,反思和检视史语所国际化的成败得失,当另有一番认识和体悟。因为20世纪中后期的世界学术发生了重要转向,实现了新旧更替,新趋势最终上升为主流。与此相适应,学术评估的标准和眼光也不可避免地有所转换。由此,人们不禁要追问:在新的评价坐标中,史语所处于一个什么位置,它是否实现了初衷,是否真正融入了国际史学的新潮流呢?

一、20世纪前期西方史学和汉学的新动向

19世纪末20世纪初正处于传统史学向新史学过渡的前夜。这不是

---

① 卢毅:《"整理国故运动"兴盛原因探究》,《东南文化》2006年第4期。
② 王汎森:《中国近代思想与学术的系谱》,河北教育出版社2001年版,第342页。

一般常规性的变化，而是一场根本性、方向性的范式转换。19世纪的西方几乎是由传统史学一统天下。"科学的历史学之父"[①]兰克是西方传统史学的集大成者和典型代表。兰克在柏林大学任教达46年之久，他的门生弟子不仅把持了德国大学的历史教席，还通过柏林大学的研究班培养出大批学者，广布德国以外的西方史坛，如法国的朗格诺瓦和瑟诺博斯、英国以阿克顿为首的"剑桥学派"，以及美国的班克罗夫特等人，可谓桃李满天下。由此，兰克成为整个西方史坛的师表，兰克学派政治史理念也成为辐射西方史坛的国际性史学思潮。根据古奇的概括，兰克史学的贡献有如下方面："第一，他尽可能把研究过去同当时的感情分别开来，并描写事情的实际情况。""第二，他建立了论述历史事件必须严格依据同时代的资料的原则。""第三，他按照权威资料的作者的品质、交往和获得知识的机会，通过以他们来同其他作家的证据对比，来分析权威性资料，从而创立了考证的科学。"[②]西方传统史学范式在兰克那里得以最终确立和成熟。惜乎好景不长，兰克史学的颠覆性力量也在潜滋暗长，逐渐形成气候。"19世纪末叶的历史研究是以一种深刻的不安为其特征的。几乎就在同时，整个欧洲和美国都发生了一场对大学里已经确立的历史学的前途假设的批判审查。"[③]也就是说，19、20世纪之交，以兰克为代表的传统史学已经危机四起，针锋相对的批评和质疑之声不绝于耳，遍布欧美各国。

新史学对传统史学的反叛首先在其大本营德国爆发。1891年，兰

[①] 转引自格奥尔格·G. 伊格尔斯：《德国的历史观》，彭刚、顾杭译，译林出版社2006年版，第81页。
[②] G. P. 古奇：《十九世纪历史学与历史学家》上册，耿淡如译，商务印书馆1989年版，第214—215页。
[③] 伊格尔斯：《二十世纪的历史学》，何兆武译，辽宁教育出版社2003年版，第36、75页。

普勒希特的《德意志史》第 1 卷出版,由此开始了一场与兰克学派长达 25 年的激烈论战。兰普勒希特陆续发表了《历史学中的新旧趋势》(1896 年)、《什么是文化史?》(1896 年)、《文化史方法》(1900 年)、《什么是历史?》(1905 年)等一系列作品,对以兰克学派为代表的传统史学展开猛烈批判。他力图建立一个"新型文化史"学派,塑造一种新的史学。这种新史学与兰克学派局限于政治史和精英人物不同,主张历史学的内容应扩展到经济、文化、精神、民族等诸多方面,撰写人类集体的活动。在方法上,这种新史学反对仅仅要求弄清"事实是怎样发生的",而主张弄清"事实是为何如此的";兰克的问题是叙事,而新史学"必须以试图阐明一般性的发展规律的发生学方法来取代描述的方法"①。兰普勒希特的《文化史方法》的目的是建立一种以社会学法则为基础的历史科学。他自己也承认,他的方法是社会学的方法,他的目的是心理学的目的。1909 年 5 月,兰普勒希特创办撒克逊皇家文化史和通史学院,推动文化史研究。开设的课程相当广泛,有历史哲学、谱牒学、文献学、人种学、经济学和社会史、儿童研究、朝廷礼仪、比较法律、德国和中国文化史等。该学院出版了 40 部总名为《兰普勒希特对文化史和世界史的贡献》的专著。兰普勒希特自称"在史学上完成了一次革命"②。

在法国,亨利·贝尔是新史学的先驱。1900 年他创办《历史综合杂志》,旨在与传统史学立异,为未来的新史学规划方向。他指出,兰

---

① 伊格尔斯:《德国的历史观》,第 265 页。
② 关于兰普勒希特的新史学,参见 J. W. 汤普森:《历史著作史》下卷第四分册,谢德风译,商务印书馆 1992 年版,第 580—587 页。同时参考 Earle Wilbur Dow, "Features of the New History: Apropos of Lamprecht's 'Deutsche Geschichte'," *The American Historical Review*, Vol. 3, No. 3(Apr., 1898):431-448.

克的传统史学只是"事件的历史",仅仅叙述历史上发生过的事件,缺乏解决问题的明确认识;传统史学只重视从史料来研究历史,而"史料的搜集并不比集邮或搜集贝壳有更大的科学价值",只能挖掘历史的一个角落,造成史学孤立于其他学科之外,导致封闭、狭隘、支离破碎。贝尔申明新史学是在历史综合中的跨学科研究,他主张以史学为中心综合其他学科形成一种新的史学模式。他创办《历史综合杂志》的目的就是要使历史学加强与毗邻学科之间的联系。1924年,贝尔在巴黎创建国际历史综合研究中心,每年组织学术讨论。1920年起,他又主编一套《人类的演进》丛书[①]。《历史综合杂志》被称为安放在传统史学营垒中的一匹"特洛伊木马"。1929年,吕西安·费弗尔和马克·布洛克创办了《经济社会史年鉴》,法国乃至整个西方新史学中最有代表性的一个流派——年鉴学派由此诞生[②]。这预示着西方史学即将迎来一个新的时代。

新史学的浪潮同样在大洋彼岸的美国涌动。1912年鲁滨孙(也译作鲁滨逊。——编者)出版《新史学》一书,吹响新史学的号角。首先,他反对传统史学局限于政治史的取向,主张"新史学"应包含人类过去的全部活动。《新史学》开宗明义地指出:"从广义来说,一切关于人类在世界上出现以来所做的或所想的事业与痕迹,都包括在历史范围之内。大到可以描述各民族的兴亡,小到描写一个最平凡的人物的习惯和感情……历史是研究人类过去事业的一门极其广泛的学问。"其次,与传统史学一味求真不同,鲁滨孙十分注重史学的现实功用,主张研究

[①] 参见井上幸治:《年鉴学派成立的基础——亨利·贝尔在法国史学史中的地位》,《国外社会科学》1980年第6期。
[②] 详参姚蒙:《法国当代史学主流》,香港三联/台湾远流出版社1988年版,第42—50页。

历史是为了帮助人们了解现在和推测未来。历史当以将来为球门。他认为,"历史最主要的功用"是"可以帮助我们了解我们自己、我们的同类以及人类的种种问题和前景"。再次,鲁滨孙反对传统史学的封闭性,强调史学家要利用关于人类的新科学知识,寻找"新同盟军"。这些"新同盟军"包括广义的人类学、史前考古学、社会心理学、动物心理学、比较宗教学、政治经济学、社会学等。有了它们的支援,"不仅历史研究的范围可以大大加强和深化,而且在史学园地里将会取得比自古以来更有价值的成果"[1]。在哥伦比亚大学执教的25年间,鲁滨孙及其同事和门生,如比尔德、贝克、巴恩斯、肖特威尔、海斯和桑代克等,逐渐形成"新史学派"。鲁滨孙领导的新史学运动由此也产生了广泛的影响。

总之,20世纪的前三十年是西方新史学的形成时期。这时,新旧两种史学正处在激烈的较量当中。传统史学的正统地位并未根本动摇,崭露头角的新史学还处在幼稚阶段,尚不足以与之抗衡。德国兰普勒希特的资料采择不精,概括粗糙武断,因此遭到多数专业历史学家的激烈反对。德国史学界总体上抵制新史学[2]。法国的贝尔本人不是历史学家,其《历史综合杂志》虽然具有跨学科的特色,但历史研究主题不够明显,因此距离新史学范型的真正建成还有相当的距离。1931年《历史综合杂志》更名为《综合杂志》后,主题更为淡薄,对历史学的影响也越来越小了。而且,这一阶段社会科学对历史学的影响,重点还是放在社会学、人种学和心理学的理论和论证方面,即使那些对旧的传统方法

---

[1] 参见鲁滨孙:《新史学》,齐思和译,商务印书馆1964年版,第3、15、70页。
[2] 伊格尔斯:《二十世纪的历史学》,第36、75页。

最不满意的历史学家也没有开始着手去寻找新的历史证据和探索更加严谨的研究技术①。"总的说来,无论从研究人数和出版刊物看,还是从实际影响看,当时在西方史坛,占统治地位的还是传统史学。传统的政治史和叙事史牢牢地占据着大学讲坛。战前西方的所有大学几乎还没有单独的社会史讲座。而像《美国历史学评论》《英国历史学评论》和法国《历史杂志》这样一些国际性的权威历史学杂志还都在抵制新史学的影响。"②尽管如此,"夕阳无限好,只是近黄昏"。1898 年,一位美国学者写道:"不管对兰克的评价是多么高,但他总归是上一个世纪的产儿。"③兰克学派代表的是一种旧趋势、一股旧潮流,而新史学派则代表新趋势、新潮流。20 世纪初,"在世界许多国家几乎同时出现对德国'科学'史学派统治的有意识的挑战"④。新史学派极力颠覆传统史学的垄断地位,传统史学也依凭其强势地位竭力打压,但新史学的发展已不可遏制、无法逆转,渐呈星火燎原、全线挺进之势,终于在"二战"后改朝换代,跃升为西方史学的主流。

西方学术中有一个部门为汉学,即关于中国历史和文化的研究。西方汉学不限于史学一科,但从某种意义上说,它却是西方史学影响中国史学最重要的途径。汉学是一个窗口,是中国学者接触、了解西方史学最直接、最便捷的通道。它的影响比一般以西方历史为对象的西方史学更为深切著明。20 世纪前期,西方汉学也正酝酿着一场从传统向现代

---

① 巴勒克拉夫:《当代史学主要趋势》,杨豫译,上海译文出版社 1987 年版,第 73 页。
② 何兆武、陈启能主编:《当代西方史学理论》,上海社会科学院出版社 2003 年版,第 23 页。
③ Earle Wilbur Dow, "Features of the New History: Apropos of Lamprecht's 'Deutsche Geschichte'," *The American Historical Review* Vol. 3, No. 3(Apr., 1898): 431-448.
④ Georg. G. Iggers, Harold T. Parker, *International Handbook of Historical Studies*, London: Methuen & Co. Ltd, 1980.

的变革。"传统汉学以法国为中心,现代汉学则兴显于美国,而在西方其他国家葆有传统汉学的同时,现代汉学也相对地繁荣起来。"①

20世纪前期的欧洲汉学达到鼎盛时代,可谓大师辈出,强手如林。20世纪初国际汉学的泰斗是法国的沙畹。沙畹以后,西洋中国学的大师分为巴黎与瑞典两派,巴黎学派以伯希和、马伯乐和葛兰言为代表,而后一派的台柱高本汉,"学术渊源仍是师承沙畹"。此外,在苏俄、美国汉学界居于显要地位的阿列克和叶理绥,也是巴黎学派的弟子门生。20世纪20年代留学法国的李思纯说:"西人之治中国学者,英美不如德,德不如法。"②留法学者杨堃亦称:"'中国学'不仅是一门西洋的科学,而且还几乎可以说:它是一门法国的科学。"③"二战"以前,法国汉学在国际汉学界居于领先地位,美国则远远落后。难怪1916年4月5日胡适在日记中感叹:"西人之治汉学者,名 Sinologists or Sinoloques,其用功甚苦,而成效殊微。然其人多不为吾国古代成见陋说所拘束,故其所著书往往有启发吾人思想之处,不可一笔抹煞也。今日吾国人能以中文著书立说者尚不多见,即有之,亦无余力及于国外。然此学 Sinology 终须吾国人为之,以其事半功倍,非如西方汉学家之有种种艰阻不易摧陷,不易入手也。"④

西方汉学作为西方学术的一个分支,其发展和变化自然受本土主流学术的制约和规范,与整个西方史学保持同一步调,甚至稍显滞后。沙畹"使其有效的研究方法系统化并将文献学(即小学)的新正统观念传

---

① 阎纯德:《从"传统"到"现代":汉学形态的历史演进》,《文史哲》2004年第5期。
② 李思纯:《与友论新诗书》,《学衡》1923年第19期。
③ 杨堃:《葛兰言研究导论》,《社会科学季刊》1940年第一卷第3、4期及第二卷第1期连载,后收入氏著《社会学与民俗学》,四川民族出版社1997年版,第107—108页。
④ 《胡适留学日记》,商务印书馆1937年版,第860页。

播给了下一代研究工作者。这种文献学的方法和学术研究在大多数的研究领域里占据了无可争议的主导地位,直至第二次世界大战"①。桑兵指出:"伯希和时代西方汉学的成熟,以整个欧洲学术的发展为背景和依托。19世纪下半叶以来,实证史学在欧洲占据主导,受科学化倾向的制约,考古和文献考证日益成为史学的要项。"②时人论伯希和之学道:"详绎先生之著作,其所以能超越前人,决疑制胜,盖得力于先生之精通亚洲各种语文,注意版本校勘,与新史料之搜求运用。论者颇有以偏狭琐屑为先生之学病;其实先生之治学精神,求精审不求广阔,求专门不求宏通,宁失之狭细,不失之广泛,此正先生之长处,奚足为先生病。"③受西方史学影响,汉学家们主要运用语文考据方法,研究兴趣集中在文字学、考古等传统的文史领域。总体而言,欧洲汉学的学术风格与兰克史学基本一致。

而西方汉学也非语文考据派一枝独秀,同样孕育着变革的因素。法国汉学内部分化出一个社会学派。早在沙畹时代,其《泰山志》"启发后之学者以社会学研究汉学之途径"④。至葛兰言(Marcel Granet)"喜以现代社会学观点治中国古典,为其特色"⑤,则"在西洋中国学正统派之外,别树一帜"⑥。葛兰言是汉学家沙畹和社会学家涂尔干(Emile

---

① 韩大伟:《西方古典汉学史回顾:传统与真实》,《清华汉学研究》第三辑,第86页。
② 桑兵:《国学与汉学——近代中外学界交往录》,浙江人民出版社1999年版,第6页。
③ 高名凯:《伯希和教授》,《燕京学报》第30期,第330页。而齐思和谓伯希和"学甚博杂,而缺乏组织力与创造力,其生平巨文,几皆以书评式为之。名满天下,而未成一书,即其论文,亦鲜有篇幅甚长者",其中不无批评之意。见齐思和:《评马司帛洛〈中国上古史〉》,《中国史探研》,河北教育出版社2000年版,第466页。
④ 莫东寅:《汉学发达史》,文化出版社1949年版,第97页。
⑤ 莫东寅:《汉学发达史》,第101页。
⑥ 杨堃:《葛兰言研究导论》,载《社会学与民俗学》,第108页。

Durkhim)的学生,并深受社会学家莫斯(Marcel Mauss)的影响,"欲以杜尔干、莫斯二氏之社会学说参合沙畹之中国材料,而成其社会史之研究也"①。杨堃评论说:"葛兰言教授是法国现代社会学派内一位大师,西洋中国学派内一个新的学派之开创者。"②"葛兰言实不仅是一位'社会学化的中国学家',而且是一位真正的社会学家,第一流的社会学大家,并且是法国社会学派的嫡系与真正的一位代表者。"③莫里斯·弗里德曼(Maurice Freedman)甚至认为,必须在涂尔干社会学而不是历史学和汉学的脉络中理解葛兰言④。葛兰言倡行将社会学分析法引入中国研究领域,撰写了《中国古代节令与歌谣》(1919年)、《中国人之宗教》(1922年)、《中国古代舞蹈与传说》(1926年)、《中国古代之婚姻范畴》(1939年)等著作,开创了西方汉学的社会学派。"沙畹的其他弟子,如伯希和、高本汉与马伯乐诸氏……虽说全是正统派,或者因与葛氏相较,而亦不妨名之曰旧派。"⑤自葛氏综合三法(历史、分析和比较)应用于汉学以来,他便超出他国的汉学而独立,精密而光明的,所谓法国特有的汉学⑥。

葛兰言批评"一般旧派的史学家或中国学家,不是仅以考证为能

---

① 高名凯:《葛兰言教授》,《燕京学报》第30期,第334页。
② 杨堃:《葛兰言研究导论》,载《社会学与民俗学》,第108页。
③ 杨堃:《葛兰言研究导论》,载《社会学与民俗学》,第115页。西方学界有类似的评论,见 James R. Ware,"Reviewed Work (s): Festivals and Songs of Ancient China by Marcel Granet," *Journal of the American Oriental Society*, Vol, 54, No. 1. (Mar., 1934): 100-103。
④ J. L. Watson,"Reviewed Work (s): *The Religion of the Chinese People* by Marcel Granet," *Man*, New Series, Vol. 10, No. 4.(Dec., 1975), pp. 646-647。
⑤ 杨堃:《葛兰言研究导论》,《社会学与民俗学》,第117页。
⑥ 王静如:《二十世纪之法国汉学及其对于中国学术之影响》,《国立华北编译馆馆刊》1943年第8期。

事，就是虽有解释而仍是以主观的心理的意见为主，故貌似科学而实极不正确，极不彻底，故远不如杜氏所倡的社会学分析法为高明"。葛氏认为，"中国学者向考据这条路一直往前走去，不免往往太走远了一点。中国考据的进步，好像都认为这是批评的精神在那里生出影响。虽然已有如此煊赫的结果，我该当立刻的说：引起这种考据批评的精神一点也不是实证的精神，并且不能真正算得是批评。这种批评的缺点是：专心于作品而不大留意其中故实"①。葛兰言反对一味疑古辨伪，而主张"伪中求真"：一面是求助于历史学方法的内在批评，一面求助于社会学方法的"同类比较"。并且认为，没有社会学的眼光，历史学的批评是无多大力量的。李璜说他是"用社会学眼光在中国古书中取材料，再用心理学的眼光去判断这些材料的价值"②。

依照杨堃的看法，《中国古代舞蹈与传说》③一书的绪论，"不仅是葛兰言方法论中一个很好的说明书，而且是他向整个的中国学界一种革命的宣言"。而首当其冲的对象，便是伯希和、高本汉等人所代表的正统语文学派。"这一派从沙畹以至于伯希和与马伯乐，可谓登峰造极。其特长与弱点，已均暴露无遗。……社会学派的最大贡献即在乎方法。亦正是这样的方法，乃最能济语文学之穷而补其短"，"单赖语文学的批评，绝无法建设出一部科学的历史来"④。葛兰言使汉学研究进入更高的

---

① 幼春（李璜）：《法国支那学者格拉勒的治学方法》，《新月》第二卷第 8 号，1929 年 10 月 10 日。
② 幼春（李璜）：《法国支那学者格拉勒的治学方法》，《新月》第二卷第 8 号，1929 年 10 月 10 日。
③ 1933 年 2 月，法国格拉勒著、李璜译述的《古中国的跳舞与神秘故事》由中华书局出版。
④ 杨堃：《葛兰言研究导论》，载《社会学与民俗学》，第 137—138、132 页。

层次,"激发了重构中国历史的更系统的研究"①。"由于沙畹、伯希和等人全力用于写史以前的工作,无法写出完备且理论精运的中国历史,葛兰言以社会学方法董理中国史语文献,便可由考史进而写史。"②葛氏周围业已形成一个学派,"凡是葛兰言的学生,总全受过社会学的训练,重视社会学分析法,并全能对于宗教与民俗学两项特为注意,而且会有一种新的看法,亦即社会学的看法,据我所知,他的学生中应向读者介绍的,则有麦斯特、夏白龙与杜柏秋诸氏。……此外,在东亚方面,无论在中国,在日本,或在安南,葛兰言的门徒或学生,为数亦不算少"。葛兰言的学术影响也在扩大,他的《中国古代节令与歌谣》《中国人之宗教》《中国古代舞蹈与传说》等书,连获法国汉学研究的最高荣誉——儒莲奖,而所著《中国上古文明论》(1929年)、《中国思想论》(1934年),则被列入法国新史学运动大师贝尔主编的"人类演化丛书"出版③。由此可见,葛兰言的社会学式汉学与年鉴派新史学同轨合辙。

与此同时,20世纪三四十年代的美国中国学正处在脱离欧洲汉学、走向独立的过程中。此前美国的中国研究未脱出传统的欧洲汉学的樊篱,哈佛大学所有主要的汉学家都来自巴黎。1925年太平洋学会(Institute of Pacific Relations)的成立是美国中国研究彻底摆脱古典和传统而向现代转向的标志。被称为美国中国学之父的哈佛大学教授费正清说:20世

---

① Li An-che (李安宅),"Reviewed Work(s): *Festivals and Songs of Ancient China* by Marcel Granet," *The Journal of American Folklore*, Vol. 51, No. 202. (Oct.-Dec., 1938), pp. 449-451.
② 王静如:《二十世纪之法国汉学及其对于中国学术之影响》,《国立华北编译馆馆刊》1943年第8期。
③ 杨堃:《葛兰言研究导论》,载《社会学与民俗学》,第137—138、117页。该书出版后,西方学者对其有所批评,见 J. K. Shryock, "Reviewed Work (s): *Chinese Civilization* by Marcel Granet," *Journal of the American Oriental Society*, Vol. 51, No. 2. (Jun., 1931), pp. 186-188.

纪 30 年代,"美国对中国问题的学术研究分为两个阵营:一个是具有足够资金,坦然紧随欧洲模式的哈佛—燕京研究会,另一个则是纯粹美国阵营,这一阵营散布各处,缺乏基金,而且大都接受从中国回来的传教士的影响和指导"。费氏称"这两个阵营在一定程度上属于风格问题"[1]。纯粹美国阵营发挥组织优势,一方面通过委员会集结力量,召集众多学人乃至业余爱好者编撰《清代名人传略》,另一方面则利用派系之争,排挤谨守欧洲方式、冷落现代中国研究的哈佛—燕京学社社长叶理绥(Seri Eliseeff)。20 世纪三四十年代美国中国学家的新生代正在成长阶段,一批日后为人们所熟知的中国研究专家如赖德烈(Kenneth Scott Latourett)、恒慕义(Arthur William Hummel)、欧文·拉铁摩尔(Owen Lattimore)、戴德华(George E. Taylor)、傅路特(L. C. Goodrich)、韦慕庭(Clarence Martin Wilbur)、顾立雅(Herrlee Glessner Creel)、毕乃德(Knight Biggerstaff)以及芮沃寿(Arthur Frederick Wright)等,开始登上史坛。

由费正清奠基的美国"中国学"与传统汉学风格迥然不同。由于费正清早期的史学、政治学和经济学训练,他失却了对汉学的兴趣或敬意,认为汉学家缺乏较为系统的概念结构,其繁琐考证只不过制造了许多无所施用的砖石,不能达到"说服学生关注中国的现在和未来,而不是它的过去的目的"。他在致马士的信中说"汉学本身是好的",但是"在他与其他学术研究的关系中就有些破坏作用"[2]。"传统汉学的本

---

[1] 桑兵:《国学与汉学——近代中外学界交往录》,第 19 页。
[2] 陈君静:《大洋彼岸的回声——美国中国史研究历史考察》,中国社会科学出版社 2003 年版,第 81 页;保罗·埃文斯:《费正清看中国》,陈同等译,上海人民出版社 1995 年版,第 37—38、8 页。

质在于对于中国古代历史和文化各个领域的深层的学术探索"①,主要借重语言学方法;而美国中国学"是一门以近现代中国为基本研究对象,以历史学为主体的跨学科研究的学问。它完全打破了传统汉学的狭隘的学科界限,将社会科学的各种理论、方法、手段融入汉学研究和中国历史研究之中,从而大大开阔了研究者的研究视野,丰富了中国研究的内容"②。美国对中国的研究使用多种学科的方法,如历史学、政治学、经济学、人类学、社会学、地理学、语言学、心理学等方法,研究内容从古代历史和文献转为以当代中国问题和中国近代史为主。美国称中国学为"中国研究"(Chinese Studies),而不再沿用欧洲的"汉学"(Sinology)之名,最终完成了由传统向现代的转型。当时的美国中国学"凭借雄厚,朝气弥漫,骎骎乎有凌驾欧人之势"③。

"二战"后,国际汉学发生了重大转向。美国中国学增高继长迅速上升,法国汉学在世界汉学的中心地位被美国所取代。与此相应,学术风格也发生了根本转换,重视考古和文献考证的传统方式日渐式微,社会科学化成为汉学研究的主导趋势,从而超越传统的文史之学的局限,广泛涵盖了社会科学领域,世界汉学的发展进入一个新境界。可见,与20世纪前期的西方史学一样,西方汉学或中国研究也处在新旧交替的转折关头。

"在史语所成立的时候,世界潮流已开始变动,彼时还不显著,可是后来就越变越大。"④ 史语所成立于1928年,正是法国《年鉴》杂志创

---

① 阎纯德:《从"传统"到"现代":汉学形态的历史演进》,《文史哲》2004年第5期。
② 侯且岸:《费正清与中国学》,载李学勤主编:《国际汉学漫步》上卷,河北教育出版社1997年版,第13页。
③ 莫东寅:《汉学发达史》,第150—151页。
④ 沈刚伯:《史学与世变》,《"国立中央研究院"历史语言研究所集刊》第40本上册,1968年。

刊的前一年；面对西方史学新旧两股势力的碰撞角逐，立意与国际学术接轨、竞争的傅斯年及其领导的史语所究竟做出了何种选择，融入了哪一种潮流呢？

二、"我们是中国的朗克学派"

1919年冬，傅斯年考取山东官费出国留学，1926年冬回国，先后在英、德留学七年。傅斯年先到英国伦敦大学研究院主修实验心理学，选修了物理、化学和数学等自然科学课程。此外，他还广泛涉猎英国的文学、史学、政治等学科①。1923年9月，傅斯年转入德国柏林大学，选修"相对论""比较语言学"课程。他一方面为西方自然科学的成果所吸引，另一方面也受到在柏林学习的友人陈寅恪等重视语言学、考据学的熏染。1925至1926年间，他对比较语言学产生浓厚兴趣，接受了德国正统的历史语言考证学。傅氏的藏书也证明，他在留学的最后阶段从自然科学转向了历史语言学②。据史语所的人士回忆，傅斯年回国时，曾宣称"我们是中国的朗克学派"③。而1928年10月的《历史语言研究所集刊》创刊词，"直可视为兰克史学在中国最有系统的宣言"④。傅氏抗

---

① 参见傅斯年：《致胡适信》（1920年8月），载《胡适来往书信选》，中华书局1987年版，第106页。
② 王汎森：《思想史与生活史有交集吗？——读〈傅斯年档案〉》，载《中国近代思想与学术的系谱》，第313页。
③ 据称，此语是田昌五回忆史语所成员张政烺时提到的。参见侯云灏：《20世纪中国史学思潮与变革》，北京师范大学出版社2007年版，第301页。
④ 黄进兴：《历史主义与历史理论》，陕西师范大学出版社2002年版，第297页。

战前还告诉友人张致远,他创办史语所"系根据汉学与德国语文考证学派的优良传统"①。

傅氏的确与西方兰克学派有着千丝万缕的联系。就学术主张和治史活动而言,傅斯年身上集中体现了兰克的影响,处处闪动着兰克的影子。在兰克史学的治史方法中,搜求与考订史料是其全部工作的基石。傅斯年受兰克史学的洗礼,流露出极端重视史料的倾向。他推崇兰克与蒙森,曾谓"纯就史料以探史实","此在中国,固为司马光以至钱大昕之治史方法,在西洋,亦为软克、莫母森之著名立点"②。傅斯年特别强调史料学的中心地位。他在《历史语言研究所工作之旨趣》中明确指出:"近代的历史学只是史料学。"③后来,他又在《史学方法导论》《〈史料与史学〉发刊词》等论著中一再重申此义,反对将历史研究变成历史哲学或文学,主张史学工作只是整理史料。傅斯年还指出,新史料的发现和利用是史学进步的动力。他在《史学方法导论》讲义中提出:"史料的发现,足以促成史学之进步。而史学之进步,最赖史料之增加。"傅斯年说:"我们要能得到前人得不到的史料,然后可以超越前人;我们要能使用新材料于遗传材料上,然后可以超越同见这些材料的同时人。新材料的发现与运用,实是史学进步的重要条件。"④傅斯年的史料学宣言不免夹杂为制造轰动效应而故作惊人之语的成分,但大体仍是其史学主张的表达。他的这种主张大概与其对西方史学的认知有关。他论西方史学的变迁时说过:"近代史学亦可说是史料编辑之学,此种史学,实超希腊罗马以上,其编

---

① 汪荣祖:《史学九章》,生活·读书·新知三联书店2006年版,第23页。
② 傅斯年:《〈史料与史学〉发刊词》,《傅斯年全集》第三卷,第335页。
③ 傅斯年:《史料论略及其他》,辽宁教育出版社1997年版,第40、47页。
④ 傅斯年:《史料论略及其他》,第42—45页。

纂不仅在于记述,而且有特别鉴定之工夫。"① 既然西方近代史学因鉴定整理史料而进步,中国史学亦可循斯途而实现科学化。

兰克治史尤其笃信原始史料。兰克学派认为,历史学的根本任务是说明"真正发生过的事情",而要明了历史的真相,只有穷本溯源,研究原始资料。当事人或目击者提供的证据是最珍贵的,档案、古物一类的原始资料乃是历史的瑰宝。由此,兰克主张用档案文献、活动者的记录、来往信件等编写历史。无论他到哪里搜集材料,最重视的地方就是档案馆,其每部著作都大量利用档案文献。彼得·伯克总结道:"在思想上与兰克联系在一起的历史革命首先是在原始资料和方法上的一场革命,由使用早期的重大历史书籍或'编年史'转移到使用政府的官方档案。历史学家开始经常地在档案馆里从事研究并精心地发展出一套日益先进的方法,以评估档案文件的可靠性。"② 许倬云指出:傅斯年"强调史料本身的研究,是承受了德国兰克等人研究第一手档案资料的传统"③。傅斯年充分肯定原始材料、直接材料的价值,他认为"每每旧的材料本是死的,而一加直接所得可信材料之若干点,即登时变成活的"。"直接材料当然比间接材料正确得多",后者的错误靠它更正、不足靠它弥补、错乱靠它整齐,"间接史料因经中间人手而成之灰沉沉样,靠他改给一个活泼泼的生气象"④。陈寅恪在1928年12月17日致傅斯年的信中表达了同样的认识:"盖历史语言之研究,第一步工作在搜求材料,

---

① 傅斯年:《中西史学观点之变迁》,《中国文化》第12期。
② 转引自韩大伟:《西方古典汉学史回顾:传统与真实》,《清华汉学研究》第三辑,第87页。
③ 许倬云:《序言——也是一番反思》,载王晴佳:《台湾史学五十年(1950—2000):传承、方法、趋向》,麦田出版公司2002年版。
④ 傅斯年:《"新获卜辞写本后记"跋》,《傅斯年全集》第三卷,第113页;《史料论略》,载《史料论略及其他》,第4—5页。

而第一等之原料为最要。"① 陈垣也坚持:"有第一手材料,决不用第二手材料。"② 徐炳昶也指出:"近人治史,首注意于史料之来源,而尤汲汲于所谓第一手之史料。盖此类史料讹误较少,绝非经过多手,生吞活剥之粗制品可比。"③ 傅斯年领导的史语所努力搜求整理原始材料。从地下埋藏的甲骨、金石、陶瓷、竹木的文字刻辞及实物,到地上遗存的古公廨、古庙宇等古建筑,历代的史籍、档案、方志、笔记以及各少数民族的语言、文字、制度、风俗等,都在他们搜集之列。

明清档案史料的整理尤为引人注目。1928 年,傅斯年致信中央研究院院长蔡元培,要求收购流散的清廷内阁大库档案。他在信中写道:"盖明清历史,私家记载,究竟见闻有限;官书则历朝改换,全靠不住。政治实情,全在此档案中也。且明末清初,言多忌讳,官书不信,私人揣测失实。而神、光诸宗时代,御房诸政,《明史》均阙。以后《明史》改修,《清史》编纂,此为第一种有价值之材料。"④ 在蔡元培、杨杏佛等人的支持下,内阁大库档案以 1.8 万元价格收归中央研究院历史语言研究所。1929 年 9 月,傅斯年筹划成立了"历史语言研究所明清史料编刊会",与陈寅恪、朱希祖、陈垣、徐中舒等同任编刊委员。而傅斯年于其中作用尤大,"档案收藏、整理、刊布之大旨方略,悉出其一人之胸臆";"在清理这批档案的同时,傅斯年拟定出一个庞大的出版计划,他准备一边进行清理、分类、编目,一边刊布印行,公诸于世……遵

---

① 转引自王汎森:《什么可以成为历史证据——近代中国新旧史料观点的冲突》,载《中国近代思想与学术的系谱》,第 357—358 页。
② 柴德赓:《陈垣先生的学识》,载《励耘书屋问学记》,生活·读书·新知三联书店 1982 年版,第 37 页。
③ 徐炳昶:《清贤碑传集叙》,《史学集刊》第 4 期。
④ 傅斯年:《致蔡元培》,《傅斯年全集》第七卷,第 70—71 页。

此原则,历史语言研究所于 1931 年将首批整理的档案公开刊行,取名为《明清史料》"①。此次刊印的档案称为甲编,到 1936 年又出版乙编和丙编各 10 册,共计 30 册。

傅斯年服膺兰克的客观主义。认识论上的客观主义是兰克史学的另一大特征。他们主张治史者要持"不偏不倚"的态度,让史料本身来说话。兰克在其早期著作《拉丁和条顿民族史》的"序言"中认为:"历史指定给本书任务是:批判过去,教导现在,以利于未来。可是本书并不敢期望完成这样崇高的任务,它的目的只不过是说明事情的真实情况而已。"② 历史研究就是"把各种事件有秩序地组织在一起;对真实史料加以批判研究,公正地理解,客观地叙述;目的在于说明全部真理"③。在这一派的史家那里,历史是一门"不折不扣的科学"。傅斯年则在《历史语言研究所工作之旨趣》中宣称要把历史学建设成为"与自然科学同列之事业",要使历史学成为"客观的史学""科学的东方学"。他如此总结中国及欧洲的史学发展:"一、史的观念之进步,在于由主观的哲学及伦理价值论变做客观的史料学。二、著史的事业之进步,在于由人文的手段,变做如生物学、地质学等一般的事业。"④ 他坚信,只要剔除了附在历史记载上的道德意义之后,由这一件件"赤裸裸的史料"就可显示其历史的客观性。于是,他认为:"断断不可把我们的主观价值论放进去……既不可以从传统的权威,又不可以随遗传的好尚。"⑤ 史

---

① 岳玉玺、李泉、马亮宽:《傅斯年——大气磅礴的一代学人》,天津人民出版社 1994 年版,第 118—120 页。
② 古奇:《十九世纪历史学与历史学家》上册,第 178 页。
③ 汤普森:《历史著作史》下卷第三分册,第 250 页。
④ 傅斯年:《史料论略及其他》,第 2 页。
⑤ 傅斯年:《中国古代文学史讲义·史料论略》,《傅斯年全集》第二卷,第 42 页。

学研究"不是去扶持或推倒这个运动,或那个主义"①。可以说,傅氏的客观主义立场,比兰克学派有过之而无不及。

综上所论,傅斯年主持建立史语所的路数,"其意即在师兰克的故智"②。然而,有材料证实,傅斯年一生只提到兰克两三次,他的藏书中没有任何兰克的著作③。因此,傅斯年所受兰克的影响很可能是间接的,是通过阅读和接触兰克学派的作品而实现的。王汎森提供了一则重要信息,他说:傅斯年"很看重伯伦汉的《史学方法论》一书,以至读到书皮也破了,重新换了书皮。事实上,兰克史学已经沉淀在当时德国的史学实践中,而不只是挂在嘴上。傅先生对兰克是了解的,但可能大部分来自伯伦汉"④。一般认为,兰克的再传弟子伯伦汉(又译"朋汉姆")的《史学方法论》一书是化约兰克史学为方法论的巨著⑤,素被公认为兰克史学的结晶⑥。例如,他引兰克的话说:"欲使科学能发生影响,必先使其科学而后可……必先去其致用之念,使科学成为客观无私者,而后可语致用,而后能发生影响于当前之事物。"⑦ 兰克"仍谓一历史著作之最要条件,在于求真,所叙述者必须与事实相符,科学的贡献,实为其最重要之事"⑧,而且,"随着伯伦汉的史学方法著作的传播,属于伯伦汉

---

① 傅斯年:《史料论略及其他》,第 2 页。
② 何兆武:《译者前言》,载伊格尔斯:《二十世纪的历史学》,第 2 页。
③ 王汎森:《什么可以成为历史证据——近代中国新旧史料观点的冲突》,载《中国近代思想与学术的系谱》,第 344 页。
④ 转引自张广智:《傅斯年、陈寅恪与兰克史学》,《安徽史学》2004 年第 2 期。
⑤ 参见汪荣祖:《论梁启超史学的前后期》,《文史哲》2004 年第 1 期;《史学九章》,第 30—31 页。
⑥ 黄进兴:《历史主义与历史理论》,第 279 页。
⑦ 伯伦汉:《史学方法论》,陈韬译,商务印书馆 1937 年版,第 10 页。
⑧ 伯伦汉:《史学方法论》,第 102 页。

的'科学的'兰克印象也随着是书传到各地"①。

伯伦汉的观念和立场成为傅斯年史学方法论的主要依据。傅斯年在历史学的科学性、客观性问题上的主张与伯伦汉相当接近。伯伦汉说:"历史必经有方法的考证后,乃得成为科学。""故每种科学,均可含有其所能达之客观性,而此客观性之程度,则除人类之禀赋而外,兼与对象之性质及应用于其上之工具有关,换言之,与各该科学之材料及方法亦有关也。倘有一种知识,其客观性远在此项可及的客观性之后,则吾人可称之为主观的。因人类之一般的禀赋及科学之材料为已有而无多变化者,故其能否达于该项客观程度,主要者在于认识之方法。至于此方法之主要任务,则就此方面言之,在将材料尽量的与吾人之认识能力如是相连系,使其适合于吾人之认识目标,力求避去吾人自然禀赋上之影响。凡能尽量如此之方法,吾人称之为客观的,落于其后者则谓之主观的。……惟客观与主观之概念,自均为相对者。"②这里他强调扩张研究工具与方法以达到客观之境,同时注意到历史学之客观的相对性。傅斯年也有相似的看法:"历史本是一个破罐子,缺边掉底,折把残嘴,果真由我们一整齐了,便有我们主观的分数加进了。"③傅氏的此种认识可能源于伯伦汉的启发。

至于史学的性质及任务,伯伦汉指出:"史家本身对于史学之基本概念,既少所从事,其对外之观瞻,乃模糊不明,其他科学于是纷纷侵越史学之界限,视史学为语言学者有之,视之为自然科学者亦有之,欲

---

① 苏世杰:《历史叙述中的兰克印象:兰克与台湾史学发展》,《当代》2001年第163期。
② 伯伦汉:《史学方法论》,第495页。
③ 傅斯年:《评丁文江的历史人物与地理的关系》,《傅斯年全集》第一卷,第428页。顾颉刚按:此书写于1924年1月2日间。

将史学视为政治学之工具者有之，视之为社会学之旁枝者亦有之。"① 傅斯年则谓："史学的对象是史料，不是文词，不是伦理，不是神学，并又不是社会学。"一般认为，这是傅氏对中国传统史学的批判和对唯物史观的抵制。其实不然，"若稍加推敲这些学科排名顺序的底蕴，不难察觉傅氏思路所反映的竟是西方史学演变的缩影。他避而不提传统旧学中压制史学的经学，反倒凸显西方文化独特的产物：神学与社会学，就是最好的线索"②。傅氏的这一认识与伯伦汉相契合，甚至几乎如出一辙。

后来基本呼应伯伦汉《史学方法论》的、法国学者朗格诺瓦与瑟诺博司合著的《史学原论》也可能为傅斯年的史学观提供了参考。这本 1897 年 8 月在巴黎出版的介绍史学方法的册子，强调文献史料及其批评的重要性。此书讲求文献之实证考订，代表兰克的史学方法，而两位法国学者师承之③。"在法国史学界，《史学原论》享有与伯伦汉著作同等的地位。由于道出同源，它们均可视为兰克史学在方法论上最终的陈述。"④ 它"为一种以事件为中心的历史提供了模式"，"这种历史几乎完全从官方文件出发，以政府的眼光来观察欧洲国家的政治史、军事史，这与其德国前辈毫无二致"⑤。柯林武德认为"它阐述了历史学的前科学形式，即我称之为的'剪刀加浆糊的历史学'"⑥。

《史学原论》认为历史学是一种科学，在从事某项历史工作时，首先要搜集材料，然后对其进行外形鉴定或外考证。"历史由史料构成"，

---

① 伯伦汉：《史学方法论》，第 62 页。
② 黄进兴：《历史主义与历史理论》，第 292 页。
③ 汪荣祖：《论梁启超史学的前后期》，《文史哲》2004 年第 1 期。
④ 黄进兴：《历史主义与历史理论》，第 279 页。
⑤ 伊格尔斯：《欧洲史学新方向》，赵世玲、赵世瑜译，华夏出版社 1989 年版，第 53 页。
⑥ 柯林武德：《历史的观念》，何兆武、张文杰译，商务印书馆 1997 年版，第 210 页。

"无史料斯无历史"①。《史学原论》的序文攻击历史哲学:"凡所谓空泛无际之历史哲学,既未经善于记述、谨慎不苟、明镜善断之人,加以研究审查,则无论其为正确或为错误(无疑必为错误),必皆成为不足取。"② 傅斯年则直接将历史哲学从史学中排除出去。傅斯年在《旨趣》中说,"发挥历史哲学和语言泛想","不是研究的工作"。在《考古学的新方法》中,他又提出"历史这个东西,不是抽象,不是空谈。古来思想家无一定的目的,任凭他的理想成为一种思想的历史——历史哲学。历史哲学可以当作很有趣的作品看待,因为没有事实做根据,所以和史学是不同的。历史的对象是史料,离开史料,也许成为很好的哲学和文学,究其实与历史无关"。

但《史学原论》作者质疑历史学的客观性:"历史学不可能成为一种纯粹科学。""故历史之为学,终不免为一种主观之科学。吾人若以分析真实对象之真实分析方法,推之于主观印象内心分析之学,实为不当于理。""故知历史之学,须严禁其仿效生物学所用之科学方法。""一切历史家,几于皆不自觉,而自拟其能观察彼'真实',实则一切历史家,其唯一所具有者,仅想象而已。"历史学家"用其主观方法彼以想象成一个社会总体,成一进化过程,而对于此等想象所构成之历史总体,彼乃由史料中所贡献之质素而加以集合排比。故凡生物学之类分序列,乃由真实物体之客观观察而成,而历史之类分序列,而仅能由存在于想象中的主观物而成"。他们还提出,历史学是由研究单独特件事实(零件之事变)入手研究"演进"的。"历史学之于此,正与地质学古生物化

---

① 朗格诺瓦、瑟诺博司:《史学原论》,李思纯译,商务印书馆1926年版,第1页。
② 朗格诺瓦、瑟诺博司:《史学原论》,第2页。

石学同一立足点。"① 有学者指出，傅斯年"要把历史学语言学建设得和生物学地质学等同样"的主张，即滥觞于此。傅斯年的表述，既有吸收，也有误读②。《史学原论》比较历史学与生物学意在强调历史研究对象的独特性和个别性，傅斯年则反其意而用之，将历史学与自然科学等同起来。

伯伦汉和朗格诺瓦、瑟诺博司等人的著作和方法在学术界享有极高地位。在西方，《史学原论》是"最负盛名、影响也最大"的历史研究工作手册③。以译介西方史学闻名的何炳松在《历史研究法》序中说："德国朋汉姆著作之所以著名，因其能集先哲学说之大成也。法国朗格罗亚、塞诺波著作之所以著名，因其能采取最新学说之精华也。一重承先，一重启后，然其有功于史法之研究也，则初无二致。"④ 陆懋德也说："至 1889 年，德人 E. Bernheim, Lehrbuchder Historischen Methode 出版，于是历史方法之书，始成为学界之威权。至 1897 年，法人 Ch. Langlois 及 Ch. Seignobos 之 Introductionaux Etudes Historiques 出版，于是历史方法之书，始有简明的教本。近年欧美各国关于历史方法之著作日多，而大抵均奉此二书为指归。大约后人之说虽多，而其基本法则，仍不外乎此二种著作。"⑤ 傅斯年及史语所一心追求国际化，立意与西方学者竞争，且循先模仿后赶超之途，在史学方法论方面，自然受到此二书直接而强

---

① 以上参见朗格诺瓦、瑟诺博司：《史学原论》，第 280、176、178、183、208—209 页。
② 详见侯云灏：《20 世纪中国史学思潮研究及相关问题》，《史林》2002 年第 1 期。值得注意的是，鲁滨孙的《新史学》中也提到："历史这种学问，要承他自己同生物学、地质学及其他各种科学一样，他的发生完全靠他种科学作依据。"见鲁滨孙：《新史学》，何炳松译，广西师范大学出版社 2005 年版，第 42—43 页。
③ 巴勒克拉夫：《当代史学主要趋势》，第 7 页。
④ 何炳松：《历史研究法》，商务印书馆 1927 年版。
⑤ 陆懋德：《史学方法大纲》，北京师范大学史学研究所 1980 年版，第 12 页。

烈的影响。

此外，傅斯年还受到来自德国历史语言学派的启发。观史语所名称可知，傅斯年将语言学提高到与历史学并重的地位。他在中山大学办研究所时，甚至把语言放在历史前面。关于此点，傅氏自有说明："史学的研究每每与语学的研究分不开；同一研究，文字方面是语学，事迹方面是史学。所以在欧洲大陆上，特别是在德国，史学语学皆总称之曰 philologie。"① 钱穆指出："以历史语言二者兼举，在中国传统观念中无此。即在西方，亦仅德国某一派之主张。大体言之，西方史学并不同持此观念，其在中国，尤属创新。"② "历史学与语言学合在一起，亦足以见傅先生学术路线与德国学派的渊源。"③ 而傅氏好友朱家骅则明确指出："历史语言同列合称，是他根据德国洪保尔德一派学者的理论，经过详细的考虑而决定的。"④ 洪堡认为思维和语言是不可分割的，语言决定了对世界的理解和解释，语言的不同决定了思维体系的不同。傅斯年谓"思想不能离开语言，故思想必为语言所支配"，显然是承袭了洪堡的观点。他早年受乾嘉学者重小学的方法（"由声音文字以求训诂，由训诂以求义理"⑤）影响，以"语言文字为读一切书的门径"⑥。留欧后傅斯年更加重视语言学。在1928年致胡适的长信中，他指明语言学在思想史研究中的地位，认为研究古代方术的"用具及设施，大多是言语学及章

---

① 《国立北京大学史学系课程指导书》（民国20年至21年度），北京大学档案馆，案卷号 BD1930014。
② 钱穆：《八十忆双亲·师友杂忆》，生活·读书·新知三联书店1998年版，第168页。
③ 何兆武：《回忆傅斯年先生二三事》，《社会科学论坛》2004年第9期。
④ 朱家骅：《纪念史语所傅故所长孟真五十六诞辰特刊·序》，转引自聊城师范学院历史系等编：《傅斯年》，山东人民出版社1991年版，第295页。
⑤ 钱大昕：《潜研堂集》卷三九《戴先生集》。
⑥ 参见毛子水回忆，王为松编：《傅斯年印象》，第109页。

句批评学"[1]。他写于1936年的《性命古训辨证》,便是在尝试从语言学分析入手研治思想史[2]。

傅斯年留学时期还对西方"比较语言学"产生兴趣。"比较语言学"源于西方的"印欧比较语言学",是根据各种印欧语言的相互比较,来测定原始印欧母语的音读形式。瑞典学者高本汉将此方法运用于中国上古音的研究,撰成《中国音韵学研究》一书,从而使比较语言学方法在民国学术界产生了示范作用。傅氏高度重视比较语言学的研究,他举例说:"中国历来的音韵学者审不了音,所以把一部切韵始终弄不甚明白……又如解释隋唐音,西洋人之知道梵音的,自然按照译名容易下手,在中国人本没有这个工具,又没有法子。又如西藏,缅甸,暹罗等语,实在和汉语出于一语族,将来以比较言语学的方法来建设中国古代言语学,取资于这些语言中的印证处至多,没有这些工具不能成这些学问。"[3] 就《历史语言研究所集刊》发表的高本汉《论考证中国古书真伪之方法》一文,译者王静如介绍说:"高本汉著了一部左传真伪考,把左传的文法语助词,和别的古书作了一个充分的比较研究,证明左传是真实的。他所用的方法完全是逃出了清季和近人因袭的今古文俗套,别创了从语言学立足的新法来解释左传真伪的问题,给中国渐渐沉寂的考据界造了一条新路。"[4] 他所推介的是西方汉学家以语言学治史的考证方法,这正与傅斯年的认识相通。

傅斯年及史语所成员大概都未曾直接阅读过兰克本人的著作,但他

---

[1] 耿云志主编:《胡适遗稿及秘藏书信》第三十七册,黄山书社1994年版,第357页。
[2] 参见《傅斯年全集》第二卷,第505页。
[3] 傅斯年:《历史语言研究所工作之旨趣》,《国立中央研究院历史语言研究所集刊》第1本第1分,1928年10月。
[4] 见《国立中央研究院历史语言研究所集刊》1931年第3期,第283页。

们却都是兰克学派不折不扣的追随者。观其学术理念、治史门径，几乎就是兰克史学的翻版。伯伦汉与朗格诺瓦等的《史学方法论》和《史学原论》虽被视为西方实证主义史学方法论的代表作，但与开山时期孔德所倡导的事实和规律并重不同，他们更强调通过对事实的考证与批判来恢复历史真相，实际上成为兰克史学的同道。而历史语言学的方法原本就是兰克史学的传统和长技。至于傅斯年提到过的擅长考古实物材料的蒙森，也可视为兰克的后继者。因此，傅斯年所承受的学术主脉基本来自兰克一派。

三、傅斯年与西方实证主义史学

对傅斯年研究有素的台湾学者王汎森提到："傅先生的史学是多来源的……傅先生重视统计学以及它与历史研究的关系，其实这是受到了英国实证主义史家巴克尔的影响。总之，傅斯年史学是多元的，而不仅仅是兰克。"[①] 此言大致不错。除正统兰克史学外，傅斯年还受到过西方实证主义史学的影响，主要来自巴克尔。

学界对于实证主义史学的内涵虽有相对确定的认识，但在使用这一概念时却不免混乱。这里不妨作一简单交代[②]。自然科学催生的实证主

[①] 口述录音资料《张广智与王汎森关于兰克史学的对话》，海峡两岸傅斯年学术讨论会，山东聊城，1996年5月20日。转引自张广智：《傅斯年、陈寅恪与兰克史学》，《安徽史学》2004年第2期。

[②] 参见蒋大椿、陈启能主编：《史学理论大辞典》，安徽教育出版社2000年版，第567—569页；沃尔什：《历史哲学—导论》，何兆武、张文杰译，广西师范大学出版社2001年版，第40—41页。

义包含两个方面:"首先是确定事实,其次是构成规律。"① 这是完整意义上的实证主义,是以批评、修正兰克史学的姿态出现的,更侧重于寻求规律以达到史学的完全科学化。他们主张将自然科学移植于人类社会研究,"把物理学、化学和生物学中比比皆是的法则的科学理论找原因引进社会研究中"②,影响历史思考的自然科学原理最基本的是物理学关于因果关系的设想和生物学的类比原则③。英国的巴克尔、法国的泰恩和德国的兰普勒希特就是这样的实证主义史学家。例如,巴克尔认为史学应以找出人类文明演进的通则,而不必过于注重那浩如烟海的众多史事:"在所有其他伟大的研究的学科中……大家都接受[一个原则]:找寻通则是必须的,我们亦怀有崇高的期望,以清楚的事实为基础来探究这些现象背后的法则。但相反地,历史学家却没有采用这些步骤。"④ 他要把"历史从年鉴、编年史作者与考古学家手上拯救出来"⑤。美国史学家 J. W. 汤普森评论巴克尔说:"巴克尔藐视传记家和历史家似乎已经养成的单纯编辑事实和资料的习惯,并大胆提出在远为广阔的归纳法的基础上搞'历史科学'。能干的批评家认为他的著作是用演绎法说明物质原因对人类文明的影响的伟大尝试。"⑥ 泰恩认为历史"类似生理学和地质学"⑦。以致有人认为,兰普勒希特等"企图说明社会进化的一般模式,

---

① 柯林武德:《历史的观念》,第189页。
② 汤普森:《历史著作史》下卷第四分册,第609、629页。
③ Charles A. Beard, "Written History as an Act of Faith," *The American Historical Review*, Vol. 39, No. 2 (Jan., 1934), pp. 222-223.
④ 鲍绍霖、姜芃、于沛等编著:《西方史学的东方回响》,社会科学文献出版社2001年版,第57页。
⑤ 鲍绍霖、姜芃、于沛等编著:《西方史学的东方回响》,第156页。
⑥ 汤普森:《历史著作史》下卷第四分册,第611页。
⑦ 汤普森:《历史著作史》下卷第四分册,第614页。

叫他做社会史家还不如说是社会学家"①。有学者发现,"法则式"史学(即年鉴学派的新史学)即从他们那里发源②。

然而,后来的史学家逐渐丧失了"对规律的痴迷"③,背弃了实证主义的理想,19世纪的历史学"接受了实证主义纲领的第一部分,即收集事实",然而"排斥了第二部分,即发现规律"④。所以,爱德华·卡尔说:"实证主义哲学家对于历史学的最大贡献莫过于他们对事实的要求。这一主张落实到历史研究中,便演化为对史料的考订。"⑤一种片面的、不完整的实证主义史学由此形成并广泛流行。同时,兰克史学本身也是一体两面,既强调科学实证,又崇尚历史主义。但随着科学的勃兴,后世有意淡化其历史主义,凸显其实证面向。王晴佳分析说:"由于兰克推崇历史事实,他的史学常常被视为实证主义史学的代表。"⑥近代中国学者也多把兰克学派视为实证主义史学的代表。总之,兰克史学与实证主义史学有重合之处,也有相异之点。后来它们在传播过程中内涵收缩,求同存异,求得最大公约数,即考证史实的部分,只突出以史料求真实的重要性,最终合流,形成兰克式的实证史学。而本文所谓实证主义史学是指完整意义上的、事实与规律兼顾的、原生态的实证主义史学。

傅斯年在德国留学时,兰克史学的统治地位已受到挑战,兰普勒希特与兰克学派的长期争论刚刚平息。于是有学者推测,傅斯年受到兰氏

---

① 朱谦之:《现代史学概论》,《朱谦之文集》第六卷,福建教育出版社2002年版,第45页。
② 伊格尔斯:《欧洲史学新方向》,第35页。
③ 张广智:《西方史学史》,第248页。
④ 柯林武德:《历史的观念》,第194页。
⑤ 爱德华·卡尔:《历史是什么》,商务印书馆1981年版,第3页。
⑥ 王晴佳:《西方的历史观念:从古希腊到现代》,华东师范大学出版社2002年版,第139页。

的影响①。例如,他在《考古学的新方法》中说:"古代史的材料,完全是属于文化方面……如后来不以全体的观念去研究,就不能得到很多的意义,和普遍的知识。所以要用整个的文化观念去看,才可以不至于误解。"又说:"我们要用全副的精神,做全部的观察,以整个的文化为对象去研究,所以必比墨守陈规专门考订文字要□的多。"这里便流露出兰普勒希特的"新型文化史"的思想痕迹。其实,这种推测似乎缺乏证据。兰氏的挑战在守旧的德国史学界不过是死水微澜,并未带来转机。几乎与傅斯年同时在德国留学的姚从吾就丝毫没有受到兰氏新观念的影响,而是唯兰克史学马首是瞻。当时中国国内学术界注意到这场争论的人也甚少,认识到争论的意义者除朱希祖、朱谦之外更是绝无仅有②。傅斯年的认识,与其说源自兰氏的启迪,毋宁说是显示了现代考古学文化研究的取向。至于兰普勒希特主张用发生学的方法代替描述的方法,傅斯年颇为赞赏,他不仅提出了"把发生学引进文学史中来!"的口号,而且在许多论著中都使用了发生学的方法来探究、析缕、揭示、历史事物"由生而少、而壮、而老、而死"的兴衰袭变过程③。在此,傅斯年所理解的发生学方法似乎仍重在描述过程,而非兰氏的解释变化,这就与胡适"历史的态度"、被傅氏称为"历史方法之大成"的达尔文的进化论④别无二致了。即使他的确受到兰氏影响,也限于文学史方面,似与一般的历史研究无涉。

　　1931 年前后,傅斯年曾想翻译《英国文明史》,并已完成前五章方

---

① 岳玉玺:《傅斯年学术思想渊源初探》,《聊城大学学报》2003 年第 1 期。
② 参见朱希祖《新史学》序;朱谦之:《文化科学的方法论之一——现代史学方法》,《朱谦之文集》第二卷,第 210 页。
③ 傅斯年:《中国古代文学史讲义》,《傅斯年全集》第二卷,第 9 页。
④ 傅斯年:《历史语言研究所工作之旨趣》,《国立中央研究院历史语言研究所集刊》第 1 本第 1 分,1928 年 10 月。

法论的部分,还附上自己的《地理史观》一文[①]。他在诸多方面深受巴克尔的影响。巴克尔把"规律"的概念引进到文明史的写作中[②],认为"研究历史之方法及人类活动规律性之证明的叙述,这些活动本为思想定律及自然定律所支配:故两部分之定律皆须研究,且不恃自然科学,历史亦不能成立"。"历史家的责任就是显示一切民族的活动都是有规律的,只有通过揭示因果关系,才能把历史上升为科学。"[③] 在他看来,没有不需要自然科学的历史。傅斯年也要建立以自然科学为楷模的历史学,但他对规律和解释不感兴趣。巴克尔还主张,历史学的发展,必须从其他自然科学和人文科学中不断撷取新知识和新方法。他本人钻研过地理学、生物学、化学、语言学、社会学、法学等几十门学科。这与傅斯年倡导的扩张工具相符合。同时,巴克尔也注重史料和证据,视史学同其他科学一样,"观察应当在发现之前,收集了事实才能发现规律",史学家没有丰富而可靠的资料便不能得出正确的结论[④]。这一观点显然也被傅氏接受。此外,巴克尔的地理史观也给傅斯年以启发。傅斯年介绍西方史学的物质史观以地理环境解释历史时提到过巴克尔,并说:"此种倾向,现盛行法国,称人文地理学派。"[⑤] 他在《夷夏东西说》中强调地理与历史的关系,《性命古训辨证》也应用"地理及进化的观点"。巴克尔重视统计方法,傅斯年也有类似的主张[⑥]。他评论丁文江《历史人物与地

[①] 王汎森:《中国近代思想与学术的系谱》,河北教育出版社2001年版,第330页。
[②] 张广智、张广勇:《史学:文化中的文化》,上海社会科学院出版社2003年版,第315页。
[③] 谭英华:《试论博克尔的史学》,《历史研究》1980年第5期。
[④] 孙秉莹:《欧洲近代史学史》,湖南人民出版社1984年版,第389页。
[⑤] 傅斯年:《中西史学观点之变迁》,《中国文化》第12期。
[⑥] 傅斯年重视统计学还受了其他学者的影响,详见王汎森:《中国近代思想与学术的系谱》,第313页。

理的关系》时说,以"新观点新方术去研究中国历史","试看用统计方法于各种事物上……实在是一件好事。""研究历史要时时存着统计的观念,因为历史事实都是聚象事实。"统计方法最收效的地方,是天文现象一类"单元"事物,用于"复元"的生物界,已经要打折扣,更不用说是"极复元"的历史现象了,直接用起统计方法来,尤须小心。结论是:"不取这篇文章所得的结果,因为他们不是结果;但取这篇文章的提议,因为他有将来。"①

巴克尔还主张史学家要把视线从宗教、政治、军事、外交的狭小范围,扩大到物质生产、经济关系、各种制度、科学技术、思想意识、文学艺术等领域中去;应把人类、社会、民族及其文化当作历史的主要内容,应当记述人类的全部活动、民众的生活和知识的传播过程,应当探讨支配社会发展、民族命运和文明进化的规律②。对此,傅斯年显然是有所保留的。

这里,傅斯年不是追求笼统的"科学"的历史学,而是欲将历史学建设得"与自然科学同列"。这与新文化运动时代一般知识分子对自然科学的迷恋和向往有关。与傅斯年相知甚深的罗家伦曾道出其中原委:"那时候,大家对于自然科学,非常倾倒,除了想从自然科学里面得到可靠的知识而外,而且想从那里面得到科学方法的训练。在本门以内固然可以应用,就是换了方向来治另一套学问,也可以应用。"③ 傅斯年在北大读书时期已经心仪并大力提倡科学,并产生以科学改造哲学的意

---

① 傅斯年:《评丁文江的〈历史人物与地理的关系〉》,《傅斯年全集》第一卷,第425—430页。
② 孙秉莹:《欧洲近代史学史》,第387—388页。
③ 罗家伦:《元气淋漓的傅孟真》,载王为松编:《傅斯年印象》,第7页。

愿①。留欧时他又投入大量精力修习实验心理学等自然科学，兴趣转向历史语言学后仍以自然科学为样板。他在中山大学时提出："语言历史学也正和其他的自然科学同目的同手段，所差只是一个分工。"②但傅斯年的主张与实证主义将史学自然科学化的取向形同而质异，貌合而神离。傅斯年的科学化主张包括两个层面：一方面秉持自然科学的理念和精神，保证历史学的"客观性"；一方面要具体借鉴自然科学方法，实现方法工具的扩充。"现代的历史学研究，已经成了一个各种科学的方法之汇集。地质、地理、考古、生物、气象、天文等学，无一不供给研究历史问题者之工具。"实证主义者也主张效法自然科学，不过，实证主义的本意是引用自然科学的原理来发现社会历史发展的规律。傅斯年却反其道而行之，将解释排除在历史研究之外，只将自然科学用作整理材料的工具。

傅斯年所承受的西方史学是多元的，并不专主一家，有兰克学派的，也有实证主义的；但有主从之分，其中兰克史学应占据中心和主导地位，发挥着支配性的影响。德国以兰克为代表的传统史学根深蒂固，兰普勒希特与兰克学派之间的争论并未改变德国史学的方向，"并未将德国历史研究引入新途径。相反，却导致人们强烈反对将概括引入历史写作，并有意识地加强德国历史专业，以捍卫传统的历史研究模式"③。

---

① 详见傅斯年：《对于中国今日谈哲学者之感念》，《新潮》第一卷第 5 号。傅还上书校长蔡元培提出，哲学研究的材料来源于自然科学，"凡自然科学作一大进步，即哲学发一异彩之日"，主张哲学应入理科。傅斯年：《论哲学门隶属文科之流弊》，原载《北京大学日刊》1918 年 10 月 8 日，此见《傅斯年全集》第一卷，第 37—40 页。
② 傅斯年：《〈语言历史学研究所周刊〉发刊词》，《傅斯年全集》第三卷，第 12—13 页。
③ 伊格尔斯：《欧洲史学新方向》，第 88 页。关于卡尔·兰普勒希特与兰克学派之间的争论，参见该书第 30 页。

他在德留学期间自然难以逃脱兰克史学的影响。兰克史学又与傅斯年以往所受的传统学术训练接通，因而较易在其头脑中扎根。此外，当时流行的西方汉学也扩大和提升了兰克史学的影响力。倍受傅斯年及史语所同人推崇的欧洲汉学恰与兰克史学同源，以语言学为看家本领，以考据术为法宝。傅氏对伯希和、高本汉等人赞赏有加，对葛兰言等为代表的社会科学化的汉学则不以为然甚至相当反感。傅氏本人及史语所的工作几乎成为欧洲汉学的影子。欧洲汉学主要受法国汉学的强力诱导，实际上从侧翼极大地强化了傅斯年对兰克史学的认同感。如此一来，尽管傅斯年对巴克尔的实证主义史学有所接触和吸收，但不可能动摇其兰克史学的根本立场。所以，总体说来，兰克史学是傅斯年西方史学资源的基干，其他学派的影响则只是附着其上的枝叶而已。

四、史语所的新旧迷途

本文关怀的是民国时期史语所的学术路向，而以上的讨论基本上是围绕傅斯年个人的学术观念和学术作为进行的。虽然傅斯年一己的言行不足以代表整个史语所，但傅斯年是史语所的首脑人物，规定和掌控着史语所总体的学术方向。历史、语言二组的主任陈寅恪和赵元任，是傅氏德国留学时的故友和学术知音。陈寅恪的治史规矩与傅斯年颇为一致，也以史料学为本，走语言历史门径，讲比较研究方法[①]。主持考古组的李济"对'历史'和'重建'的认识，可以说是傅斯年新史

---

① 许冠三：《新史学九十年》，岳麓书社 2003 年版，第 229 页。

学理论的实践者"。"史语所人类学组乃有地质人类学之研究,这不但是李济考古学的特色,也是傅斯年新史学的特色。"① 史语所的其他学术中坚,如陈垣、顾颉刚、李方桂、罗常培、李济、徐中舒、梁思永、董作宾等,都是与傅氏志趣相投之人。在史语所1928年度的报告中,把"辅助能从事且已从事纯粹客观史学及语言学之人"及"成就若干能使用近代西洋人所使用之工具之少年学者"作为聘请、招收和培养研究人员的标准。在1928—1937年史语所的鼎盛时期,傅斯年罗致选拔的很多人才,如陈磐、石璋如、丁声树、劳榦、胡厚宣、夏鼐、周一良、高去寻、全汉昇、邓广铭、何兹全、张政烺、傅乐焕、王崇武、董同和、马学良、张琨、周法高、严耕望等,"或多或少都受到过傅斯年的培养,都或多或少继承了他严谨的重材料、重考证的学风"②。就各个研究方向而言,史语所的作为也秉承和贯彻了傅氏的意旨。"史语所在傅先生主持的22年里,应以商周考古(含甲骨金文学,如李济、董作宾、容庚)和明清内档的整理(《明清史料》等)成就最著,也最能代表傅氏风格。而在此时及其后,诸如断代史(如陈寅恪、徐中舒、劳榦、许倬云)、政治制度史(如严耕望)、社会经济史(如全汉昇)、人文地理(如严耕望)等方面的成绩,虽然诸学者治学都有其各人的个性特点,考察视域和学术包容也越来越开阔,但无不可以看作傅斯年实证风气下的煌煌成果。"③ 正如傅斯年所说:"本所同人之治史学,不以空论为学问,亦不以'史观'为急图,乃纯就史料以探史实也。"④ 另外,傅

---

① 详见杜正胜:《新史学与中国考古学的发展》,《文物季刊》1998年第1期。
② 何兹全:《傅斯年的史学思想和史学著作》,《历史研究》2000年第4期。
③ 王家范:《百年史学历程回顾二题》,《历史教学问题》2000年第1期。
④ 傅斯年:《〈史料与史学〉发刊词》,《傅斯年全集》第三卷,第335页。

斯年对史语所工作的高度负责,也确保了他的学术理念的落实。他对各组的工作范围都有比较明确的规定,甚至对每一个人的研究都有具体的要求。明清档案的整理、安阳殷墟的发掘,以及其他许多重大项目的研究,傅斯年无不精心策划,周密组织。因此,史语所基本是在沿着傅斯年设定的轨道运行。

作为史语所学术阵地的《历史语言研究所集刊》(以下简称《集刊》),集中折射出所中学人的史料考证路数。《集刊》奉行傅氏的史料学理念,尤其重视传统的史学考证功夫。《集刊》中的作品"皆以整理和直接研究材料为依归"①,基本不作宏观研究,罕有概论性或通论性的文字,直接研讨理论方法的文字也是少之又少。有学者从《集刊》论文的命题中窥见史语所学人的治学宗旨。如文章中以复原、发原、考、考证、考实、考辨、释例、校释、札记、订误、补正、释论及类似字眼来为文章框定格律和奠定基调的占绝大部分。由此可见,史语所学人走的是一条由考而校、补、订,继而辨、证、释,最终达至原、实、真的史料考证以至历史重建之路。例如《集刊》中包含文化史论文134篇,其中文献整理、史籍考订和历史掌故方面的研究论文就达近百篇。这是其"史学本是史料学"思想的落实②。以专研经济史的全汉昇为例,他1935年毕业后进入史语所,撰社会经济史论文多篇,但"除《中古自然经济》这篇文章有《食货》风味外,其他文章多属史语所的《集刊》风格了"③。史料的精密考证是《集刊》的主调,有学者说它是以兰克派的主

---

① 许冠三:《新史学九十年》,第254页。
② 孔祥成:《历史语言研究所学人的史料观——解读1928—1948年的〈历史语言研究所集刊〉》,《东方论坛》2002年第5期。
③ 何兹全:《我所经历的20世纪中国社会史研究》,《史学理论研究》2003年第2期。全汉昇《中古自然经济》一文载《国立中央研究院历史语言研究所集刊》第10本,1942年。

要刊物《历史杂志》（*Historische Zeitschrift*）为模板的[①]。

可以说，史语所是兰克学派的中国版。其实，岂止一个史语所，整个民国主流史学界都受到兰克学派的诱引和支配。汪荣祖在论及兰克史学与中国史学的关系时就说："兰克有五十几部著作，几乎没有一部被翻成中文，他的史学虽说并没有真正被介绍到中国来，但他所提倡的史学方法经由 Ernest Berheim 等人的著作却进入了中国。像姚从吾从北大到台大，讲的都是兰克的方法论。杜维运考证梁启超在清华大学所讲授的中国历史研究方法，基本上也是同一路的。甚至章太炎，写《清建国别纪》时，也批判性地运用原始史料，可以说亦受此影响。至于其他像王国维的'两重证据法'，陈寅恪留学西欧，受兰克学风的影响更是不在话下，顾颉刚发起疑古思潮，有鉴于传说之不可信，必须根据可靠史料重建信史，以及孟森利用实录等原始资料考证明清史实等等，都可以说直接或间接受到兰克史学方法的影响或启示。"[②] 如此看来，近代史坛几乎完全处在兰克学风的笼罩之下。

不过，就在兰克史学"正式进入中国史学研究的领域之际"，"它在西方已开始衰落了"[③]。换句话说，"20世纪的初年，史学界的变化已经开始了，可是在当时还没有感觉到，当时还觉得 Ranke 这个想法是对的"[④]。这就意味着，傅斯年等人误将西方传统史学的流风余韵当作现代新潮。他们殚精竭虑、煞费苦心迎头赶上的却只是批评者日众的西

[①] Wang Fan-shen, "Fu Ssu-nien: History and Politics in Modern China," Ph. D. Dissertation, Princeton University, 1993, p.95.
[②] 汪荣祖：《中国史学的近代发展》，《国史馆馆刊》复刊1998年第24期。
[③] 余英时：《〈历史与思想〉自序》，载《史学、史家与时代》，广西师范大学出版社2004年版，第123—124页。
[④] 余英时：《史学、史家与时代》，第80页。

方传统史学的末流,而与新史学殊途异路,"中国近代史学方法一方面承清代汉学之旧,一方面也接受了近代西方的'科学方法'。从后一方面,我们尚可看出西方'剪贴'派史学之遗迹,说来甚为有趣。原来西方'剪贴'派史学之衰亡还是很近的事;最初介绍西方史学方法至中国的人们虽亦约略地领悟到'培根式'的科学精神的重要性,根本上却未能摆脱'剪贴'派的残留影响。所以他们于史料之真伪辨之最严,于史料之搜集亦最为用力,傅孟真至有'上穷碧落下黄泉,动手动脚找东西'之口号。他们虽然扩大了史料的范围,但在史料的运用上却未能达完全科学化之境。他们仅了解旧籍真伪之辨与夫新材料之搜罗为无上的重要,而不甚能通过'先验的想象'以变无用的死材料为有用的活材料"①。何炳棣常在胡适面前批评傅斯年办史语所"未曾注意西洋史学观点、选题、综合、方法和社会科学工具的重要",胡适回答说:"我根本就不懂多少西洋史和社会科学,我自己都做不到的事,怎能要求史语所做到?"②这一疏失、缺陷直接造成了史语所与现代学术潮流的隔膜,后果令人警醒。同时,傅斯年及史语所欲建立的"科学的东方学之正统",不过是追步已成明日黄花的欧洲传统汉学,投身衰退中的旧潮流,而与新兴的社会科学化的汉学南辕北辙,以致他们青出于蓝、后浪推前浪的竞胜赶超失去意义。

傅斯年及史语所面对西方史学新旧趋向的取舍失当,实际上受制于民国学人引进西学的普遍水准。晚清民国之际,西方史潮汹涌而入,其在中国的共时性呈现遮盖了原本的历时性演进,被笼统地当作新事物照

---

① 余英时:《一个人文主义的历史观——介绍柯林伍德的历史哲学》,载《史学、史家与时代》,第142—143页。
② 何炳棣:《读史阅世六十年》,广西师范大学出版社2005年版,第321页。

单全收。其中最大的有两股,一是欧日文明史学及美国"新史学"派,一是西方传统的兰克史学。20世纪初,梁启超等策动的"史界革命"的主要依据就是流行于欧日的文明史学。这种文明史学斥君史倡民史、求人类进化之理,在大方向上不期而与后来反兰克的美国"新史学"派合辙。应当说,此时的史学观念与世界史学潮流基本同步。鲁滨孙的《新史学》等著作一经问世,便有国内学者争相推介,得到陶孟和、陈训慈、衡如和谷凤池等人的高度评价①。胡秋原认为鲁滨孙及现代历史著作家超越纯粹心理学范围,而注意一般思想史、科学史、文化史,"诚足以扩大一般历史智识之天地。""新史学尚在运动中,由此开路,其前途实极远大。"② 20世纪20年代留学美国的黄文山认为现代史学的趋势是新史学,这种运动已由萌芽蔚为大观,德国的兰普勒希特、法国的贝尔和英国的马尔文都有功于这个运动。而美国鲁滨孙受生物进化论的影响,"注意历史过程的意义,提倡动的历史创造。其高足 Barnes 继之,光大旧业"③。随后,巴恩斯(班兹)的《史学》《新史学与社会科学》等"新史学"派作品陆续推出中译本,其他未译著述,也在学人论作中被广泛征引。"新史学"派的主张成为国内许多讨论史学理论问题者的依据,集中体现于民国时期涌现的一批"史学概论"著作中,如卢绍稷《史学概要》、吴贯因《史之梯》、李则刚《史学通论》、杨鸿烈《史地新论》和《史学通论》、陆懋德《史学方法大纲》、周容《史学通论》、胡哲敷《史学概论》等。分散于报纸杂志上大量关于史学理论和方法的论文,也都在不同程度上吸收了"新史学"派的理论观念。当时主流学

---

① 参见于沛:《外国史学理论的引入和回响》,《历史研究》1996 年第 3 期。
② 胡秋原:《历史哲学概论》,民主政治社 1948 年版,第 63 页。
③ 黄文山:《西洋知识发展史纲要》,华通书局 1932 年版,第 607 页。

术界对"新史学"的吸取，集中于进化观念，对其社会史、社会科学化主张不免忽视。民国时期虽对美国的"新史学"大量及时地予以引介，但其影响基本停留于思想层面，未能规范和制导实际的学术研究，落实为具体的学术成果①。

然而，在民国时期大行其道的是兰克式传统史学。在史学方法论上，民国学院派学者多奉朗格诺瓦与瑟诺博司合著的《史学原论》为圭臬。而此书虽容纳了当时史学认识论上的一些新知，但方法上仍是集兰克传统史学之大成。胡适在《中国哲学史大纲》的参考书目中，关于"史料审定及整理之法"，就推荐阅读《史学原论》英译本。梁启超也受到《史学原论》影响。杜维运曾将梁氏的《中国历史研究法》与《史学原论》对照比勘，"深觉二者关系极为密切，梁氏突破性的见解，其原大半出于朗、瑟二氏"②。即便是以译介鲁滨孙《新史学》闻名的何炳松，对美国"新史学"也仅一知半解，其撰著立论仍以朗格诺瓦、瑟诺博司和伯伦汉为基础，从而与传统的兰克史学同流。难怪朱谦之感叹说："我们试翻一下国内史学方法的名著，哪一本曾脱却 Ranke 的史学方法论的范围？"③这种传统式的方法论作品在实际的学术研究中发挥着指针作用。

趋新求变原是清季民国学术的特色，何以史学方面唯独要舍新从旧，甘当西方传统史学的末流之末流呢？一个重要原因就是时人在西学即新学的观念支配下，对西方史学发展脉络的认识较为模糊，对西方史

---

① 详参李孝迁：《美国鲁滨孙新史学派在中国的回响》，《东方论坛》2005年第6期、2006年第1期。
② 杜维运：《与西方史家论中国史学》，东大图书公司1981年版，第339页。
③ 朱谦之：《文化科学的方法论之一——现代史学方法》，《朱谦之文集》第二卷，第211页。

学本身的新旧之分较少留意。事实上,当时学术界一般都未明确意识到美国"新史学"与兰克史学的学术时差。在时人眼中,它们不是代表两个不同的时代,不是新旧两种不同的史学,而是同属新史学的范围,并无本质区别。民国学者对已嫌陈旧的《史学原论》和《史学方法论》二书的顶礼膜拜,即表明他们对西方史学的认识已经滞后,尤其在史学方法上不辨新旧。胡适留美期间,"新史学"派已开始流行,但胡适关心的还是"泰西考据学"①,已然慢了一拍。在1919年出版的《中国哲学史大纲》中,他提到:"西洋近百年来史学大进步,大半都是由于审定史料的方法更严密了。"②此判断虽大致不差,但其认识止步于此,实在未能捕捉到西方史学的最新进展。同样有留美经历的何炳松同时编译西方史学新旧两派的作品,将《新史学》与《史学原论》等量齐观,似乎并未察觉二者的根本歧异。"当时中国史家鲜知鲁氏之新乃针对兰克之旧,不满长期以来一直以政治史和通史为专业研究的对象,以冀开拓史学研究的新方法与新领域。"③而且,上述诸人都将强化史料工作当作中国史学的努力目标和未来出路。亲履西土置身西潮者尚且如此缺乏方向感,足不出国门者的认识也就可想而知。他们这一认识上的失误是致命的,不幸将中国史学引入歧途,使之游离于国际新潮之外。傅斯年及史语所身处此种学术环境之中,为时尚所裹挟,以致走上一条与西方现代学术趋向逆行的不归路。

还有一个细节值得一提。1947年傅斯年赴美医病,在纽黑文的耶鲁大学逗留近一年时间,他了解到科学实证主义在欧美已不再流行,而

---

① 《胡适留学日记》卷九,安徽教育出版社1999年版。
② 胡适:《中国哲学史大纲·导言》,上海古籍出版社2000年版。
③ 汪荣祖:《史学九章》,第28页。

客观史学也是不可能达到的。他利用这段难得的空闲时间大量阅读,主要兴趣集中在马列主义理论方面。傅斯年似乎已"迷途知返",计划回国后注重学术研究与社会现实的关联,撰写中国通史,编辑《社会学评论》,开办"傅斯年论坛"等[①]。可惜事与愿违,傅氏的这些计划并未一一付诸实施。他也没有来得及用他接触到的新观念改进史语所的工作。毕竟,当时内战正酣、政局动荡,学术工作根本无法以常规进行,当务之急是生存而不是发展,恢复旧观、维持现状已不暇,何谈与时共进、改弦更张!这次弃旧从新的机会也就这样一闪即逝了。

最后必须申明的是,我们判定史语所融入了西方史学的旧潮流,并不意味着史语所的地位可以就此轻易否定,其成绩可以一笔抹煞。本来,学术上的新或旧都是相对而言,主要以时代风气为转移,并不能简单等同于价值上的是非善恶。新的未必全是,旧的未必皆非,二者都有其生存空间,新旧并存乃是一种常态;即使旧潮流也有存在的依据。传统史学的史料考证之业仍是今日史学发展的基础,其方法至今仍然发挥效力,学者中也依旧有部分人坚守传统路数。另一方面,新史学也不是平地而起、无中生有,它的发生和发展总是或多或少、或隐或显地吸收了旧史学的一些精华成分,从而变相传承和复活了旧史学的生命。就史语所而言,它师法兰克史学和欧洲汉学,开发新材料、运用新工具以解决新问题、开辟新领域,将中国史学大大向前推进了一步,确属功不可没。当年史语所的一些理念主张,至今仍不失其合理性和有效性[②],有

[①] Wang Fan-shen, "Fu Ssu-nien: History and Politics in Modern China," Ph. D. Dissertation, Princeton University, 1993, pp. 326-327, 315.
[②] 参见王汎森:《历史研究的新视野:重读〈历史语言研究所工作之旨趣〉》,《古今论衡》2004年第11期。

的甚至已构成现代学术建设的规范和标准。不过,我们也不宜过分护惜前人,民国年间的史语所与当时的新潮流相悖毕竟是一个难以回避的事实。在20世纪世界学术大势业已大体明朗的今天,我们不应当继续将史语所的学术奉为新潮流来追求了。否则,不但将导致学术史认识上的错位和失真,还可能误导当前的史学研究,使之偏离正轨,难以达到应有的境界和水准。若不加批判地以史语所为标帜和方向,恐怕目前本土史学的国际化也要背道而驰了。辨明新旧而审慎取舍,才是我们总结、评估和传扬史语所精神的基本立场。

(原载《文史哲》2008年第3期)

后 记

《文史哲丛刊》主要收选改革开放四十年来发表在《文史哲》杂志上的精品佳作(个别专集兼收20世纪五六十年代以来的文章),按专题的形式结集出版。2010—2015年先期推出第一辑,包括《国家与社会:构建怎样的公域秩序?》《知识论与后形而上学:西方哲学新趋向》《儒学:历史、思想与信仰》《道玄佛:历史、思想与信仰》《早期中国的政治与文明》《门阀、庄园与政治:中古社会变迁研究》《"疑古"与"走出疑古"》《考据与思辨:文史治学经验谈》《文学:批评与审美》《中国古代文学:作家·作品·文学现象》《文学与社会:明清小说名著探微》《文学:走向现代的履印》《左翼文学研究》十三个专集。

丛刊出版后,受到广大读者的欢迎和喜爱,多数专集一版再版,在学界产生了较大的影响。为满足读者诸君的阅读和研究需要,我们又着手编选了第二辑,包括《现状、走向与大势:当代学术纵览》《轴心时代的中国思想:先秦诸子研究》《传统与现代:重估儒学价值》《道玄佛:历史、思想与信仰(续编)》《制度、文化与地方社会:中国古代史新探》《结构与道路:秦至清社会形态研究》《农耕社会与市场:中国古代经济史研究》《近代的曙光:明清时代的社会经济》、

《步履维艰：中国近代化的起步》、《史海钩沉：中国古史新考》、《文府索隐：中国古代文学新考》、《文史交融：中国古代文学创作论》、《风雅流韵：中国辞赋艺术发微》、《情·味·境：本土视野下的中国古代文论》、《权力的限度：西方宪制史研究》、《公平与正义：永恒的伦理秩序》十六个专集，力求把《文史哲》数十年发表的最优秀的文章以专题的形式奉献给广大读者，为大家阅读和研究提供便利。

需要说明的是，在六十多年的办刊过程中，期刊编辑规范几经演变，敝刊的编辑格式、体例也几经变化，加之汉语文字规范亦经历了一个曲折的历程，从而给丛刊编辑工作带来了一定的困难。为使全书体例统一，我们在编辑过程中，对个别文字作了必要的规范和改动，对文献注释等亦作了相对的统一。其余则一仍其旧，基本上保持了原文的本来面貌。

由于我们水平有限，本丛刊无论是文章的遴选，抑或具体的编校，都难免存在这样那样的不足，讹误舛错在所难免，敬祈方家读者不吝赐教。

还应特别说明的是，在当前市场经济大潮下，学术著作尤其是论文集的出版，因其经济效益微薄，面临一定的困难。但商务印书馆以社会效益为重，欣然接受出版《文史哲丛刊》，这种强烈的社会责任感、高远的学术眼光和无私精神，实在令人钦佩。丁波先生还就丛刊的总体设计提出了许多宝贵的建议，诸位责编先生冒着严冬酷暑认真地编校书稿。在此，我们表示衷心的感谢！

文史哲编辑部
2018 年 6 月